詳解 MySQL5.7

止まらぬ進化に乗り遅れないためのテクニカルガイド

奥野幹也 著

本書内容に関するお問い合わせについて

このたびは翔泳社の書籍をお買い上げいただき、誠にありがとうございます。弊社では、読者の皆様からのお問い合わせに適切に対応させていただくため、以下のガイドラインへのご協力をお願い致しております。下記項目をお読みいただき、手順に従ってお問い合わせください。

●ご質問される前に

弊社Webサイトの「正誤表」をご参照ください。これまでに判明した正誤や追加情報を掲載しています。

正誤表　　　　　http://www.shoeisha.co.jp/book/errata/

●ご質問方法

弊社Webサイトの「刊行物Q&A」をご利用ください。

刊行物Q&A　　　http://www.shoeisha.co.jp/book/qa/

インターネットをご利用でない場合は、FAXまたは郵便にて、下記"翔泳社 愛読者サービスセンター"までお問い合わせください。電話でのご質問は、お受けしておりません。

●回答について

回答は、ご質問いただいた手段によってご返事申し上げます。ご質問の内容によっては、回答に数日ないしはそれ以上の期間を要する場合があります。

●ご質問に際してのご注意

本書の対象を越えるもの、記述個所を特定されないもの、また読者固有の環境に起因するご質問等にはお答えできませんので、あらかじめご了承ください。

●郵便物送付先およびFAX番号

送付先住所　　〒160-0006　東京都新宿区舟町5
FAX番号　　　03-5362-3818
宛先　　　　　（株）翔泳社 愛読者サービスセンター

※本書に記載されたURL等は予告なく変更される場合があります。
※本書の対象に関する詳細はvページをご参照ください。
※本書の出版にあたっては正確な記述につとめましたが、著者や出版社などのいずれも、本書の内容に対してなんらかの保証をするものではなく、内容やサンプルに基づくいかなる運用結果に関してもいっさいの責任を負いません。
※本書に掲載されているサンプルプログラムやスクリプト、および実行結果を記した画面イメージなどは、特定の設定に基づいた環境にて再現される一例です。

※本書に記載されている会社名、製品名はそれぞれ各社の商標および登録商標です。

はじめに

本書を手に取っていただき、ありがとうございます。

本書は、昨年リリースされたばかりの MySQL 5.7 についての解説書である。MySQL 5.7 には、なんと 170 をも越える機能追加あるいは変更が施された。まったくとんでもないモンスター級のバージョンである。すべての変更点を把握することは、とても骨が折れる作業となるはずだ。しかし、変更点を把握しなければ、果たして古いバージョンからこの最新バージョンへと乗り換えるべきか、はたまた新しいプロジェクトで採用するべきかどうかという判断はできないだろう。

新しいから、性能が良くなっているから、機能が増えているからというような漠然とした理由で MySQL 5.7 を使う、あるいは使わないという判断をすることも良くないと筆者は考えている。やはりエンジニアたるもの、事実に基づき、何事も合理的な判断を下すべきだからだ。そのためには客観的な事実を知る必要がある。つまり MySQL 5.7 とはどのような代物かということを、まずはよく知るべきなのである。本書を読むことによって、MySQL 5.7 への移行を考えているあなたの背中を押すことになるか、それともその場に踏み止まらせることになるかは、はっきり言って分からない。あくまでも、読者の皆さんに判断材料を提供するだけである。

ひとつ言えるのは、MySQL が進化せざるを得ない大きな動機のひとつに、新しいハードウェアへの対応の要求があることだ。以前と比べて多数のコアを持った CPU は安く手に入り、メモリ容量は巨大になり、膨大な IOPS を叩き出すストレージが一般的になり、ネットワーク速度も飛躍的に向上している。そういった豊富なハードウェアリソースをキッチリと使い切ることが最新の RDBMS には求められている。もうひとつの動機は、データベースのパフォーマンスや機能性、安定性、安全性に対するニーズの高さである。いくら豊富なリソースを極限まで活用しても、アプリケーションからの膨大なリクエストは止めどなくやってくる。そのイタチごっこは永遠に終わることがないだろう。

本書では、MySQL 5.7 の新機能すべてについて、ひととおり解説することを主眼に置いている。その機能によってどのような課題が解決するか、どんなときに使うべきか、そしてどうやって使うのかといったことは、本書を読めば理解していただけるだろう。また、MySQL 5.7 が解決した課題の背景を知るために、MySQL のアーキテクチャについても必要に応じて解説している。RDBMS の最前線でどのようなことが起きているかを知ることができるので、読み物としても楽しめるよう配慮したつもりである。

ぜひ本書と共に、モンスター級の MySQL 5.7 に立ち向かってほしい。

2016 年 7 月 奥野幹也

目　次

第 1 章　MySQL の概要　　　　　　　　　　　　　　　　　　　　　　　　　1

1.1　MySQL とは ………………………………………………………………………… 1
1.1.1　世界で最も有名なオープンソースの RDBMS ……………………………… 1
1.1.2　MySQL の特徴 ……………………………………………………………… 2
1.1.3　MySQL サーバーの種類 …………………………………………………… 3
1.1.4　MySQL サーバーのアーキテクチャ概要 ………………………………… 6

1.2　MySQL の機能追加の歴史 …………………………………………………… 7
1.2.1　MySQL 3.23 以前 ………………………………………………………… 8
1.2.2　MySQL 3.23（2001 年 1 月正式版リリース） …………………………… 8
1.2.3　MySQL 4.0（2003 年 3 月正式版リリース） …………………………… 9
1.2.4　MySQL 4.1（2004 年 10 月正式版リリース） ………………………… 10
1.2.5　MySQL 5.0（2005 年 10 月正式版リリース） ………………………… 10
1.2.6　MySQL 5.1（2008 年 11 月正式版リリース） ………………………… 11
1.2.7　MySQL 5.5（2010 年 12 月正式版リリース） ………………………… 12
1.2.8　MySQL 5.6（2013 年 2 月正式版リリース） ………………………… 14
1.2.9　そして、MySQL 5.7 へ……（2015 年 10 月正式版リリース） ……… 15

第 2 章　レプリケーション　　　　　　　　　　　　　　　　　　　　　　　17

2.1　レプリケーションの基本構造 ……………………………………………… 17
2.1.1　動作原理 …………………………………………………………………… 17
2.1.2　バイナリログ ……………………………………………………………… 18
2.1.3　レプリケーションを構成するスレッド ………………………………… 20
2.1.4　レプリケーションのトポロジ …………………………………………… 21

2.2　レプリケーションのセットアップ概要 …………………………………… 23
2.2.1　マスター側の設定 ………………………………………………………… 23
2.2.2　スレーブへデータをコピー ……………………………………………… 24
2.2.3　スレーブの設定 …………………………………………………………… 24

2.3　パフォーマンススキーマによる情報取得 ▶▶▶ 新機能 1 ……………… 26

2.4　GTID の進化 …………………………………………………………………… 26
2.4.1　GTID とは ………………………………………………………………… 27
2.4.2　オンラインで GTID を有効化 ▶▶▶ 新機能 2 ………………………… 28
2.4.3　GTID のオンライン無効化 ……………………………………………… 32
2.4.4　昇格しないスレーブ上で GTID の管理が効率化 ▶▶▶ 新機能 3 …… 33
2.4.5　OK パケットに GTID ▶▶▶ 新機能 4 ………………………………… 35
2.4.6　`WAIT_FOR_EXECUTED_GTID_SET` ▶▶▶ 新機能 5 ………………… 36
2.4.7　よりシンプルな再起動時の GTID 再計算方法 ▶▶▶ 新機能 6 …… 37

2.5　準同期レプリケーションの改良点 ………………………………………… 38
2.5.1　準同期レプリケーションとは …………………………………………… 38
2.5.2　準同期レプリケーションの使い方 ……………………………………… 40

iv

目　次

2.5.3	ロスレスレプリケーション ▶▶▶ 新機能 7	41
2.5.4	パフォーマンスの改良 ▶▶▶ 新機能 8	43
2.5.5	ACK を返すスレーブ数の指定 ▶▶▶ 新機能 9	43

2.6　マルチソースレプリケーション ▶▶▶ 新機能 10 44
　　2.6.1　マルチソースレプリケーションのセットアップ 44
　　2.6.2　マルチソースレプリケーションの注意事項 46

2.7　マスターの性能改善 47
　　2.7.1　グループコミットの調整 ▶▶▶ 新機能 11 48
　　2.7.2　マスタースレッドのメモリ効率改善 ▶▶▶ 新機能 12 50
　　2.7.3　マスタースレッドの Mutex 競合の改善 ▶▶▶ 新機能 13 51

2.8　同一データベース内の並列 SQL スレッド ▶▶▶ 新機能 14 52
　　2.8.1　LOGICAL_CLOCK モードの MTS の設定 53
　　2.8.2　マスターのチューニング 55
　　2.8.3　LOGICAL_CLOCK モードの MTS の構造 55

2.9　スレーブの管理性向上 57
　　2.9.1　SHOW SLAVE STATUS の改良 ▶▶▶ 新機能 15 57
　　2.9.2　部分的なオンライン CHANGE MASTER ▶▶▶ 新機能 16 57
　　2.9.3　オンラインレプリケーションフィルター ▶▶▶ 新機能 17 57

2.10　バイナリログと XA トランザクションの併用 ▶▶▶ 新機能 18 59

2.11　バイナリログに対して安全でない SQL 実行時のログの調整 ▶▶▶ 新機能 19 59

2.12　バイナリログ操作失敗時の動作変更 ▶▶▶ 新機能 20 60

2.13　SUPER 権限を持つユーザーをリードオンリーにする ▶▶▶ 新機能 21 60

2.14　各種デフォルト値の変更 61
　　2.14.1　sync_binlog：0 → 1 ▶▶▶ 新機能 22 61
　　2.14.2　slave_net_timeout：3600 → 60 ▶▶▶ 新機能 23 61
　　2.14.3　binlog_format：STATEMENT → ROW ▶▶▶ 新機能 24 62

2.15　新しいレプリケーションの活用法 62

第3章　オプティマイザ　　63

3.1　MySQL のオプティマイザの構造 63
　　3.1.1　SQL 実行の流れ 64

3.2　EXPLAIN の改善 64
　　3.2.1　表形式の EXPLAIN の改善 ▶▶▶ 新機能 25 65
　　3.2.2　JSON 形式の EXPLAIN の改善 ▶▶▶ 新機能 26 71
　　3.2.3　ビジュアル EXPLAIN 74
　　3.2.4　実行中のクエリに対する EXPLAIN ▶▶▶ 新機能 27 75

3.3　新しいコストモデルの導入 ▶▶▶ 新機能 28 75
　　3.3.1　MySQL のオプティマイザはコストベース 76
　　3.3.2　MySQL 5.7 のコストモデルの概要 76
　　3.3.3　2 種類のコスト係数 77

3.4　オプティマイザトレースの改善 79
　　3.4.1　オプティマイザトレースとは 79

v

目 次

3.4.2	オプティマイザトレースの使い方	80
3.4.3	オプティマイザトレースの基本的構造	81
3.4.4	オプティマイザトレースの詳細と改善点 ▶▶▶ 新機能 29	82

3.5　実行計画の改善 100
　　3.5.1　JOIN のアルゴリズム詳細 100
　　3.5.2　JOIN のコスト見積りにおける WHERE 句の考慮 ▶▶▶ 新機能 30 ... 106
　　3.5.3　ストレージエンジンが提供する統計情報の改善 ▶▶▶ 新機能 31 ... 107
　　3.5.4　サブクエリの実行計画の改善 ▶▶▶ 新機能 32 ▶▶▶ 新機能 33 ... 108
　　3.5.5　UNION の改善 ▶▶▶ 新機能 34 112
　　3.5.6　GROUP BY の SQL 準拠 ▶▶▶ 新機能 35 112

3.6　オプティマイザヒント ▶▶▶ 新機能 36 114
　　3.6.1　ファイルソートの効率化 ▶▶▶ 新機能 37 117
　　3.6.2　ディスクベースのテンポラリテーブルの改善 ▶▶▶ 新機能 38 118

3.7　新しい、あるいはデフォルト値が変更されたオプション 118
　　3.7.1　internal_tmp_disk_storage_engine: InnoDB ▶▶▶ 新機能 39 ... 119
　　3.7.2　eq_range_index_dive_limit: 10 → 200 ▶▶▶ 新機能 40 119
　　3.7.3　sql_mode ▶▶▶ 新機能 41 119
　　3.7.4　optimizer_switch ▶▶▶ 新機能 42 119

3.8　新しいオプティマイザの活用法 120

第 4 章　InnoDB　　　　　　　　　　　　　　　　　　　　　　　　121

4.1　InnoDB の概要 121
　　4.1.1　典型的なトランザクション対応データストア 121
　　4.1.2　InnoDB の機能的な特徴 123
　　4.1.3　InnoDB の構造的な特徴 124

4.2　MySQL 5.7 におけるパフォーマンスの改善点 136
　　4.2.1　RO トランザクションの改善 ▶▶▶ 新機能 43 136
　　4.2.2　RW トランザクションの改善 ▶▶▶ 新機能 44 137
　　4.2.3　リードビュー作成時のオーバーヘッド削減 ▶▶▶ 新機能 45 138
　　4.2.4　トランザクション管理領域のキャッシュ効率改善 ▶▶▶ 新機能 46 ... 139
　　4.2.5　テンポラリテーブルの最適化 ▶▶▶ 新機能 47 140
　　4.2.6　ページクリーナースレッドの複数化 ▶▶▶ 新機能 48 141
　　4.2.7　フラッシュアルゴリズムの最適化 ▶▶▶ 新機能 49 142
　　4.2.8　クラッシュリカバリ性能の改善 ▶▶▶ 新機能 50 142
　　4.2.9　ログファイルに対する read-on-write の防止 ▶▶▶ 新機能 51 ... 143
　　4.2.10　ログファイルの書き込み効率の向上 ▶▶▶ 新機能 52 144
　　4.2.11　アダプティブハッシュのスケーラビリティ改善 ▶▶▶ 新機能 53 ... 144
　　4.2.12　Memcached API の性能改善 ▶▶▶ 新機能 54 144

4.3　MySQL 5.7 における管理性の向上 145
　　4.3.1　バッファプールのオンラインリサイズ ▶▶▶ 新機能 55 145
　　4.3.2　一般テーブルスペース ▶▶▶ 新機能 56 146
　　4.3.3　32/64K ページのサポート ▶▶▶ 新機能 57 148
　　4.3.4　UNDO ログのオンライントランケート ▶▶▶ 新機能 58 150

目 次

4.3.5	アトミックな TRUNCATE TABLE ▶▶▶ 新機能 59	153
4.3.6	ALTER によるコピーをしない VARCHAR サイズの変更 ▶▶▶ 新機能 60	153
4.3.7	ALTER によるコピーをしないインデックス名の変更 ▶▶▶ 新機能 61	155
4.3.8	インデックスの作成が高速化 ▶▶▶ 新機能 62	156
4.3.9	ページ統合に対する充填率の指定 ▶▶▶ 新機能 63	157
4.3.10	REDO ログフォーマットの変更 ▶▶▶ 新機能 64	158
4.3.11	バッファプールをダンプする割合の指定 ▶▶▶ 新機能 65	159
4.3.12	ダブルライトバッファが不要なとき自動的に無効化 ▶▶▶ 新機能 66	159
4.3.13	NUMA サポートの追加 ▶▶▶ 新機能 67	160
4.3.14	デフォルト行フォーマットの指定 ▶▶▶ 新機能 68	161
4.3.15	InnoDB モニターの有効化方法変更 ▶▶▶ 新機能 69	162
4.3.16	情報スキーマの改良 ▶▶▶ 新機能 70	163

4.4 透過的ページ圧縮 ▶▶▶ 新機能 71 163
    4.4.1 圧縮テーブル 164
    4.4.2 透過的ページ圧縮 166

4.5 フルテキストインデックスの改善 168
    4.5.1 プラガブルパーサーのサポート ▶▶▶ 新機能 72 168
    4.5.2 NGRAM パーサーと MeCab パーサーの搭載 ▶▶▶ 新機能 73 169
    4.5.3 フルテキストサーチの最適化 ▶▶▶ 新機能 74 173

4.6 空間インデックスのサポート ▶▶▶ 新機能 75 174
    4.6.1 GIS 関数の命名規則の整理 ▶▶▶ 新機能 76 176
    4.6.2 GIS 関数のリファクタリング ▶▶▶ 新機能 77 177
    4.6.3 GeoHash 関数 ▶▶▶ 新機能 78 178
    4.6.4 GeoJson 関数 ▶▶▶ 新機能 79 179
    4.6.5 新たな関数の追加 ▶▶▶ 新機能 80 180

4.7 各種デフォルト値の変更 181
    4.7.1 innodb_file_format：Antelope → Barracuda ▶▶▶ 新機能 81 181
    4.7.2 innodb_buffer_pool_dump_at_shutdown：OFF → ON ▶▶▶ 新機能 82 181
    4.7.3 innodb_buffer_pool_load_at_startup：OFF → ON ▶▶▶ 新機能 83 181
    4.7.4 innodb_large_prefix：OFF → ON ▶▶▶ 新機能 84 181
    4.7.5 innodb_purge_threads：1 → 4 ▶▶▶ 新機能 85 182
    4.7.6 innodb_strict_mode：OFF → ON ▶▶▶ 新機能 86 182

4.8 新しい InnoDB の活用法 182

第 5 章 パフォーマンススキーマと sys スキーマ　　183

5.1 パフォーマンススキーマとは 183
    5.1.1 パフォーマンススキーマのコンセプトと構造 185
    5.1.2 情報スキーマとの違い 186

5.2 パフォーマンススキーマの使い方 186
    5.2.1 パフォーマンススキーマの有効化 187
    5.2.2 採取するデータの設定 187
    5.2.3 採取するデータの決定方法 193

5.3 パフォーマンススキーマのテーブル 195

vii

目　次

5.4	各種パフォーマンススキーマテーブルの概要	196
	5.4.1　イベントテーブル	196
	5.4.2　サマリーテーブル	196
	5.4.3　インスタンステーブル	197
	5.4.4　ロックテーブル	197
	5.4.5　ステータス変数テーブル	197
	5.4.6　レプリケーション情報テーブル	197
	5.4.7　その他	198
	5.4.8　テーブルのアクセス権限	198
5.5	MySQL 5.7 で追加されたテーブルや計器	198
	5.5.1　メモリの割り当てと解放 ▶▶▶ 新機能 87	198
	5.5.2　テーブルロック、メタデータロック ▶▶▶ 新機能 88	199
	5.5.3　ストアドプログラム ▶▶▶ 新機能 89	199
	5.5.4　トランザクション ▶▶▶ 新機能 90	199
	5.5.5　プリペアドステートメント ▶▶▶ 新機能 91	200
	5.5.6　ユーザー変数 ▶▶▶ 新機能 92	200
	5.5.7　ステータス変数、システム変数 ▶▶▶ 新機能 93	201
	5.5.8　SX-lock ▶▶▶ 新機能 94	201
	5.5.9　ステージの進捗 ▶▶▶ 新機能 95	202
5.6	パフォーマンススキーマの性能改善等	202
	5.6.1　メモリの自動拡張 ▶▶▶ 新機能 96	203
	5.6.2　テーブル I/O 統計のオーバーヘッド低減 ▶▶▶ 新機能 97	203
5.7	追加されたオプションとデフォルト値の変更	204
	5.7.1　ステートメントの履歴が有効化 ▶▶▶ 新機能 98	204
	5.7.2　新しいコンシューマーや計器のためのオプション	204
5.8	sys スキーマ ▶▶▶ 新機能 99	204
	5.8.1　sys スキーマとは	204
	5.8.2　metrics ビュー	206
	5.8.3　user_summary ビュー	207
	5.8.4　innodb_lock_waits ビュー	208
	5.8.5　schema_table_lock_waits ビュー	208
	5.8.6　schema_table_statistics ビュー	208
	5.8.7　diagnostics プロシージャ	208
	5.8.8　ps_setup_save プロシージャ	209
	5.8.9　ps_setup_enable_consumer プロシージャ	209
	5.8.10　ps_setup_enable_instrument プロシージャ	210
	5.8.11　list_add ファンクション	210
5.9	MySQL 5.7 でのパフォーマンスデータ活用法	210

第 6 章　JSON データ型　　215

6.1	JSON とは	215
6.2	JSON 型のサポート ▶▶▶ 新機能 100	217
6.3	各種 JSON 操作用関数 ▶▶▶ 新機能 101	218

目 次

6.4	JSON 用のパス指定演算子 ▶▶▶ 新機能 102	223
6.5	JSON データの比較 ▶▶▶ 新機能 103	223
	6.5.1 数値	224
	6.5.2 文字列	225
	6.5.3 真偽値	225
	6.5.4 配列	225
	6.5.5 オブジェクト	226
	6.5.6 日付／時刻	227
	6.5.7 BLOB/BIT	227
	6.5.8 JSON ドキュメントへの変換	229
	6.5.9 ソート	229
6.6	生成カラム ▶▶▶ 新機能 104	230
	6.6.1 生成カラムの作成	231
	6.6.2 VIRTUAL vs STORED	234
	6.6.3 JSON データのインデックス	235
	6.6.4 生成カラムと制約	236
6.7	地理情報の応用	237
6.8	MySQL をドキュメントストアとして利用する ▶▶▶ 新機能 105	240
	6.8.1 X DevAPI	240
	6.8.2 MySQL Shell	244
6.9	JSON 型の使いどころ	246

第 7 章　パーティショニング　247

7.1	パーティショニングの概要	247
	7.1.1 基本コンセプト	247
	7.1.2 パーティショニングの種類	249
	7.1.3 パーティションの刈り込み	250
	7.1.4 パーティションの物理的レイアウト	253
	7.1.5 テーブル設計時の留意点	254
7.2	パーティショニングに関する新機能	254
	7.2.1 ICP のサポート ▶▶▶ 新機能 106	255
	7.2.2 HANDLER コマンドのサポート ▶▶▶ 新機能 107	255
	7.2.3 EXCHANGE PARTITION ... WITHOUT VALIDATION ▶▶▶ 新機能 108	256
	7.2.4 InnoDB に最適化されたパーティショニングの実装 ▶▶▶ 新機能 109	258
	7.2.5 移行可能なテーブルスペースへの対応 ▶▶▶ 新機能 110	260
7.3	MySQL 5.7 のパーティショニングの使いどころ	261

第 8 章　セキュリティ　263

8.1	MySQL のセキュリティモデル	263
	8.1.1 ユーザーアカウント	263
	8.1.2 MySQL の権限	265
	8.1.3 権限テーブル	267

ix

目 次

	8.1.4 認証プラグイン	267
	8.1.5 プロキシーユーザー	269
	8.1.6 通信経路の保護	272
	8.1.7 暗号化関数	272
	8.1.8 監査プラグイン	272
8.2	ユーザーアカウントに対する変更	273
	8.2.1 プロキシーユーザーを外部認証なしでも利用可能に ▶▶▶ 新機能 111	273
	8.2.2 `ALTER USER` コマンドの改良 ▶▶▶ 新機能 112	275
	8.2.3 `SET PASSWORD` コマンドの仕様変更 ▶▶▶ 新機能 113	275
	8.2.4 `CREATE/DROP USER` に `IF [NOT] EXISTS` が追加 ▶▶▶ 新機能 114	276
	8.2.5 パスワード期限の設定 ▶▶▶ 新機能 115	276
	8.2.6 ユーザーのロック／アンロック ▶▶▶ 新機能 116	278
	8.2.7 ユーザー名の長さが 32 文字に増加 ▶▶▶ 新機能 117	278
	8.2.8 ログイン不可能なユーザーアカウント ▶▶▶ 新機能 118	279
	8.2.9 `mysql.user` テーブルの定義変更 ▶▶▶ 新機能 119	280
	8.2.10 `FILE` 権限のアクセス範囲の限定 ▶▶▶ 新機能 120	280
8.3	暗号化機能の強化	281
	8.3.1 SSL/RSA 用ファイルの自動生成 ▶▶▶ 新機能 121	281
	8.3.2 `mysql_ssl_rsa_setup` ▶▶▶ 新機能 122	282
	8.3.3 TLSv1.2 のサポート ▶▶▶ 新機能 123	283
	8.3.4 SSL 通信を必須化するサーバーオプション ▶▶▶ 新機能 124	283
	8.3.5 AES 暗号化におけるキーサイズの選択 ▶▶▶ 新機能 125	283
	8.3.6 安全でない古いパスワードハッシュの削除 ▶▶▶ 新機能 126	284
	8.3.7 古い暗号化関数の非推奨化 ▶▶▶ 新機能 127	285
8.4	インストール時の変更	286
	8.4.1 `mysqld --initialize` ▶▶▶ 新機能 128	286
	8.4.2 `test` データベースの廃止 ▶▶▶ 新機能 129	287
	8.4.3 匿名ユーザーの廃止 ▶▶▶ 新機能 130	287
	8.4.4 `root@localhost` 以外の管理ユーザーアカウントの廃止 ▶▶▶ 新機能 131	288
	8.4.5 `mysql_secure_installation` の改良 ▶▶▶ 新機能 132	288
8.5	透過的テーブルスペース暗号化 ▶▶▶ 新機能 133	289
	8.5.1 キーリングの設定	290
	8.5.2 テーブルの作成	291
	8.5.3 マスターキーのローテーション	291
8.6	監査プラグイン API の改良 ▶▶▶ 新機能 134	292
8.7	MySQL 5.7 におけるセキュリティの定石	293

第 9 章 クライアント＆プロトコル 295

9.1	MySQL のプロトコル	295
	9.1.1 MySQL プロトコル概要	295
	9.1.2 サポートされる通信方式	297
	9.1.3 ドライバの種類	298
9.2	主なクライアントプログラム	300

| 9.3 | 無用なコマンドの削除 ▶▶▶ 新機能 135 | 301 |

9.3　無用なコマンドの削除 ▶▶▶ 新機能 135 301

9.4　mysql'p'ump ▶▶▶ 新機能 136 303

9.5　mysql_upgrade のリファクタリング ▶▶▶ 新機能 137 305

9.6　mysql CLI で CTRL+C の挙動が変更 ▶▶▶ 新機能 138 306

9.7　mysql --syslog ▶▶▶ 新機能 139 307

9.8　クライアントの --ssl オプションが SSL を強制 ▶▶▶ 新機能 140 308

9.9　innochecksum コマンドの改良 ▶▶▶ 新機能 141 308

9.10　mysqlbinlog コマンドの改良 309
　　9.10.1　SSL をサポート ▶▶▶ 新機能 142 310
　　9.10.2　--rewrite-db オプション ▶▶▶ 新機能 143 310
　　9.10.3　IDEMPOTENT モード ▶▶▶ 新機能 144 310

9.11　プロトコルおよび libmysqlclient の改良 311
　　9.11.1　セッションのリセット ▶▶▶ 新機能 145 311
　　9.11.2　EOF パケットの廃止 ▶▶▶ 新機能 146 312
　　9.11.3　冗長なプロトコルコマンドの廃止 ▶▶▶ 新機能 147 313
　　9.11.4　mysql_real_escape_string_quote ▶▶▶ 新機能 148 313
　　9.11.5　SSL をデフォルトで有効化 ▶▶▶ 新機能 149 315
　　9.11.6　プロトコル追跡 ▶▶▶ 新機能 150 315
　　9.11.7　MySQL 5.7 のクライアントプログラム活用法 316

第 10 章　その他の新機能　　317

10.1　トリガーの改良 ▶▶▶ 新機能 151 317
　　10.1.1　BEFORE トリガーが NOT NULL より優先されるようになった 317
　　10.1.2　複数のトリガーに対応 318

10.2　SHUTDOWN コマンド ▶▶▶ 新機能 152 321

10.3　サーバーサイド・クエリ書き換えフレームワーク ▶▶▶ 新機能 153 321

10.4　GET_LOCK で複数のロックを獲得する ▶▶▶ 新機能 154 324

10.5　オフラインモード ▶▶▶ 新機能 155 326

10.6　3000 番台のサーバーエラー番号 ▶▶▶ 新機能 156 326

10.7　gb18030 のサポート ▶▶▶ 新機能 157 327

10.8　スタックされた診断領域 ▶▶▶ 新機能 158 327

10.9　エラーログの出力レベルを調整 ▶▶▶ 新機能 159 327

10.10　mysqld_safe が DATADIR 変数を使わなくなった ▶▶▶ 新機能 160 328

10.11　いくつかのシステムテーブルが InnoDB に ▶▶▶ 新機能 161 329

10.12　Oracle Linux 上で DTrace のサポート ▶▶▶ 新機能 162 329

10.13　プラグイン向けサービスの拡張 ▶▶▶ 新機能 163 330
　　10.13.1　ロッキングサービス 331
　　10.13.2　キーリングサービス 333
　　10.13.3　コマンドサービス 333
　　10.13.4　パーサーサービス 334

目 次

10.14 バージョントークン ▶▶▶ 新機能 164 335

10.15 `character_set_database`/`collation_database` の変更が廃止 ▶▶▶ 新機能 165 337

10.16 `systemd` 対応 ▶▶▶ 新機能 166 339

10.17 STRICT モードと `IGNORE` による効果の整理 ▶▶▶ 新機能 167 339

10.18 特定のストレージエンジンによるテーブル作成の無効化 ▶▶▶ 新機能 168 343

10.19 サーバーサイド実装のクエリのタイムアウト ▶▶▶ 新機能 169 343

10.20 コネクション ID の重複排除 ▶▶▶ 新機能 170 344

10.21 トランザクションの境界検出 ▶▶▶ 新機能 171 344

10.22 Rapid プラグイン ▶▶▶ 新機能 172 345

10.23 MySQL サーバーのリファクタリング ▶▶▶ 新機能 173 346

10.24 スケーラビリティの向上 ▶▶▶ 新機能 174 346

10.25 削除あるいは廃止予定のオプション ▶▶▶ 新機能 175 347

あとがき ～MySQL の進化の軌跡とこれからの行方～ 348

MySQL 5.7 新機能一覧 349

索 引 355

1

MySQL の概要

　MySQL とは一体如何なるデータベースなのか。MySQL の機能をすべて解説すれば、その目的は達成されるだろう。しかし、そのような芸当は紙面的にも労力的にも不可能なので、いくつかの側面にスポットライトを当て、MySQL の特徴や成り立ちなどについて説明したいと思う。本書は、読者がある程度の知識を有していることが前提なので、基本的な使い方などについては、ほかの書籍などを当たってほしい。

1.1　MySQL とは

　本書は、MySQL 5.7 で追加された新機能の解説に主眼を置いている。読者がすでに MySQL を使っていることを前提に執筆されているので、MySQL の基本について多くのページを割くことはしない。ここでは、本書を読むための前提知識として、MySQL がどのようなソフトウェアであるかについて解説する。概念を中心に解説しているので、詳細や基本操作には踏み込んで説明しない。MySQL の基礎を知りたい方はほかの書籍を参考にしていただきたい。

1.1.1　世界で最も有名なオープンソースの RDBMS

　MySQL は、言わずと知れたオープンソースの RDBMS である。ライセンスは GPLv2[1] と商用ライセンスの 2 種類があり、GPLv2 版は誰でも無償で利用できる。MySQL はほかの RDBMS と比較して扱いが容易であり、同時実行性能が高く、なおかつ手軽に使用できるレプリケーションが大きな魅力である。レプリケーションはさまざまな構成を取ることができ、特にひとつのマスターに多数のスレーブ接続することで、参照系の負荷を分散させるスケールアウトが大規模サイトなどで高い人気を有している。

　GPLv2 のコミュニティ版は無料で使用でき、なおかつソースコードが公開されているため、RDBMS

---

[1] GNU General Public License Version 2、日本語では GNU 一般公衆利用許諾契約書バージョン 2。ライセンスの条文は次の URL を参照のこと。 http://www.gnu.org/japan/gpl-2j-plain.txt

第1章 MySQLの概要

の仕組みを調べたい場合など、学習用途にもピッタリだ。オープンソースではあるものの、エリック・レイモンドの論文「伽羅とバザール」[2]で述べられているバザールモデルによる開発は行われていない。開発はオラクル・コーポレーションが主体となって行われており、外部からのソースコードの貢献は受け付ける方式をとっている[3]。バザールモデルでないからと言って、MySQLの開発速度が遅いというわけではない。本書を読めば、むしろ極めて精力的な開発が行われていることが、お分かりいただけるだろう。なお、ライセンスがGPLv2であるため、MySQLは自由なソフトウェアであることについても疑念の余地はない。

　MySQLからフォークしたプロジェクトもいくつかあり、それぞれに好評を博しているようである。MySQLはGPLv2であるため、MySQLを改良した場合であっても、そのプログラムを頒布しなければコピーレフトを適用する必要はない。そのため、最近ではMySQLを独自に改造し、MySQL互換のデータベース機能を提供するようなクラウドサービスも出てきている。MySQL本家もそのようなフォークに負けないよう、開発には余念がない。その結果、MySQL 5.7は極めて充実した新機能群が追加されるに至った。

1.1.2 MySQLの特徴

　MySQLがどのようなものかを知るには、まず機能的な特徴、つまりMySQLで何ができるのかということを知ってもらうのが一番の近道だろう。代表的なMySQLの機能的特徴を挙げる。

- ◆ ANSI SQL標準に準拠（一部の文法を除く）
- ◆ 種々のプラットフォームをサポート（Windows、Linux、Mac、各種UNIX系OS）
- ◆ ストレージエンジンによりデータを格納するレイヤーを仮想化
- ◆ コストベースのオプティマイザ
- ◆ ACID準拠のトランザクション
- ◆ XAトランザクション
- ◆ 非同期あるいは準同期のレプリケーション
- ◆ 水平パーティショニング
- ◆ ストアドプロシージャ／ストアドファンクション／トリガー
- ◆ プラグインによる機能拡張
- ◆ イベントスケジューラー
- ◆ SSLによる通信
- ◆ Unicodeをはじめとした各種文字コードのサポート
- ◆ 基本的なデータ型に加え、JSON型のサポート
- ◆ NoSQLアクセス

---

[2]『伽藍とバザール』、エリック・スティーブン・レイモンド著、山形浩生訳、USP出版（2010年）、ISBN978-4-9048-0702-6
[3]「バザールモデルでなければオープンソースではない」といった主張をする人もいるようだが、オープンソースイニシアティブで掲げられているオープンソースの定義によれば、MySQLはれっきとしたオープンソースソフトウェアである。

1.1 MySQL とは

- ◆ 日本語全文検索
- ◆ タイムゾーンのサポート
- ◆ 情報スキーマ（INFORMATION_SCHEMA）
- ◆ パフォーマンススキーマと sys スキーマ
- ◆ 多種多様なドライバ（C、C++、Java、Perl、PHP、Python、Ruby、ODBC など）

　MySQL の機能を一言で表すならば「汎用的に使える堅牢で高性能な RDBMS」と言ったところだろうか。特定の方面では、ほかの RDBMS にはない先進的なものも実装されており、決してほかの RDBMS に劣っているということはない。しかし、残念ながら MySQL に実装されていないとよく指摘される機能もある。その代表としては、ウィンドウ関数や CHECK 制約が挙げられる。これらは通常のアプリケーション開発においても便利なもののため、将来のバージョンでの追加に期待したい。

1.1.3 MySQL サーバーの種類

　MySQL の配布形式を紹介しよう。MySQL サーバーおよびその付属ツールが含まれるパッケージには、いくつかのバリエーションが存在する。パッケージの種類によってライセンスや若干の機能の違いがあるので注意していただきたい。

1.1.3.1 コミュニティ版 MySQL サーバー

　無料で使えるオープンソースの MySQL サーバーと言えば、このバージョンのものを指す。ライセンスは GPLv2 であり、コピーレフト[4] 付きのフリー[5] ソフトウェアライセンスである。MySQL サーバーを改造して頒布する場合には、元のライセンスである GPLv2 を継承しなければならないが、プログラムの実行に対しては何の制限もない。各種 Linux ディストリビューションがリポジトリで配布しているものは、このコミュニティ版 MySQL サーバーを独自にパッケージングしたものである。コミュニティ版 MySQL サーバーは、次に述べる商用版 MySQL サーバーとのあいだに若干の機能的な差異があるが、基本的な構造は共通で、なおかつ大部分の機能は同じである。そのため、ほとんど遜色のない使い方が可能となっている。

　コミュニティ版 MySQL サーバーは次のような用途に向いている。

- ◆ 動作を確認したり、ソースコードを読んだりして RDBMS について学習したい
- ◆ ライセンス料を気にすることなく、無料で利用したい
- ◆ 突発的な負荷が生じたときに、無料でインスタンスを増やしてスケールアウトしたい
- ◆ オフィシャルなサポートがなくても問題を自前で解決できる
- ◆ MySQL を評価したい

---

[4] リチャード・ストールマンによる造語。コピーライトをもじっている。現行の著作権法に則りつつ、誰もが対象のソフトウェアを独占的に所有することなく、著作権を実質的に放棄するようなライセンス形態のことを指す。
[5] 自由という意味

3

第 1 章　MySQL の概要

1.1.3.2　商用版 MySQL サーバー

　商用版 MySQL サーバーは、オラクル・コーポレーションがサブスクリプションやライセンスを販売する商用の MySQL サーバーである。eDelivery から評価版[6]を無料でダウンロードできるが、用途はデモンストレーションやプロトタイプの作成などに限定される。本番環境で使用するには、商用ライセンスの購入が必要である[7]。商用版 MySQL サーバーには、コミュニティ版 MySQL サーバーにはない商用版だけのプラグインが用意されている。また、サブスクリプションを購入することで、MySQL Enterprise Monitor や MySQL Enterprise Backup という追加のツールも利用可能になる。

　商用版 MySQL サーバーは次のような用途に向いている。

- ◆ 追加のプラグインを使いたい
- ◆ モニタリングやバックアップのツールを使いたい
- ◆ オフィシャルなサポートが欲しい
- ◆ GPLv2 でないライセンスで MySQL をバンドルしたい

　商用版 MySQL サーバーに付属しているプラグインには次のものがある。

- ◆ MySQL Enterprise Security
  - MySQL Enterprise Authentication（外部認証）
  - MySQL Enterprise TDE(Transparent Data Encryption)[8]
  - MySQL Enterprise Encryption（非対称暗号化）
  - MySQL Enterprise Firewall（SQL インジェクション対策）
  - MySQL Enterprise Audit（監査ログ取得）
- ◆ MySQL Enterprise Scalability
  - スレッド・プール

　ただし、これらのプラグインの利用には、MySQL Enterprise Edition 以上のサブスクリプションが必要なので注意してほしい。サブスクリプションについては MySQL のホームページに詳細が掲載されている。

```
http://www-jp.mysql.com/products/
```

1.1.3.3　MySQL Cluster

　MySQL Cluster は、並列分散型の RDBMS である。高可用性機能を搭載しており、万が一障害が生じたときにも、自動的なフェイルオーバーによりサービスを継続できる。MySQL Cluster は複数のノー

---

[6] ライセンスは、OTN 開発者ライセンスとなっている。http://www.oracle.com/technetwork/jp/licenses/standard-license-192230-ja.html

[7] MySQL 自身にはライセンスの入力等はなく、機能的に使用がロックオンされることはない。たんにライセンス上の理由から、特定の用途にしか使用できないだけである。

[8] 商用版にしか搭載されないのは、キーリングプラグインのみ。

ドをまとめて、ひとつの巨大なデータベースサービスを提供するものであり、MySQL サーバーのほかに
データノードと管理ノードと呼ばれるプロセスが連携するようになっている。それぞれのノードは、複数
を同時にクラスターに組み込むことができ、最大で合計 255 ノードまで拡張可能となっている[9]。データ
はすべてデータノードに格納され、MySQL サーバーはクエリ実行時に都度データノードへ問い合わせを
行うため、どの MySQL サーバーからでも同じデータへアクセスが可能である。

データノードには、MySQL サーバーを介さず直接アクセスすることも可能である。直接アクセスした
ほうがオーバーヘッドが少なく高速であり、執筆時点で最新版の MySQL Cluster 7.4 では、秒間 2 億ク
エリというベンチマーク結果が報告されている[10]。このように、SQL の限界を越えて超高速なアクセスが
できるのも MySQL Cluster の特徴である。SQL のほうも利点があり、データノードで並列処理をする
ことで範囲検索や JOIN といった操作を高い性能で実行できるようになっている。

このように、MySQL Cluster は、通常の MySQL サーバーとはまったく趣向の異なるデータベース
ソフトウェアである。MySQL サーバーという共通のコンポーネントはあるものの、データノードや管理
ノードといった MySQL サーバーにはないコンポーネントがあり、通常の MySQL サーバーとは構築や
運用のノウハウはまったく異なる。また、MySQL Cluster のデータへのアクセスは ndbcluster という
ストレージエンジンを通じて行うが、ndbcluster と InnoDB では性能特性や機能にも違いがあるため、
開発のノウハウもやや異なってくる。従って、通常の MySQL サーバーの利用経験があるからといって、
MySQL Cluster も簡単に使えるとは考えないほうがよい。

MySQL Cluster は次のような用途に向いている。

◆ 高いスケーラビリティを持ったデータベースサービスがほしい
◆ 高可用性を実現したい
◆ 通常の MySQL サーバーと同じプロトコルおよび SQL 構文を使いたい
◆ 超高速な NoSQL アクセスがしたい
◆ SQL の実行を並列分散処理したい

なお、MySQL Cluster にも、コミュニティ版と商用版がある。コミュニティ版は GPLv2 であり、誰
でも無料で利用可能だ。商用版は、**MySQL Cluster Carrier Grade Edition**（通称 CGE）と呼ばれ
ており、利用するにはサブスクリプションを購入する必要がある。CGE では、商用版 MySQL サーバー
と同じ商用プラグインのほか、MySQL Cluster Manager（通称 MCM）という管理ツールも利用可能
となっている。

1.1.3.4 最新／実験室版 MySQL サーバー
開発段階の機能や実験的に開発してみた機能をプレビュー版としてユーザーに広く評価してもらったり、
あるいはユーザーからのフィードバックを受ける目的で、実験室（Lab）版のパッケージが配布されてい
る。これらはあくまでもプレビューの位置付けであり、決して本番のサービスで使ってみようなどと考え

---

[9] うち、データノードは 48 ノードが最大である。
[10] https://dev.mysql.com/tech-resources/articles/mysql-cluster-7.4.html

第 1 章　MySQL の概要

てはいけない。十分にテストされているとはいえないし、直接的なバグ修正も行われないからだ。将来的に正式版になるかもしれない機能がお披露目されているので、気になる機能があればぜひ評価してほしい。Lab 版は以下のページから入手可能である。

```
http://labs.mysql.com/
```

なぜマルチライセンスが可能なのか？

　GPLv2 はコピーレフトなのに、なぜオラクル・コーポレーションは別途商用ライセンスでの販売が可能なのだろうか？と疑問に思う方がいらっしゃるかもしれない。これには明確な理由があって、MySQL の著作権は、オラクル・コーポレーションが所有しているからである。一般的に、ソフトウェアの著作権所有者は、第三者に対し一定の条件のもと、著作物の使用あるいは利用を許諾することができる。そのときの条件がライセンスというわけだ。ソフトウェアの著作権所有者（ライセンサー）が、著作物に対して付与できるライセンスに縛りはなく、任意のライセンスを好きなだけ付与して第三者（ライセンシー）と契約を結ぶことができる。したがって、著作権を所有していれば、1 つのソフトウェアに対して複数のライセンスを付与することが可能なのだ。オープンソースのプロジェクトでも、複数のオープンソースライセンスが付与されているものがあるが、これも同様の仕組みに基づくものである。

　もう一点加えていうと、GPLv2 と商用ライセンスのマルチライセンスにする場合、そのソフトウェアがリンクしているライブラリが両方のライセンスに対して互換性のあるものでなければならない。GPLv2 あるいは商用ライセンスへのライセンス変換が可能かどうかが鍵である。そのような変換ができるライセンスは、一般的にパーミッシブ（寛容な）ライセンスと呼ばれる。ただし、ライセンスを変換したからといって、ライブラリの著作権が消えてなくなるわけではない。元の著作権とライセンスが残されたまま、新たに別のライセンスを付与するのである。第三者のソフトウェアを利用する場合には、たとえそれがオープンソースのものであっても、そのライセンスをしっかりと確認し、順守するよう心がけていただきたい。

1.1.4　MySQL サーバーのアーキテクチャ概要

　MySQL が如何なるものであるかを理解するうえでは、その構造についても一定の理解が必要である。MySQL がどのように作られているかということを箇条書きで挙げる。

- ◆ シングルプロセス／マルチスレッド
- ◆ 1 つのコネクションに対して 1 つのスレッドが対応
- ◆ 種々のセッション情報
- ◆ コストベースのオプティマイザ
- ◆ ストレージエンジンによってデータを格納するレイヤーを仮想化
- ◆ GNU BISON による Lexical Scanner
- ◆ すべての更新系クエリを保存するバイナリログ
- ◆ マスター／スレーブ型のレプリケーション

◆ プラグイン API による機能拡張
◆ ソースコードは C/C++

　言葉による説明だけでは分かりづらいので、MySQL のアーキテクチャを模式的に表したものを図 1.1 に示す。アーキテクチャへの理解は重要である。アーキテクチャが分からなければ、新機能による改善が行われてもなぜそれが改善に繋がるのかが理解できないからである。ここではまず概要だけを把握しておいてほしい。詳細なアーキテクチャについては、本書の以降の章において各種機能の説明に伴って解説している。

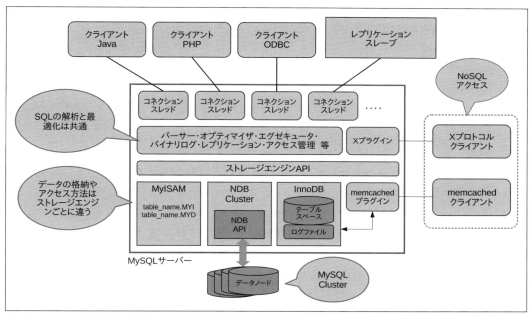

図 1.1　MySQL サーバーのアーキテクチャ概要

1.2　MySQL の機能追加の歴史

　本書は、MySQL 5.7 の新機能の解説を目的とした書籍である。そこで、過去のバージョンから現在に至るまで、MySQL にどのような機能の追加が行われたかを時系列で紹介しよう。そうすることで、MySQL の進化のダイナミズムを感じていただけるだろう。

第 1 章　MySQL の概要

1.2.1　MySQL 3.23 以前

　MySQL が本格的に普及したのはバージョン 3.23 になってからであり、それ以前のバージョンはあまり有名ではなかった。当初の MySQL の原型となったソフトウェアは、BASIC で記述されたレポーティングツールであり、1980 年頃から開発されていたとされている。現在の MySQL が C/C++ であることから分かるように、これは後ほど全面的に書き換えられた。このレポーティングツールに対し、SQL のインターフェイスを望む声があり、1995 年に最初のバージョンである MySQL 1.0 が公開された。MySQL 1.0 の特徴は次のとおりである。

- ◆ 一部のユーザーに向けた限定的なリリース（オープンソースではない）
- ◆ SQL のサブセットをサポート
- ◆ Solaris 向け

　その後、1996 年に MySQL 3.19 がリリースされた。こちらは Linux 向けに移植されたバージョンであり、ライセンスもオープンソースのものが採用されている。ただし、当時はまだ GPLv2 ではなく、MySQL Free Public License という独自のライセンスが採用されていた。このライセンスはオープンソースイニシアティブ[11]においてもオープンソースライセンスであると認識されておらず、厳密にはオープンソースライセンスとは言い難い。同様に、GNU のサイト[12]においても言及はないので、自由なソフトウェアでもない。とはいえ、このライセンスは過去のものであるため、今後このライセンスの互換性等が問題になることもなく、したがってその条文などを気にする必要はないだろう。

1.2.2　MySQL 3.23（2001 年 1 月正式版リリース）

　2001 年に MySQL 3.23 がリリースされた。これは、MySQL にとって初の GPLv2 によるリリースである[13]。ライセンスが独自のものから GPLv2 へと変更されたことで利用に対する敷居が下がり、MySQL が広く普及するきっかけとなった。GPLv2 はコピーレフトがあるものの、プログラムの実行に対しては何の制限もなく、完全に自由だからだ。どのような用途にどれだけ実行しても構わないのである。

　MySQL 3.23 は機能にも大きな進歩のあったバージョンである。普及した理由はライセンスの変更に加え、機能面の充実があったことは疑いようがない。便利でなければ誰も使わないからだ。MySQL 3.23 で実装された機能を挙げる。

- ◆ 数多くのプラットフォームへ移植が進む
- ◆ シングルスレッド版レプリケーション
- ◆ ストレージエンジンアーキテクチャ
  - MyISAM ストレージエンジンの搭載

---

[11] https://opensource.org/
[12] http://www.gnu.org/licenses/license-list.html
[13] 正確には、MySQL 3.23.19 というベータ版のバージョンからの適用となる。

　　　　　　— ディスクへのアクセスをしない HEAP ストレージエンジン
　　　　　　— 多数のテーブルを束ねる MERGE ストレージエンジン
　　　　　　— Berkeley DB への接続にチャレンジ
　　　　　　— InnoDB との融合
　　　◆ 全文検索のサポート
　　　　　　— インデックスは MyISAM のみ

　これらの機能の中では特に、マスター上で実行した SQL と同じ SQL をスレーブでも実行するという極めてシンプルなコンセプトのレプリケーションが多くのユーザーを獲得する要因になった。おもに利用されていたストレージエンジンは MyISAM であるが、このストレージエンジンはもちろん当時からトランザクションには対応していなかった。MySQL 3.23 シリーズでは、トランザクションに対応したストレージエンジンとして、Berkeley DB の統合が図られていた。しかし、このバージョンの正式版リリース前から開発が進められていた Berkeley DB ストレージエンジンはついに安定することはなく、静かに MySQL のストレージエンジンから姿を消した[14]。

　BerkeleyDB から遅れることおよそ 9 ヶ月、バージョン 3.23.34a から、当時存在した MAX 版というバージョンに同梱されて InnoDB が配布されるようになった。BerkeleyDB は陽の目を見ることはなかったが、そこで行われた努力の甲斐あって InnoDB の統合はスムーズに行われたようである。当時 InnoDB は、MySQL を開発していた MySQL AB ではなく、Innobase OY という別の会社によって開発されていた。そのため、ストレージエンジンの名前も、当初は社名と同じ Innobase というものであったが、後に InnoDB に変更されたという経緯がある。

1.2.3　MySQL 4.0（2003 年 3 月正式版リリース）

　MySQL 4.0 は、MySQL が GPL になってから 2 つ目のメジャーリリースである。リリース当初から InnoDB が標準のバイナリに含まれており、ACID 準拠のトランザクションが利用可能な RDBMS としてのリリースであった。MySQL 4.0 のおもな新機能は次のとおりである。

◆ 標準のバイナリに InnoDB が搭載
◆ レプリケーションスレーブが 2 つのスレッドで再実装
◆ UNION の実装
◆ SSL 接続
◆ libmysqld（組み込み版サーバーライブラリ）

　レプリケーションのスレーブスレッドが現在のように 2 つの種類に分かれたのは、このバージョンからである。IO スレッドと SQL スレッドに別れた結果、スレーブの遅延が大幅に改善することになった。そして、レプリケーションによるスケールアウトが本格的に使われ始めたのである。

---
[14] MySQL 5.1 において削除された。

第 1 章　MySQL の概要

1.2.4　MySQL 4.1（2004 年 10 月正式版リリース）

　順調にバージョンアップを重ねる MySQL であるが、このバージョンではやや大きな混乱がもたらされてしまった。最大の要因は、文字列型の扱いが変わったことである。MySQL 4.0 までの文字列型は、カラムに格納できる文字列のサイズをバイト数で指定するようになっていたのだが、MySQL 4.1 からは文字数によって指定するようになった。そのため、MySQL 4.0 で使っていたテーブルを単純に MySQL 4.1 上で利用可能なものへは変換できず、移行は骨の折れる作業になってしまった。

　MySQL 4.1 のおもな新機能を挙げる。

◆ Unicode（UTF-8）サポート
◆ プリペアドステートメント
◆ サブクエリ

　混乱はあったものの、Unicode のサポートは重要であり、プリペアドステートメントが追加されたこともあって MySQL 4.1 は Web アプリケーションでカジュアルに利用するには十分な機能を持ったバージョンといえる。特に MySQL 4.0 からの移行ではなく、一からアプリケーションを構築する場合には、文字列型の扱いの違いは問題にならない。このバージョンにはまだストアドプログラム等の高機能はないが、代わりに極めて軽量な動作をするバージョンであった。そのため、4.0 や 4.1 には根強いファンが多かった。

1.2.5　MySQL 5.0（2005 年 10 月正式版リリース）

　MySQL 5.0 は、企業などが使用することを前提とした一部エンタープライズ向けの機能に舵を切ったバージョンである。とはいえ、Web アプリケーションにはそういった機能が必要ではないかというと一概にいえず、有ったほうが便利なケースは多々見受けられる。

　このバージョンはユーザーの裾野を広げたのではないかと思う。ただ、当時は正式版リリースはあまり安定していなかった。原因としては、エンタープライズ向けの多数の機能を実装したことが仇になったという点が大きいだろう。変更点が多かったため、そのぶんバグも多かったのである。

　MySQL 5.0 で追加されたおもな機能は次のとおりである。

◆ ストアドプロシージャ
◆ ストアドファンクション
◆ トリガー
◆ ビュー
◆ XA トランザクション
◆ 情報スキーマ

　次のバージョンである MySQL 5.1 のリリースまで 3 年以上の開きがあったため、MySQL 5.0 は長く

10

1.2　MySQL の機能追加の歴史

使われるバージョンとなった。MySQL 5.0 といえば、日本人にとっては Tritonn[15] のベースとなった
バージョンというイメージが強いかもしれない。Tritonn は、MySQL から全文検索エンジン Senna を利
用可能にするための改造を行うプロジェクトである。Tritonn は、MySQL 5.1 には移行しなかったため、
MySQL 5.0 を（ベースにした Tritonn を）長くメインで使っていたという方も多いのではないだろうか。

　このバージョンがリリースされた当時、MySQL にとって極めて重大な事件が発生した。InnoDB の開
発元であった Innobase OY が、オラクル・コーポレーションに買収されたのである。当時、MySQL と
Oracle Database は対象とするユーザー層が違ったため、まったくといってよいほど競合していなかっ
た。その傾向は今日でも続いているように思えるが、同じ RDBMS であることには間違いないので、競
合と認識されてしまえば、いずれ InnoDB が使えなくなるかもしれないという観測があった。

1.2.6　MySQL 5.1（2008 年 11 月正式版リリース）

　MySQL 5.1 は、ある意味では記念すべきバージョンである。MySQL は長らく MySQL AB という企
業が開発していたのだが、2008 年初頭、その企業が米国のコンピュータ企業であるサン・マイクロシステ
ムズに買収された。MySQL 5.1 は、買収後初めてリリースされたメジャーバージョンである。

　会社組織に変化があったものの、MySQL の開発は着々と進められた。このとき MySQL 5.0 での反省
を活かし、MySQL 5.1 では正式版リリース前に入念なテストが行われることになった。その結果、リリー
ス時期が延びに延び、なんと MySQL 5.0 から 3 年も経ってしまったのである。

　MySQL 5.1 のおもな新機能は次のとおりである。このバージョンでも、エンタープライズ向けの機能
がさらに強化されている。

◆ パーティショニング
◆ 行ベースレプリケーション
◆ XML 関数
◆ イベントスケジューラー
◆ ログテーブル
◆ アップグレードプログラム（`mysql_upgrade`）
◆ プラグイン API

　サン・マイクロシステムズの名義でリリースした MySQL のバージョンは、じつはこの MySQL 5.1 だ
けである。MySQL 5.1 を正式リリースしてから半年もしないうちに、今度はオラクル・コーポレーション
にサン・マイクロシステムズが買収されることが決定してしまったからである。この買収により、MySQL
ユーザーの間では「オラクル・コーポレーションが MySQL を潰してしまうのではないか？」という懸念
が多く聞かれた。両者は同じ RDBMS というカテゴリの製品だからである。そのような懸念の声に対し、
オラクル・コーポレーションは「MySQL に関する 10 の約束」[16] を発表し、ユーザーの説得を行った。

---

[15] http://qwik.jp/tritonn/
[16] http://www.oracle.com/us/corporate/press/042364

11

第 1 章　MySQL の概要

この約束には 5 年の期限が設けられていたが、その期限がとうに過ぎ去った今でも継続して守られている。MySQL の進化の速度を見るかぎり、そのような懸念は杞憂であったといえる。

　オラクル・コーポレーションに買収された結果良かったことは、MySQL と InnoDB の開発チームが同じ会社になったことである。それまで Innobase OY は、オラクル・コーポレーションの子会社として高機能版の InnoDB を独自に開発していたのだが、サン・マイクロシステムズの買収と同時に Innobase OY も消滅し、オラクル・コーポレーションに吸収される格好になった。別会社では開発チーム同士が連携を取りづらかった点が改善され、容易にコミュニケーションが取れるようになった。それだけでなく、Innobase OY によって独自に開発されていたバージョンの InnoDB が、MySQL 5.1 に取り込まれるというサプライズもあった。そのバージョンは InnoDB Plugin と呼ばれ、ビルトインの InnoDB よりも遥かに高機能／高性能だった。

　いずれにせよ、この当時は目まぐるしく 2 度も会社が変わり、MySQL にとっては激動の時代だったといえる。

1.2.7　MySQL 5.5（2010 年 12 月正式版リリース）

　このバージョンは、オラクル・コーポレーションによるサン・マイクロシステムズの買収後初のメジャーバージョンである。

　MySQL 5.5 のおもな新機能を挙げる。

- ◆ InnoDB Plugin によるビルトイン InnoDB の置き換え
  - CPU スケーラビリティの改善
  - I/O 性能の改善
  - バッファプールインスタンスの分割
  - テーブル単位のデータ圧縮フォーマット
  - 高速なインデックス作成
  - TEXT/BLOB の完全なページ分離
  - グループコミット
  - 適応フラッシング
  - クラッシュリカバリの高速化
- ◆ 準同期レプリケーション
- ◆ 認証プラグイン
- ◆ メタデータロック
- ◆ 4 バイト UTF-8 対応
- ◆ FLUSH LOGS の改善
- ◆ COLUMNS パーティショニングの追加
- ◆ DTrace サポート
- ◆ IPv6 サポート

1.2 MySQL の機能追加の歴史

◆ パフォーマンススキーマ

このバージョンの目玉は何といっても、InnoDB Plugin によるビルトイン InnoDB の置き換えである。これにより、従来のバージョンとは一線を画した CPU スケーラビリティや I/O 性能が出せるようになった。これには非常に大きな意味があった。

MySQL がオープンソースとしてリリースされた当初、MySQL が使われるマシンは、CPU コア数が1個、多くても数個までという環境が多かった。MySQL では 1 : N のレプリケーションによって参照性能の向上が図れたため、性能向上にはスケールアップよりもレプリケーションのほうが安価かつ容易な選択肢となっていた。また、昔は CPU の高速化といえばクロック周波数の上昇がメインであり、コア数はそれほど多くはなかったという背景もある。そのため、古いバージョンの MySQL では、CPU スケーラビリティがあまり良くなくても、実質的にそれほど困らなかったといえる。

しかしながら、2006 年頃から CPU の進化は、クロック周波数ではなくコア数を増やす方向に進むことになった。これは、CPU のクロック周波数の上昇が、発熱や消費電力などの効率の壁に当たり、限界を迎えたためである。結果として、x86 系の CPU ではマルチコア化が進むことになる[17]。

CPU スケーラビリティが重要になった要因としては、ディスク装置の変遷による影響も大きい。従来はハードディスク上にデータを格納するしかなかったのだが、その後 SSD が台頭し、RDBMS にも SSD という選択肢が当たり前になった。SATA などのインターフェイスに接続するものだけでなく、PCI Express に直接接続するものや、さらにフラッシュストレージの接続に特化した NVMe という規格に則った製品も登場した。その結果、ディスク I/O による処理のボトルネックは大幅に緩和され、CPU でどれだけ高速な処理が実行できるかが性能に重要な意味を持つようになったのである。RDBMS もそういったハードウェアを活用できる方向に進化する必要があり、従来の InnoDB の代わりに InnoDB Plugin を搭載した意義は非常に大きかった。

ところで、MySQL 5.5 の新機能は、これまでのバージョンで追加されてきた新機能とは少し毛色が異なるものばかりである。MySQL 5.1 までは、それまで足りていなかった RDBMS の根本的な機能を新しいバージョンで追加したという意味合いのものが多かった。それは SQL の構文であったり、SQL 標準で定義された機能であったりする。だが、MySQL 5.5 の新機能は、MySQL の独自の機能が拡張あるいは改善されたというものばかりである。これはある意味では、MySQL が成熟した製品になったということの裏返しではないかと思う。この傾向は今も続いている。

MySQL 5.5 では、MySQL の開発体制においてひとつ大きな変化があった。新しい開発サイクル[18]が取り入れられたのである。これは、平たくいえば個々の新機能を個別のブランチで開発し、完成してテストが十分になされたものからマージするというものである[19]。こういった開発体制ができるようになった背景には、分散型バージョン管理システムが台頭したことがある。MySQL 5.5 当時は、バージョン管理システムとして Bazaar が用いられていたが、後に Git へと置き換えられた。現在は、MySQL のソースコードは GitHub にも配置されている。

---

[17] 今年（2016 年）に発表された Xeon プロセッサには最大で 24 コアというものまである。

[18] https://dev.mysql.com/doc/mysql-development-cycle/en/

[19] 追加する機能がマージされたバージョンを DRM という。

13

第 1 章　MySQL の概要

幻のバージョン

　MySQL が激動の時代を迎えていた頃、それは開発チームにも少なからず影響を与えていた。MySQL 5.1 の次にリリースされたバージョンは、MySQL 5.5 であるが、その間のバージョンはどうなったのだろうか。MySQL 5.2 と 5.3 は番号がスキップされ、次期バージョンとして MySQL 5.4 の開発が進められていた。ところが、サン・マイクロシステムズの買収があり、MySQL と InnoDB の開発チームが一緒になったことから InnoDB Plugin をビルトインにするという作業が追加されることになり、MySQL 5.4 はキャンセルされた。そして登場したのが MySQL 5.5 というわけである。

　じつは、これらの一連のバージョンのほかに、MySQL 6.0 というバージョンも計画されていた。これは、Innobase OY が買収されたことを受け、InnoDB が将来的に使えなくなるかもしれないという懸念を払拭するためのバージョンであり、InnoDB の置き換えを狙った Falcon という名前のストレージエンジンを搭載する予定であった。結局、そのようなものを開発する必要性がなくなり、MySQL 6.0 は消滅してしまった。Falcon ストレージエンジンも、ついに陽の目を見ることはなかったというわけである。

1.2.8　MySQL 5.6（2013 年 2 月正式版リリース）

　新しい開発サイクルによるスピードアップは留まるところをしらない。以降に MySQL 5.6 のおもな新機能を挙げる。

- ◆ InnoDB の大幅な改善
  - オンライン DDL
  - フルテキストインデックスのサポート
  - インデックス統計情報の改善
  - CPU スケーラビリティの向上
  - テーブル単位の別サーバーへの移行
  - 4K/8K ページサイズのサポート
  - テーブル／インデックス統計情報の永続化
  - UNDO ログを共有テーブルスペースから分離可能に
  - InnoDB 用情報スキーマの追加
  - memcached API によるアクセス
- ◆ レプリケーション
  - 自動フェイルオーバーのための GTID
  - バイナリログのチェックサム
  - クラッシュセーフ
  - マルチスレッドスレーブ
  - 行ベースレプリケーションのデータ効率改善
  - mysqlbinlog のリモートアクセス

- 遅延レプリケーション
- ◆ オプティマイザ
  - サブクエリの高速化（Semi-Join）
  - Index Condition Pushdown（ICP）最適化
  - Multi Range Read（MRR）最適化
  - Batched Key Access（BKA）`JOIN` 最適化
  - `SELECT` 以外のクエリに対する `EXPLAIN`
  - オプティマイザトレース機能
- ◆ セキュリティの強化
  - クライアントのための難読化したパスワード
  - SHA-256 認証
  - パスワード強度のポリシー
- ◆ パーティショニングの改良
  - パーティション数の増加
  - `EXCHANGE PARTITION`
  - DML におけるパーティションの明示的な指定
  - ロックの改良
- ◆ `SIGNAL/RESIGNAL`
- ◆ 診断領域
- ◆ 時間型の秒に対する小数点のサポート

　如何だろう。MySQL 5.5 と比べて格段に新機能が多いと感じないだろうか。ひとついえることは、MySQL の開発速度は凄い勢いで加速しているということである。特に、MySQL の強みである InnoDB とレプリケーションに対する改良が手厚く進められている。MySQL 5.6 の時点でも、堅牢で高速に動作するという点では比類なき RDBMS といってよいだろう。

1.2.9　そして、MySQL 5.7 へ……（2015 年 10 月正式版リリース）

　これまで見てきた MySQL の開発の歴史では、紆余曲折はあったものの製品が徐々に成熟し、加速的に進化していく様子を感じ取っていただけたのではないかと思う。もちろん、最新バージョンである MySQL 5.7 でも、進化の勢いは衰えていない。MySQL 5.7 の新機能は、MySQL 5.5 以降の流れと同様、既存機能の拡張あるいは改善が主眼に置かれている。MySQL 5.7 の新機能の数は膨大で、ブログで紹介するのを諦めて、書籍としてまとめる決意をするのに十分であった。

　MySQL 5.7 を使ううえでの注意としては、機能が増えすぎていることが挙げられる。基本的な使い方にドラスティックな変化はないが、チューニングなどには新たな定石が必要となっており、勝手が違う部分もあるだろう。エキスパートとして使いこなすには、覚えることがたくさんがあるというのは頭の痛い問題である。古参のユーザーは、ぜひ本書で知識をリフレッシュしていただきたい。

第 1 章　MySQL の概要

　本書では関連の機能を 1 つの章にまとめるなどの工夫を行っているが、最終的には 175 もの新機能を解説するに至った。当然ながら、すべてをこの場でリストアップするには多すぎる。次章以降をじっくりと読み進めながら、その内容を吟味していただきたい。

2

レプリケーション

MySQL 5.7 の新機能は数多く存在するが、その中でも最初にレプリケーションを取り上げるのには理由がある。それは、レプリケーションは変更点も多く、そのインパクトも極めて大きいからだ。MySQL のレプリケーションはとても人気の高い機能である。MySQL ライフの充実は、レプリケーションを如何に上手く使うかにかかっているといっても過言ではないだろう。MySQL 5.7 では、取り扱いが簡単になった部分もあれば、構造が複雑になった部分もある。ぜひニーズに合った使い方を模索していただきたい。

2.1　レプリケーションの基本構造

レプリケーションの各種機能に迫る前に、基本的な構造と使い方をおさらいしておこう。すでに基本構造を十分に理解しているという方は、本節を読み飛ばしてもらって構わない。これまで MySQL のレプリケーションを使ったことがない、あるいは構造についておさらいをしたいという方は、じっくりと読んでいただきたい。

2.1.1　動作原理

MySQL に限ったことではないと思うが、レプリケーションの背後にある考え方は極めてシンプルである。すなわち、「2 つのデータベースに含まれるデータが同じであり、それに対して加える変更も同じであれば、結果も同じになる」というものである。マスターに対してどのような変更が加えられたかを連続的に記録し、同じ変更をスレーブへ転送する。スレーブ上では、マスターから送られてきた変更履歴を連続的に再生する。そうすることで、スレーブのデータはマスターに追随することになる。

この仕組みを実現するために、MySQL には次のような機能が実装されている。

◆ マスター上の変更を記録するためのバイナリログ
◆ スレーブへデータを転送するためのマスタースレッド
◆ スレーブ上でデータを受け取り、リレーログに記録するための IO スレッド

17

◆ リレーログからデータを読み取り、それを再生するための SQL スレッド

MySQL のレプリケーションの構造を模式的に表したものを図 2.1 に示す。

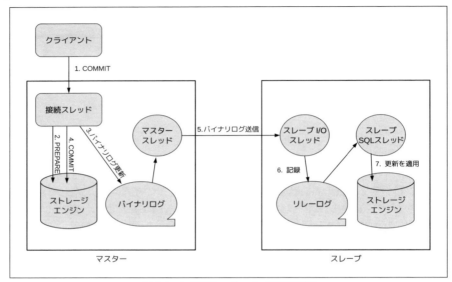

図 2.1　レプリケーションの構造概要

こういった仕組みを使い、MySQL では非同期型のレプリケーションを実装している。非同期型とは、マスター上で変更が行われたあとでスレーブへ変更データを転送し、スレーブがマスター上の変更のタイミングとは無関係に変更を再生するというものである。スレーブのデータはマスターとは完全に同期しておらず、非同期つまりほんの僅かだけ遅れて追随することになる。

2.1.2　バイナリログ

バイナリログとは、MySQL サーバー上で発生したすべての変更を直列化し、記録するための仕組みである。バイナリログは MySQL のデータディレクトリ上に作成され、`log_bin` オプションで指定したファイル名のプレフィックスに、6 桁の連番が付いた名前のファイルとして格納される。例えば、`log_bin` オプションで `mysql-bin` という名前を指定すると、最初のバイナリログのファイル名は `mysql-bin.000001` となり、ファイルサイズが大きくなったり、明示的なローテーションが行われると、次の番号のファイルが用いられる。例えば `mysql-bin.000002` という具合だ[1]。内部的には `unsigned long` が用いられているので、例えば x86_64 アーキテクチャの Linux 上の gcc でコンパイルしたバイナリであれば、8 バイト

---

[1] ちなみに、バイナリログのファイル数が 100 万を越えても、ファイル名の数字の桁が増えて桁溢れが生じないようになっているので安心してほしい。

（64 ビット）の符号なし整数値の限界まで大丈夫だ。実用上まったく問題にはならないだろう。

MySQL サーバーが作成し、現在保持しているバイナリログの情報は、バイナリログインデックスファイルに格納されている。バイナリログインデックスファイルは、`log_bin` オプションの引数の名前に、`.index` という拡張子を加えたものになっている。例えば、`mysql-bin.index` という具合だ。このファイルはテキストファイルであり、バイナリログファイルの名前がリストアップされている。実際に存在するバイナリログファイルと、バイナリログインデックスファイルの中身は同じでなければならない。例えば、バイナリログインデックスファイルを編集して、エントリを勝手に削除するというような操作をしてはならない。MySQL サーバーがそのバイナリログファイルを見つけることができなくなってしまうためだ。`SHOW BINARY LOGS` コマンドを利用することで、バイナリログの一覧を表示できる。このコマンドは、バイナリログインデックスファイルの中身を読み取り、なおかつ個々のバイナリログを開いて、ファイルサイズを読み取って表示するというものである。バイナリログの中身には一切関知しない。バイナリログの中身を見るには、`SHOW BINLOG EVENTS` コマンドを使うか、`mysqlbinlog` というプログラムを利用する。

MySQL 5.0 までのバージョンでは、バイナリログには SQL 文（ステートメント）そのものが記録されていた。そのようなバイナリログを再生するということは、それらの SQL 文を順に実行するということにほかならない。この方式はステートメントベースフォーマット、あるいはレプリケーションのためにバイナリログが利用される場合にはステートメントベースレプリケーション（以下、SBR）と呼ばれる。SBR の問題点は、SQL の種類によっては、実行結果が必ずしも一致しないことである。

例えば、`UUID()` 関数を含むものが代表的である。`UUID()` 関数は、呼び出されるたびに新しい、世界に1つしか存在しないであろう ID を生成する。そのため、マスターとスレーブでは結果が異なってしまう。マスターとスレーブで結果が異なると、データに差異が生じることになり、レプリケーションの前提であるマスターとスレーブが同じデータであるという条件が成立しなくなってしまう。実行するたびに結果が同じになることが保証されない SQL は、非決定性（Non-deterministic）であるといわれ、SBR にとっては天敵といえる。非決定性の SQL はほかにも多数存在するのでリストアップしておく[2]。SBR を利用する際には、これらの SQL に十分注意してほしい。

- ◆ 非決定性の UDF やストアドプログラムを含む SQL 文
- ◆ `ORDER BY` 句なしで `LIMIT` 句が適用された `UPDATE` または `DELETE`
- ◆ 次の関数を含む SQL 文
  - `LOAD_FILE()`
  - `UUID()`/`UUID_SHORT()`
  - `USER()`
  - `FOUND_ROWS()`
  - `SYSDATE()`
  - `GET_LOCK()`
  - `IS_FREE_LOCK()`

---

[2] 非決定性の判定基準は年々増加している。

第 2 章　レプリケーション

- IS_USED_LOCK()
- MASTER_POS_WAIT()
- RAND()
- RELEASE_LOCK()
- SLEEP()
- VERSION()

　このような非決定性の SQL という問題を克服するため、MySQL 5.1 において、行ベースフォーマット、あるいは行ベースレプリケーション（以下、RBR）というモードが追加された。これは文字どおり、SQL を実行した結果、変更が生じた行の変更前と変更後の値を記録するという方式である。行単位でデータを記録するため、SBR よりもバイナリログのサイズが大きくなるという欠点はあるものの、SQL が非決定性かどうかに振り回される心配はない。MySQL 5.1 以降のバージョンでは、RBR だけでなく SBR も依然として利用可能であり、ユーザーが必要に応じてフォーマットを選択できるようになっている。

　バイナリログにはもうひとつフォーマットの種類が存在する。Mixed ベースフォーマット、あるいは Mixed ベースレプリケーション（以下、MBR）というものだ。これは、SBR と RBR を必要に応じて使い分けるというもので、最初は SBR でバイナリログを記録しようと試み、もし非決定性の SQL が出てきたら RBR に自動的に切り替えてくれる。そのため、非決定性の SQL 文によってデータに不整合が生じてしまうという心配はない。SBR はサイズが小さく、RBR は堅牢である。MBR はそれら 2 つの良いとこ取りのフォーマットなのだ。

2.1.3　レプリケーションを構成するスレッド

　MySQL サーバー上で、どのようにレプリケーションが実装されているかを理解するには、どのような役割のスレッドが存在するかを知るのが近道である。以下に、MySQL のレプリケーション関連のスレッドについて説明する。

2.1.3.1　マスタースレッド

　MySQL のレプリケーションでは、マスターがサーバーでスレーブがクライアントという関係になっている。別の言い方をすると、レプリケーションのための接続は、スレーブからマスターへ接続する形となる。そのため、マスター上にはスレーブがログインするためのアカウントが必要であり、権限として REPLICATION SLAVE を付与しておく必要がある。マスターから見てスレーブはクライアントのひとつであるため、スレーブが複数存在するとスレーブの数に応じたマスタースレッドが生成されることになる。

　マスタースレッドの役割はたったひとつ、バイナリログを読み取ってスレーブへ送るということである。そのため、マスタースレッドは別名 Binlog Sender あるいは Binlog Dump スレッドとも呼ばれる。意外かもしれないが、マスターはスレーブが接続してきたときに自動的にバイナリログの送信を開始するわけではない。接続当初はスレーブはたんなるクライアントのひとつであり、通常のユーザースレッドと何ら違いはなく、ログインしただけではスレーブかどうかの判別はできない。ではどうやってバイナリログ

の送信を開始するかというと、ログインしたあとにバイナリログを送信するようにスレーブが指示を出すのである。

スレーブがマスターへバイナリログの送信を依頼するコマンドには、2つのバリエーションがある。`COM_BINLOG_DUMP` と `COM_BINLOG_DUMP_GTID` だ。前者はバイナリログファイル名とポジションによって、後者は GTID によってバイナリログ送信のポジションを決定する。GTID は MySQL 5.6 で追加された機能であり、本章で後ほど詳しく解説する。なお、これらのコマンドは SQL 文ではないので、mysql CLI を使って MySQL サーバーへログインし、これらのコマンドを入力してもバイナリログの送信は始まらない。これらはプロトコルレベルのコマンドであり、SQL ではないからである[3]。

2.1.3.2　スレーブ I/O スレッド

スレーブ I/O スレッドは 2 種類あるスレーブのスレッドのうちのひとつある。省略して IO スレッドと呼ばれることが多く、本書では以降この省略形を用いる。IO スレッドは、マスターへ接続し、`COM_BINLOG_DUMP` あるいは `COM_BINLOG_DUMP_GTID` コマンドを発行して、マスターから連続的に更新を受け取り、受け取った更新データをリレーログと呼ばれるログファイルに保存する。リレーログのフォーマットはバイナリログとまったく同じであり、受け取ったデータを右から左へ受け流すように書き込んでいくわけである。リレーログにも、バイナリログと同様に、インデックスファイルが存在する。リレーログの中身を見るには、`SHOW RELAYLOG EVENTS` を使う。リレーログは自動的にローテートされ、不要になったら削除されるのだが、リレーログの一覧を見るためのコマンドは何故か存在しない。

リレーログはレプリケーションを開始すると、自動的に作成される。リレーログもバイナリログと同じように、6 桁の連番を持つファイル名が付けられるのだが、デフォルトではその接頭辞は、ホスト名 `-relay-bin` となっており、注意が必要である。というのも、ホスト名が名前の一部に含まれているため、スレーブのデータをほかのマシンへ移植したときなどには、リレーログを見つけられなくなってしまうからだ。リレーログの接頭辞を指定するには、`relay_log` オプションを使用する必要があり、使用が推奨されている。

2.1.3.3　スレーブ SQL スレッド

スレーブ SQL スレッドは、リレーログから更新の差分を読み取り、スレーブ上で再生するためのスレッドである。IO スレッドのときと同様、たんに SQL スレッドと呼ばれる。どちらかといえば、IO スレッドよりもこちらのスレッドのほうが処理量が多く、処理の遅れが生じがちである。悪名高い Seconds Behind Master（以下、SBM）を増大させる原因になるのは、SQL スレッドの性能不足なのだ。後述するが、MySQL 5.7 では SQL スレッドのスループットを向上させるための機能が追加されている。

2.1.4　レプリケーションのトポロジ

MySQL のレプリケーションは、マスター・スレーブ型の構成を基本としている。レプリケーションを構成するためには、マスターからスレーブへバイナリログを送信してスレーブで再生するという仕組みさ

---

[3] プロトコル上で SQL の実行を依頼する場合には、`COM_QUERY` というコマンドが用いられる。

え守ればよい。その範囲で、じつにさまざまな形のレプリケーショントポロジが存在する。MySQL のレプリケーションのトポロジの例を図 2.2 に示す。

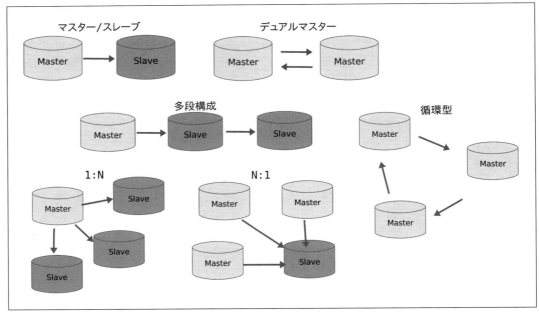

図 2.2　さまざまなレプリケーションのトポロジの例

　例えば、1 つのマスターが受け持つことができるスレーブは 1 つだけだとは限らない。1 つのマスターに複数のスレーブが存在しても構わないのである。いわゆる 1 : N の構成だ。これは、参照の負荷を分散させる目的でよく使われる極めてポピュラーなトポロジである。

　スレーブはほかの MySQL サーバーのマスターになることができる。マスター→スレーブ 1→スレーブ 2 という風に順番にデータを転送するようなものは、多段構成とかカスケードと呼ばれる。また、2 つの MySQL サーバーが、互いに相手がマスターでありスレーブになるというような構成も可能だ。非同期型レプリケーションであるため、更新のタイミングによっては 2 つの MySQL サーバーのデータに不整合が生じるリスクがあるので、アプリケーションの作りには注意が必要だが、そのようなデュアルマスター構成を組むことも可能である。MySQL サーバー 3 つ以上で、そのように互いにスレーブになるようにしたい場合は循環型の構成となる。

　後述するが、MySQL 5.7 ではこれらのトポロジに加え、N : 1 の構成いわゆるマルチソースレプリケーションと呼ばれるものが追加されている。マルチソースとは 1 つのスレーブが更新データの送信元（マスター）を複数持つことができる構成である。当然、マルチソースとほかのトポロジを組み合わせることも可能である。

2.2　レプリケーションのセットアップ概要

本書を読まれている方は、すでに MySQL のレプリケーション環境を構築された経験があるかもしれないが、おさらいのため、そして解説の出発点とするため、改めて最も基本的な構成のレプリケーションのセットアップ手順について触れておこう。

2.2.1　マスター側の設定

マスター側で必要な設定は、バイナリログを有効化し、スレーブからの接続受け入れの準備をすることである。具体的には、次のような準備が必要である。

2.2.1.1　server_id の設定

レプリケーションを構成する MySQL サーバーは、いずれも固有の ID を持つ必要がある。server_id はバイナリログにも記録される。そうすることで、バイナリログを受け取ったスレーブが、どの MySQL サーバーが更新の発信源になっているかを認識できる。なぜそのようなことが必要なのかというと、MySQL のレプリケーションでは循環型のようなトポロジも考慮しているからである。

循環型のレプリケーションでは、自分が実行した更新も巡り巡って自ら受け取ることになる。だが、すでに実行した更新は再び自分で実行してはいけない。更新が INSERT なら重複キーエラーになってしまうし、UPDATE ではデータに矛盾が生じてしまうかもしれない[4]。そもそも、同じイベントを発信源の MySQL サーバーが実行してしまうと、その結果がバイナリログにイベントが記録され、無限ループになってしまうだろう。それを防ぐには、自分が実行したイベントであることを認識する手段が必要になる。そのひとつが server_id である。

server_id は、32 ビットの符号なし整数として設定する。これはサーバーを識別するための ID なので、レプリケーションを構成する MySQL サーバーのあいだで重複しないようにしなければならない。よく使われるのは、IP アドレスのサブネット部分を server_id に利用する方法である。これであれば、同じサブネット内にすべての MySQL サーバーがある場合、server_id の重複は生じない。ただし、1 つのホスト上で複数の MySQL サーバーを実行している場合には、この方法は利用できないか何らかの工夫が必要となる。

2.2.1.2　バイナリログの有効化

レプリケーションにはバイナリログが必須である。log_bin オプションを my.cnf に書いて再起動しよう。

---

[4] SET col1 = col1 + 1 という風に、カラムの値をインクリメントする場合を考えてみよう。

第2章 レプリケーション

2.2.1.3 スレーブ接続用アカウントの作成

こちらもすでに解説したとおりである。REPLICATION SLAVE を持ったユーザーを、スレーブからログイン可能な状態にしておく。MySQL のユーザーアカウントは、どのクライアントからログインするかによって異なるユーザーであると認識される仕組みになっている。そのため、スレーブが複数あれば、スレーブの数だけアカウントを作成する必要がある。ただし、MySQL では接続元のホスト名をワイルドカードで指定したり、IP アドレスとネットマスクの組み合わせで表現する方法がある。そのテクニックを使えば、ひとつのアカウントで複数のスレーブからログインできるようになる。アカウント管理の手間を省きたい場合に便利だろう。**リスト2.1** は、レプリケーション用のアカウント作成例である。

リスト2.1　スレーブ接続用アカウントの作成

```
mysql> CREATE USER 'repl'@'192.0.2.0/255.255.255.0' IDENTIFIED BY 'secret';
mysql> GRANT REPLICATION SLAVE ON *.* TO 'repl'@'192.0.2.0/255.255.255.0';
```

2.2.2　スレーブへデータをコピー

新規に MySQL サーバーをインストールし、同時にレプリケーションを設定する場合には、データをコピーする必要はない。そうではない場合、つまり既存の MySQL サーバーをマスターとし、新たにスレーブを追加したい場合には、マスターからスレーブへのデータのコピーが必要になる。

データをコピーするにはまずマスターからバックアップを取り、スレーブへリストアする。バックアップを取るタイミングはマスター上でバイナリログを有効化してからにすべきである。そうしなければ、バイナリログを有効化するまでに行われた更新がすべて喪失してしまい、マスターとスレーブのデータを同じにできないからである。

さまざまなバックアップツールがあるが、ここで利用するものはバイナリログのファイル名とポジションを取得できるものでなければならない。例えば、MySQL サーバーに標準で添付されている **mysqldump** では、**--master-data=2** を指定するとよい。コールドバックアップであれば、そのときの最新のバイナリログファイルの次の番号を持ったバイナリログの先頭が、適切な開始位置となる。再起動時にバイナリログがローテートされるためである。MySQL Enterprise Backup の場合には、**apply-log** 実行時かリストアした MySQL サーバーを起動したときに、エラーログにバイナリログの情報が出力される。

バックアップを取得したらそれぞれ適した方法を用いてスレーブへリストアしよう。その状態のスレーブのデータは、取得したバイナリログのファイル名とポジションを記録したときのマスターのデータとまったく同じになっているはずだ。

2.2.3　スレーブの設定

マスターの準備が整ったら、いよいよスレーブからマスターへ接続を実行する。そのためにスレーブ上で必要なオプションを設定し、その後 MySQL サーバー上でコマンドを使用してレプリケーションを設定、開始する。

2.2.3.1 `server_id`の設定

スレーブ側のオプションの設定は特に難しくはない。最低限必要なのは、ほかの MySQL サーバーとは重複しない、ユニークな `server_id` を付けるだけである。

2.2.3.2 レプリケーションの設定

レプリケーションの設定は、`CHANGE MASTER` コマンドで行う。初回であっても `CHANGE`（変更）というのはやや不自然に思えるかもしれないが、そういうものだと割り切ってコマンドを使ってほしい。**リスト 2.2** は `CHANGE MASTER` コマンドの実行例だ。

リスト 2.2　`CHANGE MASTER` コマンドの実行例

```
mysql> CHANGE MASTER TO
    ->       MASTER_HOST='マスターのホスト名またはIPアドレス',
    ->       MASTER_PORT=3306,
    ->       MASTER_LOG_FILE='mysql-bin.000777',
    ->       MASTER_LOG_POS=12345678,
    ->       MASTER_HEARTBEAT_PERIOD=60;
```

リスト 2.2 には、`MASTER_USER` と `MASTER_PASSWORD` が含まれていない点に注目してほしい。じつは、MySQL 5.6 から `CHANGE MASTER` コマンド実行時にマスターへ接続するのに使用するパスワードを指定すると警告が出るようになった。これは、平文でパスワードを保存することに対するセキュリティ上の懸念からである。もしここでパスワードを指定すると、スレーブ上の `master.info` ファイルか、リポジトリがテーブルに指定されているなら `mysql.slave_master_info` テーブルに平文で保管される。平文のパスワードはほかから読まれてしまうリスクがあるため、次で述べるように `START SLAVE` でログインに必要な情報を指定することが推奨される。なお、`START SLAVE` でパスワードを指定する場合、そのコマンドを実行するセッションが SSL 接続でなければ、別の警告が発生する。パスワードがネットワーク上を暗号化せずに流れてしまい、盗聴のリスクが発生するからだ。ファイルやテーブルからパスワードが盗まれても、ネットワーク通信時に盗聴されても被害は同じのため十分に対策をしたうえで設定を行ってほしい。

2.2.3.3 レプリケーションの開始

最後に `START SLAVE` コマンドでレプリケーションを開始する。**リスト 2.3** に実行例を示す。

リスト 2.3　`START SLAVE` コマンドの実行例

```
mysql> START SLAVE USER = 'repl' PASSWORD = 'secret';
```

コマンドの実行が終了したら、レプリケーションが正常に動作していることを確認しよう。ステータスの確認には、`SHOW SLAVE STATUS` コマンドを利用するのが基本である。特にオプションを指定する必要はなく、た

第 2 章　レプリケーション

んに SHOW SLAVE STATUS と入力して実行すればよい。Slave_IO_Running および Slave_SQL_Running
という項目があるので、これらが Yes になっていることを確認しよう。それから、マスター上で何か変更
（テストテーブルを作成して行を INSERT するなど）をして、スレーブ上でその変更が反映されていること
を確認するとよいだろう。

　以上でレプリケーションを利用する環境が整った。MySQL 5.7 に追加された新機能を見ていこう。

2.3　パフォーマンススキーマによる情報取得 ▶▶▶ 新機能 1

　MySQL 5.6 までのバージョンでは、スレーブの状態を調べる方法は、SHOW SLAVE STATUS コマンドし
かなかった。これはわりと不便で、必要な情報だけを切り取ったり、SQL として情報スキーマと組み合わ
せたりして柔軟な情報の取得をすることはできなかった。MySQL 5.7 ではこの点が改良され、パフォー
マンススキーマから情報を取得できるようになったのである。地味だが、管理ツールや監視用のスクリプト
などを作る人には有益な新機能といえよう（そうでない人にはどうでもよい機能かもしれない）。パフォー
マンススキーマそのものについては第 5 章で改めて取り上げる。

　MySQL 5.7 で追加されたパフォーマンススキーマのテーブルを表 2.1 に示す。SHOW SLAVE STATUS
に含まれていた情報が[5]、IO スレッドと SQL スレッドごと、さらには設定とステータスへと分割された
ため、個別の情報が見やすくなった。コーディネーターとワーカーについては本章で後ほど説明する。

表 2.1　新たに追加されたパフォーマンススキーマのテーブル

テーブル名	説明
replication_applier_configuration	SQL スレッドの設定を表示する
replication_applier_status_by_coordinator	コーディネータースレッドのステータスを表示する
replication_applier_status_by_worker	ワーカースレッドのステータスを表示する
replication_connection_configuration	IO スレッドの設定を表示する
replication_connection_status	IO スレッドのステータスを表示する
replication_group_member_stats	将来のために予約されているテーブル。現在は利用されていない
replication_group_members	将来のために予約されているテーブル。現在は利用されていない

2.4　GTID の進化

　MySQL 5.6 で GTID という機能が追加された。当初はトラブルも多く、使い方もイマイチ理解されて
おらず、十分に活用されていなかったのではないかと思う。MySQL 5.7 では GTID 関連の機能も拡充さ
れており、実戦での利用に適するように進化した。本節では、GTID の新機能について解説する前に、そ

---

[5] Seconds_Behind_Master など、現時点のバージョンでは未対応のものもある。

もそも GTID とは何かということに簡単に触れておく。

2.4.1 GTID とは

GTID（Global Transaction ID）とは、バイナリログに記録される個々のトランザクションに、世界で固有の ID を付けるという機能である。GTID は、次のようなフォーマットで表現される。

発信源となった MySQL サーバーの ID:トランザクション ID

発信源となった MySQL サーバーの ID は、UUID を用いて生成される。UUID は、サーバーの初回起動時に決定され、データディレクトリ配下の `auto.cnf` というファイルに格納される。もし MySQL サーバー起動時に `auto.cnf` が存在する場合には、そのファイルの中身の値が利用される[6]。

トランザクション ID は 1 から始まり、単調増加する連番である。トランザクションがコミットするごとにインクリメントされる。具体的には GTID は次のような見た目をしている。

`00018785-1111-1111-1111-111111111111:1`

これはあるサーバーで実行された 1 つ目のトランザクションの GTID を表している。最初のトランザクションであることは、コロンのあとの数字が 1 であることから判断できる。

トランザクション ID は数値の範囲で表現することも可能だ。例えば、最初から 999 番目の一連のトランザクションには `1-999` というような表記が用いられる。GTID は、どのトランザクションを実行したかということを、このようなトランザクションの ID の範囲で表現する。範囲で表現された一連の GTID は、GTID セットと呼ばれる。循環レプリケーションやマスターの切り替え（スレーブの昇格）などによって、すでに適用したことがある GTID を受け取った場合、実行したことがあるものであればスキップする。

GTID は 1:N 型のレプリケーションにおけるスレーブの自動昇格で利用される。マスターが何らかのトラブルによって使えなくなってしまった場合に、最も進んでいるスレーブを昇格させ、新たなマスターとするような使い方のことである。ちなみに、準同期レプリケーションを利用していれば、最も進んだスレーブはマスターがクラッシュした時点のデータとまったく同じデータを持っているはずである。したがって、そのようなスレーブを新たなマスターとすることで、一切のデータを失うことなくサービスを継続できる。

ここで問題になるのは、どうやってスレーブをマスターに昇格させるかということだ。マスターに昇格させるのに必要なことは次に挙げる 2 点である。

◆ アプリケーションからの更新先を変える
◆ 新たにマスターへ昇格した元スレーブから、ほかのスレーブがレプリケーションのための更新を受け取る

前者は、スレーブ昇格時に接続先を切り替えるような仕組みがアプリケーション側に必要となる。

---

[6] そのため、コールドバックアップを用いてサーバーを複製する場合には、UUID が重複してしまうのを避けるため、`auto.cnf` はコピーしないよう注意が必要である。

第2章　レプリケーション

　GTIDがないMySQL 5.5以前のバージョンでは、スレーブの昇格は非常に難しい問題であった。特に
MHAが登場する前は手作業でスレーブ間の差異を解決するしかなく、スレーブの昇格は極めて大変な作
業であった。MHAとは、元MySQLのコンサルタントでOracle ACE Directorである松信氏によって
開発された、自動昇格のためのツールである。MHAについての詳細を知りたい人は次のURLを参照し
てほしい。

https://code.google.com/p/mysql-master-ha/

　将来的に昇格するかもしれないスレーブは、`log_bin`オプションと`log_slave_updates`オプションを
付けることでバイナリログを出力する設定になっているだろう。最も進んだスレーブのバイナリログには、
マスターが行った更新が最も多く（あるいは最も新しい時点のものまで）含まれているはずだ。しかし、ス
レーブ上のバイナリログの中身を見ても、それぞれのイベントがマスターのどのイベントに対応するかと
いうことは分からない。スレーブはマスターとは違うタイミングでバイナリログのローテーションをする
かもしれないし、一見同じイベントに見えても、たまたま更新の内容が同じだっただけかもしれない。
　一方、スレーブが複数あっても、スレーブ間で何ら連携が取られるわけではない。個々のスレーブそれ
ぞれがマスターからバイナリログを受け取って、各々のペースで再生するだけである。スレーブの負荷次
第でレプリケーションの進み具合にも差が生じてしまう。SQLスレッドの進み具合は時間が解決してくれ
るのでそれほど問題ではないが、もしIOスレッドが受け取ったバイナリログの進み具合に差があると、そ
の差分を埋める作業が極めて面倒なのだ。何故なら、スレーブ自身が生成するバイナリログと、マスター
が生成したバイナリログのあいだの関係を示す情報がないからである。
　GTIDがあれば、バイナリログ内の個々のトランザクションは一意に識別できるので、根本的にこのよ
うな問題は発生しない。ちなみに、MHAではこの問題を各スレーブのリレーログの差分を作成すること
で解決している。MHAが登場してから、スレーブの昇格にまつわる問題はかなりその範囲が狭まったよ
うに思う。MHAは1:N型以外のトポロジでは使えないなど若干制限はあるのだが、十分実用的である。
したがって、GTIDは若干出遅れた感がなきにしもあらずなのだが、スレーブ間の差異を解決するという
課題を抜本的かつ汎用的なアプローチで解決している。また、公式にサポートされる機能であるという点
も重要である。そのため、GTIDには将来的にもバグ修正や改良が継続されるという安心感がある。

2.4.2　オンラインでGTIDを有効化 ▶▶▶ 新機能2

　MySQL 5.6においてGTIDを使用する最大の障壁となっていたのは、GTIDをオンラインでつまり
MySQLサーバーを停止せずに有効化する手段がなかったことだろう。GTIDの利用を開始するには、次
のような手順を踏む必要があった。

1. マスターへの更新を停止し、スレーブが追いつくのを待つ
2. マスターとスレーブを停止する
3. GTID関係のオプションをマスターとスレーブ双方で有効化する
4. マスターとスレーブを起動する。ただし、スレーブは`--skip-slave-start`オプションを付ける

5. スレーブ側で `MASTER_AUTO_POSITION = 1` を指定して、`CHANGE MASTER` コマンドを実行する

6. レプリケーションを開始する

　詳細な手順は省略するが、いくつかポイントを見ておきたい。まずは、手順（3）のところで示したオプションについてである。**リスト2.4** のオプションを、スレーブとマスターの双方で有効化する必要がある。なぜスレーブ上で `log_bin` が必要なのかと思われるかもしれないが、それは適用済みの GTID の情報が、バイナリログに格納されるためである。`enforce_gtid_consistency` であるが、これはマスター上で実行される SQL 文が GTID 互換であることを保証するものである。例えば、テーブルの作成と行の挿入を同時に行う `CREATE TABLE ... SELECT` という SQL 文は GTID とは併用できない。`enforce_gtid_consistency` は、そういった SQL 文などを排除するためのオプションである。

リスト2.4　GTID 用オプション

```
[mysqld]
gtid_mode=ON
enforce_gtid_consistency
log_bin=mysql-bin
log_slave_updates
```

　手順（5）の `CHANGE MASTER` は**リスト2.5** のようになる。**リスト2.2** と比べ、`MASTER_AUTO_POSITION = 1` が指定されており、バイナリログの情報が不要になっている。GTID を利用した場合、スレーブがマスターへ送信するコマンドは、`COM_BINLOG_DUMP` ではなく `COM_BINLOG_DUMP_GTID` に変化する。それにより、マスター側で GTID に基づいて適切なバイナリログの検索が行われるのである。

リスト2.5　GTID 使用時の `CHANGE MASTER` コマンド

```
mysql> CHANGE MASTER TO
    ->      MASTER_HOST='マスターのホスト名またはIPアドレス',
    ->      MASTER_PORT=3306,
    ->      MASTER_AUTO_POSITION = 1,
    ->      MASTER_HEARTBEAT_PERIOD=60;
```

　このよう便利な GTID ではあるが、やはりマスターとスレーブの双方を停止しなければならないというのは、なかなか受け入れ難いものがある。そこで、MySQL 5.7 では GTID の有効化がオンラインでもできるようになった。その手順は次のようになる。

1. すべての SQL 文を GTID 互換にする

2. マスターとスレーブで GTID が生成されるようにする

第 2 章　レプリケーション

3. フルバックアップを取得する

4. GTID レプリケーションに切り替える

　なお、それぞれのスレーブでは、すでに `log_bin` と `log_slave_updates` が有効になっているものとする。この 2 つのオプションはオンラインでは変更できないので、事前に設定しておく必要がある。ただし、スレーブ側のオプションであるため、これらが有効になっていない場合でも、順次再起動することでサービスを全停止させないといった工夫の余地はある。

　それでは、オンラインで GTID を有効化する手順について順番に詳細を見ていこう。

2.4.2.1　手順（1）すべての SQL 文を GTID 互換にする

　これは MySQL 側の課題ではなく、アプリケーション側の課題である。だが、MySQL 側で何らそのタスクを補助する仕組みが用意されていないわけではない。ここで役に立つのが `enforce_gtid_consistency` オプションだ。このオプションを `ON` にすると GTID 非互換の SQL 文がエラーになるため、GTID 非互換の SQL 文があるかを判定できるというわけだ。ただし、いきなり既存の SQL 文がエラーになってしまうとアプリケーションの実行に影響が出てしまう。そこで MySQL 5.7 では、`enforce_gtid_consistency` に `WARN` という引数を指定できるようになった。これは動的に変更可能で、**リスト 2.6** のように `SET` コマンドで変更する。

リスト 2.6　GTID 非互換の SQL 文に警告を出す設定

```
SET GLOBAL enforce_gtid_consistency = WARN;
```

　`enforce_gtid_consistency` を `WARN` にすると、GTID 非互換の SQL 文がエラーになるのではなく警告になる。警告文はエラーログに出力される。運用中にこの警告が出なくなるまで、アプリケーションを修正する必要がある。警告が出なくなれば、GTID 互換の SQL だけが実行されているというわけである。

　GTID 非互換の SQL 文には、次のようなものがある。種類は少ないのでアプリケーションからこれらの SQL を地道に取り除いてほしい。

◆ `CREATE TABLE … SELECT`

◆ トランザクションの途中で `CREATE TEMPORARY TABLE` あるいは `DROP TEMPORARY TABLE` を実行する

◆ 1 つのトランザクションあるいは SQL 文で、トランザクション対応のテーブルと非対応のテーブルの両方を更新する

　`SET GLOBAL` で設定を変更したら、再起動してもその設定が消失することがないよう、`my.cnf` にも `enforce_gtid_consistency = WARN` の設定を書いておこう。しばらくこの状態で運用し、GTID を有効にしてもよいかどうかを見極める。アプリケーションのすべての機能を使用しても、つまりアプリケーションが発行する可能性のある SQL のパターンを網羅しても警告が出ない場合には `enforce_gtid_consistency`

= ON にする。そうすることで、GTID 非互換の SQL 文はすべてエラーになり、バイナリログには GTID 非互換の SQL 文やトランザクションは一切記録されなくなる。ON にした場合も先ほどと同様、SET GLOBAL で設定変更したあと、my.cnf にも記述しておこう。

2.4.2.2　手順（2）マスターとスレーブで GTID が生成されるようにする

このステップでは、すべてのサーバーでバイナリログに GTID が記録されるようにする。ここで用いられるのが、gtid_mode オプションだ。変更方法は、先ほどの enforce_gtid_consistency と同じように、SET GLOBAL で動的に稼働中のサーバー上で設定を変更したあと、my.cnf にも設定を反映するという方法を採る。さて、ここで問題になるのは、gtid_mode の値に何を指定すればよいかということである。これには 3 段階の設定が必要であり、やや面倒である。

まず、すべてのサーバーで gtid_mode の値を OFF から OFF_PERMISSIVE へと変更する。この状態では、マスターとスレーブは新たに GTID を生成することはないが、スレーブはマスターから GTID を含んだバイナリログを受け取ってもよいし、GTID を含まないバイナリログを受け取ってもよい。

すべてのサーバーで OFF_PERMISSIVE への変更が完了したら、次は ON_PERMISSIVE へと変更する。この状態では、マスターとスレーブは新たに GTID を生成するようになる。スレーブは先ほどの場合と同様、マスターから受け取ったバイナリログに GTID が含まれていてもいなくてもよい。ここで、すべてのスレーブが GTID モードに切り替わるのを待つ。そのためには、Ongoing_anonymous_transaction_count というステータス変数があるので、リスト 2.7 のように値を確認しよう。

リスト 2.7　GTID モードになるかどうかの判定法

```
SHOW GLOBAL STATUS LIKE 'Ongoing_anonymous_transaction_count';
```

このステータス変数の値が 0 になるまで待てば、すべてのバイナリログが GTID モードに切り替わったことになる。

GTID モードに切り替わったことを確認すれば、もはや PERMISSIVE な設定は不要なので、すべてのサーバーで gtid_mode を ON に変更する。

2.4.2.3　手順（3）フルバックアップを取得する

なぜこの段階でフルバックアップを取る必要があるかというと、GTID モードの切替時にはバイナリログに GTID モードが ON のイベントと OFF のイベントが混在してしまうからである。それらが混在していると、ロールフォワードリカバリでバイナリログを再生するときに問題になってしまう。厳密には、gtid_mode が PERMISSIVE な設定であれば問題にはならないのだが、PERMISSIVE ではない OFF や ON の場合には、GTID モードでないイベントが含まれたバイナリログはそのまま再生できないのである。移行期間以外では PERMISSIVE ではない設定が用いられているはずであるから、GTID モードの ON/OFF の混在は、リカバリ時のトラブルの元になってしまう。

第 2 章　レプリケーション

　フルバックアップの方法は何でもよい。バックアップ実行前あるいはバックアップツールのオプションで、`FLUSH LOGS` によって、バイナリログがローテーションされるようにしておくと便利だろう。そうすると、新しいバイナリログには GTID モードのイベントしか含まれない。`mysqldump` であれば、`--flush-logs` オプションを使えばよい。古いバイナリログは、レプリケーションが追いつくのを待って `PURGE BINARY LOGS` コマンドを使って削除しておくとよいだろう。

2.4.2.4　手順（4）GTID レプリケーションに切り替える

　最後のステップは、GTID を使ったレプリケーション、すなわち `MASTER_AUTO_POSITION = 1` に切り替えることである。このステップは非常に簡単だ。具体的なコマンドは**リスト 2.8** のようになる。

リスト 2.8　GTID レプリケーションに切り替える

```
STOP SLAVE;
CHANGE MASTER TO MASTER_AUTO_POSITION = 1;
START SLAVE USER = 'repl' PASSWORD = 'secret';
```

　`CHANGE MASTER` コマンドで指定する内容は、`MASTER_AUTO_POSITION = 1` だけでよい。ホスト名とポートに変更がない場合、`CHANGE MASTER` コマンドはマスターがこれまでと同じサーバーだと判断し、引数に指定されていない設定をそのままにしておく。この設定をすると、以降はスレーブがマスターへ接続する際には GTID に基づいて自動的にポジションを決定するようになる。

　少々手順が長く複雑ではあるが、これですべての MySQL サーバーを停止せずに、レプリケーションを GTID モードに切り替えられた。ちなみに、オンラインで GTID を有効化する手順には耐障害性がある。どこかの手順で MySQL サーバーがクラッシュしてしまっても、続きからやり直したり、切り戻したりすることが可能だ。そのためには、それぞれの変更がどのような意味を持つかということを理解しておく必要があるだろう。

2.4.3　GTID のオンライン無効化

　切り戻しの手順、すなわち GTID を無効化するには、有効化の手順のほぼ逆のことをすればよい。

1. バイナリログのファイル名とポジションを使ったレプリケーションに切り替える
2. マスターとスレーブで GTID が生成されないようにする
3. フルバックアップを取得する
4. `enforce_gtid_consistency` を `OFF` にする

　手順（2）では、`gtid_mode` を `ON` → `ON_PERMISSIVE` → `OFF_PERMISSIVE` → `OFF` へと変更することになる。`OFF` にする前には、GTID が使われていないことを確認しなければならない。これは、`gtid_owned` というシステム変数を確認すれば分かる。

32

リスト2.9　まだGTIDモードが残っているかを確かめる

```
SELECT @@global.gtid_owned;
```

　結果が空文字列（何も表示されない）になれば、GTIDが残っていないという意味である。すべてのサーバーで空文字列になるのを待とう。その後、gtid_modeをOFFにすればよい。

　バックアップのタイミングが有効化のときの逆にはなっていないが、これはGTIDモードを有効化した場合と同じ理由で、新しいバイナリログにはGTIDモードのイベントが含まれないようにしたいためである。したがって、フルバックアップを取得するタイミングは、完全にGTIDモードがOFFに切り替わってからということになる。

2.4.4　昇格しないスレーブ上でGTIDの管理が効率化 ▶▶▶ 新機能3

　GTIDは基本的にバイナリログの中に格納される。だが、GTIDを記録するためだけに、すべてのスレーブ上でバイナリログを有効化しておくのはディスクスペースの無駄である。そもそもスレーブ上のバイナリログは昇格するまで出番はない。1 : Nのレプリケーションでは、昇格することのないスレーブのほうが確率的には多数であるはずだ。

　そこで、MySQL 5.7では、バイナリログを有効化しなくてもGTIDを記録できるように、新たにmysql.gtid_executedというテーブルが追加された。バイナリログが有効になっていないスレーブでは、GTIDはこのテーブルに記録されることになる。gtid_executedテーブルの定義はリスト2.10のとおりである。

リスト2.10　gtid_executedテーブルの定義

```
CREATE TABLE 'gtid_executed' (
  'source_uuid' char(36) NOT NULL COMMENT '（省略）',
  'interval_start' bigint(20) NOT NULL COMMENT '（省略）',
  'interval_end' bigint(20) NOT NULL COMMENT '（省略）',
  PRIMARY KEY ('source_uuid','interval_start')
) ENGINE=InnoDB DEFAULT CHARSET=latin1
```

　このテーブルには、3つのカラムが含まれている。それぞれ、発信源となったサーバーのUUID、そしてトランザクションIDの範囲を表す2つの整数値である。

　GTIDモードがONで、なおかつバイナリログが有効になっていないスレーブ上では、SQLスレッドがトランザクションを実行するたびに、GTIDを表す行がgtid_executedテーブルに追加される。1つのトランザクションは1つのIDしか持たないため、interval_startとinterval_endには同じ値が指定される。この処理は模式的にはリスト2.11のような形になる。

第2章　レプリケーション

リスト2.11　GTIDモードが有効でバイナリログが使われていない場合

```
INSERT INTO gtid_executed VALUES (SOURCE_UUID, TID, TID);
```

　トランザクションを実行するたびに**gtid_executed**テーブルに行が追加されるとなると、**gtid_executed**テーブルは巨大なサイズになってしまう。これを防ぐため、**gtid_executed**テーブルは定期的にスキャンされ、ひとつの範囲で表現できるトランザクションIDはマージされるようになっている。その様子を表したのが**図2.3**である。

source_uuid	interval_start	interval_end
00018785...以下略	1	1000
00018785...以下略	1001	1001
00018785...以下略	1002	1002
00018785...以下略	1003	1003
: 中略 :		
00018785...以下略	1998	1998
00018785...以下略	1999	1999
00018785...以下略	2000	2000

↓

source_uuid	interval_start	interval_end
00018785...以下略	1	2000

図2.3　gtid_executedテーブルの圧縮

　GTIDは基本的に空きのない連番なので、このようなマージが可能となる。このマージ操作を行うタイミングは、**gtid_executed_compression_period**オプションによって決定される。単位はトランザクション数で、デフォルトは1000である。つまり、1000トランザクションに1回マージ操作が行われるということである。

　スレーブ上でバイナリログが使われている場合や、マスター上でも、じつは**gtid_executed**テーブルが更新されるタイミングがある。それは次の2つの場合である。

◆ バイナリログがローテートされた
◆ サーバーがシャットダウンされた

これらのケースでは、最初から**図 2.3** の圧縮後の図の場合のように、トランザクション ID は範囲で記録されるため空間的な効率は良い。

2.4.5 OK パケットに GTID ▶▶▶ 新機能 4

MySQL のレプリケーションは非同期であり、同期レプリケーションではない。準同期レプリケーションというモードもあるが、その場合ですら同期するのは IO スレッドまでで、その後 SQL スレッドがバイナリログを再生して、トランザクションが完了するのを待つわけではない。したがって、マスター上でトランザクションを実行した直後にスレーブへ問い合わせをすると、まだそのトランザクションが実行される前のデータしか参照できない可能性がある。参照オンリーのクエリを実行する場合であっても、マスターよりもスレーブのほうがデータが古い、つまり時間が巻き戻ったような状態になるのはアプリケーションにとっては都合が悪い。マスター上でコミットしたトランザクションがスレーブに伝搬されるのを待ってから、スレーブに問い合わせることはできないだろうか。

そこで、GTID を使い、トランザクションが伝搬したかどうかを判断するという手法が考案された。そのためにまず必要なのは、マスター上でコミットしたトランザクションの GTID を取得することである。

GTID は、トランザクションがコミットしたタイミングで割り当てられる。現在までに完了したトランザクションの GTID は `@@global.gtid_executed` システム変数を参照することでも得られる。しかし、GTID はほかのセッション上で実行されているトランザクションによっても刻々と増加するため、コミットの直後に `@@global.gtid_executed` システム変数を参照しても、それが今現在実行したトランザクションのものかどうかは分からない。もしかすると、それよりも新しいトランザクションが何回かコミットされたあとのものかもしれない。本来待つべき GTID よりも先のトランザクションが実行されるまで待つのは無駄である。そのような無駄を省くため、そして GTID を知るためにわざわざ新たにクエリを実行するという手間を省くため、MySQL 5.7 ではプロトコルに改良が加えられている。それが、OK パケットにGTID を含めるというものである。

OK パケットとは、MySQL のプロトコルにおいて、クエリ実行後に送信されるパケットである。その名前からも分かるように、MySQL サーバー上で処理されたコマンドが成功した場合にクライアントへ送られる。もし何らかの問題が生じてコマンドが完了しなかった場合には、ERR パケットが送られる。

デフォルトでは、OK パケットに GTID は含まれない。GTID を含めるには `gtid_mode` が `ON` になっている必要があるが、加えて `session_track_gtids` というオプションを有効化する必要がある。このオプションは動的に変更も可能だ。`session_track_gtids` が取りうる引数は**表 2.2** のとおりである。OK パケットから GTID を取得するには、`OWN_GTID` か `ALL_GTIDS` を指定する必要がある。

表 2.2 `session_track_gtids` の引数

引数	意味
`OFF`	GTID を OK パケットに含めない
`OWN_GTID`	自分自身が保有する RW トランザクションのみ、GTID を返す
`ALL_GTIDS`	Read-Only なトランザクションであっても最新の GTID Set を返す

第2章 レプリケーション

　では、どのようにして GTID を OK パケットから抽出すればよいのだろうか。それには、C API に新たに追加された `mysql_session_track_get_first()` および `mysql_session_track_get_next()` という関数を使う。トランザクションをコミットしたあとに、**リスト2.12** のようなコードを実行すればよい。

リスト2.12　GTID の取得

```
enum enum_session_state_type type = SESSION_TRACK_GTIDS;
const char *data;
size_t length;
・・・中略（トランザクションの実行）・・・
mysql_commit(mysql);

if (mysql_session_track_get_first(mysql, type, &data, &length) == 0) {
    ・・・ここで data と length を使って GTID をコピー・・・
    while (mysql_session_track_get_next(mysql, type, &data, &length) == 0) {
        ・・・ここで data と length を使って GTID をコピー・・・
    }
}
```

　これら 2 つの関数はセットで使用する。最初に `mysql_session_track_get_first()` を呼び、その後さらに `mysql_session_track_get_next()` を 0 以外の値が返るまで呼ぶ。GTID を取得する場合、`SESSION_TRACK_GTIDS` を 2 番目の引数に指定する。コミットした GTID は 1 つしか取得するべきデータがないため、実際のところ `mysql_session_track_get_next()` の出番はなく、**リスト2.12** のコードは冗長である。OK パケットにはほかの情報も添付できるため、そういった情報を取得する場合には、`mysql_session_track_get_next()` を使う必要がある。これら 2 つの C API 関数のさらに詳しい使い方が知りたい場合にはマニュアルを参照してほしい。

　ほかの言語用のドライバでは、原稿執筆時点では同等の機能は実装されていない。OK パケットから GTID を取り出したい場合には、C API を使う必要がある。

2.4.6　`WAIT_FOR_EXECUTED_GTID_SET` ▶▶▶ 新機能 5

　OK パケットや `gtid_executed` システム変数から GTID を取得した場合、それをスレーブが実行するまで待つにはどのようにすればよいだろうか。MySQL 5.6 では、`WAIT_UNTIL_SQL_THREAD_AFTER_GTIDS` という関数が実装された。書式は次のとおりである。

`SQL_THREAD_WAIT_AFTER_GTIDS(gtid_set[, timeout])`

　この関数は SQL スレッドがこれらの GTID を実行するまで待ち、待っているあいだに SQL スレッドが実行したトランザクション数を返す。タイムアウトした場合には −1 が返され、SQL スレッドが動作してい

なかったり、GTID モードが有効になっていない場合、`NULL` が返される。GTID が実行されたのを待つというだけであればこの関数でも問題はない。だが、SQL スレッドが停止しているときに `NULL` が返るのは嬉しくない。なぜならば、レプリケーションが再開されるのを期待して、`SQL_THREAD_WAIT_AFTER_GTIDS` の呼び出しをリトライするなどの処理が必要になるからである。

そのため、MySQL 5.7 では、SQL スレッドの動作には無関係な、`WAIT_FOR_EXECUTED_GTID_SET` という関数が追加された。書式は次のとおりである。

```
WAIT_FOR_EXECUTED_GTID_SET(gtid_set[, timeout])
```

この関数は `SQL_THREAD_WAIT_AFTER_GTIDS` とは返り値が異なるので注意しよう。成功なら 0、タイムアウトの場合には 1 になる。スレーブ上でこの関数を実行し、0 が返されれば、マスターの更新が反映されたあとの状態であることが保証されるわけである。

2.4.7　よりシンプルな再起動時の GTID 再計算方法 ▶▶▶ 新機能 6

実行済みの GTID に関する情報はバイナリログに格納されている。MySQL サーバー起動時にはバイナリログの中身を吟味して、過去にどの GTID が実行され、どの GTID を含んだバイナリログが破棄されたかを調べなければならない。現在バイナリログにどの GTID が残っているかを把握する必要があるためだ。この 2 つの情報は、それぞれ `gtid_executed` と `gtid_purged` というシステム変数に格納される。

MySQL 5.6 では、これら 2 つのシステム変数を計算するために、たくさんの（場合によってはすべての）バイナリログを調べなければならず、起動時間が長くなる原因になっていた。GTID モードが有効になっている状態で作成されたバイナリログのヘッダには、`Previous_gtids_log_event` という名前のイベントが記録される。これを見れば、そのバイナリログが作成されるまでに、どの GTID がその MySQL サーバー上で実行されたかが分かる。バイナリログを新しいほうからスキャンし、`Previous_gtids_log_event` が見つかれば、そのバイナリログよりも前に実行されたすべての GTID が分かるという仕組みである。`Previous_gtids_log_event` に含まれている GTID に加え、そのバイナリログに記録されたすべての GTID を合わせれば、過去に実行されたすべての GTID をリストアップできる。これが、`gtid_executed` である。

GTID モードが `OFF` のときに作成されたバイナリログには、当然ながら `Previous_gtids_log_event` は記録されていない。`gtid_executed` の算出に最も時間がかかるケースとは、GTID モードを `OFF` にした状態でたくさんバイナリログが生成され、その後 MySQL サーバーを停止し、GTID モードを `ON` にした状態で再起動するというものである。その場合、すべてのバイナリログがスキャンされることになるが、結局 GTID はひとつも見つからない。

一方の `gtid_purged` は、先ほどとは逆に古いほうのバイナリログから順に調べる。もし、バイナリログに `Previous_gtids_log_event` あるいは最低でもひとつの GTID が記録されていれば、そのバイナリログよりも古いバイナリログに含まれていたであろう GTID を推定できる。ちなみに、`gtid_executed` から `gtid_purged` を引く（集合差をとる）と、今現在バイナリログに含まれている GTID すべてを漏れなく算出できる。もし、運用の途中で GTID モードへ移行した場合、古いバイナリログには GTID は残っ

第 2 章　レプリケーション

ていないだろう。GTID モードでないバイナリログが大量に残っている場合、それらのスキャンには時間がかかってしまう。GTID モードへ移行した場合には、速やかに `PURGE BINARY LOGS` コマンドを実行し、古いバイナリログは削除しておくようにしよう。

このように、GTID の計算にはバイナリログのスキャンが伴うことがあり、大変時間がかかってしまう。そこで、MySQL 5.7 では、よりヒューリスティックな時間のかからない計算方法が導入された。それは、最も新しいバイナリログから `gtid_executed` が、そして最も古いバイナリログから `gtid_purged` が計算されるというものである。もし最も古いバイナリログに GTID が見つからない場合、途中で GTID モードへ移行したと推定され、`gtid_purged` は空となり、削除された GTID はないことになる。GTID モードが `ON` から `OFF` に変わっているような場合には、正確に GTID をリストアップできない場合があるが、そのようなことはレアケースであるため、このヒューリスティクスで実用上困ることはない。MySQL 5.7 ではこのようなシンプルな GTID の読み取りが導入されている。

MySQL 5.6 と同じ動作に戻すには、`binlog_gtid_simple_recovery=FALSE` を指定する。このオプションは MySQL 5.7 で追加されたものであり、デフォルトは `TRUE` である。

2.5　準同期レプリケーションの改良点

準同期レプリケーションは、MySQL 5.5 で追加された機能であり、マスター上の更新がスレーブに確実に伝搬されることを保証するものである。準同期レプリケーションについてもバージョンが上がるごとに改良が加えられ、MySQL 5.7 ではかなり使いやすくなっている。

2.5.1　準同期レプリケーションとは

改良点について説明する前に、準同期レプリケーションとはどのような機能であり、どうやって使うのかを簡単に説明しよう。

「準」という文字が入っていることからも分かるように、準同期レプリケーションは完全な同期レプリケーションではない。英語では Semi-Synchronous と表現する。もしも、完全な同期レプリケーションが MySQL サーバーにも存在するとすれば、それは 2 相コミットを用いたものであるはずだ。2 相コミットとは、コミットを `PREPARE` と `COMMIT` の 2 段階に分けたものである。つまり、完全な同期レプリケーションは、マスター上でトランザクションを `PREPARE` すると、スレーブ上でもトランザクションが `PREPARE` され、マスター上で `COMMIT` を実行し、スレーブ上でもトランザクションが `COMMIT` されて初めてクライアントへ応答が返る、といった動きをしなければならない。MySQL サーバー本体ではないが、MySQL Cluster のデータノードは、このような動きのレプリケーションでデータを同期している。

では、準同期レプリケーションは、いったいどこが同期しているというのか。それは、マスター上でトランザクションが実行されると、`COMMIT` が完了する前にスレーブへバイナリログの転送が完了するということである。準同期レプリケーションの動きを模式的に表したものを図 2.4 に示す。

図 2.1 と比較して、準同期レプリケーションと通常のレプリケーションの違いを確認してほしい。準同

2.5 準同期レプリケーションの改良点

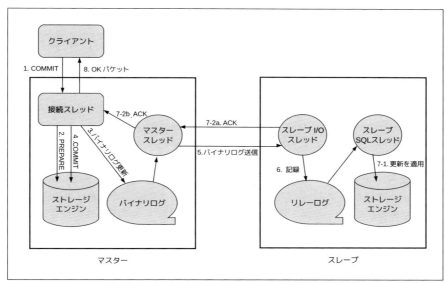

図 2.4　準同期レプリケーションの概要

期レプリケーションでは、クライアントへ COMMIT の応答を返す前に、スレーブから ACK が返ってくるのを待つのである。**ステップ 7-1** と**ステップ 7-2a** は並列して実行されるため、どちらが先に完了するかは分からない。もしかすると、クライアントへ応答が返った時点で、すでにスレーブ上で更新の適用が完了しているかもしれない。だが、同期ではないためそれは保証されない。これが準同期といわれる所以である。

ちなみに、sync_binlog=1 のとき、通常の COMMIT においても MySQL 内部ではバイナリログとストレージエンジンのデータを同期するために 2 相コミットが用いられている。まずストレージエンジン側で PREPARE し、バイナリログを更新（write）して、次いでディスクへの同期（fsync）も完了させ、その後改めてストレージエンジン側で COMMIT が行われる。もし PREPARE が完了した時点で MySQL サーバーがクラッシュした場合、再起動後のリカバリでは、バイナリログにトランザクションが残っていれば改めて COMMIT が実行され、そうでなければトランザクションはロールバックするようになっている。つまり、バイナリログへの fsync が完了したかどうかによって更新が永続化するかどうかが決まるわけだ[7]。

ステップ 6 では、スレーブに確実にデータが残ることを保証するため、ACK はリレーログのディスクへの同期を待ってから返送される。そのため、スレーブのディスクが遅いと、マスター上でのコミットに時間がかかってしまうという問題が起きる。そもそも準同期レプリケーションは通常のレプリケーションと比べてコミットのオーバーヘッドが大きいのだが、ACK 遅延は特に問題になりやすいので注意が必要である。

---

[7] 余談であるが、アプリケーションが COMMIT を送信してから応答が返ってくるまでに MySQL サーバーがクラッシュしてしまった場合、COMMIT が成功したかどうかをアプリケーションが見極める必要があるので注意が必要だ。

第 2 章　レプリケーション

2.5.2　準同期レプリケーションの使い方

　準同期レプリケーションをセットアップする方法についても、簡単に触れておこう。セットアップの流れは次のとおりである。

1. プラグインのインストール
2. オプションの設定
3. IO スレッドのリスタート

2.5.2.1　手順（1）プラグインのインストール

　準同期レプリケーションは、レプリケーションのプラグインとして実装されている。初期状態では、MySQL サーバーに準同期レプリケーションは組み込まれていない。そのため、最初のステップはそれを組み込むことである。マスターとスレーブでは使用するプラグインが異なるため注意してほしい。**リスト 2.13** のように、それぞれのプラグインを INSTALL PLUGIN コマンドでインストールしよう。

リスト 2.13　準同期レプリケーション用プラグインのインストール

```
■マスター
mysql> INSTALL PLUGIN rpl_semi_sync_master SONAME 'semisync_master.so';
■スレーブ
mysql> INSTALL PLUGIN rpl_semi_sync_slave SONAME 'semisync_slave.so';
```

2.5.2.2　手順（2）オプションの設定

　プラグインをインストールすると、準同期レプリケーション用のシステム変数が追加されている。例によって SET GLOBAL コマンドを用い、**リスト 2.14** のように設定を変更し、同様の設定を my.cnf にも書いておこう。システム変数についても、マスターとスレーブでそれぞれ異なるものが用いられるので注意してほしい。

リスト 2.14　準同期レプリケーションの設定

```
■マスター
mysql> SET GLOBAL rpl_semi_sync_master_enabled = 1;
mysql> SET GLOBAL rpl_semi_sync_master_timeout = 10000;
■スレーブ
mysql> SET GLOBAL rpl_semi_sync_slave_enabled = 1;
```

---

　rpl_semi_sync_master_timeout は、マスターが ACK を待つまでのタイムアウトである。もしかすると、スレーブに何らかのトラブルが発生し、長時間 ACK を返せなくなってしまうかもしれない。マス

2.5　準同期レプリケーションの改良点

ターが ACK を長時間受け取れず、その結果、クライアントへも応答を返すことができないと、アプリケーションも停止してしまうだろう。そのような状況は非常にまずいので、準同期レプリケーションでは ACK が返るまでのタイムアウト値を指定できるようになっている。一定期間を過ぎても ACK が返って来ない場合には、自動的に非同期モードに移行するようになっている。つまり、ACK を待つのを中断してクライアントへ応答を返すわけである。

　いったん非同期モードになった場合、スレーブから何も反応がなければずっと非同期モードのままである。再び非同期モードから準同期モードに復帰するのは、次にスレーブから ACK を受け取ったタイミングである。もしスレーブに何らかの問題が生じ、非同期モードに移行してしまった場合、取るべき対応は一刻も早くスレーブを正常な状態に戻すことである。そうすれば自動的に準同期モードに復帰するので、それ以外のメンテナンスは必要ない。

　タイムアウトのデフォルト値は 10000 ミリ秒（10 秒）である。応答性を重視する場合には小さい値を、堅牢性を重視する場合には大きな値を指定しよう。

2.5.2.3　手順（3）IO スレッドのリスタート

　最後に、IO スレッドをリスタートする必要がある。

リスト 2.15　Io スレッドのリスタート

```
mysql> STOP SLAVE IO_THREAD;
mysql> START SLAVE IO_THREAD USER = 'repl' PASSWORD = 'secret';
```

　このように、準同期レプリケーションは元から MySQL サーバーを停止せずに有効化できるようになっている。

2.5.3　ロスレスレプリケーション ▶▶▶ 新機能 7

　MySQL 5.6 までの準同期レプリケーションでは、スレーブからの ACK を待つのは、クライアントへ応答を返す直前であった。そのような仕組みでもそれなりに使い物にはなったのだが、重大な問題をはらんでいた。それは、万が一マスターがクラッシュしスレーブを昇格させた場合に、クラッシュ前のマスターにしか存在しないデータが発生してしまうというものだ。この問題は、次のようなシナリオで表される。

1. マスターが**データ x** を書き込む
2. **データ x** がバイナリログに書き込まれる
3. **データ x** がストレージエンジンに COMMIT される
4. この時点で**データ x** に対するロックが解除され、ほかのトランザクションは**データ x** を参照できるようになる
5. クライアントへの応答が停止され、ACK 待ちの状態になる

41

第 2 章　レプリケーション

6. データ x がスレーブへ転送される前にマスターがクラッシュする

ここで、**データ x** という風な抽象的な表現を用いているが、更新の種類は何でもよい。`INSERT` によって追加された行でも、`UPDATE` で変更された値、あるいは `DELETE` による行の削除でも構わない。とにかく、そういった更新を表していると考えてほしい。もし、アプリケーションがほかのセッションから**データ x** を参照してしまった場合、アプリケーションは**データ x** がデータベース上に永続化されていることを期待するだろう。ところが、スレーブのひとつを昇格しても**データ x** は存在しない。つまり、あるべきはずの**データ x** は喪失してしまったのだ。これは困ったことである。

この問題を解決する極めてシンプルな方法がある。それは、ACK を待つタイミングを変更することである。MySQL 5.7 では、`COMMIT` をしたあとではなく、`COMMIT` をする前に ACK を待つように変更が加えられている。その様子を表したのが図 2.5 だ。

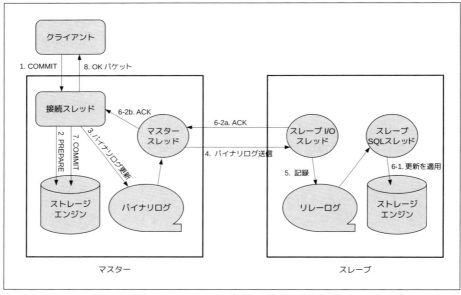

図 2.5　ロスレスレプリケーションの概要

図 2.4 と比較してほしい。ACK を待つタイミングだけが違っていることが分かるだろう。だがこの効果は絶大で、これによりマスター上で `COMMIT` が完了したトランザクションは、すべてスレーブ上へ伝搬したことが保証される。どのスレーブを昇格してもデータが失われることはない。これが、ロスレス（データ損失がない）レプリケーションである。

このような動作に変更したことで、クラッシュ前には InnoDB への `COMMIT` が完了していないため、反対にスレーブだけにデータが存在する状態ができてしまうのではないかと心配される方がいるかもしれない。だが、その心配は無用だ。`sync_binlog=1`（かつ `innodb_support_xa = 1`）の場合、内部的な 2 相コミットにより、スレーブへデータを送信する前にはストレージエンジンへの `PREPARE` は完了し、なお

かつバイナリログの `fsync` も完了しているからだ。この状態で、マスターがクラッシュし、その後再起動すると、クラッシュリカバリの後処理で `PREPARE` されたトランザクションが `COMMIT` されるため、マスターでそのデータは喪失しない。その結果、スレーブだけに特定のトランザクションが伝搬してしまう事態は発生しない。ただし、このように 2 相コミットによるバイナリログを使ったリカバリが行われるのは、`sync_binlog=1` の場合だけである。これは MySQL 5.7 ではデフォルトになっているため、ユーザーが明示的に設定する必要はない。`sync_binlog` が 1 以外の場合には、クラッシュ時にバイナリログが欠損する可能性は大いにある。特別な理由がないかぎり、`sync_binlog` はデフォルトから変更しないでおこう。

なお、どこで ACK を待つかは調整可能であり、MySQL 5.6 と同じ挙動にすることもできる。その場合、`rpl_semi_sync_master_wait_point` オプションを `AFTER_COMMIT` に設定する。デフォルトはバイナリログへ書き込んだ（同期した）あとに ACK を待つモード `AFTER_SYNC` であり、ロスレスレプリケーションになっている。したがって、デフォルトから設定をいじっていなければ、MySQL 5.7 へアップグレードするだけで準同期レプリケーションはロスレスになるのである。

2.5.4　パフォーマンスの改良 ▶▶▶ 新機能 8

MySQL 5.6 では、マスタースレッドがスレーブへのバイナリログの送信と ACK の受信の両方を担っていた。あるイベントを送信すると、それに対応した ACK を受信するまで次のイベントを送信できなかった。これではネットワークのスループットを使い切ることができないため、好ましくない設計である。

MySQL 5.7 では、この問題を新たなスレッドを導入することで解決している。すなわち、ACK の受信を別のスレッドが行うように改良されたのである。ACK を受信するスレッドは（そのまんまだが）ACK スレッドと呼ばれる。ACK スレッドの導入によってマスター上の更新性能は飛躍的に改善した。準同期レプリケーションはマスターにおける更新のオーバーヘッドが難点だったが、かなり解消されたことになる。

ACK スレッドは、スレーブが接続されると準同期レプリケーションプラグインによって自動的に作成され、スレーブが切断すると自動的に破棄される。この動作は変更できないうえに、ACK スレッドは `SHOW PROCESSLIST` には表示されない。ACK スレッドの存在は `performance_schema.threads` テーブルで確認できる。

2.5.5　ACK を返すスレーブ数の指定 ▶▶▶ 新機能 9

MySQL 5.6 の準同期レプリケーションでは、スレーブのどれかひとつから ACK が返って来ると待ちが終了し、クライアントへ応答が返るようになっていた。これは、高可用性という観点からすると最適な選択肢ではないかもしれない。複数のマシンが同時に壊れる可能性はゼロではないからだ。

そこで、MySQL 5.7 では、ACK を返すスレーブ数を調整できるようになっている。1：N のトポロジの場合、複数のスレーブから ACK が返るのを待つことが望ましい。そうすることで、複数のスレーブへ更新が伝搬したことが保証され、より高い可用性が得られるからだ。ACK を返すスレーブ数は、`rpl_semi_sync_master_wait_for_slave_count` オプションで調整する。例えば 2 に設定すると、最低でも 2 つのスレーブから ACK が返ってくるまで `COMMIT` の応答がクライアントへ返ることはない。

第2章　レプリケーション

　もし、現在接続しているスレーブの数が、`rpl_semi_sync_master_wait_for_slave_count` より少なくなってしまったらどうなるだろうか。当然、そのようなケースも想定されており、準同期マスターがどのような振る舞いをするかは、`rpl_semi_sync_master_wait_no_slave` オプションの設定によって決まる。このオプションは `ON` か `OFF` のいずれかの値を取り、デフォルトは `ON` である。`ON` の場合、接続しているスレーブ数が `rpl_semi_sync_master_wait_for_slave_count` より少なくなっても、律儀に ACK が必要な数だけ返ってくるのを待つ。つまり、スレーブが復活するのを待つわけである。`OFF` の場合、接続しているスレーブ数が `rpl_semi_sync_master_wait_for_slave_count` より少なくなると、直ちに非同期モードに移行する。従って、堅牢性重視なら `ON`、速度重視なら `OFF` を選択するとよいだろう。

2.6　マルチソースレプリケーション ▶▶▶ 新機能 10

　MySQL 5.6 までのレプリケーションでは、スレーブはそれぞれひとつのマスターしか持つことができなかった。その制限を撤廃し、複数のマスターから同時に更新を受け取るという仕組みが MySQL 5.7 で追加された、マルチソースレプリケーションである。スレーブが 1 つしかマスターを持てない場合でも、1：N や多段構成、デュアルマスターあるいは循環型など極めて豊富なトポロジを構成できたのだが、さらにまた限界を打ち破ってしまったのである。

　マルチソースレプリケーションは次のような用途に向いている。

- ◆ 複数のアプリケーションから分析のためのデータの集約
- ◆ 複数のアプリケーションで共通のマスターデータの配信
- ◆ シャーディングによって分割されたデータの再統合

　活用方法はアイデア次第なので、ぜひいろいろと試してみてほしい。

2.6.1　マルチソースレプリケーションのセットアップ

　まずは、マルチソースレプリケーションの使い方について説明しよう。複数のマスターを指定するために、MySQL 5.7 のレプリケーションには、チャネルという概念が導入された。マルチソースという用語からすると、ソースでもよいような気はするが、要はマスターとの通信のことをチャネルと呼ぶ。**CHANGE MASTER** コマンドでチャネルを具体的に指定すれば、複数のチャネルを同時に使うことができる。複数のチャネルを使うには、スレーブ上でオプションの調整が必要となる。それは、レプリケーション情報を格納するリポジトリをテーブルにするというもので、具体的なオプションは**リスト2.16**に示したとおりである。

リスト2.16　リポジトリをテーブルにするオプション

```
[mysqld]
master_info_repository = TABLE
```

```
relay_log_info_repository = TABLE
```

最低限の要件はこれだけである。GTIDの利用や準同期レプリケーションの利用、あるいはワーカースレッドの数などについては特に制限はない。あるチャネルは準同期、別のチャネルは非同期といった混在も可能だ。チャネルを指定してレプリケーションを開始するには、**リスト2.17**のようにコマンドを実行する。**リスト2.17**はGTIDを用いた例であるが、GTIDの設定はもちろんのこと、スレーブへのデータのコピーもすでに完了しているものとする。

リスト2.17　チャネルを指定したレプリケーションの設定と開始

```
mysql> CHANGE MASTER TO
    ->        MASTER_HOST='マスターのホスト名またはIPアドレス',
    ->        MASTER_PORT=3306,
    ->        MASTER_AUTO_POSITION = 1,
    ->        FOR CHANNEL 'ch1';
mysql> START SLAVE IO_THREAD USER = 'repl' PASSWORD = 'secret' FOR CHANNEL 'ch1';
```

同じ要領でほかのマスターを追加すれば、マルチソースレプリケーションができあがる。ちなみに、FOR CHANNELの指定がない場合、チャネルは暗黙的に空文字列として扱われる。

CHANGE MASTERの場合と同様に、SHOW SLAVE STATUSや、STOP SLAVEでも、末尾にFOR CHANNEL句を用いてチャネルを指定できる。SHOW SLAVE STATUSは、チャネルの指定がなければ、すべてのチャネルについてのステータスを表示する。**リスト2.18**はSHOW SLAVE STATUSの実行例の抜粋である。

リスト2.18　マルチソースレプリケーションのSHOW SLAVE STATUS

```
mysql> show slave status\G
*************************** 1. row ***************************
               Slave_IO_State:
                  Master_Host: channel1-host
                  ～中略～
                 Channel_Name: ch1
           Master_TLS_Version:
*************************** 2. row ***************************
               Slave_IO_State:
                  Master_Host: channel2-host
                  ～中略～
                 Channel_Name: ch2
```

第 2 章　レプリケーション

```
         Master_TLS_Version:
 2 rows in set (0.01 sec)
```

　SHOW SLAVE STATUS は非常に項目が多いので大部分を省略しているが、このようにチャネルごとに行が表示されることをご理解いただければ幸いである。**表 2.1** で紹介した各種パフォーマンススキーマテーブルも、それぞれチャネルごとに行が表示されるようになっている。SHOW SLAVE STATUS とパフォーマンススキーマのどちらを使うかは好みが別れるが、チャネル数が多い場合にはパフォーマンススキーマを使って表示する情報を絞り込んだほうが便利かもしれない。

2.6.2　マルチソースレプリケーションの注意事項

　ごく自然なことであるが、マルチソースレプリケーションでは、複数のマスターの更新が競合しないように気を付ける必要がある。異なるマスター上で同じテーブルを更新しないのであれば問題にはならないが、シャーディングによって分割されたデータの再統合をする場合など、同じテーブルを更新してしまう場合には注意が必要である。それぞれのマスターに同じデータが含まれていないことはもちろん、バイナリログのフォーマットも RBR を使うようにしなければならない。マルチソースレプリケーションではバイナリログのフォーマットにも制限はないが、同じテーブルを更新する可能性がある場合には、SBR だとおかしな問題が発生してしまう。**リスト 2.19** のような UPDATE が実行された場合を考えてみてほしい。

リスト 2.19　範囲検索による UPDATE の例

```
UPDATE table_name SET col1 = 'some val' WHERE non_unique_int_col BETWEEN 100 AND 200;
```

　non_unique_int_col は主キーではないため、必ずしも 1 つのシャードに属したデータだけを更新するわけではない。スレーブ側でこの UPDATE が実行されると、この UPDATE を実行したマスターつまりひとつのシャード上にはなかった行にも WHERE 句の条件がマッチしてしまい、マスターとスレーブのデータに差異が生じてしまうだろう。このような問題が生じてしまうため、マルチソースレプリケーションの場合には SBR の使用は控えてほしい。

　また、マルチソースレプリケーションでは、それぞれのチャネルのデータが必ずしも同期しているわけではない。複数のシャードからテーブルのデータを統合した場合、それぞれのチャネルは非同期でテーブルの更新を行う。そのため、そのテーブルは必ずしもある瞬間の整合性の取れたデータとして利用できるわけではない。チャネルごとのレプリケーションの進み具合によっては、ある行と別の行では時差が生じているかもしれない。例えば、ある行は数秒前のデータであり、別の行は 10 分前のデータになっている可能性もある。行そのものを見てもその行データが最新かどうかはわからないし、SHOW SLAVE STATUS やパフォーマンススキーマを見ても、それどの行がどのチャネルによって更新されたかは分からないのである。

　このように、マルチソースレプリケーションでは、スレーブのデータの整合性が取れていない可能性があるため、OLTP 等では使うのは危険である。反対に、あまり細かい違いが問題にならない分析系の処理などであれば十分使用に耐えるだろう。

クラッシュセーフスレーブ

　MySQL 5.6 から導入された機能であるが、クラッシュセーフスレーブという非常に便利な機能があるので紹介しておこう。MySQL 5.5 までのバージョンでは、スレーブがクラッシュすると、レプリケーションの設定とスレーブ内に格納されたデータにずれが生じてしまう可能性を構造的になくすことができなかった。つまり、スレーブの再セットアップが必要になったのである。なぜそのような制限があったのかというと、レプリケーションの設定や状態がファイルに格納されていたためである。

　MySQL 5.6 では、レプリケーションの設定や状態すなわちリポジトリを、テーブル上に格納できるようになった。リポジトリのテーブルには、トランザクションに対応した InnoDB を利用できるため、SQL スレッドがバイナリログの再生をするのと同じトランザクション内で一緒に更新し、COMMIT してしまう。これにより、データとレプリケーションのステータスを完全に同期させられるというわけだ。

　クラッシュセーフスレーブにするには、リポジトリのほかにもうひとつ設定が必要である。リレーログもファイルに格納されるため、中途半端に書き込んでいる途中でサーバーがクラッシュすると壊れてしまう恐れがある。また、リポジトリとは同期していない可能性もある。リレーログと同じデータはマスター上のバイナリログに存在するので、MySQL サーバー起動時に既存のリレーログをいったん破棄しても構わない。どこまでバイナリログの再生をしたかという情報がリポジトリに残っていれば、マスターからリレーログを読みなおせるからだ。リレーログをすべて破棄し、マスターから再度読みなおせば、スレーブは何事もなかったかのようにレプリケーションを継続できる。再起動時にリレーログを破棄し、マスターから読みなおすには、relay_log_recovery=ON を設定する必要がある。

　以上をまとめると、クラッシュセーフスレーブのために必要な設定は次のようになる。

```
relay_log_info_repository=TABLE
relay_log_recovery=ON
relay_log_purge=ON
```

　なお、relay_log_recovery=ON の場合には、relay_log_purge というオプションを OFF にしてはいけないので注意しよう。relay_log_purge は、デフォルトで ON なので、何かしらの理由がないかぎり OFF にするべきではない。

2.7　マスターの性能改善

　MySQL 5.7 では、マスター側の処理において、さまざまな効率化が行われている。本章ではすでに準同期レプリケーションのマスターについては効率化の詳細を見てきたが、本節ではさらに別の効率化について紹介しよう。

第 2 章　レプリケーション

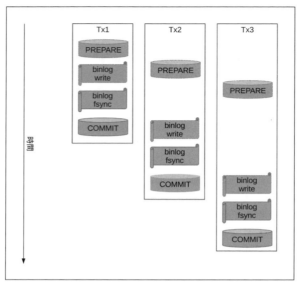

図 2.6　グループコミットを使用しない場合

2.7.1　グループコミットの調整 ▶▶▶ 新機能 11

　MySQL 5.6 では、バイナリログに対するグループコミットができるようになった。これは一体どういうことなのか。

　トランザクションを COMMIT すると、その変更が喪失するのを防ぐためにログファイルがディスクへと同期（sync）される。ディスクへの同期はかなりコストが高い処理である。SSD 全盛の昨今、HDD と比べると随分マシになったとはいえ、それでも同期処理は遅い。グループコミットとは、この遅い同期処理の回数を減らすべく、複数のトランザクションの COMMIT がある程度まとまったところで、ディスクへの同期を行うというものである。これにより、ディスクへのアクセス回数が低下し、更新処理の性能が大幅に向上する。特に HDD では目を見張る効果があった。

　そもそも、InnoDB のほうは、もっと前のバージョンである MySQL 5.1+InnoDB Plugin において、グループコミットができるようになっていた。しかし、バイナリログへの書き込みがグループコミットにはなっておらず、sync_binlog=1 の設定をした場合、トランザクションごとにバイナリログへの同期が行われ、満足な性能が得られなかった。そこで、MySQL 5.6 ではバイナリログに対する書き込みについてもグループコミットができるようになったのである。この違いを表したのが図 2.6 および図 2.7 である。

　図 2.6 と図 2.7 では、3 つのトランザクションが同じ時間帯に COMMIT を実行している。本章ですでに述べたが、MySQL では COMMIT の実行時にバイナリログとストレージエンジンの同期を取る必要があるため、2 相コミットが用いられている。その処理の流れは図 2.6 のそれぞれのトランザクションにあるように、InnoDB の PREPARE →バイナリログの write →バイナリログの fsync → InnoDB の COMMIT と

2.7 マスターの性能改善

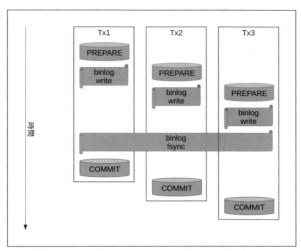

図 2.7　グループコミットを使用した場合

なっている。MySQL 5.6 より古いバージョンでは、`sync_binlog=1` のとき、バイナリログの `write` と `fsync` は切り離すことができない処理であった。そのため、図 2.6 にあるように、複数のトランザクションがほぼ同時に `COMMIT` すると、バイナリログの `write` と `fsync` がそれぞれ行われていた。ところが、`fsync` はディスクからの応答を待つ必要があり、とても遅い処理である。その遅い処理をトランザクションごとに毎回行う必要があるため、`sync_binlog=1` のときの更新処理の効率は極めて悪かった。

MySQL 5.6 では、図 2.7 のようにバイナリログのグループコミットができるようになっている。その結果、とても遅い処理であるバイナリログへの `fsync` の回数を削減でき、`sync_binlog=1` のときの更新処理が極めて効率化したのだ。InnoDB 内部でも `COMMIT` はグループコミットとして処理されるのだが、その動きはバイナリログとは連動していないので、図 2.6 と図 2.7 では表現を省いているので注意してほしい。実際には、InnoDB のログの `fsync` 処理は、極めて効率的に少ない回数で行われる。なお、グループコミットを安全に使用したい場合、`binlog_order_commits` オプションをデフォルト（`ON`）から変更するべきではないので注意しよう。このオプションは、バイナリログと InnoDB で `COMMIT` の順序を同じにするオプションである。若干性能が向上するケースがあるようだが、安全性を保ったほうがトータルコストが安く抑えられるため重要である。

このような改善によって、MySQL 5.6 では `sync_binlog=1` を設定しても、それほどパフォーマンスの低下に悩まされなくなり、バイナリログの安全性を求めるコストが低下した。MySQL 5.7 ではそれがさらに進化し、バイナリログへのグループコミットの性能をチューニングするための 2 つのオプションが追加されている。これら 2 つのオプションは、後述する MTS の性能を決めるという役割を持つようになったため、HDD を利用している場合でなくても、依然として重要であることをここで述べておこう。

第 2 章　レプリケーション

2.7.1.1　`binlog_group_commit_sync_delay`

　グループコミットでは、できるだけ多くのトランザクションをまとめてディスクへ同期したほうが、効率が良い。`binlog_group_commit_sync_delay` を設定すると、ひとつのトランザクションが COMMIT しても直ちにディスクへの同期を行うのではなく、さらに追加でトランザクションが COMMIT される機会を待つ。その待ち時間を指定するのがこのオプションである。デフォルトは 0 であり、トランザクションがCOMMIT されると即座にディスクへの同期が開始される。

　ただし、`binlog_group_commit_sync_delay` の値を大きくすると、そのぶん COMMIT の応答速度は低下してしまうので注意が必要だ。このオプションの意図は、いくらかの応答速度を犠牲にする代わりにトランザクションのスループットを向上させることにある。どの程度の応答速度の低下であれば許容できるのかを検討したうえで、値を決定してほしい。値を大きくした場合にどの程度の効果が得られるかについては、ベンチマークを実施しなければ確かめられないだろう。アプリケーションの負荷パターンや、使用しているディスクの種類（超高速な SSD など）によっては、`binlog_group_commit_sync_delay` の値を大きくしてもスループットが向上しないかもしれない。スループットが向上しないのであれば、COMMITの応答速度を下げる必要はまったくない。

　このオプションの単位はマイクロ秒である。とりあえず、ユーザーの待機時間への影響がない範囲で、例えば 1 ミリ秒あたりから調整してみてはいかがだろうか。

2.7.1.2　`binlog_group_commit_sync_no_delay_count`

　こちらのオプションは、グループコミットが大きくなりすぎるのを防ぐためのものである。待機時間が`binlog_group_commit_sync_delay` に達していなくても、すでに同一グループで COMMIT しようとしているトランザクション数が `binlog_group_commit_sync_no_delay_count` 個に達すると COMMIT を実行する。このオプションは、`binlog_group_commit_sync_delay` と併せて使用するものであり、設定していない場合は何の効果もない。

　グループのサイズが大きくなりすぎると I/O のコストも大きくなるため、COMMIT の応答にも時間がかかってしまう。それを防ぐには、ある程度のサイズまででトランザクションが溜まった時点で、COMMITを実行したほうがよい。そうすることで、同じ時間帯に実行された COMMIT のうち、少なくともはじめの`binlog_group_commit_sync_no_delay_count` 個だけは素早い応答時間が得られるだろう。

2.7.2　マスタースレッドのメモリ効率改善 ▶▶▶ 新機能 12

　MySQL 5.7 では、マスタースレッドで行われていた非効率なメモリの割り当てと解放がなくなっている。

　MySQL 5.6 までのマスタースレッドでは、バイナリログからイベントを読み取るたびにそのイベントのサイズに見合うだけのバッファを割り当て（`malloc`）、イベントをスレーブへ送信したあとはメモリを解放（`free`）していた。イベントごとにこのようなメモリの割り当てと解放が行われるのは、極めて非効率である。メモリの割り当てと解放は CPU を多く消費する処理であるため、マスターの CPU 使用率が上昇する要因となっていた。

　MySQL 5.7 では、マスタースレッドのメモリ割り当てが改良され、毎回 `malloc` と `free` を行うこと

はなくなった。前回使用したバッファが十分であればそのまま使用し、そうでなければメモリを新たにアロケートする。その場合バッファのメモリ割り当てと解放は一切必要がない。

　巨大なイベントを処理するときは巨大なバッファが必要であるが、そのようなバッファは解放しないとメモリを大量に消費する原因となってしまう。MySQL 5.7 はこの点についても考慮されており、定期的にメモリサイズの見直しをして、徐々にバッファを縮小するといった処理も実装されている。

　この機能を活用するために必要な設定は特にない。バージョンを上げるだけでマスタースレッドが効率的になる。

2.7.3　マスタースレッドの Mutex 競合の改善　▶▶▶ 新機能 13

　この改善について解説するには、まずその原因である、MySQL 5.6 の問題点を知っておかねばならない。
　本章ですでに述べたように、MySQL 5.6 ではグループコミットが導入された。これにより、`sync_binlog=1` のときのマスター上の更新のパフォーマンスを大幅に改善させたが、ひとつ大きな問題が生じることになった。それは、マスターがクラッシュしたときにスレーブ上だけにしか残らないデータが生じてしまうというものである。その様子を表したのが図 2.8 だ。

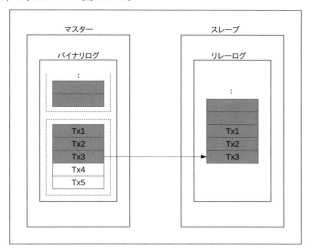

図 2.8　グループコミットによって生じるレプリケーションの不整合

　グループコミットでは、バイナリログをディスクへ `fsync` する前に、いくつかのトランザクションをまとめてバイナリログへ `write` する。一方、マスタースレッドは、`fsync` が終わっていなくてもバイナリログが `write` された時点でスレーブへ転送できるようになる。まだディスクへの `fsync` が終わっていないバイナリログがあるときに、マスターがマシンごとクラッシュすると再起動後にはバイナリログ内のデータは消えているため、それらはロールバックされるだろう。ところが、もしそれらのデータがすでにスレーブへ転送されてしまっていると、マスターには存在しないデータをスレーブが持つことになり、マスター

第 2 章　レプリケーション

とスレーブのデータに不整合が生じてしまう。

　図 2.8 では、破線内の Tx1〜Tx5 が同一のグループ内でコミットされようとしていることを示している。もしこのグループコミットに対するバイナリログが、まだディスクへ fsync する前にクラッシュすると Tx1〜Tx5 はロールバックされるだろう。ところが、Tx3 までスレーブへの転送が終わっているため、Tx1〜Tx3 はスレーブにしか存在しないことになる。

　この問題に気づいた MySQL 開発チームは MySQL 5.6.17 で問題を修正したのだが、それは更新処理性能を大幅に犠牲にするものであった。どのような修正であったかというと、マスターとスレーブの整合性を担保するために、バイナリログのグループコミット全体が LOCK_log という Mutex によって守られるようになったのである。MySQL 5.6.16 以前のバージョンでもグループコミット内部では LOCK_log によって排他処理が行われていたが、それはバイナリログへの write だけに限られるものだった。MySQL 5.6.17 では、write に加えて fsync まで LOCK_log の保護下で行われるようになった。fsync は時間がかかる処理であり、LOCK_log を必要とするほかの処理を長時間ブロックしてしまう可能性が高い。LOCK_log は、マスタースレッドがバイナリログを読み込むときに使われる。その結果、グループコミットとマスタースレッドのあいだで Mutex の競合が多発するようになり、マスタースレッドがスレーブへバイナリログを転送する効率が大幅に低下することになった。

　MySQL 5.7 では、この問題が解消している。グループコミットの導入によって引き起こされた、マスターのクラッシュ時にマスターとスレーブのデータが不整合になる問題を解消し、そのうえでスレーブへのログの転送速度を飛躍的に向上するような仕組みが導入された。MySQL 5.7 でも LOCK_log 自体は残っているのだが、マスタースレッドが LOCK_log を使用しないようになった。その代わり、LOCK_binlog_end_pos という Mutex が導入され、ロックの粒度が細かくなったのである。この Mutex は、マスタースレッドが読み取ることができる最後のバイナリログの位置を管理するものだ。MySQL 5.6 では、マスタースレッドは EOF になるまでバイナリログを読み込むようになっていたが、それではまだ fsync が完了していないデータも読んでしまう。そこで、MySQL 5.7 では、マスタースレッドが fsync が完了したデータだけを読み込むように読み込み可能なポジションを管理するようになったのである。

　読み込み可能なポジションは、バイナリログへの fsync が完了した時点で進められる。そうしてはじめて、マスタースレッドはその地点までバイナリログを読み進められる。そうすれば、スレーブへ送信されるバイナリログは、マスターがすでにディスクへフラッシュしたものだけになり、マスターがクラッシュしても、スレーブへ転送したデータはマスター上に残ることになる。

2.8　同一データベース内の並列 SQL スレッド ▶▶▶ 新機能 14

　MySQL 5.6 より、スレーブ SQL スレッドを複数生成して、バイナリログの再生を並列で実行できるようになっていることをご存知だろうか。このような機能を、マルチスレッドスレーブ（以下 MTS）と呼ぶ。SQL スレッドの並列化は何故必要なのか。それは、レプリケーションの遅延のおもな原因が、SQL スレッドの実行時間にあるためである。そして、その傾向は、搭載される CPU コア数が多くなればなるほど顕著になる。マスターでは複数のコアを余すことなく使ってデータの更新が行われる一方、スレーブ

では1つのSQLスレッドが逐次バイナリログの再生を行わなければならない。そのため、CPUコア数が増えると、マスターとスレーブの更新のスループットに開きが生じてしまう。マスターの更新性能が高ければ、スレーブは永遠にマスターへ追いつくことができないだろう。大幅に遅れたスレーブは参照用としても役に立たないので、そのような状況は非常にまずい。

そのような背景から登場したMTSではあるが、極めて大きな制限があり、この機能は恐らくほとんど使われて来なかった。それは、バイナリログを並列化しても、同一データベース内でのトランザクションは並列化できないというものである。つまり、並列化が可能なのは、異なるデータベース上のテーブルを更新するケースに限られるわけだ。しかし冷静に考えてみると、1つのアプリケーションは、1つのデータベース中に関連するテーブルを配置しておくのが普通ではないか。そのような場合、MySQL 5.6のMTSはなんの役にも立たなかったのである。

MySQL 5.7ではこの問題が解消し、データベース内でもSQLスレッドが並列に更新を行えるようになった。

2.8.1 LOGICAL_CLOCK モードの MTS の設定

同一データベース内の更新に対して、SQLスレッドの実行を並列化するための設定を**リスト2.20**に示す。

リスト2.20　並列SQLスレッドの設定

```
[mysqld]
slave_parallel_workers = 32
slave_parallel_type = LOGICAL_CLOCK
slave_preserve_commit_order = 1
log_bin=mysql-log
log_slave_updates=1
```

`slave_parallel_workers`は、MySQL 5.6にも存在したオプションで、並列処理をいくつのスレッドで行うかを決めるオプションだ。MySQL 5.7では`slave_parallel_type`と`slave_preserve_commit_order`の2つのオプションが追加された。それぞれのオプションについて説明する。

まず、`slave_parallel_type=LOGICAL_CLOCK`とは何か。どのような粒度で並列化を行うのだろうか。それを知ることは、MTSを有効活用するうえで重要だ。鍵となるのは、本章ですでに述べた2相コミットとグループコミットである。2相コミットは、コミットを`PREPARE`と`COMMIT`の2段階に分けたものであり、MySQLではストレージエンジン（InnoDB）とバイナリログを同期するために内部的に用いられる。グループコミットは、トランザクションをひとつひとつ`COMMIT`するのではなく、同じ時間帯に`COMMIT`の要求があった複数のトランザクションをまとめて処理することで、性能を高めるものである。

図2.7をもう一度見てみると、グループコミットの対象になったトランザクションは、すべて同時に`PREPARE`された状態になっている。`PREPARE`されているということは、それらのトランザクションではす

でに行の更新が完了しているはずである。複数のトランザクションが同時にそのような状態になるのは、同じ行へのアクセスがなく、行ロックの競合が起きていない場合だけである。行ロックが競合した場合、つまり同じ行を更新する2つのトランザクションがあると、あとからその行のロックを獲得しようとしたトランザクションは、すでにロックを獲得したトランザクションが終了するのを待つ必要がある。いずれのトランザクションもブロックされずにPREPAREまで至ったということは、その2つのトランザクションは同じ行を更新していないということである。そのような2つのトランザクションは、並列に実行してもロックの競合を起こす恐れはない。

このように、ロックが競合しないということが事前にわかっていれば、それらのトランザクションは並列で処理ができる。しかし、そのような情報をどうやってスレーブへ伝達すればよいだろうか。それにはもちろん、バイナリログを利用する。mysqlbinlogを使って、バイナリログを覗いてみよう。last_committedとsequence_numberの2つの情報が増えていることに気づくだろう。これはそれぞれ、バイナリログ内で何番目のトランザクションなのかというカウンターの値を示すものである。ただし、両者ではカウンターの値を取得したタイミングが違う。last_committedは、そのトランザクションがPREPAREされたときに、最後にCOMMITが完了したトランザクションのカウンターの値であり、PREPAREされた時点でどのトランザクションまでがCOMMITされたかを示す。sequence_numberは、そのトランザクション自身のCOMMITに対するカウンターである。

カウンターの意味を考えると、PREPAREはCOMMITよりも先に行われるから、last_committed > sequence_numberという関係が成り立つ。トランザクションの並列実行が可能かどうかの判断基準は、last_committedとsequence_numberがオーバーラップしているかどうかである。例えば2つのトランザクションTx1、Tx2があり、それぞれのlast_committedとsequence_numberがl1、s1およびl2、s2だったとする。Tx1のほうが先にCOMMITされたものであるとき、この2つの範囲がオーバーラップしている関係とは、l1 ≦ l2かつl2 < s1となっていることである。その場合、同時にPREPAREされた時間帯があったといえる。その様子を図2.9に示す。

図2.9　オーバーラップしたトランザクション

このようなオーバーラップが必要だということは、裏を返すとLOGICAL_CLOCKモードのMTSでは、マスター上でグループコミットが行われないかぎり、並列に処理することができないということだ。バラバラにCOMMITされたトランザクションは並列処理できないので、あまりマスター上の更新がビジーでない場合にはLOGICAL_CLOCKモードのMTSは役に立たない。しかしマスターがビジーでなければスレーブの処理能力を高める必要もないので、実用上困ることはないだろう。

2.8　同一データベース内の並列 SQL スレッド　▶▶▶ 新機能 14

　ここで課題になるのは、どのようにしてマスター上でオーバーラップした COMMIT を増やすかということだ。このためにはグループコミットのチューニングを行う。MTS の処理能力の向上には、マスター上のグループコミットのチューニングが極めて重要になる。そのポイントについては、次の項で述べる。

　ところで、スレーブ上で並列に実行されたトランザクションは、マスターと同じ順序で完了するとは限らない。マスター上であとから COMMIT したトランザクションのほうが処理量が多く、時間がかかってしまうというような状況は一般に起こり得る話だ。その結果、マスターとスレーブで COMMIT の順序が変わり、クエリの結果が異なってしまうのではと心配されるかもしれない。そこで登場するのが、slave_preserve_commit_order オプションだ。これはまさに、スレーブ上での COMMIT の順序を変えないようにする設定である。MTS を利用する場合には、このオプションは明示的に 1 にしておくべきである。デフォルトは 0 であるが、それではデータ整合性が損なわれてしまうので 0 のまま使うことは避けるべきだろう[8]。なお、このオプションを有効化するには、スレーブ上でバイナリログの記録を有効化する必要がある。

　ちなみに、MTS を従来の動作にしたければ、slave_parallel_type=DATABASE を指定すればよい。デフォルトはこちらであるが、正直デフォルトのまま使うメリットはほとんどないので、MTS を使用する場合は LOGICAL_CLOCK を指定していただきたい。

2.8.2　マスターのチューニング

　LOGICAL_CLOCK モードで MTS を使用するためには、last_committed と sequence_number という 2 つの情報がバイナリログに含まれている必要がある。そのため、スレーブだけでなく、マスターでも MySQL 5.7 を利用しなければならない点に注意しよう。MySQL では、ひとつ前のメジャーバージョンからのレプリケーションがサポートされているが、MySQL 5.6 から MySQL 5.7 へのレプリケーションでは、スレーブは LOGICAL_CLOCK モードでバイナリログの再生を並列に実行できないのである。

　先ほど述べたように、LOGICAL_CLOCK モードで MTS を使用する場合には、マスター上でグループコミットをチューニングし、より多くのトランザクションがひとつのグループに含まれるようにするべきである。アプリケーションが必要とする応答時間との兼ね合いになるが、binlog_group_commit_sync_delay と binlog_group_commit_sync_no_delay_count の 2 つのオプションを、スループットが向上するように調整しよう。どの値にすれば最適なパフォーマンスが得られるかは環境やアプリケーションの負荷パターン次第なので、ベンチマークを取って確かめるべきである。ただし、マスターの更新処理性能を見るだけではなく、スレーブ上で遅延が生じないかどうかも注視しなければならない。マスターが全力で更新を行っても、スレーブが遅延しなければチューニングの効果は十分に出ている。

2.8.3　LOGICAL_CLOCK モードの MTS の構造

　並列レプリケーションでは、単一の SQL スレッドの代わりに、2 種類のスレッドが用いられる。ひとつはワーカースレッドであり、バイナリログの再生を実行するスレッドである。もうひとつはコーディネー

---

[8] これらのオプションは、スレーブを停止（STOP SLAVE）すれば、MySQL サーバーを停止しなくても動的に変更できる。

55

ータースレッドであり、ワーカースレッドにトランザクションの割り振りを行う。それぞれのスレッドのステータスは、表2.1で紹介した2つのパフォーマンススキーマテーブルか、あるいは SHOW PROCESSLIST コマンドで確認できる。

図2.10は、それぞれのスレッドの役割を、模式的に表したものである。

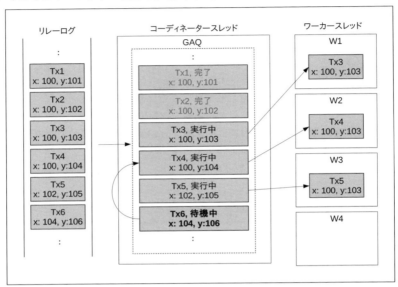

図2.10 LOGICAL_CLOCK モードの MTS の仕組み

コーディネータースレッドは、リレーログを読み取ると、GAQ（Group Assigned Queue）というキューにメタデータを格納する。まだワーカースレッドに割り当てられていないトランザクションを新たにスケジュールするには、現在ワーカースレッドによって実行中のトランザクションの中で最も小さい `sequence_number` を持つトランザクションよりも、スケジュールしようとしているトランザクションの `last_committed` のほうが小さくなければならない。その状態であれば、新たにスケジュールされるトランザクションは、実行中のすべてのトランザクションと図2.9のようにオーバーラップしているといえるため、競合しないと判定されて実行が開始される。図2.10は、ワーカースレッドが4つあり、Tx3〜Tx5 が実行中で、ワーカースレッドが空いているにもかかわらず Tx6 が待機している様子を示している。Tx3 〜Tx5 は競合しないが、Tx6 は Tx4 の実行が完了するまで開始できない。

なお、理論上は並列実行できるはずだが、実装上の問題からスレーブ上でロックの競合やデッドロックなどが生じ、更新の適用が失敗してしまう可能性はゼロではない。そこで、安全弁として、MTS では更新の適用が失敗すると自動的にリトライされるようになっている。リトライの回数は、`slave_transaction_retries` というオプションで設定できる。デフォルトは 10 であり、まず変更する必要はないだろう。

もし、コア数の多いマシンを使っていて、スレーブがマスターにぜんぜん追いつかないという問題で困っていたら、LOGICAL_CLOCK モードの MTS を使ってみてはいかがだろうか。

2.9 スレーブの管理性向上

MySQL 5.7 では、スレーブを運用／管理するうえでも、痒いところに手が届く改良が加えられている。

2.9.1 SHOW SLAVE STATUS の改良 ▶▶▶ 新機能 15

SHOW SLAVE STATUS は、STOP SLAVE と並列に実行されると、STOP SLAVE の完了を待つため、SQL スレッドが大きなトランザクションを実行している場合などに時間がかかってしまうという問題があった。SHOW SLAVE STATUS でレプリケーションのステータスを見たいだけなのに、その応答が遅くなってしまうのは嬉しくない。そこで、MySQL 5.7 では SHOW SLAVE STATUS は、STOP SLAVE の完了を待たずにステータスを返すように改良された。もし STOP SLAVE が発行されたにもかかわらず、SQL スレッドが大きなトランザクションを実行している場合は、実際まだ SQL スレッドは止まっていないので、Slave_SQL_Running は Yes になる。

2.9.2 部分的なオンライン CHANGE MASTER ▶▶▶ 新機能 16

MySQL 5.7 ではあまり恩恵を受けるケースは少なそうだが、CHANGE MASTER コマンドの一部がオンラインで実行できるようになっている。とはいっても、IO スレッドと SQL スレッドのどちらかのスレッドだけが動いている場合に、一部の設定が変更できるというものである。完全にオンラインで変更できるわけではないので、まだこの機能はあまり役に立たず、発展途上であるといえる。今後の改良に期待してほしい。では、どこがオンラインで変更できるようになったのかを見ていこう。

SQL スレッドが停止している場合、CHANGE MASTER で次のオプションを変更できる。

◆ RELAY_LOG_FILE
◆ RELAY_LOG_POS
◆ MASTER_DELAY

IO スレッドが停止している場合は、上記の 3 つと、MASTER_AUTO_POSITION=1 を除いた、ほかのすべてのオプションを変更できる。例えば異なるマスターへ接続するといったことも SQL スレッドを動作させたままで実行が可能だ。

MASTER_AUTO_POSITION=1 が変更できないということは、バイナリログポジションによる従来型のレプリケーションから GTID ベースのレプリケーションへの移行だけは、レプリケーションを完全に停止しないとできないことを意味している。これはレプリケーションの構造上致し方ないところだろう。

2.9.3 オンラインレプリケーションフィルター ▶▶▶ 新機能 17

MySQL 5.6 までのバージョンでは、レプリケーションのフィルターは、起動時のオプションでしか指定することができなかった。レプリケーションの運用中にフィルターを変更したくなることは多々あるだろ

第2章 レプリケーション

う。そのような場合に、MySQL サーバーを再起動しなければいけないのは厄介である。レプリケーションのフィルターには**表2.3**に挙げたオプションが存在する。

表2.3 レプリケーションフィルターのオプション一覧

オプション	説明
replicate_do_db	レプリケーションを実行するデータベースを指定する
replicate_do_table	レプリケーションを実行するテーブルを指定する
replicate_wild_do_table	レプリケーションを実行するテーブルをワイルドカードで指定する
replicate_ignore_db	レプリケーションから除外するデータベースを指定する
replicate_ignore_table	レプリケーションから除外するテーブルを指定する
replicate_wild_ignore_table	レプリケーションから除外するテーブルをワイルドカードで指定する
replicate_rewrite_db	スレーブでデータベースの書き換えを行う

これらのルールがどのように適用されるかということは、本書では説明しない。知りたい方はぜひマニュアルを参照してほしい。MySQL 5.7 の変更点で重要なのは、これらのオプションをオンラインで変更できるようになったという点だ。とはいっても、MySQL サーバー自身は停止しなくてもよいが、SQL スレッドは停止しておく必要があるので注意しよう。

レプリケーションフィルターをオンラインで変更する方法は、SET GLOBAL ではなく、専用の CHANGE REPLICATION FILTER というコマンドを用いる。もともと、**表2.3**にあるオプションの引数は、1つのデータベースやテーブルあるいは文字列のパターンを指定する必要がある。そのため、複数のデータベースやテーブルを指定したい場合は、オプションを繰り返し記述する必要があった。このようにレプリケーションフィルターはオプションと設定値が1:1で対応しているわけではないため、SET コマンドで指定することが不可能であり、専用のコマンドが追加されたわけである。**リスト2.21** は、REPLICATE_IGNORE_DB の設定を変更する例である。

リスト2.21 REPLICATE_IGNORE_DB の設定変更

```
CHANGE REPLICATION FILTER REPLICATE_IGNORE_DB = (test, uat);
```

複数のデータベースやテーブルを指定するには、丸括弧で囲ってカンマ区切りで指定する。起動時のオプションで指定するのとは異なり、CHANGE REPLICATION FILTER コマンドは、実行されるたびに新たにフィルターを追加するわけではない点に注意しよう。例えば、**リスト2.21** を実行する前に、すでに staging というデータベースが REPLICATE_IGNORE_DB で指定されていたとしよう。**リスト2.21** では staging というデータベースは指定されていないので、**リスト2.21** を実行したあとは、REPLICATE_IGNORE_DB から staging というデータベースは削除されることになる。

レプリケーションフィルターの現在の設定は、SHOW SLAVE STATUS で確認できる。なお、注意点として、オンラインで変更したフィルターは MySQL サーバーを再起動すると消失することがある。フィルターを永続化するには、スレーブの my.cnf に記述する必要がある。

2.10　バイナリログと XA トランザクションの併用
▶▶▶ 新機能 18

　MySQL 5.6 では、バイナリログを有効にしている場合、XA トランザクションを利用することはできなかった。XA トランザクションとは、平たく言えばユーザーが明示的に 2 相コミットを実行する仕組みである。異なるリモートのデータベース間で同期を取るといった用途で利用される。

　XA PREPARE されたトランザクションは、クライアントが切断してしまったり、MySQL サーバーを再起動したり、サーバーがクラッシュ後に再起動してしまったりした場合でも、MySQL サーバー上に残り続ける。しかし、それらは COMMIT されたわけではないので、MySQL 5.6 では通常のトランザクションとしてバイナリログに書き込むことはできなかった。

　そこで、MySQL 5.7 では、XA トランザクションを扱うための専用のバイナリログイベントが追加され、XA トランザクションの状態もスレーブへ伝搬されるようになった。つまり、マスター上で XA PREPARE が実行されると、それがスレーブ上でも実行されるようになった。これにより、XA トランザクションとレプリケーションを組み合わせて利用できるようになっている。

　ただし、現時点の XA トランザクションではバイナリログに対してクラッシュセーフではなく、クラッシュ時にバイナリログと InnoDB の状態に不整合が生じてしまう可能性がある。また、スレーブをクラッシュセーフにする relay-log-info-repository=TABLE の設定も、XA トランザクションと併せて利用できないという制限がある。このような制限があるため、まだ実戦投入に十分対応できる完成度とはいいがたいが、一歩前進したといってよいだろう。

2.11　バイナリログに対して安全でない SQL 実行時のログの調整 ▶▶▶ 新機能 19

　SBR 利用時に、安全にレプリケーションができない SQL、つまりバイナリログを再生した結果が常に同じにならないような非決定性な SQL を実行した場合に、エラーログに記録を残すかどうかを選択できるようになった。MySQL 5.6 では、安全にレプリケーションができない SQL を実行すると、かならずリスト 2.22 のようなメッセージがエラーログに記録される。

リスト 2.22　安全でない SQL 実行時のログ

```
2016-02-14T15:38:03.828197Z 278853 [Warning] Unsafe statement written to the
binary log using statement format since BINLOG_FORMAT = STATEMENT. （以下略）
```

　これは本来、アプリケーション側でこのようなエラーが出ないようにするべきものであるが、いつでも

第 2 章　レプリケーション

即座にアプリケーションの修正ができるわけではないので、しばらくそのままで運用を続ける場合もある
だろう。もし安全でない SQL が高頻度で実行された場合、**リスト 2.22** のようなメッセージがエラーログ
に溢れてしまう。修正しなければいけないことを把握済みであれば、その後の同様のメッセージは冗長な
だけである。無駄なメッセージがエラーログに溢れれば、ほかの重要なメッセージを見逃してしまうこと
にもなりかねない。

　MySQL 5.7 では、このメッセージが出力されないようにするオプションが追加された。エラーログに
メッセージを出力したくない場合には、`log_statements_unsafe_for_binlog=OFF` の設定を使う。

　ただし、SBR から RBR に切り替えるという、抜本的な対策があることは忘れないようにしたい。

2.12　バイナリログ操作失敗時の動作変更 ▶▶▶ 新機能 20

　バイナリログは、トランザクション管理にも利用される極めて重要なコンポーネントである。そのため、
バイナリログへの操作が失敗することは、MySQL サーバーにとって致命的な事態であるといえる。操作
の失敗とは、例えば `write` や `fsync` がエラーになることである。

　ところが、MySQL 5.6 までのバージョンでは、バイナリログへの操作が失敗した場合、エラーが無視
され、そのまま動作するようになっていた。これはまずい作りである。MySQL 5.7 からは、バイナリロ
グへの操作が失敗すると、MySQL サーバーが停止するようになった。それにより、若干の可用性は犠牲
になるが、バイナリログ内のデータの整合性は保たれることになる。

　MySQL 5.7 でも、過去のバージョンの動作との互換性を保つため、`binlog_error_action` というオ
プションが追加されている。このオプションは `ABORT_SERVER` と `IGNORE_ERROR` のいずれかの値を取り、
デフォルトは前者である。過去のバージョンと同じ動きをさせたければ `IGNORE_ERROR` に設定するが、積
極的にそのような設定にするべき理由は何もないだろう。

2.13　SUPER 権限を持つユーザーをリードオンリー にする ▶▶▶ 新機能 21

　スレーブ上ではアプリケーションが誤って更新を実行しないように、`read_only` オプションが利用され
ることが多かった。このオプションはサーバー全体をリードオンリーにしてしまうが、レプリケーション
による更新は許可される。`read_only=ON` のときに更新が許可される例外がもうひとつ存在する。それは
SUPER 権限を持ったユーザーによるものだ。管理者は非常事態に更新を実行してもよいというわけであ
る。だが、管理者が間違って、例えばマスターにログインしたつもりで、スレーブ上で更新系のコマンド
を実行してしまったらどうなるだろう。当然、マスターとスレーブでデータの不一致が生じ、レプリケー
ションが停止したり、アプリケーションが誤ったデータを取得してしまうことになる。

60

そこで、MySQL 5.7では、SUPER権限を持つユーザーからの更新を受け付けなくする`super_read_only`オプションが追加された。`read_only`オプションに加えて、`super_read_only`オプションを`ON`にすることで、たとえ管理者といえども更新ができなくなる。ちなみに、`super_read_only`は動的に`ON`と`OFF`の切り替えができるので、本当に何かしらの作業が必要な場合には`SET GLOBAL`コマンドで一時的に`OFF`にすればよい。

2.14　各種デフォルト値の変更

レプリケーション関連のオプションで、デフォルト値が変更されたものを紹介しておこう。

2.14.1　`sync_binlog`：0 → 1 ▶▶▶ 新機能 22

本章で見たように、グループコミットおよびグループコミット使用時のレプリケーション性能にはかなりの改良が加えられた。そのため、`sync_binlog=1`を設定しても、十分な性能が得られるケースが増えたことだろう。`sync_binlog=1`は、バイナリログとストレージエンジンのデータが完全に同期するため、最も安全な設定である。せっかくトランザクションを搭載したデータベースを使うのであれば、安全を重視して、手間要らずの運用をしたほうが得策である。

2.14.2　`slave_net_timeout`：3600 → 60 ▶▶▶ 新機能 23

IOスレッドは、長時間新しいバイナリログをマスターから受け取らない状態が続いた場合、マスターとの接続に何らかの問題が生じていると判断し、再接続を行う。そのタイムアウトを指定するオプションが、`slave_net_timeout`である。余談であるが、マスターとの接続におけるエラーをOSが検知すると、ソケットからの`read`がエラーになる。逆に言うと、`read`がエラーにならないかぎりMySQLが問題に気づくことはないのである。

タイムアウトが長いと、問題が発生したときにスレーブが待たされる時間が長くなる。反対に、タイムアウトが短い場合には、再接続が頻繁に発生してしまうのではないかと懸念されるかもしれないが、その心配には及ばない。MySQL 5.5以降のバージョンには、レプリケーションハートビートという機能が搭載されており、マスター上で一定時間更新がないとハートビートイベントという擬似的なイベントをスレーブへ送信するようになっている。スレーブはハートビートを受け取っても、特に何か処理を行うわけではないが、タイムアウトが延長されるため、再接続を回避できる。ハートビートの間隔は、`CHANGE MASTER`コマンドの、`MASTER_HEARTBEAT_PERIOD`で指定する。指定がない場合、`slave_net_timeout`の半分の値が自動的にセットされる。したがって、MySQL 5.7ではハートビート間隔のデフォルト値も自動的に短くなる。

タイムアウトが1時間から1分へと劇的に短くなったのは、スレーブの遅れがこれまで以上に許容されなくなってきたという背景がある、また一方で、レプリケーションハートビートが十分機能していれば、無

第 2 章　レプリケーション

用な再接続を避けられるようになったという、技術的な背景もある。

2.14.3　`binlog_format`：STATEMENT → ROW ▶▶▶ 新機能 24

　MySQL 5.7 では、より安全な RBR がデフォルトになっている。バイナリログの肥大化が気になる人は、`binlog_row_image=MINIMAL` を設定するといいだろう。

2.15　新しいレプリケーションの活用法

　MySQL 5.7 では、レプリケーションにさまざまな改良が加えられ、極めて使いやすくなっている。GTID や準同期レプリケーション、MTS といった一歩進んだ機能についても、極めて有用な改善が加えられているといえる。`sync_binlog=1` における性能問題が解決し、デフォルトになったのも嬉しい改良である。MySQL 5.7 では、特別な設定をしなくてもレプリケーションの性能と堅牢性が向上しているが、やはりもっと堅牢な運用をしたければ一歩進んだ機能を使うべきである。特にロスレスレプリケーションは、堅牢性という観点では非常に有用である。

　また、新たに加わったマルチソースレプリケーションは、MySQL のレプリケーションの可能性を押し広げるものである。非同期であるため OLTP には向かないが、データの統合やマスターデータの配信といった用途には極めて役立つといえるだろう。

　これらレプリケーションにおける新機能の数々は、それだけでも MySQL 5.6 以前のバージョンから移行する動機として十分ではないだろうか。

62

3

オプティマイザ

オプティマイザは極めて重要な RDBMS のコンポーネントである。何故か。それは、実行計画次第でクエリの実行効率が大きく変わるからにほかならない。高速な CPU、潤沢なメモリ、超高 IOPS[1] なストレージを準備しても、実行計画が駄目では大した性能は出ない。まさに宝の持ち腐れである。そうならないようにするにはどうすればよいか。最も重要なのはオプティマイザの特性をよく理解することである。

3.1　MySQL のオプティマイザの構造

オプティマイザとは一体どんな機能だろうか。本書の読者層からすればほとんどの方はご存知だろうが、オプティマイザとは基本的に「式の等価な変換」によって得られる複数の実行計画から、最適なものを選択するものである。等価な変換というのは、例えば内部結合（`INNER JOIN`）の順序を入れ替えることであったり、`WHERE` 句の条件の評価順を入れ替える、あるいはサブクエリを別のアルゴリズムに置き換えるというようなことを指す。

MySQL のオプティマイザは、コストベースのオプティマイザである。どのような実行計画でクエリを実行したとき、どのぐらいのコストがかかるかを計算し、最もコストが低くなるものを選択する。ただし、コストの見積もりは所詮見積もりであって、正確なコストはそれを実行するまでは分からない。事前に計算できるのは、あくまでも統計情報などから得られた概算値になる。概算値がそこそこ正確であれば、最もコストが低いものが最適な実行計画に近いだろうということになる。実際、オプティマイザはほとんどのケースで良い働きをするが、たまに思いどおりの実行計画にならず調整が必要になることは経験を積んだエンジニアであればご存知のとおりである。

---

[1] I/O per second の略。1 秒間に何度 I/O 操作を実行できるか。高いほうがよい。

3.1.1 SQL 実行の流れ

オプティマイザは最適な実行計画を選択するための機能であるが、SQL文そのものを直接見て判断するのではない。SQL文はまず、パーサー（構文解析器）と呼ばれるコンポーネントで解析され、コンピュータが扱いやすい形へと変えられる。具体的にはAST（Abstracted Structure Tree、あるいは抽象構文木）という形式である。オプティマイザはこのAST形式で最適な実行計画を探すことになる。等価な結果を生む別のASTへと書き換えたあと、エグゼキュータ（実行器）へ制御を移し、実行する。エグゼキュータはオプティマイザから渡された実行計画に基づいて実際にテーブルから行を取得し、結果を生成する。この流れを図3.1に示す。

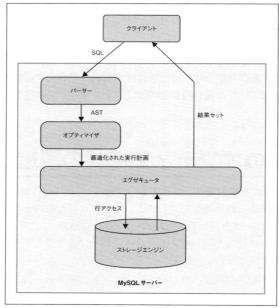

図 3.1 SQL 実行の流れ

エグゼキュータがどれだけの仕事をしなければならないかは、クエリの内容とオプティマイザの能力によって決まる。オプティマイザが優秀であれば、効率が悪い実行計画を選ぶ確率が減るので、エグゼキュータの仕事量も相対的に下がることになる。

3.2 EXPLAIN の改善

MySQL 5.7 では、`EXPLAIN` についてもいくつかの改善が行われている。`EXPLAIN` とは、MySQLサーバーがどのようにクエリを実行するか、つまり実行計画はどのようなものかを知りたいときに使用する基本

的なコマンドである。従来は表形式のものしかなかったのだが、MySQL 5.6 からは JSON フォーマット
の出力も得られるようになっている。JSON フォーマットのものは、それ単体でも情報が豊富で役立つの
だが、MySQL Workbench と組み合わせることで可視化でき、さらに便利さが増す。MySQL マスター
を志すなら、ぜひ抑えておきたい機能だ。

それぞれの形式の EXPLAIN について、その使い方と新機能を順に見ていこう。

3.2.1　表形式の EXPLAIN の改善 ▶▶▶ 新機能 25

まずは従来からの EXPLAIN について解説しよう。**リスト 3.1** は 3 つのテーブルを JOIN する SELECT の
例である。

リスト 3.1　EXPLAIN のサンプル

```
mysql> explain select City.Name, Country.Code, CountryLanguage.Language from City join Country on City.countrycode = Country.Code
    -> and City.id = Country.capital join CountryLanguage on CountryLanguage.countrycode = City.countrycode;
+----+-------------+-----------------+------------+--------+-------------------+-------------+---------+---------------------+------+----------+-------------+
| id | select_type | table           | partitions | type   | possible_keys     | key         | key_len | ref                 | rows | filtered | Extra       |
+----+-------------+-----------------+------------+--------+-------------------+-------------+---------+---------------------+------+----------+-------------+
|  1 | SIMPLE      | Country         | NULL       | ALL    | PRIMARY           | NULL        | NULL    | NULL                |  239 |   100.00 | Using where |
|  1 | SIMPLE      | City            | NULL       | eq_ref | PRIMARY,CountryCode | PRIMARY   | 4       | world.Country.Capital |  1 |     5.00 | Using where |
|  1 | SIMPLE      | CountryLanguage | NULL       | ref    | PRIMARY,CountryCode | CountryCode | 3     | world.Country.Code  |    4 |   100.00 | Using index |
+----+-------------+-----------------+------------+--------+-------------------+-------------+---------+---------------------+------+----------+-------------+
3 rows in set, 1 warning (0.00 sec)
```

何もオプションを指定しない EXPLAIN なのに、**partitions** と **filtered** というカラムがある。MySQL
5.7 ではデフォルトの挙動が変更され、これらのカラムが常に表示されるようになった。これらの情報は
どのみちよく参照するので常時表示していても問題はない。むしろパーティショニングはクエリの性能に
大きく影響するため、表示しないことで困ることのほうが多い。

では EXPLAIN に含まれる各項目を見ていこう。

この EXPLAIN には 3 つの行が含まれているが、それぞれテーブルへのアクセスを表すものとなってい
る。JOIN の場合は、上から順番にアクセスが行われると考えてよい。どのテーブルに対するアクセスを表
しているのかは、**table** フィールド[2]に表示されている。なので、このクエリを実行すると、Country →
City → CountryLanguage という順番で JOIN されることが分かる。

---

[2] ここではカラムと言わずにフィールドと表現している点に留意されたい。EXPLAIN はテーブルのような見た目ではあるが、
実体としてテーブルがあるわけではないため、テーブルのための用語は使っていない。反対に、テーブル上のものを指すときに
は、フィールドとは言わずにカラムあるいは列という表現を使おう。

第3章 オプティマイザ

　説明の順序が前後してしまったが、id と select_type について見ておこう。id は SELECT に付けられた番号である。じつは、MySQL は JOIN をひとつの単位として実行するようにできている。id はそのクエリの実行単位を識別するものである。したがって、JOIN しか行われていないこのようなクエリでは id は常に 1 となる。select_type は、このテーブルがどのような文脈でアクセスされるかを示す。JOIN の場合、select_type は常に SIMPLE である。言葉の意味から考えると少しおかしいが、どれだけ複雑な JOIN をしても SIMPLE になる。一方、JOIN 以外のもの、つまりサブクエリや UNION があると id と select_type が変化する。2 以上の id が出現するし、select_type にも SIMPLE 以外のものが表示される。SELECT の実行単位については、後ほど説明するので、ここでは詳細に触れず説明を先に進めよう。

　partitions は、パーティショニングが行われている場合に使われるフィールドである。今回使用されているテーブルはいずれもパーティショニングされていないため、このフィールドはすべて NULL になっている。パーティショニングされている場合には必ずこのフィールドを確認しよう。余談だが、どんなテーブルでも無暗にパーティショニングしているケースを見かけるが、それは間違いである。そもそもパーティショニングは、SELECT 実行時にパーティションの刈り込み（Partition Pruning）[3] が効いて初めて役立つものだ。無意味なパーティショニングはかえって性能を低下させるだけなので、やたらにパーティショニングするべきではない。刈り込みが効いているかどうかの判断基準になるのが partitions フィールドである。

　type はアクセスタイプを示すフィールドだ。アクセスタイプとは、どのようにそのテーブルから行データを取ってくるかということである。リスト 3.1 の例では、それぞれ ALL、eq_ref、ref となっているが、ALL はテーブルスキャン、eq_ref は JOIN において主キーやユニークキーによる一意な値によるアクセス（つまり最大で 1 行だけを正確にフェッチする）、ref は複数行をフェッチする可能性のあるアクセスを示す。アクセスタイプはほかにも種類があるので、表 3.1 にまとめておく。アクセスタイプは、対象のテーブルへのアクセスが効率的かどうかを判断するうえで極めて重要な項目である。本章ではたびたびアクセスタイプについて言及するのでぜひ覚えておいてほしい。種類もそれほど多くはない。

　これらのアクセスタイプの中でも要注意なのは、ALL、index および ref_or_null であろう。前者 2 つはテーブルあるいは特定のインデックスが全件アクセスされてしまうため、テーブルのサイズが大きい場合には極めて効率が悪い。ref_or_null に関しては、NULL となっている行はインデックスの先頭にまとめて格納されているのだが、その件数が多いと MySQL サーバーがこなすべき仕事量が膨大なものになってしまう。ちなみに、ALL 以外のアクセスタイプは、すべてインデックスを使ったものである。アクセスタイプが ALL あるいは index の場合は、そのクエリで使用できる適切なインデックスが存在しない兆候かもしれない。リスト 3.1 のクエリで、Country テーブルへのアクセスが ALL になっているが、これは WHERE 句に条件を指定していないためである。そのようなクエリでは駆動表[4]へのアクセスはスキャンにならざるを得ない。

　possible_keys フィールドは、利用できる可能性のあるインデックスの一覧を表示する。その中から実際にオプティマイザが選択したものが key フィールドに表示される。リスト 3.1 の例では、Country テー

---

[3] パーティションの刈り込みについては第 7 章を参照。
[4] Driving Table。JOIN において最初にアクセスされるテーブル。

66

3.2 EXPLAIN の改善

表 3.1　アクセスタイプ一覧

アクセスタイプ	説明
const	主キーあるいはユニークキーによるルックアップ（等価比較）。JOIN ではなく、最外部のテーブルに対するアクセスに対するアクセスタイプ。結果は常に 1 行となる。ただし、主キーやユニークキーを使っていたからといって、範囲検索で指定する場合には const にはならない。また、該当する行がない場合、クエリ自体が実行されないため const にはならない
system	テーブルに 1 行しか行がない場合の特殊なアクセスタイプ
ALL	全件スキャン。テーブルのデータ部分がすべてアクセスされる
index	インデックススキャン。テーブルの特定のインデックスのすべてのエントリがアクセスされる
eq_ref	JOIN の内部表へのアクセスにおいて、主キーあるいはユニークキーによるルックアップが行われる。const に似ているが、JOIN の内部表へのアクセスという点が異なる
ref	ユニークキーでないインデックスに対する等価比較。複数行がヒットする可能性がある。最外部のテーブルであろうと JOIN の内部表であろうと同じアクセスタイプになる
ref_or_null	ref に加えて、そのインデックスのアクセスの先頭に格納されている NULL のエントリをスキャンする。検索条件として、col = 'val' OR col IS NULL のような式が含まれている場合に使われる
range	インデックスの特定の範囲の行へアクセスする
fulltext	フルテキストインデックスを使った検索
index_merge	複数のインデックスを使って行を取得し、その結果を統合（マージ）する
unique_subquery	IN サブクエリへのアクセスにおいて主キーあるいはユニークキーが使われる。このアクセスタイプは余計なオーバーヘッドが省かれており、相当速い
index_subquery	unique_subquery とほとんど同じだが、ユニークでないインデックスを使ったアクセスが行われる点が異なる。このアクセスタイプも相当速い

ブル（1 行目）の key は NULL になっているが、これは行データの取得にインデックスが使われていないことを意味する[5]。key_len フィールドは、選択されたインデックスの長さである。そんなに重要なフィールドではないが、インデックスが長すぎるのも非効率なので、たまには気にしてほしい。

　rows は、このアクセスタイプによってどれだけの行が取得されるかを示す。最初にアクセスされるテーブルについては、クエリ全体によってアクセスされる行数、それ以降のテーブルについては、1 行の JOIN ごとに平均で何行のアクセスが発生するかを示している。ただし、あくまでも統計値から計算された概算値なので、必ずしも実際の行数とは一致しない点には注意しよう。

　filtered は、行データが取得されてからさらに WHERE 句の検索条件が適用されたときに、どれだけの

---

[5] アクセスタイプが ALL であるからそうなるのは当然である。

67

第3章　オプティマイザ

行が残るかを示すものである。こちらも統計からの概算値なので、必ずしも現実の値とは一致しない。このクエリでは、オプティマイザは City テーブルにアクセスしたあと、WHERE 句の条件をさらに適用し、5%程度しか残らないと判断している。

　Extra フィールドはオプティマイザが我々に与えてくれる動作のヒントである。従来からある表形式の EXPLAIN を使ってオプティマイザの振る舞いを把握するには、このフィールドが非常に重要である。例えば Using where は、テーブルからデータを取得したあとに WHERE 句の検索条件によってさらなる行の選別が行われることを表す[6]。Using index は、インデックスにしかアクセスしないことを表すものである。CountryLanguage テーブルはアクセスタイプが ref になっているため、どうやらカヴァリングインデックス[7]になっているらしいことが分かる。表 3.2〜表 3.4 に、主な Extra フィールドの値をまとめておいた。

表 3.2　Extra フィールド一覧（1）

Extra の値	説明
Using where	アクセスタイプで説明した方法でテーブルから行を取得したあと、さらに検索条件を適用して行の絞り込みを行うことを示す
Using index	インデックス部のみにアクセスすることでクエリが解決されることを示す。カヴァリングインデックスになっている。別名、インデックスオンリースキャン
Using index for group-by	Using index と似ているが、GROUP BY が含まれたクエリをカヴァリングインデックスで解決できることを示す
Using filesort	ORDER BY をインデックスによって解決できず、ファイルソート（MySQL のクイックソート実装）によって行のソートを行うことを示す
Using temporary	暗黙的にテンポラリテーブルが作成されることを示す
Using where with pushed condition	エンジンコンディションプッシュダウン最適化が行われたことを示す。現在は NDB のみで有効
Using index condition	インデックスコンディションプッシュダウン（ICP）最適化が行われたことを示す。ICP とは、マルチカラムインデックスにおいて、左端から順番にカラムを指定しない場合でも、インデックスを有効利用する実行計画のことである
Using MRR	マルチレンジリード（MRR）最適化が用いられることを示す
Using join buffer (Block Nested Loop)	JOIN に適切なインデックスがなく、JOIN バッファが利用されたことを示す
Using join buffer (Batched Key Access)	バッチトキーアクセス JOIN（BKAJ）アルゴリズムのために JOIN バッファが使われることを示す

---

[6] ここで、このクエリに WHERE 句がないことに気づいた読者の方もいるかもしれない。WHERE 句がないのにもかかわらず、なぜ Using where が表示されているのだろうか。この点については、後ほどオプティマイザトレースの解説において明らかにしたい。

[7] セカンダリインデックスへアクセスするだけでクエリが解決できる実行計画。とても効率が良い。

表 3.3 Extra フィールド一覧（2）

Extra の値	説明
`Using sort_union(...)`、`Using union(...)`、`Using intersect(...)`	インデックスマージによってテーブルへアクセスされることを示す。インデックスマージとは、複数のインデックスを用いてテーブルへのアクセスを行い、取得した行をあとから統合（マージ）する操作のことである
`Distinct`	`DISTINCT` が指定されており、なおかつ `JOIN` をするクエリでは、内部表から高々ひとつのキーを読むだけでクエリを解決できるものがある
`Range checked for each record (index map: N)`	`JOIN` において内部表へアクセスするのに最適なインデックスがない場合、駆動表から取得した行の値に基づいて、適切なインデックスがあるかどうかを確認する
`Not exists`	`LEFT JOIN` において、内部表にマッチする行がないものを検索するために `joined_table.key IS NULL` の指定があった場合、内部表にマッチする行があれば直ちにそのキーに対する検索をやめても構わない
`Full scan on NULL key`	`IN` サブクエリが select list（SELECT の結果として返されるカラム）に表れている場合、かつ `IN` 句のキーが NULL になる可能性がある場合、インデックスによる検索の代わりにフルスキャンをする必要がある
`const row not found`	テーブルが空であることを示す
`no matching row in const table`	主キーあるいはユニークキーによるルックアップにおいて、該当する行がなかったことを示す。該当する行がある場合、そのクエリのアクセスタイプは const になる
`FirstMatch(tbl_name)`	semijoin 最適化において、FirstMatch アルゴリズムが採用されたことを示す
`LooseScan(m..n)`	semijoin 最適化において、LooseScan アルゴリズムが採用されたことを示す
`Start temporary`、`End temporary`	semijoin 最適化において、テンポラリテーブルによる重複排除のアルゴリズムが採用されたことを示す
`Impossible HAVING`	`HAVING` 句の条件が常に偽になってしまうことを示す
`Impossible WHERE`	`WHERE` 句の条件が常に偽になってしまうことを示す
`Impossible WHERE noticed after reading const tables`	アクセスタイプが const になるテーブルから行を読み込んだ結果、`WHERE` 句の条件が偽になることが判明した
`No matching min/max row`	`MIN` あるいは `MAX` を取得するクエリにおいて、`WHERE` 句の条件にマッチする行がないことが明確な場合に表示される

`Extra` フィールドは、（その名前に反して）なぜオプティマイザがこのような実行計画を取ったかということや、実行計画の詳細を読み取るための重要な情報源となる。`EXPLAIN` をどれだけ正確に読み解けるかは、`Extra` フィールドに対する理解にあるといっても過言ではないだろう。少し種類は多いのだが、ぜひひととおり把握しておいてほしい。

表 3.4　Extra フィールド一覧（3）

Extra の値	説明
No matching rows after partition pruning	パーティションの刈り込みを行ったあとで、検索条件にマッチする行がない場合に表示される
No tables used	DUAL テーブルへのアクセスか、あるいは FROM 句が省略された
Plan isn't ready yet	EXPLAIN FOR CONNECTION において、まだオプティマイザによる実行計画の作成が終わっていない
Select tables optimized away	MIN や MAX を取得するクエリにおいて、インデックスから 1 行だけを読めばよい場合に表示される
unique row not found	駆動表のアクセスタイプが const のとき、かつ内部表がユニークなインデックスで結合されるとき、内部表に該当する行がない場合に表示される
Zero limit	LIMIT 0 が指定されたため、結果セットを返す必要がない

---

world サンプルデータベース

　本書では、クエリのサンプルを記述する際、MySQL が公式に提供しているサンプルデータベースである world を多用している。このデータベースには、Country、City、CountryLanguage という 3 つのテーブルがある。非常にシンプルなので、クエリの例を示す必要があるとき、私は好んで使用する。world データベースを MySQL Workbench を使って ER 図にしたものを示す。

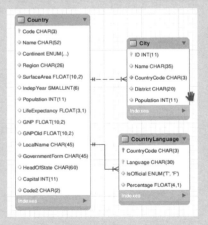

　world データベースは次のページからダウンロードできる。ほかにも employees、sakila、menagerie というサンプルデータベースがあるので、興味があればそちらもダウンロードしてみてほしい。

```
http://dev.mysql.com/doc/index-other.html
```

3.2.2　JSON 形式の EXPLAIN の改善 ▶▶▶ 新機能 26

　MySQL 5.6 から、JSON 形式で EXPLAIN を出力できるようになっている。JSON 形式で出力するには、FORMAT=JSON を指定するだけである。

　リスト 3.2 は、リスト 3.1 と同じ SELECT に対する EXPLAIN を、JSON 形式で表示したものだ。

リスト 3.2　JSON 形式の EXPLAIN のサンプル

```
mysql> explain format=json select City.Name, Country.Code, CountryLanguage.Language
-> from City join Country on City.countrycode = Country.Code and City.id = Country.capital
-> join CountryLanguage on CountryLanguage.countrycode = City.countrycode\G
*************************** 1. row ***************************
EXPLAIN: {
  "query_block": {
    "select_id": 1,
    "cost_info": {
      "query_cost": "362.81"
    },
    "nested_loop": [
      {
        "table": {
          "table_name": "Country",
          "access_type": "ALL",
          "possible_keys": [
            "PRIMARY"
          ],
          "rows_examined_per_scan": 239,
          "rows_produced_per_join": 239,
          "filtered": "100.00",
          "cost_info": {
            "read_cost": "6.00",
            "eval_cost": "47.80",
            "prefix_cost": "53.80",
            "data_read_per_join": "61K"
          },
          "used_columns": [
            "Code",
```

第3章　オプティマイザ

```
        "Capital"
      ],
      "attached_condition": "(`world`.`Country`.`Capital` is not null)"
    }

  },
  {
    "table": {
      "table_name": "City",
      "access_type": "eq_ref",
      "possible_keys": [
        "PRIMARY",
        "CountryCode"
      ],
      "key": "PRIMARY",
      "used_key_parts": [
        "ID"
      ],
      "key_length": "4",
      "ref": [
        "world.Country.Capital"
      ],
      "rows_examined_per_scan": 1,
      "rows_produced_per_join": 11,
      "filtered": "5.00",
      "cost_info": {
        "read_cost": "239.00",
        "eval_cost": "2.39",
        "prefix_cost": "340.60",
        "data_read_per_join": "860"
      },
      "used_columns": [
        "ID",
        "Name",
        "CountryCode"
      ],
      "attached_condition": "(`world`.`City`.`CountryCode` = `world`.`Country`.`Code`)"
```

72

```
        }
      },
      {
        "table": {
          "table_name": "CountryLanguage",
          "access_type": "ref",
          "possible_keys": [
            "PRIMARY",
            "CountryCode"
          ],
          "key": "CountryCode",
          "used_key_parts": [
            "CountryCode"
          ],
          "key_length": "3",
          "ref": [
            "world.Country.Code"
          ],
          "rows_examined_per_scan": 4,
          "rows_produced_per_join": 50,
          "filtered": "100.00",
          "using_index": true,
          "cost_info": {
            "read_cost": "12.12",
            "eval_cost": "10.09",
            "prefix_cost": "362.81",
            "data_read_per_join": "1K"
          },
          "used_columns": [
            "CountryCode",
            "Language"
          ]
        }
      }
    ]
}
```

```
}
1 row in set, 1 warning (0.00 sec)
```

JSON形式のEXPLAINは、従来型の表形式よりも表示される情報が多い。特に、MySQL 5.7からコストに関する情報が得られようになり、表形式のものよりもずっと便利になった。リスト3.2の例では、ネステッドループによってJOINが実行され、そのコストは362.81であるとオプティマイザによって見積もられていることが分かる。

なお、ご覧のとおりJSON形式のEXPLAINにはExtraフィールドがない。その代わりにより分かりやすい形式で追加の情報が表示されることが多い。例えばExtraフィールドではたんにUsing WHEREと表示されていたものが、attached_conditionとして具体的にどのような条件が適用されるかも分かるようになっている。

従来型のEXPLAINよりも、手軽にもっと詳しい情報を見たいという場合に、JSON形式のEXPLAINは重宝するかもしれない。いざというときに困らないよう、普段からJSON形式のものにも慣れ親しんでおくとよいだろう。また、ほかのRDBMSのユーザーがMySQLへ移行してきたときにも、JSON型のEXPLAINのほうがすんなりと手に馴染みやすいかもしれない。ただ、JSON形式は、MySQL 5.5以前の古いバージョンのMySQLでは使えないという点には注意してほしい。

3.2.3 ビジュアルEXPLAIN

JSON形式のEXPLAINはそれ単体でも便利だが、MySQL Workbenchを組み合わせることでさらに便利になる。MySQL WorkbenchはMySQLサーバーを管理したり、ER図によってDB設計を行える便利なGUIツールである。その機能のひとつとして、ビジュアルEXPLAINが提供されている。

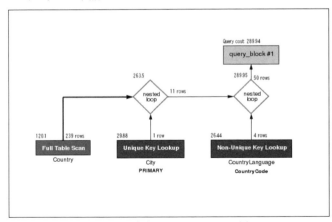

図3.2　ビジュアルEXPLAINの例

図3.2は、リスト3.1と同じクエリに対するビジュアルEXPLAINである。JSON形式のものよりもすっ

きりとしており、コストも容易に把握できるようになっている。なお、ビジュアル EXPLAIN は JSON 形式の EXPLAIN を利用したツールなので、コスト情報が表示されるのは MySQL 5.7 を利用している場合だけである点には注意したい。

余談だが、「プロは GUI ではなく CLI を使うべきだ」というような意見を言う人をたまに見かける。そうした意見は CLI に慣れた UNIX 系 OS ユーザーに多いように思われるが、少しでも早く効率的に目的を達成するためには、適切なツールを使い分けるべきと私は考えている。CLI であれ、GUI であれ、それが役立つのであれば進んで使うべきであり、視覚化することでクエリの全体像を素早く把握できるのであれば、使わない理由はない。ビジュアル EXPLAIN はとても便利なので、エキスパートを目指すのであれば積極的に使うべきだろう。

3.2.4　実行中のクエリに対する EXPLAIN ▶▶▶ 新機能 27

地味だが便利な改善が MySQL 5.7 で加えられている。MySQL を管理していると、SHOW PROCESSLIST を用い、「長時間実行されている SQL がないか？」を調べている人が多いだろう。もし長時間実行している SQL が見つかったとき、なぜ実行に時間がかかっているかを調べるために、EXPLAIN コマンドを使う。EXPLAIN コマンドを実行するためには、SHOW FULL PROCESSLIST を利用して、SQL の全文を取得し、コピー＆ペーストで EXPLAIN を実行するという操作が日常的に行われていたかもしれない。実行中のクエリが膨大であったり、SQL 文がとても長かったりすると、SQL 文を表示してコピー＆ペーストするというのは、かなり面倒な作業である。

MySQL 5.7 では、このような不毛な操作はもはや不要だ。実行中の SQL に対する EXPLAIN を、そのコネクション ID を指定するだけで見られるようになった。例えば長時間かかっている SQL を実行しているセッションの、コネクション ID が 777 だったとする。リスト 3.3 は、そのコネクションに対する EXPLAIN を表示するコマンドである。

リスト 3.3　実行中の SQL に対する EXPLAIN を表示するコマンド

```
EXPLAIN FOR CONNECTION 777
```

この機能により、日々の運用が少しだけ捗るようになるかもしれない。当然、EXPLAIN を JSON 形式で表示することも可能だ。

3.3　新しいコストモデルの導入 ▶▶▶ 新機能 28

MySQL 5.7 のオプティマイザの目玉機能のひとつに、新しいコストモデルの導入というものがある。これはオプティマイザがコストを計算するときの各種パラメーターを洗い出し、標準化したもので、ユーザー側で調整できるようになったのが大きな特徴だ。

第3章 オプティマイザ

3.3.1 MySQL のオプティマイザはコストベース

オプティマイザの種類には、大きく分けてコストベースのものとルールベースのものがある。だが、ルールベースというのはかなり特殊で、今はほとんど使われていない。ルールベースとは、SQL 構文やテーブルやインデックスの定義、ヒント句などに従って実行計画を決めるものだ。逆説的に言うと、実行計画を意識して SQL 構文を組み立てる必要があるため汎用性に欠けるのである。したがって、一般的な RDBMS はコストベースのオプティマイザを採用している。オプティマイザといえばコストベースのものを指していると考えて差し支えないだろう。

コストベースオプティマイザは、その SQL を実行するのに取り得る実行計画、つまり SQL 文を構文解析して得られた AST と等価な結果を生む AST の組み合わせを探索し、それぞれのコストを比較して最適なものを選ぶ。コストには例えば、ディスクからページを読み取るコスト、行データを取得するコスト、取得したデータを比較するコストなどがある。そして、テーブルやインデックスの統計情報を使い、クエリ全体を実行したときのコストを算出する。そのうえで、最もコストが安いものが、最適な実行計画というわけだ。

ただし、コストベースオプティマイザが必ずしも常に最適解を出せるわけではない。オプティマイザが見積もるコストはあくまでも統計情報から予測された近似値だからである。実際にどれだけのコストがかかるかは、その SQL を実行してみるまでは明らかにならないのである。

3.3.2 MySQL 5.7 のコストモデルの概要

MySQL 5.7 では、コスト計算に関する部分が大幅にリファクタリングされた。MySQL 5.6 までのバージョンでは、コストの計算にはハードコードされた[8]定数値が用いられていたのだが、MySQL 5.7 ではパラメーターで係数を設定できるようになった。何故そのような変更が必要だったかのだろうか。その理由は、コストというものは本来ハードウェアや環境によって左右されるものだからである。例えばディスクからページを読み取る場合、そのディスクがハードディスクと SSD ではかかるコストがまったく異なる。それらを同じようにひとくくりのコストで計算してしまうと、算出されたコストは現実から大きく乖離したものになってしまうだろう。

世の中にはさまざまなハードウェアがある。最新の CPU と巨大なメモリ、そして超高 IOPS の SSD を搭載した高性能なものから、Raspberry Pi のような性能の低いシングルボードコンピュータまで、MySQL が利用される可能性のある環境は、極めて幅広い。それらすべての環境に対応するには、コストの見積りを可変にすることが最低必要な条件だといえる。

---

[8] ソースコード上に直接記述されたという意味。

3.3.3　2種類のコスト係数

MySQL 5.7 では、調整可能なコストの係数を 2 つのシステムテーブルで管理するようになっている。それぞれ、`mysql.server_cost` と `mysql.engine_cost` である。前者はストレージエンジンによらない一般的なコストを、後者はストレージエンジン固有のコストを設定するためのものである。ストレージエンジンによってテーブルへアクセスする性能は大きく異なるので、ストレージエンジンごとにコストの係数を変えるというのは、MySQL にとって必須の対応といえる。

ただし、これらのシステムテーブルは、初期状態では特に何の係数も設定されていない。その状態では、MySQL サーバーにハードコードされたデフォルト値が採用される。実際にコストを設定することで、オプティマイザがそのコストを使用するようになる。

3.3.3.1　server_cost

リスト 3.4 は `server_cost` テーブルの初期状態の中身である。それぞれの行がひとつのコスト係数を表す。初期状態でも行は格納されているのだが、肝心のコストは NULL になっている。

リスト 3.4　server_cost テーブルの初期値

```
mysql> select * from server_cost;
+-----------------------------+------------+---------------------+---------+
| cost_name                   | cost_value | last_update         | comment |
+-----------------------------+------------+---------------------+---------+
| disk_temptable_create_cost  |       NULL | 2015-12-10 15:22:27 | NULL    |
| disk_temptable_row_cost     |       NULL | 2015-12-10 15:22:27 | NULL    |
| key_compare_cost            |       NULL | 2015-12-14 21:00:17 | NULL    |
| memory_temptable_create_cost|       NULL | 2015-12-10 15:22:27 | NULL    |
| memory_temptable_row_cost   |       NULL | 2015-12-10 15:22:27 | NULL    |
| row_evaluate_cost           |       NULL | 2015-12-14 21:00:17 | NULL    |
+-----------------------------+------------+---------------------+---------+
6 rows in set (0.00 sec)
```

それぞれの値が表すコストの意味とデフォルト値を**表 3.5** に示す。係数の種類はそれほど多くない。クエリの実行過程で作成されるテンポラリテーブルは、結果に BLOB が含まれていないなどの条件をクリアすれば、当初メモリ上に作成される（つまり MEMORY ストレージエンジンが採用される）。メモリ上に格納できるサイズの許容範囲を越えると、ディスク上のストレージエンジンへと変換される仕組みになっている。その変換コストは相当大きいので、`disk_temptable_create_cost` はほかと比べてかなり大きな値になっている。

第3章　オプティマイザ

表3.5　サーバー共通のコスト一覧

コスト名	デフォルト値	説明
key_compare_cost	0.1	ひとつのキーを比較するコスト
row_evaluate_cost	0.2	行データを読み込んで評価するのにかかるコスト
disk_tmptable_create_cost	40	ディスク上のテンポラリテーブルを作成するコスト
disk_tmptable_rw_cost	1	ディスク上のテンポラリテーブルへ行アクセスするコスト
memory_tmptable_create_cost	2	メモリ上のテンポラリテーブルを作成するコスト
memory_tmptable_rw_cost	0.2	メモリ上のテンポラリテーブルへ行アクセスするコスト

3.3.3.2　engine_cost

　リスト3.5 は engine_cost テーブルの初期状態の中身である。server_cost テーブルと同様、1つの行が1つのコスト係数を表し、コストは同じく NULL となっている。

リスト3.5　engine_cost テーブルの初期値

```
mysql> select * from engine_cost;
+-------------+-------------+-----------------------+------------+---------------------+---------+
| engine_name | device_type | cost_name             | cost_value | last_update         | comment |
+-------------+-------------+-----------------------+------------+---------------------+---------+
| default     |           0 | io_block_read_cost    |       NULL | 2015-12-14 21:00:13 | NULL    |
| default     |           0 | memory_block_read_cost |       NULL | 2015-12-14 21:22:49 | NULL    |
+-------------+-------------+-----------------------+------------+---------------------+---------+
2 rows in set (0.00 sec)
```

　それぞれの値が表すコストの意味とデフォルト値を表3.6 に示す。

表3.6　ストレージエンジン固有のコスト一覧

コスト名	デフォルト値	説明
io_block_read_cost	1	データファイルからページを読み込むコスト
memory_block_read_cost	1	バッファプール上のページにアクセスするコスト

　ストレージエンジン固有のコストは、今のところ2種類しか存在しない。データファイル（≒ディスク）に対するページアクセスとバッファプール（＝メモリ）のページアクセスである。デフォルト値はいずれも同じ値になっており、現在はあまりオプティマイザによって有効に活用されていない。device_type は本来異なるタイプのストレージを用いるときのために用意されたカラムであるが、現在は使われておらず、常に0にする必要がある。engine_cost に関してはまだまだ発展途上という印象を受けるだろう。

3.3.3.3　コスト係数の使い方

コスト係数を調整するには、`server_cost` と `engine_cost` の中身を書き換え、そのうえで `FLUSH OPTIMIZER_COSTS` コマンドを実行することで行う。新しく調整した係数が実際に使用されるのは、その後新たにログインしたセッションだけなので、コネクションプールを用いている場合には注意が必要である。

デフォルトのままでも、多くの局面ではそこそこ良い実行計画を選択できるだろう。どうしても望ましい実行計画が選択されない場合には、いよいよ調整が必要になる。では実際に最適なコスト係数はいくつだろうか。それを見つける作業は一朝一夕ではなく、数多くのトライアンドエラーが必要になるだろう。コストモデルは MySQL 5.7 で搭載された機能のため、ユーザー事例もまだまだ少ないのが実情だからだ。はっきりいって、手探りの状態だといっても過言ではない。多くの人が情報を欲している状態なので、新たな知見が得られたら、ぜひブログやイベントなどで情報をシェアしてほしい。

3.4　オプティマイザトレースの改善

MySQL 5.6 から、オプティマイザトレースという便利な機能が搭載されている。この機能はオプティマイザの挙動を理解するのに極めて役立つのだが、あまり活用されているとは言い難いので、ここで紹介しておこう。

3.4.1　オプティマイザトレースとは

本章では、オプティマイザの判断を知る方法として `EXPLAIN` コマンドの使い方を紹介したが、これは実行計画を知るうえで必須かつ標準的な方法である。だが、**EXPLAIN** によって分かるのは、オプティマイザが最終的に選択した実行計画についてだけであり、その過程でどのような最適化やコスト計算、あるいは実行計画の比較が行われたかは依然としてブラックボックスのままである。オプティマイザトレースは、このブラックボックスの中身を白日の下に晒す機能なのだ。

例えば内部結合（`INNER JOIN`）の場合、どうしてこのような順序が選択されたかという疑問を感じることはないだろうか。もっというと、どうして自分が想定していた順序と違うのだろうと。そのような疑問は、オプティマイザトレースを見れば一目瞭然である。貴方の疑問をすっきりと晴らす、極めて有用な方法といえるだろう。有用ではあるが、トレースというだけあって出力は長大で、読み解くためには相応の知識が必要になる。その情報は、通常のリファレンスマニュアルとは異なるエキスパート向けの MySQL Internals マニュアルに掲載されている。これからも分かるように、オプティマイザトレースを読み解くのは `EXPLAIN` を読むよりもずっと難しい。

オプティマイザトレースについてすべてが知りたいという人は、ぜひマニュアルを読んでいただきたい。

https://dev.mysql.com/doc/internals/en/optimizer-tracing.html

本書では、ひとつの `SELECT` を例に各項目について詳細に解説しようと思う。少し退屈かもしれないがお付き合いいただきたい。

第 3 章　オプティマイザ

3.4.2　オプティマイザトレースの使い方

　オプティマイザトレースの使い方自体は至ってシンプルだ。基本的にはたった 3 つのステップで内容を見ることができる。

1. オプティマイザトレースを有効化する
2. 解析したいクエリを実行する
3. トレースを表示する

　トレースの対象は、SELECT だけではなく INSERT、UPDATE、DELETE および MySQL 独自のコマンドである REPLACE となる。

　では具体的にオプティマイザトレースの使い方を見ていこう。オプティマイザトレースを有効化するには、optimizer_trace システム変数を使う。設定の変更には、リスト 3.6 のようにおなじみの SET コマンドを使う。

リスト 3.6　オプティマイザトレースの有効化

```
mysql> SET optimizer_trace='enabled=on';
```

　SET コマンド自体が SET X=Y という形式なのに、さらにその引数の中身の形が X=Y のようになっているのは違和感があるが、これは有効／無効以外にも種々の設定ができるようになっているためだ。ほかの設定については本書では割愛する。無効化するときには enabled=off を指定する。トレースを取るのにも若干のオーバーヘッドが生じるので、トレースを使い終わったら OFF にしておこう。

　リスト 3.6 では、optimizer_trace システム変数の設定を、SET GLOBAL ではなく、現在のセッションに対してのみ変更している。不要なトレースを取ってしまうとそのぶんオーバーヘッドが増えるし、そもそもほかのセッションのトレースは参照できないので、グローバルレベルでトレースを有効化しても無駄なのである。また、グローバルレベルでシステム変数を変更しても、つまり SET GLOBAL を実行しても、その変更は現在のセッションには反映されないので気を付けてほしい。

　次に、トレースを取りたいクエリを実際に実行するか、あるいは EXPLAIN コマンドを実行する。EXPLAIN を表示するだけであっても、実際に選択される実行計画を得るためにオプティマイザが動くので、トレースも採取できる。リスト 3.7 は EXPLAIN を実行している様子を表す。クエリについては省略してある。

リスト 3.7　EXPLAIN の実行

```
mysql> EXPLAIN SELECT ... 以下略;
```

　最終的にオプティマイザトレースを表示するのがリスト 3.8 のクエリだ。実行計画は情報スキーマ（information_schema）から、JSON 形式で得られる。末尾の \G は mysql CLI による表示を、縦

80

3.4 オプティマイザトレースの改善

方向にするための指示である。\Gがなくてもトレースを表示できるが、無駄なマイナス記号などが膨大に
出力されてしまう。

___

リスト3.8 オプティマイザトレースの取得

```
mysql> SELECT * FROM information_schema.optimizer_trace\G
```

3.4.3 オプティマイザトレースの基本的構造

　さて、では肝心要のオプティマイザトレースの見方に移ろう。オプティマイザトレースの見方はコツさ
え掴んでしまえば難しくはない。問題は、トレースの出力がとても大きく、全貌を掴みづらい点だ。その
ため、まずはトレースの大枠を見ていただきたい。

　リスト3.9のトレースは、意味のないDUAL表[9]から定数をSELECTしたときのものである。オプティマ
イザトレースは、まず最初のカラムとしてトレース対象のクエリを表示する。QUERYカラムにselect 1
が表示されているので確認してほしい。

　オプティマイザトレースの本体は、TRACEカラムから取得できる。トレース本体は見てのとおりJSON形
式である。トップオブジェクトにstepsという名前のメンバーがあり、その値としてjoin_preparation、
join_optimization、join_executionという3つのメンバーを持つ形となっている。ただし、EXPLAIN
を実行した場合には、join_executionの代わりにjoin_explainという項目が表示される。どのよう
なクエリから取ったトレースでも、この基本的な構造は変わらない。

___

リスト3.9 オプティマイザトレースの構造

```
mysql> select 1;
+---+
| 1 |
+---+
| 1 |
+---+
1 row in set (0.00 sec)

mysql> select * from information_schema.optimizer_trace\G
*************************** 1. row ***************************
                            QUERY: select 1
                            TRACE: {
"steps": [
```

___

[9] MySQLでは省略可

第3章 オプティマイザ

```
    {
    "join_preparation": {
        "select#": 1,
        "steps": [
        {
            "expanded_query": "/* select#1 */ select 1 AS '1'"
        }
        ]
    }
    },
    {
    "join_optimization": {
        "select#": 1,
        "steps": [
        ]
    }
    },
    {
    "join_execution": {
        "select#": 1,
        "steps": [
        ]
    }
    }
]
}
MISSING_BYTES_BEYOND_MAX_MEM_SIZE: 0
          INSUFFICIENT_PRIVILEGES: 0
1 row in set (0.00 sec)
```

3.4.4　オプティマイザトレースの詳細と改善点 ▶▶▶ 新機能 29

　オプティマイザトレースに含まれる項目の意味については、もう少し複雑なクエリを例に挙げて解説しよう。**リスト3.10** は、3つのテーブルを JOIN したときの冒頭部である。オプティマイザトレースの出力は非常に長いので、少しずつ区切って紹介する。また、冗長過ぎる部分については一部省略もしているの

3.4 オプティマイザトレースの改善

で、全体を知りたい人はぜひ実機で確認してほしい[10]。

リスト3.10　3つのテーブルのJOIN、トレース冒頭部

```
mysql> select * from information_schema.optimizer_trace\G
*************************** 1. row ***************************
                            QUERY: select City.Name, Country.Code from City join
Country on City.countrycode = Country.Code and City.id = Country.capital join Co
untryLanguage on CountryLanguage.countrycode = City.countrycode
                            TRACE: {
  "steps": [
    {
      "join_preparation": {
        "select#": 1,
        "steps": [
          {
            "expanded_query": "/* select#1 */ select `City`.`Name` AS `Name`,`Co
untry`.`Code` AS `Code` from ((`City` join `Country` on(((`City`.`CountryCode` =
 `Country`.`Code`) and (`City`.`ID` = `Country`.`Capital`)))) join `CountryLangu
age` on((`CountryLanguage`.`CountryCode` = `City`.`CountryCode`)))"
          },
          {
            "transformations_to_nested_joins": {
              "transformations": [
                "JOIN_condition_to_WHERE",
                "parenthesis_removal"
              ],
              "expanded_query": "/* select#1 */ select `City`.`Name` AS `Name`,`
Country`.`Code` AS `Code` from `City` join `Country` join `CountryLanguage` wher
e (((`CountryLanguage`.`CountryCode` = `City`.`CountryCode`) and (`City`.`Country
Code` = `Country`.`Code`) and (`City`.`ID` = `Country`.`Capital`))"
            }
          }
        ]
```

---

[10] このトレースはJOINに対するものであるが、MySQLは、JOINアルゴリズムとして、ネステッドループJOIN（Nested Loop Join、以下NLJ）しか実装していない。そのため、以降の議論はすべてNLJに基づいたものになっているので、その点を踏まえて読んでほしい。

第3章　オプティマイザ

```
        }
    },
```

先ほどのリスト3.9と同じように、リスト3.10でも、QUERYカラムから実際に入力されたクエリがどのようなものであったかが分かる。join_preparationにselect#というメンバーがあるが、これはEXPLAINのidと同じ値である。MySQLでは、SELECT実行時、内部的にはJOINがひとつの単位として実行され、それぞれの実行単位に対して識別子の番号が割り振られる。このSELECTはJOINだけで構成されるため、識別子は1だけとなる。

join_preparationのtransformations_to_nested_joinsでは、クエリの実行計画を探す前に、クエリを完全な形に展開し、JOINのON句にある条件をWHERE句へと移動している。JOINの条件は、ON句で指定しようともWHERE句で指定しようとも変わらないので、これは等価な変換である[11]。リスト3.10には、expanded_queryというメンバーが2箇所出現している。元々はWHERE句の指定がないクエリだったのだが、変換後のクエリにはWHERE句が表示されているので見比べてみてほしい。ちなみに、MySQL 5.6では、transformations_to_nested_joinsは、join_preparationではなくjoin_optimizationの冒頭にある。

join_preparationではこのように大した仕事はしない。準備段階なのだから大した仕事をするほうがおかしいといえるのだが……。残る項目はjoin_optimizationとjoin_execution（またはjoin_explain）であるが、じつはjoin_executionには、現時点では情報は含まれていない。一方、join_optimizationには豊富な情報が含まれており、これがオプティマイザトレースのメインディッシュだといえる。

join_optimizationは本当に長いので覚悟してほしい。リスト3.11は先ほどの続き、join_optimizationの冒頭部である。

リスト3.11　join_optimization 冒頭部

```
    {
      "join_optimization": {
        "select#": 1,
        "steps": [
          {
            "condition_processing": {
              "condition": "WHERE",
              "original_condition": "((`CountryLanguage`.`CountryCode` = `City`.
`CountryCode`) and (`City`.`CountryCode` = `Country`.`Code`) and (`City`.`ID` =
`Country`.`Capital`))",
              "steps": [
```

---

[11] 製品によってはこの変換が行われないものがあり、ON句とWHERE句で条件を指定した場合に実行計画が異なるものがある。しかし、MySQLでは同じ実行計画になるということがこの変換から理解できるだろう。

84

```
                {
                  "transformation": "equality_propagation",
                  "resulting_condition": "(multiple equal(`CountryLanguage`.`Cou
ntryCode`, `City`.`CountryCode`, `Country`.`Code`) and multiple equal(`City`.`ID
`, `Country`.`Capital`))"
                },
                {
                  "transformation": "constant_propagation",
                  "resulting_condition": "(multiple equal(`CountryLanguage`.`Cou
ntryCode`, `City`.`CountryCode`, `Country`.`Code`) and multiple equal(`City`.`ID
`, `Country`.`Capital`))"
                },
                {
                  "transformation": "trivial_condition_removal",
                  "resulting_condition": "(multiple equal(`CountryLanguage`.`Cou
ntryCode`, `City`.`CountryCode`, `Country`.`Code`) and multiple equal(`City`.`ID
`, `Country`.`Capital`))"
                }
              ]
            }
          },
```

　最適化の最初のステップは、WHERE句の変換である。WHERE句の条件、といっても今回のクエリでは元はON句で指定されていたものだが、そこから無駄を省きオプティマイザが扱いやすい形式に変える。具体的に何をしているかというと、3つの変換アルゴリズムが適用されている。それぞれ、equality_propagation（等価比較による推移律）、constant_propagation（定数に対する等価比較による推移律）、trivial_condition_removal（自明な条件の削除）だ。

　リスト3.11の例では、equality_propagation（等価比較に対する推移律）を適用した結果、`Country Language`.`CountryCode`、`City`.`CountryCode`、`Country`.`Code`という3つのカラムはすべて同じ値であることが判明したため、同じグループ（multiple equal）にまとめられている。また、定数に対する等価比較や、自明な検索条件が含まれないため、あとの2つのアルゴリズムによる変換は行われていない。trivial_condition_removalでは、もしWHERE ... AND 1=1のような不要な条件が含まれていれば省かれることになる。

リスト3.12　join_optimization その2、テーブルの依存関係

```
          {
            "substitute_generated_columns": {
```

85

第3章　オプティマイザ

```
            }
        },
        {
            "table_dependencies": [
                {
                    "table": "`City`",
                    "row_may_be_null": false,
                    "map_bit": 0,
                    "depends_on_map_bits": [
                    ]
                },
                {
                    "table": "`Country`",
                    "row_may_be_null": false,
                    "map_bit": 1,
                    "depends_on_map_bits": [
                    ]
                },
                {
                    "table": "`CountryLanguage`",
                    "row_may_be_null": false,
                    "map_bit": 2,
                    "depends_on_map_bits": [
                    ]
                }
            ]
        },
```

　リスト3.12 は先ほどの続きである。substitute_generated_columns というのは、MySQL 5.7 で
追加された生成カラムに対する処理であり、MySQL 5.6 のオプティマイザトレースにはこの項目は存在
しない。

　table_dependencies では、テーブルの依存関係が示される。これは OUTER JOIN で意味がある項目
であり、今回は INNER JOIN なので意味のある情報は含まれていない。

　OUTER JOIN の場合には、depends_on_map_bits に依存するテーブルの map_bit が表示される。テー
ブル間に依存関係があった場合、JOIN の順序が制限され、先に依存されているほうのテーブルへアクセス
するような実行計画しか採用できない。どう制限されるかは、depends_on_map_bits を見れば分かると
いう寸法だ。

3.4 オプティマイザトレースの改善

リスト 3.13　join_optimization その 3、使用されるキーの情報（一部省略）

```
{
  "ref_optimizer_key_uses": [
    {
      "table": "`City`",
      "field": "ID",
      "equals": "`Country`.`Capital`",
      "null_rejecting": true
    },
    {
      "table": "`City`",
      "field": "CountryCode",
      "equals": "`Country`.`Code`",
      "null_rejecting": false
    },
        ・・・省略・・・
    {
      "table": "`CountryLanguage`",
      "field": "CountryCode",
      "equals": "`City`.`CountryCode`",
      "null_rejecting": false
    }
  ]
},
```

　ひき続き、リスト 3.13 にあるような情報が表示される。ref_optimizer_key_uses はこのクエリで利用可能なインデックスの一覧がずらりと並ぶ。長いのでカットしてあるが、本当はすべてのテーブルの利用可能なインデックスが表示される。

　null_rejecting は分かりづらいので、少し詳しく解説しよう。null_rejecting は、このキーと比較される対象のカラムが NULL になる可能性があるとき、追加の最適化を行うためのフラグである。リスト 3.13 の例では、1 つ目の City.ID に対する null_rejecting が true になっている。これは、このキーの比較対象の Country.Capital が NULL になる可能性があるカラム（NOT NULL の指定がないカラム）だからである。null_rejecting が true の場合、オプティマイザは暗黙的に比較対象のカラムに対して IS NOT NULL を検索条件に追加する。City.ID に対するフラグの場合、追加される検索条件は Country.Capital IS NOT NULL となる。

87

第3章　オプティマイザ

　なぜこのような IS NOT NULL の条件が追加されるのだろうか。City.ID インデックスを使った検索で
はそもそも City.ID は NULL にならないため、Country.Capital が NULL の場合にはマッチしない。し
たがって、この条件が追加されても SELECT の結果は変わらない。結果が変わらないのならば、できるだ
けテーブルへのアクセスが減るよう、絞り込みの条件を追加しておいたほうが有利である。City.ID イン
デックスを Country.Capital と比較するということはつまり、Country テーブルから行データを取得し、
その Capital カラムの値を入力として City.ID インデックスにアクセスすることである。City.ID イン
デックスにアクセスする前に、IS NOT NULL を適用して不要な行を弾くことができれば無駄な行アクセス
を減らせられる。今回のケースでは当てはまらないが、もしかすると IS NOT NULL を解決するために最適
なインデックスがあるかもしれない。そういった可能性を検討するのが null_rejecting の効果である。
　次の City.CountryCode に対する null_rejecting は false になっている。これは、わざわざ IS NOT
NULL を指定するまでもなく、Country.Code が NULL になる可能性がないためである。

リスト3.14　join_optimization その4、行数の見積り

```
{
  "rows_estimation": [
    {
      "table": "`City`",
      "table_scan": {
        "rows": 4188,
        "cost": 25
      }
    },
    {
      "table": "`Country`",
      "table_scan": {
        "rows": 239,
        "cost": 6
      }
    },
    {
      "table": "`CountryLanguage`",
      "table_scan": {
        "rows": 984,
        "cost": 6
      }
    }
```

3.4　オプティマイザトレースの改善

```
      ]
    },
```

　リスト3.14の `rows_estimation` にはアクセスされるテーブルの行数が表示されている。また、テーブルスキャンを実行したときのコストも分かるようになっている。テーブルスキャンというと、絶対に避けなければならない実行計画のような印象があるが、スキャンは必ずしも悪ではない。特にテーブルの行数が少ない場合やインデックスのカーディナリティが低い場合、インデックスへのアクセスは余計なオーバーヘッドを生むだけになるケースがある。そのような場合は、むしろスキャンを選択するべきである。

　リスト3.15は `join_optimization` の中でも最も重要な部位である、`JOIN` の結合順序のコスト計算が表示されている。少々長いが重要なので、カットせずに記載している。

リスト3.15　join_optimization その5、検討された実行計画のひとつ

```
{
  "considered_execution_plans": [
    {
      "plan_prefix": [
      ],
      "table": "`Country`",
      "best_access_path": {
        "considered_access_paths": [
          {
            "access_type": "ref",
            "index": "PRIMARY",
            "usable": false,
            "chosen": false
          },
          {
            "rows_to_scan": 239,
            "access_type": "scan",
            "resulting_rows": 239,
            "cost": 53.8,
            "chosen": true
          }
        ]
      },
      "condition_filtering_pct": 100,
```

89

第3章 オプティマイザ

```
"rows_for_plan": 239,
"cost_for_plan": 53.8,
"rest_of_plan": [
  {
    "plan_prefix": [
      "`Country`"
    ],
    "table": "`CountryLanguage`",
    "best_access_path": {
      "considered_access_paths": [
        {
          "access_type": "ref",
          "index": "PRIMARY",
          "rows": 4.2232,
          "cost": 447.03,
          "chosen": true
        },
        {
          "access_type": "ref",
          "index": "CountryCode",
          "rows": 4.2232,
          "cost": 444.25,
          "chosen": true
        },
        {
          "access_type": "scan",
          "chosen": false,
          "cause": "covering_index_better_than_full_scan"
        }
      ]
    },
    "condition_filtering_pct": 100,
    "rows_for_plan": 1009.3,
    "cost_for_plan": 498.05,
    "rest_of_plan": [
      {
        "plan_prefix": [
```

90

```
          "`Country`",
          "`CountryLanguage`"
        ],
        "table": "`City`",
        "best_access_path": {
          "considered_access_paths": [
            {
              "access_type": "eq_ref",
              "index": "PRIMARY",
              "rows": 1,
              "cost": 440.87,
              "chosen": true,
              "cause": "clustered_pk_chosen_by_heuristics"
            },
            {
              "rows_to_scan": 4188,
              "access_type": "scan",
              "using_join_cache": true,
              "buffers_needed": 1,
              "resulting_rows": 4188,
              "cost": 845451,
              "chosen": false
            }
          ]
        },
        "condition_filtering_pct": 100,
        "rows_for_plan": 1009.3,
        "cost_for_plan": 938.91,
        "chosen": true
      }
    ]
  },
  {
    "plan_prefix": [
      "`Country`"
    ],
    "table": "`City`",
```

第3章　オプティマイザ

```
"best_access_path": {
  "considered_access_paths": [
    {
      "access_type": "eq_ref",
      "index": "PRIMARY",
      "rows": 1,
      "cost": 286.8,
      "chosen": true,
      "cause": "clustered_pk_chosen_by_heuristics"
    },
    {
      "rows_to_scan": 4188,
      "access_type": "scan",
      "using_join_cache": true,
      "buffers_needed": 1,
      "resulting_rows": 4188,
      "cost": 200212,
      "chosen": false
    }
  ]
},
"condition_filtering_pct": 5,
"rows_for_plan": 11.95,
"cost_for_plan": 340.6,
"rest_of_plan": [
  {
    "plan_prefix": [
      "`Country`",
      "`City`"
    ],
    "table": "`CountryLanguage`",
    "best_access_path": {
      "considered_access_paths": [
        {
          "access_type": "ref",
          "index": "PRIMARY",
          "rows": 4.2232,
```

```
                "cost": 22.352,
                "chosen": true
              },
              {
                "access_type": "ref",
                "index": "CountryCode",
                "rows": 4.2232,
                "cost": 22.212,
                "chosen": true
              },
              {
                "access_type": "scan",
                "chosen": false,
                "cause": "covering_index_better_than_full_scan"
              }
            ]
          },
          "added_to_eq_ref_extension": false
        },
        {
          "plan_prefix": [
            "`Country`",
            "`City`"
          ],
          "table": "`CountryLanguage`",
          "best_access_path": {
            "considered_access_paths": [
              {
                "access_type": "ref",
                "index": "PRIMARY",
                "rows": 4.2232,
                "cost": 22.352,
                "chosen": true
              },
              {
                "access_type": "ref",
                "index": "CountryCode",
```

第3章　オプティマイザ

```
                                      "rows": 4.2232,
                                      "cost": 22.212,
                                      "chosen": true
                                    },
                                    {
                                      "access_type": "scan",
                                      "chosen": false,
                                      "cause": "covering_index_better_than_full_scan"
                                    }
                                  ]
                                },
                                "condition_filtering_pct": 100,
                                "rows_for_plan": 50.467,
                                "cost_for_plan": 362.81,
                                "chosen": true
                            }
                          ]
                        }
                      ]
                    },
```

considered_execution_plans という名前からも分かるように、オプティマイザが検討した実行計画が表示される箇所である。かなり長いが、ひと塊の項目となっている。considered_execution_plans の中身は配列となっており、オプティマイザによって検討された実行計画が並ぶ。配列の要素は、どのテーブルからアクセスするかによってまとめられている。今回例に挙げている SELECT は 3 つのテーブルの JOIN なので、3 つの実行計画が表示される。リスト 3.15 はそのうち 1 つ目のものである。

実行計画の表現はツリー構造でネストした形になっており、ツリーの根は最初にアクセスされるテーブルである。ツリーはテーブルが 1 つのノードを形成しており、rest_of_plan がツリーの子ノードへのエッジである。1 つのテーブルに対する各項目を上から順に見ていこう。

plan_prefix というのは、これまでにアクセスされたテーブルを表す項目である。最初にアクセスされるテーブルに対する plan_prefix は当然空となる。

table というメンバーは、現在検討しているテーブルを指す。ここではそれが Country であることが分かる。

best_access_path は、最も効率的なアクセスタイプを探すために、どのようなアクセスタイプを検討したかを表す項目である。検討したアクセスタイプは considered_access_paths の下にまとめられており、Country テーブルに対しては主キー（PRIMARY）による検索とテーブルスキャンが検討され、テーブルスキャンが選択されたのが分かる。選択されたことは、chosen というメンバーが true になっている

94

ことから判断できる。

`condition_filtering_pct` は、このテーブルから行データをフェッチしたあとに適用される `WHERE`
句の条件で、どの程度行の絞り込みが行われるかという概算である。`Country` テーブルでは 100%となっ
ているので、絞り込みがまったく行われないことが分かる[12]。

`rows_for_plan` と `cost_for_plan` はそれぞれ、この実行計画によってアクセスされるであろうこの
テーブルの行数と、そのためのコストを表している。上記の例ではそれぞれ 239 行、53.8 となっている。
コストが単純に行数と同じ値になっていないのは、エグゼキュータおよびストレージエンジンによって行
われる行アクセスやページアクセスに対してコスト係数をかけているからである[13]。

`rest_of_plan` は、それ以降のテーブルアクセスに対して同じような情報が入れ子状に格納されてい
る。`rest_of_plan` のひとつ目の項目は、`CountryLanguage` テーブルに対してアクセスするものとなっ
ている。その `plan_prefix` には `Country` テーブルが表示されており、`Country` テーブルを駆動表にして
`CountryLanguage` テーブルを結合（`JOIN`）した場合のものであることが分かる。ほかの項目の説明は、
先ほどの `Country` テーブルに対するものと同様なので割愛する。

`cost_for_plan` についてだけ一点付け加えておくと、ここに表示されている `cost_for_plan`（498.05）
は、`CountryLanguage` テーブルにアクセスするまでのコストである。このコストには先ほどの 53.8 が
すでに含まれていることに注意されたい。`CountryLanguage` テーブルに対する `best_access_path` の
うち最小のものは 444.25 であり、これに先ほどの 53.8 を足すと、ここに表示されている 498.05 になる
というわけである。この `SELECT` は 3 つのテーブルにアクセスするものであり、498.05 というのは 2 つ
目のテーブルの `JOIN` するまでのコストである。`rest_of_plan` はもう一段階続くのだが、`Country` →
`CountryLanguage` → `City` の順番で `JOIN` をした場合の最終的なコストは、先ほどと同様の計算方法で
498.05 + 440.87 = 938.92 になることが分かる。表示されている値は 938.91 だが、これは丸め誤差に
よるものである。

`Country` → `CountryLanguage` → `City` の順番で `JOIN` するもののほかに、`Country` テーブルを最初に
`JOIN` する実行計画はもうひとつ存在する。それは、`Country` → `City` → `CountryLanguage` というもの
である。その部分についてのリスト3.15 の詳細な説明は割愛するが、その場合のコストは 53.8 + 286.8
+ 22.212 = 362.81 となっていることが分かるだろう（こちらも同様に丸め誤差を含む）。

ところで、最後の `Country` → `City` → `CountryLanguage` という実行計画には `CountryLanguage` が 2
度表れているのがお分かりだろうか。これは、正式な名前はないが `eq_ref` の拡張（`added_to_eq_ref_`
`extension`）という最適化戦略が検討された結果である。`Country` → `City` → `CountryLanguage` という
順序でアクセスされる場合、`City` テーブルのアクセスタイプは `eq_ref` である。`eq_ref` が連続すると、そ
れらは 1:1 の行の対応があるものと見做され、ひとまとまりのテーブルとして扱われるようになる。これで、
計算しなければならないコストの組み合わせが劇的に減ることになる。`added_to_eq_ref_extension` は
`false` になっていることから、`eq_ref` が連続しなかったことが分かる。その次の `CountryLanguage` の

---

[12] この項目は MySQL 5.6 には存在しない。MySQL 5.7 のオプティマイザが、テーブルから行を取得したあとに適用さ
れる `WHERE` 句の検索条件の影響を考慮するようになった結果である。

[13] コスト係数については、コストモデルの項を参照してほしい。

第3章　オプティマイザ

項目は通常のコスト計算によるものである。

オプティマイザによる典型的な誤差の例

　この実行計画で注目すべきポイントがひとつある。それは City テーブルへのアクセスにおいて、`condition_filtering_pct` が 5 となっていることである。つまり、City テーブルへアクセスしたのち、WHERE 句の条件（`City.CountryCode = Country.Code`）を適用すると、おおよそ 5%の行しか残らないだろうとオプティマイザは判断したということである。しかし、読者の皆さんはこの見積りが間違っていることがお分かりだろう。City テーブルには `City.ID = Country.Capital` という条件によるアクセスつまり各国の首都をその ID を用いて検索しているが、取得された City テーブルの行に対して適用される追加の WHERE 句の条件は、`City.CountryCode = Country.Code` だからである。ある国の首都がその国に属しているのは自明である。したがって、クエリの意味を考えると、この 5%しか残らないという見積りはおかしいことが分かる。だが、そのような情報はテーブル定義のどこにも制約という形で含まれていない。したがって、オプティマイザはそのような前提知識を利用できないのである。

　オプティマイザはあくまでも、統計値からコストの予測値を算出するものであり、現実とコストの見積りのあいだにギャップが生じるのはある意味仕方のないことである。ただ、ここではこの `condition_filtering_pct` の値が効いているため、3 つ目のテーブルである CountryLanguage のアクセスコストが極めて低いものとなっているという点に注意を払っておいてほしい。

リスト 3.16　join_optimization その 6、残りの実行計画（一部省略）

```
        {
"plan_prefix": [
],
"table": "`CountryLanguage`",
"best_access_path": {
    ・・・省略・・・
},
"condition_filtering_pct": 100,
"rows_for_plan": 984,
"cost_for_plan": 202.8,
"rest_of_plan": [
  {
    "plan_prefix": [
      "`CountryLanguage`"
    ],
    "table": "`Country`",
```

```
            "best_access_path": {
               ・・・省略・・・
            },
            "condition_filtering_pct": 100,
            "rows_for_plan": 984,
            "cost_for_plan": 1383.6,
            "pruned_by_cost": true
         },
         {
            "plan_prefix": [
               "`CountryLanguage`"
            ],
            "table": "`City`",
            "best_access_path": {
               ・・・省略・・・
            },
            "condition_filtering_pct": 100,
            "rows_for_plan": 17763,
            "cost_for_plan": 21518,
            "pruned_by_cost": true
         }
      ]
   },
```

リスト 3.16 は検討した実行計画の 2 つ目のものである。こちらは `CountryLanguage` テーブルに最初にアクセスする実行計画となっている。ここで注目すべきは `pruned_by_cost` であろう。この実行計画の最終的なコストを見てほしい。2 番目にアクセスするテーブルとして Country を選んだ場合も City を選んだ場合も、その段階で `pruned_by_cost` が `true` となり、そこで実行計画の探索が打ち切られている。`CountryLanguage` テーブルにアクセスした時点では 202.8 であり、Country テーブルからアクセスした場合の 362.81 よりもコストが小さいため、まだ計算を続ける余地はあった。しかし、2 つ目のテーブルを JOIN した段階においては、いずれの場合もコストが大きく（前者は 1383.6、後者は 21518）、すでにコストが 362.81 を上回っているため、これ以上 JOIN した場合のコストを計算しても 362.81 より良い（＝小さい）コストが出てくる可能性はない。したがってコストの計算を続けても無駄なのである[14]。

このように、Country → City → CountryLanguage という順番でアクセスした場合のコストが最小に

---

[14] じつはもうひとつの実行計画として、City テーブルからアクセスするものが残っているが、City テーブルは行数が多いため、City テーブルにアクセスした時点で `pruned_by_cost` になっている。本書ではその出力は割愛する。

第 3 章 オプティマイザ

なり、最小でないものについても算出されたコストがいくつであったかが分かるのである。JOIN の順序が思いどおりにならない場合、なぜそのような順序でアクセスされたかは、オプティマイザトレースを見れば一発で分かるのだ。

JOIN の順序判定を確認するという目的は十分に果たされたのだが、オプティマイザトレースにはもう少しだけ続きがあるので見ておこう。

リスト 3.17　join_optimization その 8、追加の WHERE 句の条件

```
            {
              "attaching_conditions_to_tables": {
                "original_condition": "((‘City‘.‘ID‘ = ‘Country‘.‘Capital‘) and (‘C
ity‘.‘CountryCode‘ = ‘Country‘.‘Code‘) and (‘CountryLanguage‘.‘CountryCode‘ = ‘Co
untry‘.‘Code‘))",
                "attached_conditions_computation": [
                ],
                "attached_conditions_summary": [
                  {
                    "table": "‘Country‘",
                    "attached": "(‘Country‘.‘Capital‘ is not null)"
                  },
                  {
                    "table": "‘City‘",
                    "attached": "(‘City‘.‘CountryCode‘ = ‘Country‘.‘Code‘)"
                  },
                  {
                    "table": "‘CountryLanguage‘",
                    "attached": null
                  }
                ]
              }
            },
```

リスト 3.17 は、アクセスタイプによって行データをテーブルから取得したあと、さらに追加で適用される WHERE 句の検索条件を整理したものである。アクセスタイプとは、どのようにしてテーブルから行データを取得するかを示すものである。テーブルスキャンなのか、それともインデックスを用いたアクセスなのか、そうであればどのインデックスを使うかといったことである。それ以外の検索条件は、テーブルから行データを取得したあとに適用される。attached_conditions_summary はそれぞれのテーブルに対し

て、アクセスタイプ以外にどのような条件が残っているかを示す。'Capital' is not null は SELECT に直接記述されているわけではないが、null_rejecting によって追加されたものである。WHERE 句の追加の条件が残っているテーブルについては、表形式の EXPLAIN の Extra フィールドに Using WHERE が表示されることになる。

リスト 3.18　オプティマイザトレース最後尾

```
            {
              "refine_plan": [
                {
                  "table": "`Country`",
                  "access_type": "table_scan"
                },
                {
                  "table": "`City`"
                },
                {
                  "table": "`CountryLanguage`"
                }
              ]
            }
          ]
        }
      },
      {
        "join_execution": {
          "select#": 1,
          "steps": [
          ]
        }
      }
    ]
}
MISSING_BYTES_BEYOND_MAX_MEM_SIZE: 0
          INSUFFICIENT_PRIVILEGES: 0
1 row in set (0.00 sec)
```

第3章 オプティマイザ

リスト3.18はオプティマイザトレースの末尾である。長かったオプティマイザトレースの解説もいよ
いよこれでおしまいだ。

`refine_plan` は、`join_optimization` の最後の項目である[15]。

`join_execution` はすでに伝えてあるように空である。将来的にここは拡張されるのか、取り去られる
のかは現時点では分からない。

`MISSING_BYTES_BEYOND_MAX_MEM_SIZE` は、オプティマイザトレースに切り詰められた箇所を示すも
のであり、今回は0なので切り詰められた箇所がなかったことが分かる。もしメモリが足りずに切り詰め
られてしまうと、ここに何バイトが切り詰められたかが表示される。オプティマイザトレースが使用する
メモリのサイズは、`optimizer_trace_max_mem_size` で指定する。今回は事前に1MBに増やしてから
`SELECT` を実行したので、全部の出力をキャプチャできた。デフォルトは16KBだが、足りないことが多
いので事前に増やしておくべきである。もし頻繁にオプティマイザトレースを使うのなら、`my.cnf` で値
を設定しておいてもよいだろう。このメモリはオプティマイザトレースを有効化しないかぎり割り当てら
れないので `my.cnf` に書いてしまっても、平常時にメモリ使用量が増えてしまうというような心配はない。

以上、オプティマイザトレースについて見てきたが、いかがだっただろうか。よく「オプティマイザの
挙動を理解するには、オプティマイザの気持ちになれ」というようなことを言うDBエンジニアを見かけ
るが、オプティマイザトレースを見ればオプティマイザの気持ちになる必要などはない。オプティマイザ
の中身が覗き放題だからである。解説の関係上、本書ではオプティマイザトレースの出力を細かく区切っ
て紹介したが、全体をひと続きで見たいという方は、ぜひ実際のMySQLサーバー上でオプティマイザト
レースを表示してみてほしい。

3.5 実行計画の改善

MySQLのクエリはどのようにオプティマイザによって処理されるのだろうか。オプティマイザによる
コスト見積り以外で重要なのは、どのようなアルゴリズムでクエリが実行されるかである。MySQL 5.7
ではアルゴリズムの改善がなされており、従来非効率な実行計画になっていたものが、効率的な実行計画
へと改善する可能性がある。MySQLのクエリの構造についてその概要を見つつ、MySQL 5.7の新機能
を紹介したい。

3.5.1 JOINのアルゴリズム詳細

先ほど、オプティマイザトレースのところで、3つのテーブルのJOINの例を紹介した。すでに述べた
とおり、MySQLのJOINアルゴリズムには、NLJ（ネステッドループJOIN）しか存在しない。その他
のJOINアルゴリズムとしては、ソートマージJOINやハッシュJOINなどがあるが、MySQLではそれ

---

[15] 個人的には、この部分は蛇足のように思える。たんにどのテーブルからアクセスされるかということと、最初のテーブルは
スキャンによるアクセスだということしか分からないからだ。

100

3.5 実行計画の改善

らは利用できない。ただし、NLJ をチューニングした BNLJ（Block Nested Loop JOIN）や BKAJ（Batched Key Access JOIN）などが存在する。MySQL の `JOIN` の振る舞いを知るのにアルゴリズムの理解は欠かせないので、ここで改めて解説しよう。

3.5.1.1 NLJ

NLJ とは一体いかなるアルゴリズムであるか。NLJ について熟知している人は読み飛ばして頂いて結構だ。NLJ はその名が示すように、基本となるアルゴリズムはループである。例えば **t1** と **t2** という 2 つのテーブルを条件を指定せずに結合する場合、つまり直積（Product）を実行する場合のアルゴリズムは**リスト 3.19** のようになる。

リスト 3.19　直積の NLJ アルゴリズム

```
for each row in t1 {
  for each row in t2 {
    send joined row to client
  }
}
```

このようにすることで、**t1** のすべての行と **t2** のすべての行を組み合わせた結果行がクライアントへ送信される。このように NLJ の処理はループになっており、テーブル数が増えればループのネスト（入れ子）がどんどん深くなる。実際のアプリケーションではこのように直積を求めることは稀であり、多くの場合には `JOIN` のキーが指定されたり、さらに `WHERE` 句による絞り込みが行われることになる。**リスト 3.20** は、`JOIN` のキーを指定したり、`WHERE` 句による絞り込みを追加したりしたものである。

リスト 3.20　標準的な `JOIN` の NLJ アルゴリズム

```
for each row in t1 matching where condition {
  for each row in t2 matching join and where condition {
    send joined row to client
  }
}
```

このようなアルゴリズムになっているため、できるだけ早い段階でより多くの絞り込みを行ったほうが効率的なクエリになる。従って、`JOIN` の順序はクエリを効率化するために極めて重要な要因となるわけである。BNLJ や BKAJ も基本的にはこのアルゴリズムに従う。バッファを用い、できるかぎり行アクセスを効率化しているという違いがあるだけである。少し冗長になるが、BNLJ と BKAJ のアルゴリズムの詳細を紹介しておこう。

101

3.5.1.2 BNLJ

BNLJ は、内部表へのアクセスにおいてインデックスが使えない場合の負荷を軽減する[16]。インデックスが使えないということは、駆動表から1行フェッチするごとに、その行とマッチする行を探すべく内部表がスキャンされるということである。スキャンを繰り返し実行するのは非常に効率が悪い。特に内部表が巨大なものであれば、その効率の悪さは致命的になる。当然ながら OLTP でそのような処理が行われることはあってはならない。

JOIN の条件が存在するのに有効なインデックスがない場合には、直ちにインデックスを追加してスキャンが行われないようにするべきである。しかし、1日1回しか実行しないようなレポーティングなどの処理ならば、インデックスを使わずに JOIN することも許容されるかもしれない。インデックスがあれば更新のコストが高くなるし、必要なストレージのサイズも増えてしまうからだ。とはいえ、純粋な NLJ でインデックスを使わずに JOIN することは極めて効率が悪い。そのような場合に効果を発揮するのが BNLJ だ。

BNLJ は JOIN バッファというメモリ領域を使って、内部表がスキャンされる回数を減らすアルゴリズムである。図 3.3 は BNLJ を実行する様子を模式的に示したものである（t1 が駆動表、t2 が内部表）。

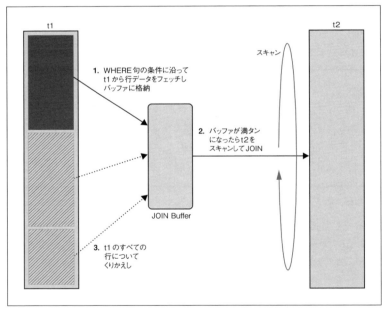

図 3.3 BNLJ アルゴリズムの概略

駆動表から条件にマッチする行をフェッチすると、まず JOIN バッファにためられる。JOIN バッファがいっぱいになったら内部表をスキャンして、マッチする行を探すのである。こうすることで内部表へのアクセスが激減する。NLJ では駆動表からフェッチした行数と同じ回数だけ内部表のスキャンが必要だった

---

[16] JOIN で最初にアクセスされるテーブルを駆動表、その後結合されるテーブルを内部表と呼ぶ。

のが、BNLJ では「駆動表からフェッチした行数 ÷ JOIN バッファに貯められる平均の行数」まで内部表のスキャン回数が減ることになる。例えば、JOIN バッファに駆動表から取得した行を平均で 100 行貯めこんでおければ、内部表をスキャンする回数は 1/100 まで低減されるのだ。

したがって、BNLJ では内部表をスキャンすることで生じる I/O 負荷は劇的に軽減されるだろう。ただし、最終的にはバッファに蓄えられた行データと、内部表の行が逐一比較されるため、CPU には相応の負荷がかかることになる。すべての行データがメモリ（InnoDB バッファプール）に収まっているような贅沢な環境では、BNLJ はそれほど効果はないといえる。そもそも BNLJ を使おうが使うまいが I/O が発生しないからだ。

駆動表からフェッチした行データが全部 JOIN バッファに収まると、内部表をスキャンする回数は 1 回だけで済むので、その場合が最も高速となる。それ以上 JOIN バッファのサイズを大きくしても性能は向上しない。JOIN バッファが大きすぎると、メモリ割り当てのためのオーバーヘッドが大きくなるし、メモリが枯渇してしまう恐れもあるので、サイズは慎重に選ぶようにしたい。JOIN バッファはセッションごとに変えられるので、レポーティングなどの処理を行う場合には、アプリケーション側で事前に SET コマンドでサイズを変更するといった工夫をしよう。

3.5.1.3 BKAJ

次に、BKAJ について説明するのだが、その前に BKAJ の実行に必要な MRR（Multi Range Read）という最適化アルゴリズムについて説明する。

MRR は、簡単にいうと「ディスクの並び順に従ってデータファイルを読み取る」というもので、RDBMS では非常に古くからある最適化手法である。セカンダリインデックスを使って検索を行うと、テーブルから行データを取得する際の操作はランダムアクセスになってしまう。InnoDB の場合はクラスタインデックス構造になっているため、主キーに行データが含まれている。MyISAM の場合にはデータは独立したテーブル名.MYD というファイルに格納されている。一般的にセカンダリインデックスと行データの順序には相関がないので、セカンダリインデックスの順序で行データをフェッチすると、アクセスはランダムになってしまうのだ。テーブルのデータ全体がメモリ上のバッファにある場合にはランダムアクセスでも問題ないが、ディスク上にある場合には効率が悪い。それをシーケンシャルアクセスに変更するのが MRR 最適化なのである。

図 3.4 と図 3.5 はそれぞれ MRR を使わない場合のアクセスと使った場合のアクセスの違いを示している。シーケンシャルアクセスになるため、行データがディスク上にしかない場合には若干高速化に寄与する。ただし、この最適化テクニックはハードディスクでは大きな効果が得られるのだが、SSD ではあまり効果がない。SSD が全盛の今、恩恵を得られる機会は確実に減ってきている。MRR は MySQL 5.6 で追加されたのだが、もう少し早く登場していればと悔やまれるばかりである。

ここまで、BNLJ と MRR について解説したが、以上を踏まえたうえで BKAJ の解説に移りたい。なぜならば、BKAJ というのはこれら 2 つの最適化アルゴリズムの組み合わせだからである。BKAJ は BNLJ と同じく、駆動表から条件にマッチする行をフェッチして、いったん JOIN バッファにためる。動作が異なるのはそこから先で、BNLJ では内部表をスキャンするのに対し、BKA では内部表に MRR 最適化を用いてアクセスする。

第3章 オプティマイザ

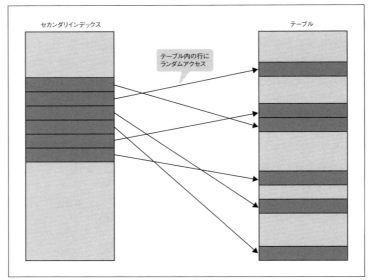

図 3.4　MRR がない場合

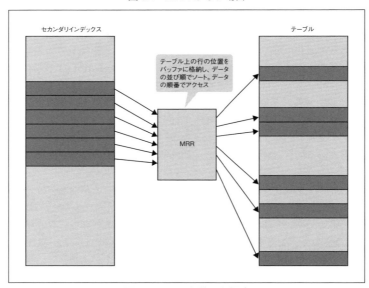

図 3.5　MRR を使った場合

　BKAJ のアルゴリズムを模式的に表したものを、図 3.6 に示す。これにより、InnoDB や MyISAM では内部表へのアクセスがランダムアクセスではなくシーケンシャルアクセスになる。BNLJ とは違って、

3.5 実行計画の改善

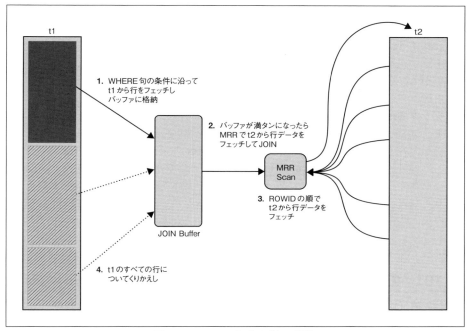

図3.6 BKAJアルゴリズムの概略

内部表はすべてスキャンされるのではなく、必要な行だけがフェッチされる。しかもデータファイル内における行の並び順でである。BNLJが内部表に対するスキャンを前提としているのに対し、BKAJは必ずしもスキャンの場合に限定されない点に留意したい。

インデックスを用いたアクセスであっても、内部表へのアクセスがデータの並び順によってソートされるのは利点である。ただし、JOINにインデックスを使用できる場合、オプティマイザはBKAJを選ばないことのほうが多い。これは、MRRのコスト見積りを高くし過ぎているためである。実際、バッファを準備したり、データの並び順によってソートしたりするときにも、少なからずオーバーヘッドが生じてしまうのでコストは低いとはいえない。そのため、多くの場合はシンプルにNLJを使ったほうが速いのである。BKAJを積極的に使いたい場合には、`optimizer_switch`を使って、`mrr_cost_based`を`OFF`にする必要があるので注意しよう。

そもそも、BKAJはMRRを前提としたアルゴリズムなので、MRR同様すべてのデータがメモリ（バッファプール）上に収まっている場合には性能向上は期待できない。反対に、データ量が巨大でバッファの何倍もあるような場合には、BKAJによって性能向上が見込める可能性がある。だが、実際そのような状況にはどれほどの頻度で遭遇するだろうか。最近はメモリも大容量になっているし、SSDも高速なのであまりMRRやBKAJが出る幕はないように思える。そのため、BKAJはデフォルトでは`OFF`になっている。したがって、BKAJを使用したい場合には、先ほど紹介した`mrr_cost_based`とともに、

第 3 章　オプティマイザ

optimizer_switch で batched_key_access=on という変更をしよう。

　BKAJ はあまり効果が期待できないとはいえ例外もある。MySQL Cluster のように、データがリモートのホストに格納されている場合、BKAJ はかなりの効果が期待できる。インデックスの値をまとめて MRR でストレージエンジンに渡し、それに対応した行をまとめて受け取ることで、ネットワークのラウンドトリップが少なくなるからである。ただし、MySQL Cluster には BKAJ よりも高速な、プッシュダウン JOIN というアルゴリズムがあるので、どうしても BKAJ に頼らないといけないシーンは少ない。

　プッシュダウン JOIN とは、データノードと呼ばれる並列分散型のリモートのノードに対して JOIN の条件を送信し、JOIN をデータノード上で分散処理するアルゴリズムである。あまり知られていないのだが、じつは MySQL の製品ファミリには、MySQL Cluster のプッシュダウン JOIN という形ではあるが、JOIN を並列処理する機能がすでに存在するのである。当然ながら、プッシュダウン JOIN は BKAJ よりもずっと高速である。ただし、プッシュダウン JOIN を実行するには、いくつかの前提条件をクリアしなければならない。例えば JOIN で等価比較されるカラムのデータ型が完全に一致していなければならないといった具合である。条件に漏れてしまったクエリについては、BKAJ によって救済されることになるだろう。

3.5.2　JOIN のコスト見積りにおける WHERE 句の考慮　▶▶▶ 新機能 30

　最適な実行計画、つまりテーブルの結合順序を算出するには、コスト見積の正確性は極めて重要である。ところが、MySQL 5.6 まで、NLJ のコスト見積もりは、はっきりいってあまり正確とはいえないものであった。MySQL 5.7 ではコスト見積もりのアルゴリズムにおいて決定的な新機能が追加され、最適解に近い結合順序が選択される確率が上昇した。その新機能とは、WHERE 句の検索条件による絞り込みによってどれだけ行数が減るかを JOIN の順序選択時に考慮するというものである。

　驚かれるかもしれないが、MySQL 5.6 では JOIN の順序選択時に、WHERE 句の絞り込みによる行数の減少については考慮されていなかった。どういうことかというと、考慮されていたのはアクセスタイプによって取得される行数だけなのである。例えばインデックスを用いてテーブルから行データを取得する場合、WHERE 句のすべての検索条件を満たすインデックスが必ずしも存在するわけではない。インデックスから漏れた検索条件は、行データを取得したあとに適用されることになる。

　JOIN を実行する場合、WHERE 句の追加の検索条件を適用した結果、真だと判定された行の値が、次のテーブルから行データを取得するための入力として使用される。つまり、2 つのテーブルを JOIN する場合、1 つ目のテーブルからアクセスタイプによって取得される行数を x、その後 WHERE 句によって絞り込まれる行数の割合を f%、2 つ目のテーブルからアクセスタイプによって取得される行数が平均で y 行だとすると、その SELECT によってアクセスされる行数は合計で次のように計算される。

`x + x * f/100 * y`

　もし、2 つ目のテーブルからアクセスタイプによって行データが取得されたあとに、WHERE 句の条件が追加で適用されても、すでにテーブルへアクセスしたあとなので、アクセスされる行数の見積もりには影響を与えない。したがって、内部表である t2 に対する追加の WHERE 句の 影響は考えなくてもよい。

106

3.5 実行計画の改善

　MySQL 5.6 では、このときの WHERE 句の条件による f％の絞り込みの影響が考慮されていなかった。f％を考慮せず、常に 100％と見做されていたということである。したがって、MySQL 5.6 では最適な結合順序とは異なる順序が選択されることがしばしばあった[17]。MySQL 5.7 ではこの点が改良され、より最適な結合順序が選択されるようになったのである。JOIN のコスト見積りについては、次に述べるストレージエンジンが提供する統計情報の改善もかなり貢献している。JOIN の実行計画の最適化は、WHERE 句による絞り込みを考慮することで、MySQL 5.6 とは比較にならないほど改善している。

　しかし、何事にも完璧なものはない。ある実行計画を検討したとき、正確な解はその実行計画を実行してみるまでは分からない。オプティマイザの仕事は、あくまでもクエリを実行する前に最適と思われる実行計画を選択することである。MySQL 5.7 のオプティマイザであっても、常に最適な実行計画を選択できるとは限らないし、場合によっては MySQL 5.6 よりも悪いプランを選ぶ可能性もあることには注意されたい。

　オプティマイザが f％の見積りについて誤った判断をする例は、すでにオプティマイザトレースのところで紹介したとおりである。ただ、統計的に見た場合、MySQL 5.6 よりも良い実行計画が選ばれる確率が向上しているのである。

3.5.3　ストレージエンジンが提供する統計情報の改善 ▶▶▶ 新機能 31

　JOIN に使用するインデックス統計情報はどのように取得されるかをご存知だろうか。じつは、MySQLでは、その役割はすべてストレージエンジンに委ねられている。クエリによってどれだけの行が取得されるかという見積りは、ストレージエンジンから提供される情報なのである。

　オプティマイザが使用する統計情報の種類は、基本的にはアクセスタイプによって異なる。同じアクセスタイプでも、ref だけは JOIN で最初にアクセスされるテーブルかどうかで、取得される統計情報の種類が異なる。

　JOIN でアクセスされる最初のテーブルについては、あるインデックスについて特定のキーの範囲にマッチする行がいくつであるかという情報（つまりキーの上限と下限の値のあいだにあるインデックスエントリ数の見積り）がストレージエンジンから取得される。これは handler::records_in_range() という関数を通じて行われる。駆動表については、どのような値を用いて範囲検索を行うかがリテラル値から判明しているため、そのような手法が使えるのである。

　handler::records_in_range() の実装は、もちろんストレージエンジン側の担当である。InnoDBの場合、なんと実際にインデックスにアクセスすることで、その統計情報を見積もる（行数を数える）ような仕組みになっている。指定された行の範囲が 1 ページに収まるか、あるいはあまり離れていないページにまたがっている場合には、実際に行数を数え上げて正確な見積りを出してしまう。ただし、範囲が大きい場合にそのような操作をしてしまうと、あまりにも効率が悪い。そこで、キーで指定される上限、下限のエントリが存在するページが 10 ページ以上離れている場合には数え上げを途中で打ち切り、それまでに読んだ 1 ページあたりの行数の平均値を利用して概算値を計算するようになっている。

---

[17]特に結合されるテーブル数が多い場合にその傾向は顕著であった。

107

第3章　オプティマイザ

　一方、JOIN の内部表へのアクセスタイプが ref の場合、具体的なキーの上限、下限の値は、クエリを実行するまで、つまり駆動表から行を読み取るまでは分からない。そのため、1 つのキーの値につき、平均で何行がマッチするかという統計情報が使われることになっている。じつは、MySQL 5.6 では、このときの行数の見積りが整数値で行われていた。これでは、平均が 1 行のときと 1.999... 行のときでも同じ見積りに丸められてしまい、正確とは言い難かった。MySQL 5.7 ではこの点が改められ、キーの値 1 つあたりにマッチする平均行数が浮動小数点型で返されるようになっている。そのため、JOIN の順序決定において見積もられるコストの正確性が、飛躍的に向上しているのである。

3.5.4　サブクエリの実行計画の改善 ▶▶▶ 新機能 32 ▶▶▶ 新機能 33

　従来から、MySQL はサブクエリが弱いといわれてきた。その理由は、オプティマイザによって立てられる実行計画が、外部クエリ→サブクエリの順番で実行するものしか選択できなかったからである。ただし、それは過去のバージョンでの話であり、徐々に改善してきている。サブクエリが遅いかどうかは、実際に MySQL 5.7 を使ってみてから判断していただきたいところである。

　そうはいっても、サブクエリが厄介な相手であることは変わりはない。そもそも、サブクエリと一口にいっても、じつは 3 つのタイプが存在する。それらは、サブクエリが返すデータの型の違いから、スカラサブクエリ、行サブクエリ、テーブルサブクエリという風に分類される。

　スカラサブクエリとは、サブクエリを実行した結果が単一の値であるようなものをいう。例えばリスト 3.21 にあるように、select list に出現するタイプのものがそうだ。ほかにも、WHERE 句で単一の別の値と等価比較されるようなものも、スカラサブクエリである。

リスト3.21　スカラサブクエリの例

```
SELECT Name, Capital, (SELECT Name FROM City WHERE City.ID = Country.Capital)
AS CapitalName FROM Country;
```

　行サブクエリはスカラサブクエリと似ている。スカラサブクエリとの違いは、サブクエリの結果返される値が単体のものではなく複数の値の組となる点だ。

リスト3.22　行サブクエリの例

```
SELECT * FROM City WHERE (CountryCode, Name) = (SELECT Code, Name FROM Country
WHERE Capital = City.ID);
```

　リスト 3.22 は行サブクエリの例である。行サブクエリではこのように、サブクエリから返される行が確実に 1 行だけになるようにする必要がある。複数行返ってくる場合はテーブルサブクエリとなるので、等号による比較は使えない。そこで登場するのは、皆さんご存知 IN サブクエリである。

108

3.5 実行計画の改善

リスト 3.23 IN サブクエリの例

```
SELECT Name, Capital FROM Country WHERE (Capital, Name) IN (SELECT ID, Name FROM City);
```

　IN サブクエリがテーブルサブクエリだというと意外な印象を受けるかもしれない。だが、サブクエリ部分を単体で実行すると、複数あるいは単体の列と複数の行で構成されるので、形式的にはテーブルとなる[18]。

　ちなみに、**リスト 3.23** のようなクエリの実行計画は MySQL 5.7 で改善している（新機能 32）。MySQL 5.6 までは、IN 句で比較されるカラムの数が 1 つの場合だけしかインデックスを用いた最適化の対象にはならなかった。MySQL 5.6 では、**リスト 3.23** のように複数のカラムが比較される場合でも、インデックスを有効に利用できるようになっている[19]。

　テーブルサブクエリにはもうひとつの形式がある。FROM 句のサブクエリ（Subquery in FROM clause）と呼ばれるものだ。MySQL では Derived テーブルともいう。テーブルサブクエリといえば、IN よりもこちらのほうがしっくり来るのではないだろうか。FROM 句のサブクエリでは、サブクエリの結果に通常のテーブルと同じようにアクセスする。

　FROM 句のサブクエリの例を**リスト 3.24** に示す。

リスト 3.24 FROM 句のサブクエリの例

```
SELECT c1.Continent, c2.Name, c1.Population FROM (SELECT Continent, MAX(Population)
AS Population FROM Country GROUP BY Continent) c1 JOIN Country c2
USING(Continent, Population) ORDER BY c2.Continent, c2.Name;
```

　さて、それでは MySQL が持つサブクエリの最適化機能について順に見ていこう。

　まず最初に取り上げるのは、アクセスタイプとしての unique_subquery および index_subquery である。これらはサブクエリ部分を最適化し、サブクエリのオーバーヘッドを可能なかぎり減らしたものである。実際、アクセスタイプとしてこれらのものが表示されている場合には、サブクエリはそこまで遅くなることはない。実行速度は、外部クエリ→サブクエリのテーブルの順に JOIN した場合とほとんど変わらない。

　アクセスタイプとして unique_subquery や index_subquery を使用するには、例えば**リスト 3.23** のように、サブクエリの SELECT 句で指定されているカラム、つまりサブクエリの結果として返されるカラムに対してインデックスが存在している必要がある。どうしてそのようなカラムのインデックスが効くのかというと、MySQL の**リスト 3.23** のようなクエリを内部的に**リスト 3.25** のようなクエリへと変形するからである。

---

[18] 同様の理由で、NOT IN、EXISTS、NOT EXISTS、ANY、SOME などもテーブルサブクエリとなる。
[19] このように、括弧でカンマ区切りのカラムをまとめて比較するものは、行コンストラクタと呼ばれる。

109

第3章 オプティマイザ

リスト3.25 IN サブクエリの変形

```
SELECT Name, Capital FROM Country WHERE EXISTS (SELECT * FROM City
WHERE City.ID = Country.Capital AND City.Name = Country.Name);
```

City テーブルの主キーは ID カラムなので、このクエリは主キーによるルックアップで解決可能である。そのような場合には、unique_subquery が選択される可能性がある。unique_subquery や index_subquery があればそれでよいじゃないかと思われるかもしれないが、問題はそのように単純な話ではない。

unique_subquery や index_subquery は、あくまでも外部クエリを実行し、フェッチされた1行ごとにサブクエリを実行するという実行計画になる。つまり、テーブルへアクセスする順番が固定になってしまう。その場合、外部クエリによってフェッチされる行数が多いと、サブクエリが実行される回数も多くなってしまい、効率が良いとはいえない実行計画になってしまう。

そこで解決策としてよく知られているのが、JOIN を用いたクエリへの書き換えである。サブクエリは JOIN と DISTINCT を使って等価なものに書き換えられる場合があり、サブクエリに対する最適化が弱い MySQL では、その書き換えがサブクエリのチューニングの定石であった[20]。そのような本来不要なはずの仕事をなくすべく、MySQL 5.6 で実装されたのが SEMIJOIN 最適化。MySQL 5.6 では、IN サブクエリを SEMIJOIN という特殊な JOIN へと変換することで、より効率的な実行計画が選択されるようになった。SEMIJOIN とは、駆動表の1行に対して内部表からマッチする行が1行だけになるという特殊な結果を生む JOIN である。

SEMIJOIN がなぜ unique_subquery や index_subquery より優れているかというと、テーブルを JOIN する順序を入れ替えられるからである。サブクエリ内でアクセスされるテーブルを先にアクセスするような実行計画のほうが効率的なものになるケースは少なくない。ところが、unique_subquery や index_subquery というアクセスタイプでは、そのような実行計画は絶対に選択できないのである。それは困った話だ。

リスト3.23 のクエリは、MySQL 5.5 では unique_subquery として処理される。MySQL 5.6 以降では SEMIJOIN 最適化が行われる。このクエリの場合はテーブルへアクセスする順序は変わらないので、実際そこまで効率に大きな変化はないが、例えばリスト3.26 のように、サブクエリが少ない結果を返すようなケースでは極めて効率的な実行計画になる。いずれのアクセスタイプも const になっているため、厳密には JOIN すらしていない[21]。

リスト3.26 SEMIJOIN の効果の例

```
mysql> EXPLAIN SELECT Name, Capital FROM Country
-> WHERE (Capital, Code) IN (SELECT ID, CountryCode FROM City WHERE City.CountryCode = 'MAC');
+----+------------+---------+------------+-------+---------------------+---------+---------+-------+------+----------+-------+
```

---

[20] 筆者も何度書き換えたことか分からない。
[21] なぜ const になるかは、オプティマイザトレースを使ってぜひ皆さんの手で調べてみてほしい。

110

```
| id | select_type | table   | partitions | type  | possible_keys      | key     | key_len | ref   | rows | filtered | Extra |
+----+-------------+---------+------------+-------+--------------------+---------+---------+-------+------+----------+-------+
|  1 | SIMPLE      | Country | NULL       | const | PRIMARY            | PRIMARY | 3       | const |    1 |   100.00 | NULL  |
|  1 | SIMPLE      | City    | NULL       | const | PRIMARY,CountryCode| PRIMARY | 4       | const |    1 |   100.00 | NULL  |
+----+-------------+---------+------------+-------+--------------------+---------+---------+-------+------+----------+-------+
2 rows in set, 1 warning (0.00 sec)
```

　遅いといわれがちな MySQL のサブクエリだが、SEMIJOIN 最適化が効いて、なおかつコストも容易に把握できるようになっているインデックスが有効に利用されている場合には、まったく遅くはない。遅いのは、そのような最適化ができないケースだけだ。もし遅いサブクエリが見つかったら、その実行計画を見たりオプティマイザトレースを駆使したりして地道にチューニングをしよう。

　ほかにサブクエリが取る可能性のある実行計画としては、マテリアライゼーション（実体化）というものがある。サブクエリ部分を先に実行し、実体化させることで、サブクエリ部分が繰り返し実行されるのを防げるようになる。例えばリスト3.24 の FROM 句のサブクエリは実体化が行われるタイプである。また、リスト3.27 のような IN サブクエリの場合、SEMIJOIN とマテリアライゼーションが同時に適用されるようなケースもある。

リスト3.27　SEMIJOIN とマテリアライゼーションの組み合わせの例

```
mysql> EXPLAIN SELECT Name, Capital FROM Country WHERE Name IN (SELECT Name FROM City WHERE City.name LIKE 'A%');

+----+-------------+------------+------------+--------+---------------+------------+---------+-------------------+------+----------+-------------+
| id | select_type | table      | partitions | type   | possible_keys | key        | key_len | ref               | rows | filtered | Extra       |
+----+-------------+------------+------------+--------+---------------+------------+---------+-------------------+------+----------+-------------+
|  1 | SIMPLE      | Country    | NULL       | ALL    | NULL          | NULL       | NULL    | NULL              |  239 |   100.00 | Using where |
|  1 | SIMPLE      | <subquery2>| NULL       | eq_ref | <auto_key>    | <auto_key> | 35      | world.Country.Name|    1 |   100.00 | Using where |
|  2 | MATERIALIZED| City       | NULL       | ALL    | NULL          | NULL       | NULL    | NULL              | 4188 |    11.11 | Using where |
+----+-------------+------------+------------+--------+---------------+------------+---------+-------------------+------+----------+-------------+
3 rows in set, 1 warning (0.00 sec)
```

　リスト3.27 では、最初に City テーブルへのアクセスを行い、その結果を実体化して内部的にテンポラリテーブルへと格納する。その後、Country をスキャンした結果とそのテンポラリテーブルを SEMIJOIN している。BNLJ と比べると、このクエリは極めて効率が良い。とはいえ、テンポラリテーブルの構築が伴うマテリアライゼーションはそれなりにコストが高くつくので、できれば避けたい実行計画ではある。極力実体化を伴わない SEMIJOIN が採用されるよう、テーブルやインデックスの設計、あるいはクエリの書き方を工夫しよう。

　FROM 句のサブクエリについては、MySQL 5.6 までは必ずマテリアライゼーションが行われるという制約があった。MySQL 5.7 では、不要な場合にはマテリアライゼーションが行われないように改良され

第3章　オプティマイザ

ている（新機能33）。リスト3.24のように、要約（GROUP BY）[22]の結果をFROM句で指定するようなものはマテリアライゼーションを避けられないのだが、GROUP BYの指定がないものに関しては外部クエリの検索条件がサブクエリに統合され、マテリアライゼーションをしなくてもすむようになっている。例を、リスト3.28に示す。

リスト3.28　マテリアライゼーションをしないFROM句のサブクエリの例

```
mysql> EXPLAIN SELECT Code, Name FROM (SELECT * FROM Country WHERE Continent IN ('Asia', 'Oceania')) t;
+----+-------------+---------+------------+------+---------------+------+---------+------+------+----------+-------------+
| id | select_type | table   | partitions | type | possible_keys | key  | key_len | ref  | rows | filtered | Extra       |
+----+-------------+---------+------------+------+---------------+------+---------+------+------+----------+-------------+
|  1 | SIMPLE      | Country | NULL       | ALL  | NULL          | NULL | NULL    | NULL |  239 |    28.57 | Using where |
+----+-------------+---------+------------+------+---------------+------+---------+------+------+----------+-------------+
1 row in set, 1 warning (0.00 sec)
```

3.5.5　UNIONの改善 ▶▶▶ 新機能34

UNIONの実行計画は極めてシンプルだ。UNIONで統合されたSELECTを上から順に実行していくだけだからである。ただし、MySQL 5.6までは、UNION ALLの場合であっても何故かテンポラリテーブルが作成されてしまう仕様であった。UNION ALLは重複を排除しないのだから、本来はテンポラリテーブルを作成する必要性はまったくない。MySQL 5.7ではこの点が改められ、不要なテンポラリテーブルを作成しなくなった。一方、UNION DISTINCTの場合には、実行結果に含まれる各行を一意にしなければならないので、テンポラリテーブルを用いて値の重複が排除される。この動作はMySQL 5.7でも変わらない[23]。

UNIONの挙動については、SELECTを順番に実行するだけであるため、本書では詳しい解説は割愛させていただく。一点だけ言及するとすれば、UNIONを用いたクエリの性能を左右するのは、個々のSELECT次第であるということだ。それぞれのSELECTが効率的であれば、UNIONした結果も効率的なものとなる。UNIONが遅いと思ったとき、それはUNIONが悪いのではなく繋がれたSELECTのどれかが遅い可能性が高いのである。ただし、あまりに多くのSELECTをUNIONで繋いでしまうと、UNIONはそれ自体遅くなるかもしれない。全体的なクエリの実行時間は、およそSELECT数に応じて長くなってしまうからである。

3.5.6　GROUP BYのSQL準拠 ▶▶▶ 新機能35

MySQL 5.6までのデフォルトのSQLモードでは、GROUP BY句の扱いに問題があった。クエリがGROUP BYを用いた要約になっている場合、SELECT句のカラムリストには、集約関数もしくはGROUP BY句で指定したキーしか出現が許されない。例えば、リスト3.29のようなクエリはSQL標準として不適切である。

---

[22] 厳密には、SQLのGROUP BYは集約（Aggregation）ではなく、要約（Summarization）である。
[23] ALLやDISTINCTの指定がない場合は、UNIONの動作はDISTINCTと同じになる。

112

リスト3.29　不適切な GROUP BY

```
SELECT Continent, CountryCode, MAX(Population) FROM Country GROUP BY Continent;
```

　MySQL 5.6 までのデフォルトの挙動では、このクエリはエラーにならず実行されてしまう。だが待ってほしい。Continent でグループ化したときの、それに対応する CountryCode の値はいったい何だろうか。これは論理的には答えられない問いであり、値は不定（Undeterministic）となってしまう。MySQLの実装では、たまたま最後にアクセスされた行の値が格納されるのだが、どの行を最後にアクセスするかは実行計画次第であり、使用するインデックスや JOIN の場合にはどのテーブルからアクセスするかによって変わってしまう。

　もしかすると、リスト3.29 の SQL を書いた人は、大陸の中で最大の人口を持つ国を求めたかったのかもしれない。しかし、そのような答えを求めるクエリとしては不適切である。何故ならば、CountryCode はどの行のものの値が入るかは不定であるし、最大の人口を持つ国がたまたま複数存在するかもしれないからだ（確率は非常に低いがゼロではない）。最大の人口を持つ国が複数ある場合、どちらの国の CountryCode を結果として返すべきだろうか。これも、論理的にどちらが正しいかは決定できない種類の問題である。このように、そもそも論理的に間違った問い合わせをしてしまっても GROUP BY がエラーにならないため、アプリケーションの開発者は気づくことができない。

　このデフォルトの挙動を変更してリスト3.29 のようなクエリをエラーにすることも可能である。そのためには SQL モードに ONLY_FULL_GROUP_BY を指定する。この SQL モードを指定すると、集約関数でもなく GROUP BY にも出現しないカラムが SELECT 句のカラムリストに出現すると、エラーが返されるようになる。エラーになれば開発者もすぐ SQL の問題に気づくことができる。

　杓子定規にすべてをエラーにしてしまっては困るケースもある。というのは、例えば GROUP BY で指定されたカラムから関数従属性（Functional Dependency、あるいは FD）が存在する場合には、GROUP BY 句のカラムの値を用いて関数従属性のあるカラムの値を一意に決められるからだ。例えばリスト3.30 のようなケースだ。

リスト3.30　関数従属性のある GROUP BY

```
SELECT c1.Code, c1.Name, SUM(c2.Population)
FROM Country c1 JOIN City c2 ON c1.Code = c2.CountryCode GROUP BY c1.Code;
```

　Country テーブルでは、Code カラムが主キーであるため、ほかのすべてのカラムの値は主キーの値がわかれば決定できる。そのため、Name カラムの値は一意に決定でき、値が不定になることはない。リスト3.30 のクエリは、MySQL 5.6 までの ONLY_FULL_GROUP_BY を SQL モードに指定した場合にエラーになってしまう。しかし、MySQL 5.7 の ONLY_FULL_GROUP_BY では関数従属性が検出され、なんとエラーにならずに実行されるのである[24]。このような改善があったため、MySQL 5.7 では、ONLY_FULL_GROUP_BY

---

[24] ちなみに、リスト3.30 のクエリでは、GROUP BY 句に c1.Name を追加するとエラーにならずに実行可能である。

第 3 章　オプティマイザ

がデフォルトで有効になっている。

　ただし、`ONLY_FULL_GROUP_BY` で関数従属性を検出するためには、主キーやユニークキーによって関数従属性を担保できなければならない。リスト 3.30 のようにほかのテーブルを `JOIN` するような場合には、`GROUP BY` 句のカラムから関数従属性のあるカラムを選ぶのは容易だろう。だが、非正規化されているテーブル内部に部分関数従属性や推移関数従属性が含まれている場合には、主キーやユニークキーを用いて関数従属性があることを担保できない。このため、`ONLY_FULL_GROUP_BY` が有効になっている場合、`GROUP BY` を用いたクエリでは、関数従属性によって値が一意に定まる場合であってもそれらのカラムを指定できないだろう。

3.6　オプティマイザヒント ▶▶▶ 新機能 36

　MySQL 5.1 以降のバージョンには、`optimizer_switch` というシステム変数が存在する。このシステム変数は、オプティマイザのアルゴリズムのオン／オフを切り替えるものだ。このシステム変数を表示するとすべてのアルゴリズムが羅列されるため、`SHOW GLOBAL VARIABLES` の出力が無闇に横長になってしまう。バージョンが上がるごとに新しい実行計画のアルゴリズムが追加されてきたため、MySQL 5.7 ではこの変数の値がなんと 400 文字ほどもある[25]。実行計画のアルゴリズムのオンとオフを切り替えるにはリスト 3.31 のようにコマンドを実行する。

リスト 3.31　オプティマイザスイッチでアルゴリズムを有効化する

```
SET optimizer_switch='batched_key_access=on,mrr_cost_based=off';
```

　リスト 3.31 の例では、BKAJ を有効化しつつ MRR におけるコスト見積りを無効化している。このコマンドで変更されるのは BKAJ を使うかどうかと、MRR のコスト見積りについての変更だけであって、ほかのアルゴリズムのオン／オフは影響を受けない。このように、`optimizer_switch` を使えばアルゴリズム単位でオン／オフをコントロールできる。だが、この方法では次のような限界がある。

◆ 特定のクエリだけを対象にしたい場合、クエリを実行する前に `SET` コマンドを実行する必要がある
◆ 変更した設定は自動的に戻らないため、クエリ実行後に `SET` コマンドで元に戻す必要がある
◆ アルゴリズムのオン／オフは常にクエリ全体が対象で、一部のテーブルへのアクセスだけアルゴリズムを調整するといったことができない

　`optimizer_switch` 以外にも、SQL に直接書けるヒント句も存在するが、ヒント句の種類を増やすことは、予約語が増えるということであり、パーサーの性能や使い勝手が影響を受けてしまう[26]。そんなわけでヒント句にも明るい未来はない。

---

[25] 本書では割愛するが、ぜひ `SELECT @@optimizer_switch` を実行して、実際の値を確かめてほしい。
[26] MySQL では、予約語と同じ名前のテーブル名などを用いる場合にはバックチックで囲う必要がある。

そこで登場したのがオプティマイザヒントである。これは、オプティマイザへの指示をコメント内部に記述するというものであり、その際コメントは/*+ ... */という形式で記述する。このコメントの記述はSELECT句の直後でなければならず、なおかつコメント内部はオプティマイザヒントの構文に従って記述しなければならない。

リスト3.32　オプティマイザヒントの例

```
SELECT /*+ BKA(City) */ * FROM City JOIN Country ON Country.Code = City.CountryCode
WHERE City.name LIKE 'a%'
```

リスト3.32の例では、JOINの実行計画としてBKAJが利用されるように指示している。何やら関数呼び出しのように見えるが、オプティマイザヒントはこのようにきっちりと文法に従って記述する必要がある。ただし、文法的にはコメントなので、オプティマイザヒントの書き方を間違っていてもSQL自体はエラーにはならず、代わりに警告が表示される。例えばBKAで指定するテーブル名を間違えると、リスト3.33のような警告が出る。

リスト3.33　オプティマイザヒントの警告

```
mysql> show warnings;
+---------+------+---------------------------------------------------+
| Level   | Code | Message                                           |
+---------+------+---------------------------------------------------+
| Warning | 3128 | Unresolved name 'Cityy'@'select#1' for BKA hint   |
+---------+------+---------------------------------------------------+
1 row in set (0.00 sec)
```

MySQL 5.7で利用可能なオプティマイザヒントを**表3.7**に挙げる。

第3章 オプティマイザ

表3.7 オプティマイザヒント一覧

ヒント	スコープ	説明
BKA/NO_BKA	クエリブロック／テーブル	BKAJを使用するかどうかを決める
BNL/NO_BNL	クエリブロック／テーブル	BNLJを使用するかどうかを決める
MAX_EXECUTION_TIME	常にSELECT全体	クエリの最大実行時間を指定する
MRR/NO_MRR	テーブル／インデックス	MRR最適化を行うかどうかを決める
NO_ICP	テーブル／インデックス	ICP最適化を行うかどうかを決める
NO_RANGE_OPTIMIZATION	テーブル／インデックス	特定のテーブルまたはインデックスを、レンジオプティマイザによる最適化の対象に含めるかどうかを決める
QB_NAME	クエリブロック	クエリブロックに名前を付ける
SEMIJOIN/NO_SEMIJOIN	クエリブロック	SEMIJOIN最適化を行うかどうかを決める
SUBQUERY	クエリブロック	SEMIJOIN最適化ができないサブクエリにおいて、INからEXISTSへの変換方法を調整する

　表3.7で最も理解が難しいのが、**QB_NAME**とその使い方だろう。**QB_NAME**というのは、クエリブロックに名前を付けるという意味のオプティマイザヒントである。あるクエリブロックに名前を付け、ほかのオプティマイザヒントから参照する目的で使用する。使用例を**リスト3.34**に示す。

リスト3.34　QB_NAMEの例

```
mysql> EXPLAIN SELECT /*+ NO_SEMIJOIN(@qbsub1) */ Name, Capital FROM Country WHERE (Capital, Code)
 -> IN (SELECT /*+ QB_NAME(qbsub1) */ ID, CountryCode FROM City WHERE City.CountryCode = 'MAC');
+----+-------------+---------+------------+------+-------------------+-------------+---------+-------+------+----------+-------------+
| id | select_type | table   | partitions | type | possible_keys     | key         | key_len | ref   | rows | filtered | Extra       |
+----+-------------+---------+------------+------+-------------------+-------------+---------+-------+------+----------+-------------+
|  1 | PRIMARY     | Country | NULL       | ALL  | NULL              | NULL        | NULL    | NULL  |  239 |   100.00 | Using where |
|  2 | SUBQUERY    | City    | NULL       | ref  | PRIMARY,CountryCode | CountryCode | 3     | const |    1 |   100.00 | Using index |
+----+-------------+---------+------------+------+-------------------+-------------+---------+-------+------+----------+-------------+
2 rows in set, 1 warning (0.01 sec)
```

　リスト3.34は**リスト3.26**のクエリに対して、オプティマイザヒントを追加したものである。サブクエリに名前を付け、それに対して**SEMIJOIN**最適化が行われないようにオプティマイザヒントを書いている。この例ではサブクエリが1つしか含まれていないが、複数のサブクエリを含む**SELECT**において、特定のテーブルは**SEMIJOIN**で結合し、その他のテーブルはそれ以外の最適化を行うといった指示も可能である。また、**SEMIJOIN**最適化の手法には、いくつかの種類が存在するのだが、その手法ごとにオン／オフを切り替えることも可能だ。例えばテンポラリテーブルの作成を避けたい場合、NO_SEMIJOIN(@qbsub1

MATERIALIZATION)というふうに最適化手法を引数で指定する。複数の手法を指定したい場合には、カンマで区切って列挙する。

最適化手法まで詳細を指定できるのは、SEMIJOIN/NO_SEMIJOINとSUBQUERYだけである。指定可能な最適化手法を**表3.8**に挙げておく。MATERIALIZATIONは2度出現しているが、対象とするヒントによってニュアンスが異なるので注意してほしい。

表3.8　引数で指定可能な最適化手法一覧

対象のヒント	手法	説明
[NO_]SEMIJOIN	DUPSWEEDOUT	通常のJOINをしたあとで、テンポラリテーブルを用いて重複を排除するアルゴリズム
[NO_]SEMIJOIN	FIRSTMATCH	内部表へのアクセスがrefになるとき、最初にマッチした行だけを返すことで重複を排除する
[NO_]SEMIJOIN	LOOSESCAN	サブクエリを先にLooseScan（値をグループごとに離散的に読み込む）し、その後外部表を結合する
[NO_]SEMIJOIN	MATERIALIZATION	サブクエリをインデックス付きのテンポラリテーブルに実体化し、外部表と結合する
SUBQUERY	INTOEXISTS	INサブクエリをEXISTSサブクエリへと書き換える
SUBQUERY	MATERIALIZATION	コストが低い場合、INサブクエリを実体化する

これまで、オプティマイザヒントについて紹介したが、正直いって、これは積極的に使うべき機能ではない。オプティマイザの最大のメリットは、開発者が「クエリによって何が取得されるか」だけに専念できることであり、「どのように取得されるか」はシステムに任せられるという点にある。オプティマイザヒントは真っ向からこのメリットに対立する存在であるといえる。

したがって、オプティマイザヒントは、どうしてもオプティマイザが最適な実行計画を立てられない場合に、最後の切り札として使うべきものである。現在の実装では良いと思われたヒントも、オプティマイザが進化すれば役に立たなくなる可能性がある。オプティマイザヒントを駆使して実行計画を固定してしまうと、アプリケーション内のSQLの移植性を損ねてしまうし、開発者にとっては技術的な負債の元凶となる。バージョンが上がったときにオプティマイザヒントが悪影響を及ぼすようであれば、開発者はそれらを書き換える必要があるだろう。

ただし、切り札を持っておくこと自体は悪いことではない。いざというときは、ぜひオプティマイザヒントを思い出してほしい。

3.6.1　ファイルソートの効率化 ▶▶▶ 新機能 37

MySQL 5.7では、ファイルソートを実行する際のスペースの効率化も行われている。MySQL 5.6では、ファイルソートをする場合、ソートバッファに格納されるデータ領域には、1行あたりその行データが取りうる最大のサイズが割り当てられていた。例えばutf8のVARCHAR(100)では300バイトが必要だった。これは極めて空間効率が悪い。MySQL 5.7ではそれが改善され、ソートキーでないカラムの値につ

第3章 オプティマイザ

いては、パックした状態でソートバッファ内に格納されるようになった。これにより、空間効率が飛躍的に向上している。NULL の場合もフラグが立てられるだけになり、固定長のデータ型、例えば CHAR(10) 等であっても可変長の場合と同じだけのスペースが消費されるだけになった。ただし、ソートキーすなわち ORDER BY で指定されたカラムについては、これまでどおり固定長のバッファが割り当てられる。とはいえ、キーでない行データはたくさんあるので、かなりのバッファ利用効率の改善が期待できるはずだ。

より多くのデータがソートバッファに格納されるようになるため、ファイルアクセスが減少し、ソートの性能が改善されるだろう。可変長のデータを格納するには長さを示す領域などが必要になるため、若干のオーバーヘッドが必要になる。そのため、可変長データ型のカラムに常に最大長のデータが格納されている場合にはかえって空間効率が悪化する可能性があるが、それはレアケースといえるだろう。

3.6.2 ディスクベースのテンポラリテーブルの改善 ▶▶▶ 新機能 38

MySQL 5.7 では、テンポラリテーブルに関しても改善がなされている。MySQL はクエリの実行過程において、必要に応じてテンポラリテーブルを作成し、中間的な結果を一時的に格納する。このとき作成されるテーブルのストレージエンジンは、小さいうちはまず MEMORY が採用され、中間データが大きくなってしまう場合はディスクベースのストレージエンジンへと変換されるようになっている。

MySQL 5.6 までは、ディスクベースのテンポラリテーブルには、MyISAM ストレージエンジンが使われていた。しかし、MyISAM の利用には問題があった。MyISAM はデータをメモリ上にキャッシュせず、ファイルシステムのキャッシュがそれなりに良い仕事をすることを期待している。そのため、データ部へのアクセスは必ずしも高速とはいえないし、ファイルシステムのキャッシュへのメモリ割り当てが大きくなりすぎるケースも生じてしまう。ファイルシステムのキャッシュも高速ではあるが、やはり InnoDB バッファプールなどに比べると効率は良くない。そのため、MySQL 5.7 ではディスクベースのテンポラリテーブルのストレージエンジンが選択できるように改良され、デフォルトとして InnoDB が設定されている。

なぜ古いバージョンでは InnoDB が使われて来なかったのか。理由は 2 つある。ひとつは MySQL はもともと MyISAM がデフォルトのストレージエンジンであり、必然的にテンポラリテーブルテーブルにも MyISAM が使われていたということ、もうひとつは（こちらのほうが理由としては大きいのだが）従来のバージョンにおける InnoDB 自体の性能の問題である。

3.7 新しい、あるいはデフォルト値が変更されたオプション

オプティマイザ関連のオプションの変更について紹介する。

118

3.7.1 `internal_tmp_disk_storage_engine: InnoDB` ▶▶▶ 新機能 **39**

これは、ディスク上のテンポラリテーブルを変更できるようになったことで導入されたオプションである。デフォルト値は InnoDB である。MySQL 5.6 以前のバージョンでは MyISAM 固定であったのでこのオプションは存在しなかった。

3.7.2 `eq_range_index_dive_limit: 10 → 200` ▶▶▶ 新機能 **40**

`eq_range_index_dive_limit` は、サブクエリでない `IN` 句や、`OR` 句で連結された検索条件のコストを見積もる際、`handler::records_in_range()` を使用するか、あるいはインデックス統計情報を使用するかを選択する基準を決める。`handler::records_in_range()` は正確な値を見積もれる反面、それ自体のコストが高くついてしまう。そのため、`IN` 句や `OR` 句で指定されたキーの値が少ない場合には、`handler::records_in_range()` を使用し、キーの数が増えた場合には、インデックス統計情報を使って概算値を計算するようになっている。いくつのキーまで `handler::records_in_range()` を使用するかを決めるのがこのオプションである。MySQL 5.7 では大幅に値が増え、`handler::records_in_range()` を使用する機会が多くなっている。

3.7.3 `sql_mode` ▶▶▶ 新機能 **41**

`NO_ENGINE_SUBSTITUTION → ONLY_FULL_GROUP_BY`、`STRICT_TRANS_TABLESY`、`NO_ZERO_IN_DATEY`、`NO_ZERO_DATEY`、`ERROR_FOR_DIVISION_BY_ZEROY`、`NO_AUTO_CREATE_USERY`、`NO_ENGINE_SUBSTITUTION`
SQL モードは、SQL の振る舞いを調整するおなじみのオプションである。MySQL 5.7 では、`ONLY_FULL_GROUP_BY` や STRICT モードがデフォルトで有効になっており、かなり厳し目の設定になっているといえる。

3.7.4 `optimizer_switch` ▶▶▶ 新機能 **42**

`n/a → condition_fanout_filter=on`、`derived_merge=on`、`duplicateweedout=on`
MySQL 5.7 では、オプティマイザのアルゴリズムが追加されたため、それらをオン／オフするためのパラメーターが `optimizer_switch` に追加されている。`condition_fanout_filter` は、JOIN のアクセス順序を決定するときに `WHERE` 句の絞り込みを考慮するかどうかを `derived_merge` は `FROM` 句のサブクエリの実体化を行わないようにするかを決めるものである。いずれも、新しいアルゴリズムが有効な設定になっている。

`duplicateweedout` に関しては MySQL 5.6 でも使われていた、`SEMIJOIN` の実行方式のひとつであるが、個別に `OFF` にはできなかった。MySQL 5.7 ではオン／オフを切り替えるためのスイッチが追加されている。

第3章　オプティマイザ

3.8　新しいオプティマイザの活用法

　本章では、MySQL 5.7 におけるオプティマイザの新機能を説明した。**EXPLAIN** やオプティマイザト
レースなど、ユーザーが使用するうえで直接的な利便性をもたらす機能もあるが、オプティマイザは基本
的に実行計画を自動的に最適化するものであり、本質的にはユーザーが直接的に操作する対象ではない。
つまり、ユーザーは何も意識しなくても、MySQL 5.7 へ移植するだけでアプリケーションの性能が上が
る可能性があるということだ。もしかすると、以前のバージョンでは忌避していたような SQL の書き方、
例えばサブクエリから **JOIN** への書き換えなども、MySQL 5.7 では不要になっているかもしれない。

　何もしなくてもメリットを享受できるようになった一方で、思ったように最適な実行計画が選ばれない
場合でも、オプティマイザトレースによってコストの情報を詳細に知ることができる。それにより、イン
デックスが足りないのか、クエリの書き方が悪いのかというような判断ができるだろう。コスト見積りが
現実とかけ離れているのであれば、コスト係数を使用しているハードウェアに合わせて変更することで調
整の余地があるのは嬉しい。コスト係数の調整はまだ実績がないため、基本的にはトライアンドエラーが
必要だが、調整できる余地があるということが重要である。

　どのようにコスト係数を調整しても思いどおりの実行計画にならない場合、オプティマイザヒントによっ
て実行計画をコントロールできる。いざというときの切り札があるというのも心強いだろう。

4

InnoDB

RDBMS をアスリートに例えると、オプティマイザが身体を動かす頭脳に相当するものだろう。では実際に身体を動かす筋肉に相当するものは何かというと、ストレージエンジンだ。アスリートにとってフィジカルが重要であることに異論がある人は居ないだろう。それと同様に、MySQL にとって InnoDB が極めて重要なコンポーネントなのである。

4.1　InnoDB の概要

InnoDB についてあまり詳しく知らない人のために、簡単に InnoDB が持つ機能についておさらいしておこう。基本的な構造は、新機能を理解するうえで必要な前提知識となるので、ぜひ把握しておいてほしい。

4.1.1　典型的なトランザクション対応データストア

InnoDB は、極めてオーソドックスなトランザクション対応のデータストアである。教科書でも紹介されるようなトランザクションを実現するのに必要な典型的なコンポーネントで構成されている。そのコンポーネントを模式的に表したのが図 4.1 である。

トランザクションの教科書などにはそれぞれステーブルデータベース、データベースキャッシュ、ステーブルログ、ログバッファという用語が登場するが、InnoDB ではテーブルスペース、バッファプール、ログ、ログバッファがそれぞれ対応する。図 4.1 に登場する用語をそれぞれ InnoDB のものに置き換えれば、InnoDB の構造を表す模式図になるだろう。これらのコンポーネントがどのように連携するかについても触れておこう。そもそも、トランザクションとは、複数のクライアントからの同時アクセスに対する排他制御とクラッシュリカバリによってデータを異常や消失から保護するための仕組みであり、その処理の大まかな概要は次のようになっている。

データへのアクセスは、まずクライアントからのリクエストによってトランザクションが開始されるところから始まる。クライアントからのデータの読み書きへの応答は、すべてデータベースキャッシュを介

第 4 章　InnoDB

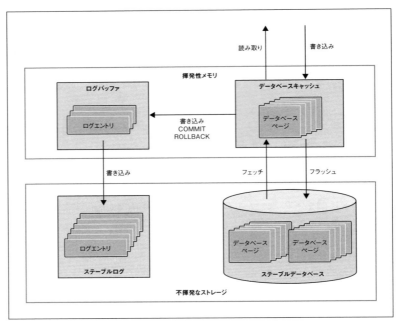

図 4.1　トランザクションに必要なコンポーネント

して行われ、参照あるいは更新するデータがキャッシュ上に存在しなければ、ステーブルデータベースから該当のデータがフェッチされることになる。もしリクエストが更新であった場合、データの変更はすべてデータベースキャッシュ上で行われ、即座にはステーブルデータベースには書き込まれない。ステーブルデータベースよりも先に、ステーブルログを更新しなければならないという制約がある。そうしなければ、データの整合性が保証できないからである。

　トランザクションにおける更新の整合性とは、同時に実行されていた複数のトランザクションによる更新結果が、それらのトランザクションをひとつずつ順番に実行した場合と同じになるということである。その際、どのトランザクションから順に実行したかということについての制限はなく、いずれかの順序で実行したものと同じであればよい。もし複数のクライアントからの更新が競合するものであると、トランザクションが完了するまでにいずれかのトランザクションが待たされたり異常終了するなどして、同時アクセスにおける整合性が保証される。

　あるクライアントからのトランザクションが開始してから、排他処理などによって実行が妨げられず、必要な更新がすべて完了すると、いよいよデータを永続化する処理を行う。すなわち、`COMMIT` である。いったん `COMMIT` したデータは消失してはいけないため、`COMMIT` が完了するまでにログバッファを通じてステーブルログにも書き込まれる。データベースキャッシュ上には存在するが、ステーブルデータベースにはまだ書き込まれていないデータすなわちダーティーなデータは、バックグラウンドで順次ステーブルデータベースに書き込まれる。ダーティーなデータが残っている状態でデータベースサーバーがクラッシュす

ると、再起動後にリカバリをしなければならない。ダーティーなデータは、ステーブルデータベースには残っていないがステーブルログには存在するので、ステーブルログの内容を再生すれば `COMMIT` 済みの変更はすべて復元されることになる。

　ダーティーなデータをどこまでステーブルデータベースへ書き込んだかということを記録しておく処理が、チェックポイントである。ステーブルログは、トランザクションが実行された順番にログエントリが並んでいる。そのため、最も古いダーティーなデータがログのどこに相当するかという情報が、チェックポイントによって記録される必要がある。チェックポイントが完了したステーブルログについては、ステーブルデータベースに存在するため、クラッシュリカバリにおいて再生する必要がない。そのため、チェックポイント済みのログエントリは無用であり、そのスペースを解放できる。

4.1.2　InnoDB の機能的な特徴

　InnoDB が持つ機能的な特徴をリストアップする。

- ◆ ACID 準拠のトランザクション
- ◆ 行レベルロック
- ◆ 4 つの分離レベルのサポート
- ◆ デッドロック検出
- ◆ セーブポイント
- ◆ B+ ツリーインデックス
- ◆ R ツリーインデックス
- ◆ フルテキストインデックス
- ◆ 外部キーのサポート
- ◆ データ圧縮
- ◆ memcached インターフェイス

　InnoDB はトランザクションに対応しているため、当然ながら ACID 特性を備えている。また、READ-UNCOMMITTED、READ-COMMITTED、REPEATABLE-READ、SERIALIZABLE の 4 つの分離レベルを使用できる。

　InnoDB には豊富な機能があり、性能的にも十分であるため、オールマイティにさまざまな用途で利用できる。MySQL はテーブルごとにストレージエンジンを変更できるようになっているが、ほとんどのケースでは、InnoDB 以外を選択する理由はなくなってきている。特に、オンラインで更新するようなアプリケーションではトランザクションが必須であるため、InnoDB 以外の選択肢はほぼないといってよいだろう[1]。MyISAM のほうが参照性能がよいといわれた時期もあったが、現在では CPU スケーラビリティは InnoDB のほうが断然優れており、参照だけの負荷でも MyISAM の出番はない。以前は、R ツリーや全

---

[1] 例外的に、MySQL Cluster が存在するが、これは通常の MySQL サーバーとは別製品であるため、ここでは区別しておく。

文検索インデックスが利用できるのは MyISAM だけだったが、そういった機能も InnoDB に実装されたため、それらも MyISAM を使う理由にはならない。

4.1.3 InnoDB の構造的な特徴

InnoDB の新機能を理解するには、機能的な特徴よりも構造的な特徴を理解するほうが重要である。InnoDB の動作を理解するうえで鍵となるいくつかの特徴について順次見ていこう。

4.1.3.1 クラスタインデックス

InnoDB はクラスタインデックス（Clustered Index）という構造になっており、データがインデックスのリーフノード上に格納されている。言い換えると、インデックスにデータが一緒に含まれているということだ。クラスタインデックスは、索引構成表（Index Organized Table あるいは IOT）とも呼ばれる。データがすべてクラスタインデックスに格納されているということは、データだけを格納するための領域を持たないということである。クラスタインデックスのキーとしては、通常は主キーあるいは一番始めの NULL を含まないユニークキーが用いられるが、そういったものがない場合には、暗黙的な 48 ビットの ROWID が主キーとして用いられるようになっている。なお、この ROWID はサーバー内でグローバルなカウンターから値が取得される。クラスタインデックスを模式的に表したものを図 4.2 に表す。

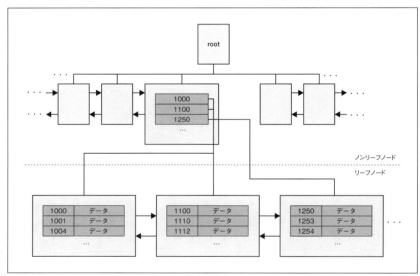

図 4.2　クラスタインデックスの構造

図 4.2 は、高さが 3 の B+ ツリーである。同じサイズのページ単位でデータが管理されており、根ノードから順にページをたどることで目的のデータへ行き当たるようになっている。末端のノードはリーフノードと呼ばれ、インデックスを検索したときに最終的に行き着く先である。それ以外のノードはリーフノー

ドとの対比で、ノンリーフノードと呼ばれる。B+ ツリーの特徴は、ツリーの高さが一様だということである。図 4.2 を見て分かるとおり、リーフノードはすべて同じ高さに揃えられている。

ここが重要なポイントなのだが、クラスタインデックスではデータがリーフノードのエントリ内に格納されている。つまり、インデックスを検索すれば、すぐさま行データにたどり着けるというわけだ。別途、データが格納されている別の領域へアクセスする操作が必要なく、主キーに対する検索は極めて効率がよい。ノード内の各エントリは配列のように見えるが、実際には双方向リンクトリストになっていて、ページ内の検索はリストをたどることで行われる。双方向リストになっている理由は、InnoDB はページ内でデータをソートしておらず、空きがあったら使うようになっているため、ページ内部では行が順番に並んでいるわけではないからである。

InnoDB のテーブルは、このようにクラスタインデックスを用いたものしか作成できない。ほかのタイプの構造のテーブルは、InnoDB には存在しないのである。そのほかに作成できるオブジェクトといえば、セカンダリインデックスだけである。つまり、InnoDB 上に作成できるオブジェクトは、インデックスだけなのだ。SQL という見かけ上のインターフェイスを取り除くと、InnoDB はトランザクション対応インデックスストレージというべきものなのである。

当然ながら、クラスタインデックスには、利点もあれば欠点もある。

利点はもちろん主キーの検索効率の良さである。リーフノードまで到達すれば、さらに追加でデータ領域へアクセスするような余分な処理が必要ない。また、データはすべて主キーの順にアクセス可能であるため、主キーの順に行をスキャンするのが得意である。欠点としては、セカンダリインデックスを用いた検索効率の悪さが挙げられる。セカンダリインデックスには、主キーの値がリーフノード上に格納されている。そのため、セカンダリインデックスを使った検索の処理は、まずセカンダリインデックスから主キーの値が取得され、その後主キーからデータが取得されるという流れになる。これは 1 行を取得するだけでも、インデックスの検索が 2 回発生するため、独立したデータ領域に行データが格納されているときよりも効率が悪い。このような背景があるため、InnoDB ではカヴァリングインデックス[2]にすることで、検索速度が大幅に改善するという傾向が見られるのである。

4.1.3.2 REDO ログ

InnoDB はすべての変更をバッファプール上で行うが、トランザクションの COMMIT が完了した時点では、ログ上への永続化は完了している。REDO ログには、一体どんなタイミングでどんなデータが書き込まれているのだろうか。最初に答えを言ってしまうと、データに何かの操作をするたびに REDO ログを生成しているのである。

InnoDB のログへ書き込まれる内容は、すべて MTR（ミニトランザクション）という単位で記録される。MTR は読んで字のごとく、ごく僅かな一連のデータページへの変更を記したものであり、再実行することで、同じ操作を再現できるものになっている。MTR が生成される操作の単位はごく小さく、例えばページへの行の追加や更新、ページの再編成、分割やマージなどありとあらゆる操作が MTR として扱われる。MTR の粒度は相当に細かいので、例えば 1 つの UPDATE 文を処理するあいだにも、何度も MTR

---

[2] セカンダリインデックスにアクセスするだけで、クエリを解決できるケースのこと。

第 4 章　InnoDB

が実行されることになる。ただし、通常のトランザクションとは異なり、MTR にはロールバックという
概念はない。

　MTR によって生成された REDO ログのデータは、InnoDB ログバッファを通じ、最終的に InnoDB ログ
ファイルへと書き込まれることになる。InnoDB ログバッファは、MySQL サーバー内部に 1 つしか存在せ
ず、すべてのトランザクションで共有されるオブジェクトであり、そのサイズは `innodb_log_buffer_size`
で設定される。図 4.1 では、まさにログバッファという名称のオブジェクトが描かれているが、InnoDB
でも同じ名前が付いている。InnoDB ログファイルは、図 4.1 ではステーブルログに相当する。

　MTR が開始されてから完了するまでのあいだ、個々の MTR によって生成されたログデータは、MTR
ごとにローカルなバッファに蓄えられる。この時点では、変更の内容は InnoDB ログバッファにすら書き
込まれていない。MTR が COMMIT して初めて、ローカルな MTR のバッファの内容が InnoDB ログバッ
ファへコピーされる。MTR が COMMIT した時点では、まだログバッファにコピーされただけであり、そ
の内容はディスクへ書き込まれない。InnoDB ログバッファは少し遅れてからディスクへ書き込まれるこ
とになる。InnoDB ログバッファがディスクへ書き込まれるタイミングは、トランザクションが COMMIT
するか[3]、ログバッファを使い果たし、新たに MTR を COMMIT するための空きスペースを確保しなけれ
ばならなくなったときである。

　このように、InnoDB ログファイル（REDO ログ）には、分割することのできない個々の操作、すな
わち MTR が連続的に記録されている。クラッシュリカバリ実行時には、フラッシュが完了したテーブル
スペース（ステーブルデータベース）上のデータに対して MTR を連続的に再生することで、InnoDB 上
のデータ操作を時系列に沿って再現できるわけである。

　REDO ログは 512 バイトのブロックが連続しているものとしてフォーマットされている。個々の MTR
は 512 バイトのブロックに収まる場合もあれば、ブロックをまたいで記録される場合もある。ブロックを
またいでいる場合、マシンがクラッシュすると先のブロックだけが永続化に成功する可能性があるが、そ
のようなケースでは MTR は中途半端に記録されているため、クラッシュリカバリ時に切り捨てられるこ
とになる。512 バイトのブロックサイズは HDD のセクタサイズに起因している。セクタへの書き込みは
アトミックであるため、必ず成功か失敗かのいずれかの状態になるからである。

4.1.3.3　ダーティーページのフラッシュ

　MTR によるクラッシュリカバリが成り立つためには、2 つ大きな制約が存在する。ひとつ目は、ログ
ファイルのほうが先にディスクへ書き込まれなければならないということである。クラッシュリカバリ実
行時には、データファイルを読み取って、それからログを再生する。そのため、ログファイルよりデータ
ファイルが先行してしまっていると、ログファイルに含まれている変更は再生のしようがないのである。
ログが必ず先行することから、このようなログファイルは WAL（Write-Ahead-Log）と呼ばれている。

　そのため、データファイルへのフラッシュは、ログファイルのフラッシュよりもあとで実行されることに
なる。データファイルへのフラッシュが完了するまでのあいだ、InnoDB バッファプール上には、変更が

---

[3] COMMIT 時にログへの永続化が完了するのは `innodb_flush_log_at_trx_commit=1` の場合。それ以外の場合は COMMIT
実行時にディスクへの永続化が完了している保証はない。

行われたがディスクへのフラッシュが完了していないデータページ、いわゆるダーティーページが存在することになる。ダーティーページは変更済みであるが、データファイルへの書き込みとフラッシュは完了していないため、いずれデータファイルへフラッシュする必要がある。そして、それは確実にログよりもあとで実行しなければならない。ログよりもあとで実行するため、MTR には更新したページのリストが含まれており、ログのフラッシュが完了するまでダーティーページのフラッシュは行われないようになっている。

もうひとつの制約は、ダーティーページが残っているあいだは、そのページを更新した MTR がログファイルから失われてはいけないということだ。InnoDB のログファイルはサイズが固定であり、その合計サイズは `innodb_log_file_size` と `innodb_log_files_in_group` の積によって決まる。ログファイルのサイズが固定ということは、ログファイルは何度も上書きされ、使い回されているということである。これはバイナリログとの違いを考えれば解りやすいだろう。バイナリログは `max_binlog_size` を越えると新しいファイルが作成され、更新は新しいログファイルの末尾に行われるようになる。そのため、ファイルの更新は常に追記であり、既存のログファイルのデータが上書きされることは一切ない。一方、InnoDB は同じログファイルを使いまわすので、不要になったログエントリが解放されたあとに、同じ領域が別の新しいログエントリによって何度も上書きされることになる。

もし、ログファイルの空き領域がなくなってしまったら、空きができるまでログファイルへの書き込みはできない。十分な空きがないのに新しいログを書き込んでしまうと、解放されていない領域を上書きしてしまうことになるからだ。上書きされてしまったログはクラッシュリカバリでは利用できないので、その状態でクラッシュが発生すると、データの復旧は失敗することになってしまう。そのような状況が起きないように、ログファイルの上書きはしないようになっているのである。

4.1.3.4 チェックポイント

InnoDB は、ファジーチェックポイントという方式のチェックポイントを実装している。ファジーチェックポイントとは、ダーティーページを少しずつディスクへフラッシュし、どこまでフラッシュが進んだかを記録する方式である[4]。InnoDB では、チェックポイントつまりどこまでフラッシュが進んだかということを、LSN を用いてログのヘッダに記録するようになっている。LSN とは、Log Sequence Number の略であり、個々のログエントリが、ログの記録を開始してから何バイト目かを示す値である。ログファイルが使いまわされても、LSN はリセットされることなく増加し続ける。チェックポイントの領域は 2 つあり、512 バイトの異なるブロック上に交互に書き込まれるようになっている。これは、電源が喪失してしまったような場合でも、確実に片方が残るようにするという工夫である。チェックポイントに記録された LSN より古い REDO ログに含まれた更新は、データファイルへのフラッシュ完了が保証されているので、クラッシュリカバリにおいて再実行をする必要はない。

チェックポイントが完了すると、それより古い REDO ログに含まれる更新はすでにデータファイル上に存在することが明確なため解放できるようになる。このように、古いログを解放するには、そのような

---

[4] ちなみに、ファジーではない方式のチェックポイントはシャープチェックポイントと呼ばれ、チェックポイントのタイミングですべてのダーティーページをフラッシュするという方式である。

第 4 章　InnoDB

古い LSN に対応したダーティーページがフラッシュされる必要がある。そのため、ダーティーページのフラッシュは、古いほうから順に行われるようになっている。言い換えると、チェックポイントよりも古いダーティーページは構造上存在しない（してはならない）ということである。つまり、InnoDB はログファイルのサイズに応じた量のダーティーページを持てるといえる。ただし MTR のフォーマットはかなりコンパクトなので、ダーティーページのサイズよりも小さくなることが多い。

　チェックポイントは、基本的に一定期間ごとに記録されるため、必ずしもデータファイルの更新とは同期していない。チェックポイントよりもデータファイルのほうが新しい更新を含んでいるという状況が起こりうる。クラッシュリカバリは、最後に実行されたチェックポイントから REDO ログの適用を行うように実装されているが、チェックポイントよりも新しいデータはどうするべきだろうか。言い換えると、すでに適用してしまった REDO ログが 2 度適用されてしまうことはないのだろうか。この問いに対する回答は明確である。データファイル上の各ページには、そのページを最後に更新したときの LSN が記録されている。すでに REDO ログをそのページに適用したかどうかは REDO ログの LSN とページの LSN を比較すれば分かるようになっている。

4.1.3.5　ダブルライト

　InnoDB は、デフォルトでは文字どおりデータファイルへの書き込みを 2 度行うようになっている。1 回目はダブルライトバッファと呼ばれるデータファイル上の連続した 2MB の領域にデータを書き、その次に実際のデータページを書き込むのである。バッファという名前が付いているが、ダブルライトバッファはメモリ上ではなくファイル上にあるという点に注意してほしい。同じ内容を別の領域へ 2 回に分けて書き込むことで、データファイルの更新中にマシンがクラッシュしても、データファイルが壊れることはない。なぜならば、ダブルライトバッファか実際のデータページのいずれかは、確実に更新が完了しているはずだからである。もしダブルライトバッファが壊れていればその内容を破棄すればよいし、データページが壊れていればダブルライトバッファからデータを復活すればよい。

　ダブルライトはデータを保護するという点からいえば、極めてシンプルかつ確実な方法である。その反面、データファイルへ書き込むデータ量は単純に 2 倍になってしまう。ダブルライトバッファは連続した領域なので、書き込みはシーケンシャルとなる。そのため、ランダムアクセスによって書き込まれるデータページよりは、書き込みのオーバーヘッドは少ないといえる。そうはいっても、フラッシュの速度に与える影響は少なくはない。write がアトミックになることが保証されているファイルシステムでは、ダブルライトは意味がないため、無効にできる[5]。

4.1.3.6　MVCC と UNDO ログ

　InnoDB では、REPEATABLE-READ 分離レベルを実現するために、MVCC（Multi Version Concurrency Control）という仕組みを備えている。読み取り専用のトランザクションにおいて、若干の時差を許容することで一貫性のある読み取りを実現するための仕組みである。

　トランザクションを実行すれば、データは刻々と変化する。あるトランザクションが参照できるデータ

---

[5]新機能 66 を参照のこと。

を常に同じものにするという性質を、もし最新のデータだけで実現しようとすると、参照したすべての行をロックするような実装にする必要があるだろう。もし、あるトランザクションが更新した行を、COMMITする前にほかのトランザクションが参照[6]してしまうと、ロールバックによって行の値が元に戻り、新しい値が消失してしまうかもしれない。そのため、現在実行中のトランザクションが更新した行については、COMMITが完了するまで、別のトランザクションは読み取るのを待たなければいけない。反対に、あるトランザクションが常に一貫した値を取得するには、読み取った行がほかのトランザクションから更新されないようにする必要があるだろう。このように、一貫した読み取りを最新のデータだけで実現しようとすると、参照あるいは更新する行すべてにロックをかける必要があり、オーバーヘッドが大きくなってしまう。

そこで登場したのが過去のバージョンのデータを見せることで、トランザクションに一貫したデータを参照させるという考え方、いわゆる MVCC と呼ばれる手法である。ある行が更新された場合、すでに実行していたトランザクションがその行データを参照しようとすると、最新ではなく、更新前のデータを参照させるわけである。そのように、過去のバージョンのデータを参照させれば、トランザクション開始時のデータを一貫して提供できるようになる。そのような参照では行に対してロックをかける必要がないので、処理の並列性が改善することになる。

では、過去のデータはどこから取得するのだろうか。もっと質問を限定的にすると、過去のバージョンのデータはどこかに保存されているのだろうか。答えは当然 Yes である。行データが更新されると、いったんそのデータを UNDO ログと呼ばれる領域に退避（完全なコピーを作成）する。退避された行データは、UNDO レコードと呼ばれる。それぞれの行には、ロールバックポインタという隠れたデータ領域があり、退避された UNDO レコードを指すようなっている。さらに同じ行が更新されると、再び行データが UNDO ログへ退避されるが、その退避された行データは、さらに古いバージョンの UNDO レコードへのロールバックポインタを持っているため、ロールバックポインタを順にたどると過去のバージョンを遡れるという仕組みだ。その様子を示したのが、図 4.3 である。

ちなみに、行データは個々の SQL 文の実行過程で書き換えられ、古いバージョンのデータが UNDO ログへと退避されるが、トランザクションがロールバックされるとその古いデータが復活するようになっている。ロールバックのときに必要なデータ（UNDO レコード）を指すポインタであるため、ロールバックポインタと呼ばれるのである。また、UNDO ログは複数のセグメントで構成されるため、その領域のことをロールバックセグメントと呼ぶ。UNDO ログとロールバックセグメントは同義であると考えて差し支えない[7]。

InnoDB では、REPEATABLE-READ と READ-COMMITTED で MVCC が用いられる。READ-UNCOMMITTED と SERIALIZABLE は UNDO ログを参照しない。READ-UNCOMMITTED はダーティーであっても最新のデータを読み取り、SERIALIZABLE はすべての行アクセスでロックをかけるため、やはり最新のデータしか参照しないようになっている。READ-COMMITTED でも MVCC が用いられるのは意外かもしれないが、トランザクションの開始から終了までではなく、個々の SELECT に

---

[6] これはダーティーリードである。

[7] たんに UNDO ログといったとき、ログ全体を指すこともあるし、ログに含まれるひとつのエントリを指すこともある。ロールバックセグメントと同義なのは、もちろん前者である。

第 4 章　InnoDB

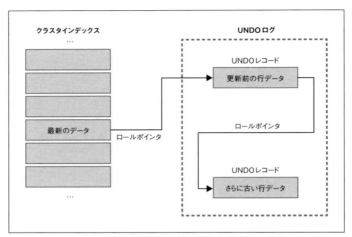

図 4.3　ロールバックセグメントからの読み取り

おいて一貫した読み取りが行われるためである。この 2 つの分離レベルでは、MVCC により、その一貫した読み取りの範囲（つまり REPEATABLE-READ ではトランザクション全体、READ-COMMITTED ではつの SQL 文）ではファントムリードも起きないようになっている。ただし、ファントムリードが起きないのは InnoDB の実装によるものであり、ほかの RDBMS では SERIALIZABLE 以外の分離レベルでファントムリードが起きる可能性があるので注意してほしい。

4.1.3.7　パージ処理

　UNDO レコードは更新されるたびに増えることになるが、放っておくといつまでも増え続けることになる。UNDO レコードはどのようなタイミングで削除するべきか。反対にいえば、削除できない条件とは何だろうか。これには明確な答えがある。そのログを参照する可能性があるトランザクションというのは、新しい行データを書いたトランザクションが `COMMIT` するよりも前に実行を開始したもの、つまり古いトランザクションだけである。そのような古いトランザクションが終了すれば、過去のバージョンを参照する必要もなくなるため、UNDO レコードも削除可能になる。

　UNDO レコードは、パージスレッドによってバックグラウンドで順次削除されるようになっている。パージスレッドには、じつはもうひとつの処理が存在する。それは、削除済みとマークされた行を実際に削除するものである。`DELETE` によって行が削除された場合、新しい行データというものは存在しないので、UNDO レコードは作成されない。しかし削除される前のデータを参照するトランザクションはあるかもしれないので、行は即座にデータページから削除されるのではなく、削除済みであるというマークが付けられる。その行を参照する可能性のあるトランザクションが存在するかぎり、その行データを実際に削除することはできない。そのような行の削除と UNDO レコードの削除が、パージスレッドによって実

130

行されるのである[8]。

　パージスレッドはどのようにして対象の UNDO レコードを見つけるのだろうか。じつは、InnoDB はトランザクションを COMMIT するたびに、History List と呼ばれるグローバルなリストに、トランザクションごとの UNDO レコードをひとつのエントリとして、COMMIT した順序に保持している。SHOW ENGINE INNODB STATUS には History List Length という項目があり、このリストの長さ、つまりパージされていない UNDO ログエントリの数が表示される。パージスレッドは、この History List から古い順に UNDO ログエントリを辿って不要な UNDO レコードを見つけ、削除するのである。

4.1.3.8　ノンロッキングリードとロッキングリード

　InnoDB を使用するうえで、個人的に最も注意しなければならないと思う点がある。それは、MVCC はノンロッキングリードでしか用いられないということだ。ノンロッキングは行にロックをかけないということを意味する。ノンロッキングリードでは、たとえ読み取ろうとしている行が現在実行中のほかのトランザクションによって更新され、なおかつ最新の行データがロックされていても、MVCC によって古いバージョンのデータを行ロックをせずに読み取れる。すでにロックされている行にアクセスする場合でも、新たに行にロックをかけないから、ロックの競合が起きないのだ。

　ノンロッキングリードによって読み取られるのは、古いバージョンのデータなので、最新のデータが何であろうと、ロックされていようがいまいが構わないのである。そのような場合でしか、MVCC は用いられない。

　ここで注意しなければならないのは、ロッキングリードの存在である。MVCC を利用する分離レベル、つまり REPEATABLE-READ と READ-COMMITTED では、クエリによってノンロッキングリードとロッキングリードが使い分けられる。データの更新はデータページにある最新のデータに対して行わなければならないし、更新した行はトランザクションが終了するまでロックしておかなければならない。つまり、ノンロッキングリードによって過去のバージョンのデータへアクセスするだけでは更新処理は成立しないのである。そのため、最新のデータを読み取って、なおかつ行に対してロックをかける必要がある。更新系のクエリや、SELECT ... FOR UPDATE あるいは SELECT ... LOCK IN SHARE MODE はロッキングリード、すなわち最新のデータへのアクセスをしつつ同時にロックを獲得する処理となる。

　更新された行について過去のバージョンを読み取るノンロッキングリードと、常に最新のデータを読み取るロッキングリードでは、当然ながら値が違って見えることがある。それに加え、ノンロッキングリードのときには見えなかった行が見えることすらある。リスト 4.1 は、ノンロッキングリードとロッキングリードによって見えるデータが異なり、意図しない更新が行われている様子を示している。

リスト 4.1　ロッキングリードによる意図しない更新

```
T1> CREATE TABLE t (a INT UNSIGNED NOT NULL PRIMARY KEY);
T1> INSERT INTO t VALUES (10),(20);
```

---
[8] 解説の順序上先に UNDO ログの解放について解説したが、パージといえばむしろ削除済みの領域を回収する処理のほうが一般的である。

第4章　InnoDB

```
T1> COMMIT;
T1> BEGIN;
T1> SELECT * FROM t;
+----+
| a  |
+----+
| 10 |
| 20 |
+----+
2 rows in set (0.00 sec)
```

※別のセッションから
```
T2> INSERT INTO t VALUES (15);
T2> COMMIT;
```

※元のセッションから
```
T1> SELECT * FROM t;
+----+
| a  |
+----+
| 10 |
| 20 |
+----+
2 rows in set (0.00 sec)

T1> UPDATE t SET a=a+1;
Query OK, 3 rows affected (0.00 sec)
Rows matched: 3  Changed: 3  Warnings: 0

T1> SELECT * FROM t;
+----+
| a  |
+----+
| 11 |
| 16 |
| 21 |
+----+
```

```
3 rows in set (0.00 sec)
```

リスト4.1は、REPEATABLE-READのときの挙動である。トランザクション T1 の開始後に、テーブル t にほかのトランザクション（T2）から行が追加されている。ノンロッキングリードではその行は見えないが、続く UPDATE コマンドでは T2 によって追加された行も更新されている！そのことは、matched と changed が3であることからも分かる。その後再び SELECT を実行すると、既存の行の値が更新されているだけでなく、行数が増えていることが分かる。これは、自身がロックしている行はノンロッキングリードでも最新のデータが見えるためである。つまり、ロッキングリードが混入してしまったことで、参照はリピータブルではなくなってしまっているのである。

MVCC は便利な半面、ノンロッキングリードとロッキングリードの混在という新たな問題の火種を持ち込んでしまった。参照モードの混在によるトラブルを防ぐには、分離レベルを SERIALIZABLE にするべきである。SERIALIZABLE 分離レベルでは、すべての行アクセスがロッキングリードになる。つまり、アクセスした行は、SELECT なら共有ロックが、更新系のクエリなら排他ロックがすべての行に自動的に獲得される。ロックした行データはほかのトランザクションから更新されることはないので、そのトランザクションが完了してロックが解放されるまで、常に同じ値であることが保証される。

SERIALIZABLE 以外の分離レベルであっても、SELECT に対して FOR UPDATE や LOCK IN SHARE MODE を付けて、明示的にロッキングリードにすることも可能であるが、その場合のオーバーヘッドは SERIALIZABLE の場合と変わらないので、自前でロッキングリードにする利点は特にないといえる。したがって、参照だけあるいは更新だけのトランザクションは REPEATABLE-READ、参照と更新が混在する場合には SERIALIZABLE にするのが最も確実でシンプルな対策である。

4.1.3.9　ネクストキーロック

REPEATABLE-READ や READ-COMMITTED では、MVCC を使用しているかぎりにおいてはファントムを防げる。これは重要な機能であるし便利なのだが、問題はロッキングリードの場合である。すべてがロッキングリードになる SERIALIZABLE では、どのようにファントムを防げばよいのだろうか。SQL 標準では、SERIALIZABLE 分離レベルにおいてはファントムが起きてはいけないことになっている。

ロッキングリードにおいてファントムを防ぐために用いられるのが、ネクストキーロックという仕組みだ。これは行ロックとギャップロックを組み合わせたものである。ここでいうギャップとは、行と行の間の論理的なスペースのことである。行間には物理的なスペースがあるわけではない。ギャップロックとは「行の間」というオブジェクトがあると仮定して、ロックをかけるものである。この論理的な行間をロックすることにより、その行間に新たに行が挿入されるのを防げる。つまり、ギャップがロックされている場合、INSERT はブロックされる。

もし仮に、リスト4.1において、トランザクション T1 の分離レベルが SERIALIZABLE だった場合には、トランザクション T2 による INSERT はギャップロックによってブロックされる。トランザクション T2 は、トランザクション T1 が完了し、ギャップロックが開放されるまで INSERT はできないのである。図4.4 は、このときの行ロックとギャップロックの状況を示したものである。図中の infimum と supremum は、

集合の下限と上限を意味する仮想的な行である。

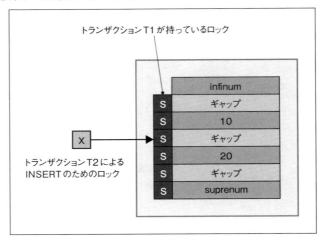

図 4.4　ネクストキーロックによるファントムの防止

反対に、すでにギャップに行が挿入されている場合、そのギャップをロックするような SELECT や UPDATE、DELETE は、先にそのギャップへ行を挿入したトランザクションが完了するまでブロックされる。ただし、ギャップロックが意味を持つのは、実際に行を挿入するまでの僅かな時間のあいだだけである。ひとたび挿入が完了すると、そのギャップにはすでに行が存在することになる。挿入されたその行は、挿入を実行したトランザクションによってロックされており、トランザクションが COMMIT するまでは、ほかの（READ-UNCOMMITTED でない）トランザクションから参照も更新もできないのである。

4.1.3.10　パフォーマンスチューニングの基本

InnoDB の初期設定で最も注意するべき事項を挙げておこう。ここで紹介するパラメーターが何故重要なのかは、本章ですでに紹介したアーキテクチャを思い出せば、理解してもらえるはずだ。

数あるパラメーターの中で最初に決めるべき項目は、バッファプールのサイズつまり innodb_buffer_pool_size である。WAL の項でも説明したように、バッファプールはデータファイルとログファイルが書き込まれる順序を調整するためのバッファだが、ディスクアクセスを低減させるキャッシュという役割も担っている。性能という点ではこちらの重要性のほうが大きい。したがって、バッファプールが大きければ大きいほど、データ参照時の無用なファイルアクセスを減らせ、性能向上に役立つ。まさしく参照処理のためのキャッシュとしての効果が期待できるのである。

チューニングのセオリーとしては、ほかのバッファに割り当てるべき空きメモリを除き、バッファプールのサイズが最大になるようにメモリを割り当てるのがよい。そのようにバッファプールを割り当てた場合は、innodb_flush_method を O_DIRECT に設定しておくべきである。そうしなければ、InnoDB によって行われたデータファイルへの I/O に対し、OS がファイルシステム上でキャッシュしてしまう。ファイルシステムキャッシュはすぐに大きくなり、システムの空きメモリを簡単に枯渇させてしまう。ファイル

システムのキャッシュも不要なディスクアクセスを減らすという観点では InnoDB バッファプールと同じであるが、InnoDB のデータをキャッシュする場合には InnoDB バッファプールを使用したほうが効率は良い。このため、ファイルシステムキャッシュではなく、InnoDB バッファプールにより多くのメモリを割り当てるような設定が望ましい。

なお、MySQL 5.5 から、バッファプールのインスタンス数を増やせるようになっている。インスタンス数を増やす意図はおもにロックの競合を避けるためである。MySQL サーバーはマルチスレッドになっているため、バッファプールの操作には排他処理が必要になる。同時実行スレッド数が増えると、バッファプールのミューテックスに対するアクセスも集中してしまう。バッファプールを分割することでアクセスが分散され、それぞれのスレッドが同時に同じバッファプールインスタンスへアクセスする確率が下がることになる。CPU コア数が多い場合には、インスタンス数を増やすことを検討すべきである。インスタンス数を決めるオプションは `innodb_buffer_pool_instances` であり、MySQL 5.7 のデフォルト値は 8 となっている。

次に重要なのがログサイズである。すでに述べたように、InnoDB のログファイルはサイズが固定であり、同じ領域が何度も使いまわされる。InnoDB はログファイルのサイズに応じたダーティーページを持てるのは説明したとおりである。ダーティーページをどこまで許容できるかは、突発的な更新負荷に対応するために重要である。ログファイルを使いきってしまうと、新たに REDO ログ（MTR）を生成するには、古いダーティーページがフラッシュされ、チェックポイントが生成されるのを待たなければならない。更新時にログファイルだけにデータを書き込めばよい場合と比べ、ダーティーページのフラッシュが必要になるケースは非常に遅い。十分大きなログ（`innodb_log_file_size` × `innodb_log_files_in_group`）を持つことで、非常に遅いフラッシュを先延ばしにできるのである。ただし、REDO ログのサイズが大きくなると、クラッシュリカバリの時間が延びてしまうという副作用が生じるので、無闇に大きくすればよいというものでもない。そもそも、ダーティーページはバッファプールよりも大きくはできないので、バッファプール以上に REDO ログを大きくしても意味はない。

しかし、遅いフラッシュを先延ばしにするのにも限界がある。フラッシュの速度よりも速い更新が継続的に行われるとダーティーページは増え続け、やがて REDO ログを使いきってしまう。その状態でさらに更新を行おうとすると、ダーティーページのフラッシュとチェックポイントが完了するのを待たなければならない。つまり、最終的に InnoDB が実行できる更新の限界性能を決めるのは、フラッシュの速度なのである。したがって、システムの計画時にはフラッシュの速度が更新速度の平均値を下回ってはならないことに留意する必要がある。フラッシュを十分な速度で行うために最も重要なことは、高速なディスクを利用することである。身も蓋もないが、それが一番確実かつ必要なことなのだ。InnoDB はディスクに合わせて自動でフラッシュの速度を調整するということはしないので、`innodb_io_capacity` をディスクの IOPS と同程度に設定する必要がある。

第 4 章　InnoDB

4.2　MySQL 5.7 におけるパフォーマンスの改善点

　本章の冒頭では、RDBMS をアスリートに例えたとき、オプティマイザが頭脳に相当し、InnoDB が筋肉に相当すると述べた。筋肉にとって最も重要なテーマはやはり筋力である。柔軟性なども重要ではあるが、筋肉がどれだけのパワーを出せるかということは、ほとんどのアスリートにとって最大の関心事であろう。すなわち、InnoDB にとってはパフォーマンスが最重要事項であるということだ。まずはこの最も重要なテーマ、パフォーマンスの向上から見ていくことにしよう。

4.2.1　RO トランザクションの改善 ▶▶▶ 新機能 43

　MySQL 5.6 では、START TRANSACTION READ ONLY という構文がサポートされた。これは、トランザクションがリードオンリー（以下 RO）であると宣言することで、トランザクションの初期化時に更新のための領域つまりロールバックセグメントの割り当てを行わないというものである。それによって参照の場合の処理効率が向上するが、この構文はアプリケーションが BEGIN やたんなる START TRANSACTION の代わりに明示的に実行する必要があり、若干の手間が必要であった。また、MySQL 5.6 では、同様の最適化がオートコミットモードのときのノンロッキングな SELECT でも行われるようになっている。オートコミットモードであり、かつノンロッキングな SELECT は更新を行うことがないと保証されているからだ。

　しかし、アプリケーションがいちいち START TRANSACTION READ ONLY を指定したり、オートコミットモードを利用しなければならない状況はあまり嬉しいものではない。なぜなら、開発の手間が増えるからだ。トランザクション内で更新を行わない場合には勝手にシステムのほうで同様の最適化が行われ、できれば自動的に恩恵にあずかれるようになってほしいものである。MySQL 5.7 では、オートコミットでない、たんなる START TRANSACTION あるいは BEGIN によって開始されたトランザクションであっても、結果的に更新を行わない場合にはロールバックセグメントの割り当てを省略するようになった。つまり、トランザクションにおいて最初に更新が行われるまで、ロールバックセグメントの割り当てを遅延させられるようになったのである。

　なお、この変更に伴って、トランザクションの管理が若干効率化されている。MySQL 5.6 では、RO トランザクションとリードライト（以下 RW）トランザクションを管理するため、それぞれ個別のリストが用いられていた。MySQL 5.7 では、RO トランザクションに対しては、そもそもトランザクション ID の割り当てが廃止され、RO トランザクションのリストも必要なくなった。その結果、RO トランザクションについては、リストを操作するためのオーバーヘッドがなくなり、処理が効率化されている。

　ただ、トランザクション ID が割り当てられていないことで、SHOW ENGINE INNODB STATUS や INFORMATION_SCHEMA の表示で困るようになってしまった。ここには RO トランザクションの情報も表示されるのだが、トランザクション ID が割り当てられていないと、トランザクションを識別できない。これは困ったことである。そこで、トランザクション ID に変わるものとして、内部で個々のトランザクションの情報を管理する構造体（trx_t）を格納する領域のポインタから算出した適当な値がトランザクション ID の代わりとして用いられるようになった。現在のトランザクション ID カウンターより大きなトランザ

クション ID は偽物であり、実際は未割り当てだと考えていただければ差し支えない。**リスト 4.2** は、RO
トランザクションを SHOW ENGINE INNODB STATUS で表示したときの様子である。**Trx id counter** よ
りもはるかに大きなトランザクション ID が表示されているが、これは偽物にほかならない。

リスト 4.2　Read Only トランザクションの例

```
------------
TRANSACTIONS
------------
Trx id counter 4523
Purge done for trx's n:o < 4519 undo n:o < 0 state: running but idle
History list length 109
LIST OF TRANSACTIONS FOR EACH SESSION:
---TRANSACTION 421786839559792, not started
0 lock struct(s), heap size 1136, 0 row lock(s)
```

4.2.2　RW トランザクションの改善 ▶▶▶ 新機能 44

　すでに説明したように、InnoDB ではすべてがインデックスであり、データはクラスタインデックスに
格納されるようになっている。したがって、更新系のコマンドによって、インデックスを構成する B+ ツ
リーの構造が刻々と変化することになる。具体的には、インデックスに新たなページを追加したり、デー
タが減ったために隣り合うページをマージしたりといった操作である。

　B+ ツリーの構造を変えるとなると、データに不整合が起きないよう、更新の途中のおかしなデータが
参照されないよう、排他処理を行わなければならない。B+ ツリーの構造は複雑なので、その過程でいく
つものロックが獲得されることになる。その中で最も競合が多く、ホットになりがちなのが index->lock
と呼ばれるもので、それぞれのインデックスごとに 1 つ存在している。インデックスごとに 1 つしかない
ので、同じクラスタインデックスやセカンダリインデックスにアクセスが集中すると、このロックがボト
ルネックになってしまう。

　MySQL 5.7 で導入された解決法は、RW ロックに対して新たなモードを導入するというものである。
この index->lock は RW ロックであり、一般的な RW ロックと同様、排他アクセス（X ロック）と共有
アクセス（S ロック）ができるようになっているのが MySQL 5.6 までの話である。MySQL 5.7 では、
なんと新たに SX ロックという中間的なモードが追加された。SX ロックは S ロックとは互換性があり、あ
るトランザクションが SX ロックを持っている場合、別のトランザクションが S ロックを取る、あるいは
その逆のアクセスが可能である。**rw-lock** の互換性について**表 4.1** に示す。

　従来、X ロックを必要としていた処理が、一部 SX ロックへと変更されることで、S ロックが必要な
処理とのロックの競合が減り、参照と更新が入り混じった負荷パターンにおいて処理の並列性が向上して
いる。すなわち、index->lock が以前よりもホットではなくなったということだ。無論、index->lock
は MySQL 5.7 ではインデックスに対する排他処理に使われている。それぞれのトランザクションでは、

第 4 章　InnoDB

表 4.1　`rw-lock` の互換性

	S-lock	SX-lock	X-lock
S-lock	○	○	×
SX-lock	○	×	×
X-lock	×	×	×

`index->lock` を獲得したあとにそのインデックスツリー配下のページへ順次アクセスする。その際、個々のページへアクセスするには、それぞれのページ上のロックが必要になる。どのような順序でページにアクセスすればデッドロックにならないかということが綿密に計算され、SX ロックでも問題ない処理の洗い出しが行われているのである。X ロックから SX ロックへの変更が増えることで、ロックの競合が軽減されることになる。

　この新機能を利用するにあたっては、ユーザーは特別な操作をする必要はない。RW ロックは SQL 上のロックではなく、InnoDB 内部の実装の話だからである。そのような SQL 上のものではないプロセス内部のロックは、InnoDB ではラッチと呼んで区別されている。ラッチとは RW ロックとミューテックスの総称である。本書でも、以降の解説においてその区別に従うことにする。

4.2.3　リードビュー作成時のオーバーヘッド削減 ▶▶▶ 新機能 45

　InnoDB は、MVCC によって過去のバージョンのデータを参照できるが、そのためには参照しようとしているのが何時のバージョンのデータなのかをあらかじめ決定しなければならない。

　個々のトランザクション（REPEATABLE-READ の場合）あるいはクエリ（READ-COMMITTED の場合）が参照できるデータのスナップショットは、リードビュー（Read View）と呼ばれる。従来、リードビューの作成はすべて `trx_sys_t::mutex` というラッチのもとで行われていた。その過程で現在実行中のトランザクションのリストをスキャンする必要があり、ラッチ獲得中の処理の計算のオーダーが $O(N)$ になるという問題があった。N はトランザクションのリストの長さであり、結果として同時実行されるトランザクション数が増えると、リードビューの作成にかかるオーバーヘッドが増大してしまうのである。特に、クエリのたびにリードビューの作成が必要となる READ-COMMITTED 分離レベルでは、その影響は大きかった。

　`trx_sys_t::mutex` はリードビューを生成する処理以外においても、例えばトランザクションのリストを管理したり、トランザクション ID から `trx_t` 構造体へのポインタを得るといった用途にも必要であり、アクセスが集中し、ボトルネックになりやすい箇所であった。ちなみに、トランザクションを RO から RW に変更する場合にも、`trx_sys_t::mutex` の獲得が必要になる。

　そこで、MySQL 5.7 では、MVCC を管理するための新しいクラスが追加され、リードビューの作成が極めて効率的になった。特に、オートコミットなノンロッキングなクエリの実行では、`trx_sys_t::mutex` を獲得しなくてもよいような工夫がなされている。

> ## 計算のオーダー
>
> コンピュータプログラムのアルゴリズムがどの程度効率的かを評価する基準として、計算のオーダーという指標がしばしば用いられる。これは、入力やデータサイズの大きさに対して、アルゴリズムがどれだけの計算量で完了するかということを示すものである。計算量は、アルゴリズムのステップ数と考えると分かりやすいだろうか。ステップ数が小さければ小さいほど、優秀なアルゴリズムだといえる。計算量を評価する際には、入力の長さに対して、最も影響を受ける部分だけがクローズアップされる。入力の長さを N としたとき、例えばステップ数が N^2 に比例するアルゴリズムと、2^N に比例するアルゴリズムでは、後者のほうがステップ数は急激に大きくなる。したがって、あるアルゴリズムが N^2 のステップを実行してから N^2 のステップを実行する場合、計算量の伸びを考えるうえで後者だけが重要であり、$O(2^N)$ という風に表す。
>
> アルゴリズムの計算量の評価は、純粋にどのような式に比例するかということが分かればよい。そのため、余分な係数や、式全体に与えるインパクトが小さい部分に関しては無視できる。その表現が計算のオーダーであり、$O(式)$ として表現する。計算のオーダーを見て、それが優秀なアルゴリズムかどうかを判断する基準は単純で、多項式時間で解ける問題は任意の入力の長さ N に対して実用的であるといわれている。実用的でないアルゴリズムとしては、入力の長さ N に対して指数関数や多重指数、あるいは階乗のオーダーになるようなものが挙げられる。
>
> MySQL 5.6 おけるリードビューの作成のオーダーは $O(N)$ なので優秀なアルゴリズムといえるが、多くのスレッドからアクセスされる可能性があり、ラッチによる排他処理が行われている最中のものとしてはイマイチである。そのような部分では、できるかぎり $O(1)$ のアルゴリズム、つまり入力の長さによらず一定の時間で終了するような実装にするのが望ましい。とはいえ、理想と現実のギャップは大きく、理想に叶う実装をするのはなかなか難しいのである。

4.2.4　トランザクション管理領域のキャッシュ効率改善 ▶▶▶ 新機能 46

先ほど登場した `trx_t` 構造体に対するメモリ割り当ての効率が改善した。`trx_t` はトランザクションに関するさまざまな情報を格納する領域であり、トランザクションごとに1つ割り当てられる。MySQL 5.6 の `trx_t` ではトランザクションの開始時にメモリが割り当てられ、終了時に解放されていた。そのため、どのアドレスが `trx_t` に割り当てられるかは一定ではなく、メモリ上のさまざまな部分が利用されることになっていた。ここで問題になるのが CPU のキャッシュメモリの利用効率である。CPU には L1/L2/L3 などのキャッシュメモリが搭載されており、頻繁にアクセスするデータはキャッシュされるようになっている。キャッシュメモリは、メインメモリよりもずっと高速にアクセスできるため、ホットな領域がキャッシュに格納されることで処理の高速化が見込まれるわけだ。

どのようなプログラムでも、メモリ領域ごとのアクセス頻度には偏りがある。つまり、頻繁にアクセスされる領域とそうでない領域があるということだ。そのようなアクセスの偏りを局所性（Locality）という。局所性の高いデータアクセスにはキャッシュが極めて有効である。ところが、MySQL 5.6 の `trx_t` のように、本来は局所性があるにもかかわらずランダムなメモリアドレスに割り当てられるような場合には、局所性のメリットを活かしておらず、勿体ないのである。

第 4 章　InnoDB

InnoDB においてホットな領域である `trx_t` は、MySQL 5.7 において `trx_t` のためのメモリ領域を
プール化することでメモリアドレスが使いまわされるようになり、キャッシュ効率が改善したのである。

4.2.5　テンポラリテーブルの最適化 ▶▶▶ 新機能 47

MySQL では、いくつかのタイプのクエリの実行計画では、内部的なテンポラリテーブルが必要になる。
例えばマテリアライゼーションが必要なサブクエリや、`JOIN` 後にファイルソートが必要な場合、あるいは
`GROUP BY` でインデックスが利用できないケースなどが相当する[9]。

内部的なテンポラリテーブルは、サイズが小さいうちは MEMORY ストレージエンジンを利用するよ
うになっている。MEMORY ストレージエンジンはメインメモリ上にデータを格納するため高速なのだ
が、データサイズが大きくなると、そのぶんメモリも多く消費するようになってしまう。そのため、その
サイズには上限が設定されており、上限に達するとディスクベースのストレージエンジンへ自動的に変換
されるようになっている。

MySQL 5.6 までのバージョンでは、ディスクベースのテンポラリテーブル用には MyISAM ストレー
ジエンジンが用いられていた。しかし、MyISAM のアーキテクチャは古く、さまざまな問題を抱えてい
た。代表的なところでは、MyISAM はデータをプロセス内でキャッシュせず、ファイルシステムのキャッ
シュがうまく機能することを期待した作りになっている。これは効率が悪く、そのマシンにたくさんのメ
モリを積んでいてもうまく活用できないため、同時アクセス性能は改善せず、ボトルネックになってしま
う可能性が高いのである。

そこで、MySQL 5.7 では、InnoDB をテンポラリテーブルとして使用できるようになったのだが、そ
のための道のりは楽なものではなかった。なぜなら、InnoDB は MVCC が利用可能な ACID 準拠のト
ランザクションに対応したストレージエンジンであり、テンポラリテーブルとして使用するにはオーバー
ヘッドが大きすぎたからである。そのため、MySQL 5.7 の InnoDB ではさまざまな最適化が行われてい
る。それらはおもに「テンポラリテーブルはクラッシュ後には消滅してもよいため、ほかのケースでは必
要な数々の処理を省略できる」という性質に基づいたものである。具体的には次のようなものである。

- ◆ `CREATE/DROP` のオーバーヘッドが激減した
- ◆ REDO ログを生成しない
- ◆ 行データにロールバックポインタを持たない
- ◆ 更新は `DELETE` と `INSERT` によって代替されている
- ◆ ダブルライトをしない
- ◆ 変更バッファを使用しない
- ◆ 専用のテーブルスペース（`ibtmp1`）内に格納され、再起動時に再作成される
- ◆ ページへのアクセスにおいてラッチをしない
- ◆ ページチェックサムをしない

---

[9] 第 3 章参照。

4.2　MySQL 5.7 におけるパフォーマンスの改善点

- ◆ テーブルのメタデータがディスク上に格納されない
- ◆ テーブルを参照できるのはそのテンポラリテーブルを作成したスレッドだけである
- ◆ アダプティブハッシュインデックスを使わない
- ◆ ROWID はテンポラリテーブルごとに固有のものが使われる[10]

　このような最適化が施された InnoDB の内部的なテンポラリテーブルは、極めて良好なアクセス性能を実現している。単一のスレッドによる応答性能でも MyISAM に引けを取らず、同時アクセス性能では MyISAM より遥かに高い性能を実現する。MyISAM がファイルシステムのキャッシュに依存しているのに対して、InnoDB はバッファプールを利用できるためだろう。

　この新機能を利用するうえで、ユーザーは特に設定をする必要はない。内部的なテンポラリテーブルとしてはデフォルトで InnoDB が使用される。どうしても MyISAM のほうがよいという場合には、`internal_tmp_disk_storage_engine=MYISAM` の設定をすることで、MyISAM に変更可能となっている。しかし変更しても意味はないので、するべきではない。

　なお、この内部的なテンポラリテーブルは、ほかのセッションから参照されることは考慮されておらず、`INFORMATION_SCHEMA.INNODB_TEMP_TABLE_INFO` にも情報が表示されないので注意してほしい。この情報スキーマテーブルに表示されるのは、明示的に `CREATE TEMPORARY TABLE` コマンドを使って作成したテーブルだけである。

4.2.6　ページクリーナースレッドの複数化 ▶▶▶ 新機能 48

　ページクリーナースレッドとは、バックグラウンドでダーティーページのフラッシュを行うスレッドのことである。年々コンピュータに搭載されている CPU コア数が増え、メモリが巨大になり、ストレージも高速になってきている。そのため、ダーティーページのフラッシュは、シングルスレッドでは十分な速度を出せなくなってきた。本章ですでに述べたように、最終的な更新の性能はフラッシュの速度で決定される。そのため、最新のハードウェアをフル活用するには、可能なかぎりフラッシュを高速化しなければならない。そのためには、ページクリーナースレッドの複数化は必須といえる。

　ページクリーナースレッドの数は `innodb_page_cleaners` オプションで決定される。このオプションは動的には変更できないので、変更するには `my.cnf` に記述して再起動する必要がある。デフォルトは 4 であるが、搭載している CPU コア数が多い場合には増やすことを検討しよう。ただし、ページクリーナースレッドの数は、バッファプールのインスタンス数、つまり `innodb_buffer_pool_instances` を越えることはできない。`innodb_buffer_pool_instances` より大きい値が設定された場合、`innodb_page_cleaners` は自動的に `innodb_buffer_pool_instances` と同じ値に変更される。より多数のページクリーナースレッドを使用したい場合には、`innodb_buffer_pool_instances` も合わせて変更するといいだろう。

---

[10] 通常のテーブルにおいて主キーを指定しなかったときに暗黙的に付けられる 48 ビットの ROWID は、MySQL サーバーごとにグローバルなカウンターから値が取得される。

141

第 4 章　InnoDB

4.2.7　フラッシュアルゴリズムの最適化 ▶▶▶ 新機能 49

　正式版がリリースされたばかりのころの MySQL 5.6 には、ダーティーページをバッファプールから探しだすために、バッファプールを何度もスキャンしてしまう問題があった。「正式版がリリースされたばかりの」という表現を用いたのは、じつは MySQL 5.6.12 においてその問題が一部緩和されたからである。

　ダーティーページのフラッシュは、単純に古いほうから順番に実行する flush list バッチと呼ばれるもの以外にも、LRU リストの古いほうから順番に実行する LRU バッチ、1 ページぶんの空きページを確保するためのフラッシュがある。GA[11] 当時の MySQL 5.6 では、いずれの場合もフラッシュの対象のページを探すたびに、リストの最後尾から順番にバッファプールページをたどる必要があった。前回どこまで辿ったかは記録されていないため、同じバッファプールページが何度もアクセスされてしまっていたのである。

　MySQL 5.6.12 では、flush list バッチについて改善が行われている。その他のものに関しては、MySQL 5.7 で改善され、フラッシュのために同じページが何度もスキャンされることはなくなった。また、バッファプールのインスタンスが複数ある場合に、インスタンスごとのダーティーページの量が均等になるような改良も加えられている。これらの効率化とページクリーナースレッドの複数化により、MySQL 5.7 ではフラッシュの性能がかなり向上している。フラッシュの速度は最終的に更新速度の限界値を決める。つまり、MySQL 5.7 では更新性能の限界値が大きく引き上げられたのである。

4.2.8　クラッシュリカバリ性能の改善 ▶▶▶ 新機能 50

　MySQL 4.1 で、innodb_file_per_table が導入され、個々のテーブルを個別のファイルに格納できるようになった。これは大変便利な機能なのだが、一方でクラッシュリカバリを遅くしてしまう問題もあった。

　テーブルのデータを格納するデータファイルは、.ibd という拡張子を持つファイルとなっている。InnoDB 内部では、それぞれのデータファイルが個別のテーブルスペースという扱いになっており、固有のテーブルスペース ID が割り振られている。MTR に記録される操作では、どの部分が更新されたかという情報をテーブルスペース ID とページ ID の組み合わせで表現している。しかし、どのファイル上のデータを更新すべきであるかは、テーブルスペース ID からは判断できない。そのため、MySQL 5.6 までのバージョンでは、起動時にすべての.ibd ファイルをスキャンしてそのヘッダに記録されているテーブルスペース ID を読み取る必要があった。テーブル数が多い場合、これは大変な処理量となる。

　MySQL 5.6 では CREATE TABLE 文において DATA DIRECTORY 句が InnoDB でも指定できるようになり、さらに状況が悪化した。DATA DIRECTORY 句は、その名のとおり.ibd ファイルを作成するディレクトリを指定する。DATA DIRECTORY を指定しない場合、本来は datadir あるいは innodb_data_file_path に.ibd ファイルが格納されるのだが、DATA DIRECTORY を指定すると、元のディレクトリには.ibd ファイルのパスを記録した.isl というファイルだけが残されることになる。これは.ibd ファイルをオープン

---

[11] General Availability。正式版リリースのこと。

するために.islファイルもオープンしなければならないことを示しており、クラッシュリカバリ時のオーバーヘッドをさらに増やす要因となっている。

MySQL 5.7では、REDOログにどの.ibdファイルを更新したかという情報が記録されるようになった。どの.ibdファイルが更新されたかがREDOログを見れば分かるようになっているため、起動時にすべての.ibdファイルをスキャンする必要がなくなったのである。

4.2.9　ログファイルに対するread-on-writeの防止 ▶▶▶ 新機能51

InnoDBログファイルは固定サイズであり、使い回しが行われるのはすでに述べたとおりである。ファイルシステムは、ディスクのブロックサイズより小さなデータをファイルの途中にwriteするとき、いったんブロック全体を読み取ってから書き込まれたデータをマージし、ディスクへ書き戻すという操作をする（そのデータがキャッシュされていない場合）。そうしなければ、そのwriteによって書き込まれなかった部分のデータが喪失してしまうからである。そのような操作をread-on-writeと呼ぶ。read-on-writeがどのように行われるかを模式的に表したものを図4.5に示す。この図では、ディスクのブロックサイズが8KBであると仮定している。

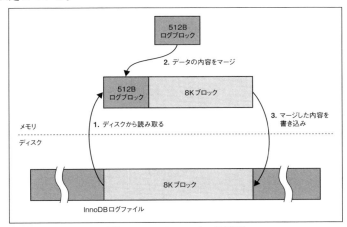

図4.5　read-on-writeの様子

ログの場合は順次追記されるだけなので、writeの前のreadは本質的に不要であり、無駄である。このような問題を防ぐには、新たなブロックへのwriteを行う場合、ブロックの一部だけでなく、ブロックサイズ全体に対してwriteが行われるようにするとよい。そこで、MySQL 5.7では、innodb_log_write_ahead_sizeというオプションが追加され、ログファイルへの書き込みの際に、ブロックサイズぶんだけデータがパディングされるようになっている。データをパディングして確実にブロック全体が上書きされるようにしておけば、データファイル上の喪失するデータは存在しないことになるので、ブロックをディスクから読み取る必要がなくなるのである。いったんブロック全体を書き込んでしまえば、そのデータはファイルシステムのキャッシュ上に存在するため、パディングが必要なのはブロックの境界に達したときだけである。

第 4 章　InnoDB

innodb_log_write_ahead_size は、ログファイルのブロックサイズである 512 が最小値であり、512 の倍数を指定する必要がある。最大値は innodb_page_size（デフォルトは 16KB）と同じサイズであり、デフォルトは 8KB となっている。

4.2.10　ログファイルの書き込み効率の向上 ▶▶▶ 新機能 52

ログバッファに対するミューテックス（log_sys->mutex）が必要な処理の効率が改善され、REDO ログの書き込み効率が向上している。特に、innodb_flush_log_at_trx_commit = 2 の場合の書き込み速度が改善している。スレーブでは InnoDB のログファイルから最後の更新が喪失しても、マスターから再度読みなおすことでデータの喪失が発生しないため、ログへの書き込みを同期する必要がなく、innodb_flush_log_at_trx_commit = 2 の設定が用いられることが多い。そのような使い方におけるスレーブの更新速度が改善する可能性がある。

4.2.11　アダプティブハッシュのスケーラビリティ改善 ▶▶▶ 新機能 53

InnoDB は、等価比較による検索を効率化するために、バッファプール上に自動的にハッシュインデックスを作成する仕組みアダプティブハッシュインデックス（以下、AHI）を備えている。ハッシュは $O(1)$ で検索が完了するため、B+ インデックスのページを辿るより検索効率が良い。AHI はメモリ上に作成されるオブジェクトであり、頻繁にアクセスされるページに対して、自動的に作成されるようになっている。インデックス全体に対してハッシュを作成する必要はなく、頻繁にアクセスするページに対してのみ部分的に作成できる。

検索を高速化するための仕組みである AHI も、多数の CPU コアが存在するシステムではアクセスが集中することでロックの競合が頻発し、ボトルネックになってしまう。そこで、MySQL 5.7 ではバッファプールと同様、AHI のインスタンスを複数に分割することでアクセスを分散し、ロックの競合を軽減している。AHI のインスタンス数は innodb_adaptive_hash_index_parts オプションで調整可能であり、デフォルトは 8、最大値は 512 となっている。動的に変更できるオプションではないため、変更するには my.cnf へ記述し、MySQL サーバーを再起動する必要がある。

4.2.12　Memcached API の性能改善 ▶▶▶ 新機能 54

MySQL 5.6 において、InnoDB には Memcached API によってテーブル内のデータに直接アクセスできるという機能が追加された。MySQL サーバー内部で Memcached デーモンが動作し、InnoDB と連携するようになったのである。Memcached は極めてシンプルな KVS（Key Value Store）であり、このインターフェイスを利用することで、超高速なアクセスが期待されるはずだった。だが残念なことに、致命的なボトルネックが存在しそのような高速アクセスは実現しなかった。その理由は、Memcached API の get 操作に対しても、RW トランザクションが用いられていたためである。まず、MySQL 5.6.15 においてその問題は解消され、get については RO トランザクションとして扱われるようになり、かなり性

能が改善されている。

MySQL 5.7 では、RO トランザクション自体の性能が向上しているため、Memcached API からアクセスしたときの性能も大幅に向上しており、なんと 1M QPS もの性能を叩きだしたという報告もある[12]。

4.3 MySQL 5.7 における管理性の向上

RDBMS にとって、運用管理が簡単で便利であるということは、極めて重要な性質である。日々の運用では、RDBMS のちょっとした制限によって不便を感じてしまうものである。MySQL 5.7 で追加された、日々の運用管理を助けてくれる機能を紹介しよう。

4.3.1 バッファプールのオンラインリサイズ ▶▶▶ 新機能 55

運用を続けていくうちに、RDBMS のある部分の設定を変えたくなるということはよくある。設定を変更するたびに再起動が必要なようでは、変更の手間が非常に大きくなってしまうので、できることなら再起動をせずに変更したい。MySQL でも、できるだけたくさんの設定変更をオンラインでできるよう改良が進められている[13]。

MySQL 5.7 では、なんと InnoDB バッファプールのサイズがオンラインで変更できるようになっている。設定の変更には、おなじみの SET GLOBAL を使う。**リスト 4.3** はオンラインリサイズの実行例である。

リスト 4.3　バッファプールのオンラインリサイズ

```
mysql> SET GLOBAL innodb_buffer_pool_size = 100 * 1024 * 1024 * 1024;
```

この例では、バッファプールのサイズを 100GB に設定している。ちなみに、このコマンドの実行自体は一瞬で完了するが、実際のリサイズは即座に完了するわけではなく、バックグラウンドで粛々と行われる。リサイズの状況を確認するには、**リスト 4.4** のように innodb_buffer_pool_resize_status というステータス変数を表示すればよい。

リスト 4.4　リサイズの進捗状況の確認

```
mysql> SHOW GLOBAL STATUS LIKE 'innodb_buffer_pool_resize_status';
```

---

[12] http://dimitrik.free.fr/blog/archives/2013/11/mysql-performance-over-1m-qps-with-innodb-memcached-plugin-in-mysql-57.html
[13] 第 2 章のレプリケーションにおいても、いくつかの設定変更がオンラインでできるようになったことを紹介した。

第 4 章　InnoDB

　バッファプールのサイズは任意に指定できるわけでなく、`innodb_buffer_pool_chunk_size` という新たに追加されたオプションと、バッファプールのインスタンス数の積の倍数で指定する必要がある。チャンクサイズのデフォルトは 128MB となっており、バッファプールのインスタンス数のデフォルトは 8 なので 1GB 単位でサイズの変更が可能である。ちなみに、`innodb_buffer_pool_chunk_size` もオンラインで変更可能であるが、`innodb_buffer_pool_chunk_size` を変更してもチャンクの数は変わらないので、バッファプールのサイズも変わってしまうことに注意が必要である。細かくバッファプールのサイズを調整したい場合には、あらかじめ `innodb_buffer_pool_chunk_size` を小さくしておくとよいだろう。

　メモリをどの程度使うかという見積りは意外と難しい。一発で丁度よいメモリ使用量に合わせることは、熟練のエンジニアでもなかなかできないことだ。バッファプールのサイズをオンラインで変更できるようになったことで、最初に大雑把にサイズを決めておき、あとから様子を見ながらリソースの使用状況に合わせて調整するといった運用が可能になった。

4.3.2　一般テーブルスペース ▶▶▶ 新機能 56

　InnoDB では、`innodb_file_per_table` を指定することで、それぞれのテーブルを個別の `.ibd` ファイルに格納することが可能である。`.ibd` ファイルはそれ単体で 1 つのテーブルスペースを構成するが、それは各テーブル専用のテーブルスペースとなっており、複数のテーブルを個別のテーブルにまとめて格納するということは不可能である。

　MySQL 5.7 では、`innodb_file_per_table` に加え、汎用的に利用可能なテーブルスペースを作成できるようになっている。そのようなテーブルスペースを一般テーブルスペースと呼ぶ。リスト 4.5 は、一般テーブルスペースを作成／利用するコマンドの例である。

リスト 4.5　一般テーブルスペースの利用例

```
mysql> CREATE TABLESPACE ts1 ADD DATAFILE '/path/to/ssdvol/tablespace.ibd' ENGINE INNODB;
mysql> CREATE TABLE tbl_name1 (... 中略 ...) TABLESPACE ts1;
mysql> CREATE TABLE tbl_name2 (... 中略 ...) TABLESPACE ts1;
```

　このように一般テーブルスペースを利用することで、特定のテーブルを高速なストレージに配置するといった使い方が可能になる。一般テーブルスペースでは、`innodb_file_format` に影響されることなく、すべてのフォーマットが利用可能である。ただし、圧縮テーブルと非圧縮のテーブルは混在できない。なぜならば、圧縮テーブルを使用する場合には `CREATE TABLESPACE` において `FILE_BLOCK_SIZE` を指定し、ファイルに共通のブロックサイズを決定しておく必要があるためだ。特に指定がない場合、`FILE_BLOCK_SIZE` は `innodb_page_size` と同じになり、その場合は圧縮テーブルを格納できない。表 4.2 は `innodb_page_size` と `FILE_BLOCK_SIZE` の関係を示したものである。

　表 4.2 からも分かるように、一般テーブルスペースは `innodb_page_size` と同じか、それよりも小さい `FILE_BLOCK_SIZE` しかサポートされない。圧縮テーブルを格納したい場合には、`innodb_page_size`

146

4.3 MySQL 5.7 における管理性の向上

表 4.2　一般テーブルスペースのページサイズ

innodb_page_size	FILE_BLOCK_SIZE	KEY_BLOCK_SIZE	圧縮／非圧縮
64K	65536	N/A	非圧縮
32K	32768	N/A	非圧縮
16K	16384	N/A	非圧縮
	8192	8	圧縮
	4096	4	圧縮
	2048	2	圧縮
	1024	1	圧縮
8K	8192	N/A	非圧縮
	4096	4	圧縮
	2048	2	圧縮
	1024	1	圧縮
4K	4096	N/A	非圧縮
	2048	2	圧縮
	1024	1	圧縮

より小さな `FILE_BLOCK_SIZE` を指定する必要がある。また、`innodb_page_size` が 32K あるいは 64K の場合は、そもそも圧縮テーブルはサポートされないので注意しよう。

　一般テーブルスペースは、オープンするファイルが 1 つになるため、メモリの利用効率が若干改善する。また、パーティショニングもサポートしているため、パーティション数が増えた場合には特におすすめである。`innodb_file_per_table` の場合にパーティショニングを利用すると多数のファイルが作成されるのだが、それは極めて効率が悪いからだ。

　テーブルスペースの一覧を表示するには、`INFORMATION_SCHEMA.INNODB_SYS_TABLESPACES` を使用するとよい。どのテーブルがどのテーブルスペースに格納されているかという情報を得るには、`INFORMATION_SCHEMA.INNODB_SYS_TABLES` を使用するとよいだろう。**リスト** 4.6 は `INNODB_SYS_TABLES` の情報を表示したところである。

リスト 4.6　一般テーブルスペースの情報取得

```
mysql> select * from INNODB_SYS_TABLES;
+----------+--------------+-------+--------+-------+-------------+------------+---------------+------------+
| TABLE_ID | NAME         | FLAG  | N_COLS | SPACE | FILE_FORMAT | ROW_FORMAT | ZIP_PAGE_SIZE | SPACE_TYPE |
+----------+--------------+-------+--------+-------+-------------+------------+---------------+------------+
|       14 | SYS_DATAFILES |    0 |      5 |     0 | Antelope    | Redundant  |             0 | System     |
    ・・・中略・・・
|       56 | db/tbl_name  |   161 |      4 |    47 | Barracuda   | Dynamic    |             0 | General    |
```

147

第 4 章　InnoDB

	41	world/City		33	8	29	Barracuda	Dynamic		0	Single	
	42	world/Country		33	18	30	Barracuda	Dynamic		0	Single	
	43	world/CountryLanguage		33	7	31	Barracuda	Dynamic		0	Single	

```
+----------+------------------------------+------+--------+------+------------+-----------+--------------+------------+
29 rows in set (0.00 sec)
```

　最後のカラム、**SPACE_TYPE** が **General** になっていることがお分かりだろうか。中程のカラム、**SPACE** が
テーブルスペース ID を示している。該当するテーブルスペースの情報を得るには、**INFORMATION_SCHEMA.**
INNODB_SYS_TABLESPACES を参照するとよい。2 つのテーブルを **JOIN** してまとめて情報を取得してもよ
いだろう。

　なお、テーブルスペースの操作をするには、**CREATE TABLESPACE** 権限が必要である。また、一般テー
ブルスペースは、ほかのインスタンスへデータファイルのコピーによって移行する機能（トランスポータ
ブルテーブルスペース）には対応していないので注意してほしい。

4.3.3　32/64K ページのサポート ▶▶▶ 新機能 57

　InnoDB は、デフォルトでは 16KB のページサイズをサポートしている。MySQL 5.6 では、それより
も小さい 8KB と 4KB というサイズがサポートされ、さらに MySQL 5.7 によって 32KB と 64KB の
ページサイズもサポートされた。MySQL 5.6 より古いバージョンの MySQL でもページサイズの変更は
技術的には可能であったが、ソースコードを改変してからコンパイルする必要があり、若干ハードルは高
かった。また、16KB のページサイズが標準であるため、その他のページサイズは公式にはサポートされ
ず、テストが不十分で不具合が出ても修正は期待できず、使うには相応の覚悟が必要であった。MySQL
5.7 では、公式に 32KB と 64KB のページサイズが使えるようになり、しかもオプションでの指定が可能
になった。

　ページサイズを変更するには、**innodb_page_size** オプションを使用する。ただしこのオプションの変
更は、インスタンスのインストール時に実行しなければならないことに注意してほしい。動的に変更でき
ないどころか、再起動しても変更は不可能なのである。また、ページサイズはインスタンス全体に適用され
るため、テーブルごとにページサイズを変更するといった柔軟な調整はできない。つまり、これらのペー
ジサイズを実際に活用できるのは、使用するアプリケーションが 32KB あるいは 64KB ページサイズに
向いていると事前に分かっている場合に限られるのである。

　一般的に、小さなページサイズは OLTP（Online Transaction Processing）に向く。何故ならば、ペー
ジ内からデータを検索するには、ページの内部をスキャンしなければならないが、該当のページに行き当
たるまでに平均してページサイズの約半分のデータをスキャンすることになるからだ。ページの I/O も小
さいほうが、あるいはデバイスのブロックサイズに近いほうが高速に実行できる可能性が高い。一方で、
大きなページサイズは分析系の処理に向いている。ページを取得するにはそれなりにオーバーヘッドがあ
るので、ページ内を連続でスキャンしたほうが効率は良いのである。分析系のサーバー以外では、大きな
ページサイズはあまり出番はないだろう。

4.3 MySQL 5.7 における管理性の向上

反対に、MySQL 5.6 でサポートされた小さなブロックサイズは使えるケースが多々あるように思う。OLTP 用途に向いているだけでなく、16KB よりも小さなブロックサイズを持つデバイスでは、その I/O 性能を最大限活用できることになるからだ。

MySQL 5.1 以前のバージョン（InnoDB Plugin を用いていない場合）では、大きなページサイズを使いたい動機として 1 行の最大サイズの制限が 8KB 弱であることが挙げられた。この制限は、1 ページには 2 行ぶんのエントリを追加する必要があるところからきている。つまり、1 行の最大サイズはページサイズの半分弱になるわけである。大きな VARCHAR や BLOB、あるいは TEXT を使っていると、大きなデータにはオフロードページと呼ばれる別の領域が使われるようになっているが、Antelope フォーマットでは、先頭の 768 バイトだけは元のクラスタインデックスのリーフノード上に残ってしまう。そのため、そのようなカラムが 11 個以上あると 1 行の最大サイズを越えてしまうことになる。ただし、その制限は InnoDB Plugin あるいは MySQL 5.5 から使える Barracuda フォーマット（DYNAMIC あるいは COMPRESSED）を使うことで回避できるようになった。このため、1 行の最大サイズを緩和する目的での大きなページサイズの需要はあまり残ってはいない。Barracuda フォーマットでは、20 バイトのポインタだけがページ内に残るようになっているが、768 バイトとはケタ違いのコンパクトさである。なお、64KB のページサイズを使用した場合でも、1 行の最大サイズは 16KB までとなっている点に注意してほしい。これは行のフォーマット（行サイズが 14 ビットで表現されている）に起因する制限である。

InnoDB Plugin とデータファイルのフォーマット

　32/64K ページのサポートの解説において、InnoDB Plugin という単語が登場した。これは、InnoDB が MySQL 本体とは異なる Innobase OY という、オラクル・コーポレーションの子会社で開発されていたときの名残である。Innobase OY は、かつて独自の高機能版 InnoDB の開発を行っており、それが後に InnoDB Plugin と呼ばれるようになった。InnoDB Plugin は、その名が示すとおり、プラグインとして実装されている。MySQL のストレージエンジンはプラガブルであり、プラグインとして新しいストレージエンジンを追加できるため、そのインターフェイスを利用した形である。InnoDB Plugin の場合、MySQL 付属の InnoDB を無効化して、その代替として使うように設計されている。完全な上位互換だと考えてよい。

　InnoDB Plugin が登場した当時、MySQL サーバーは、MySQL AB を買収したサン・マイクロシステムズによって開発されていた。その後、サン・マイクロシステムズがオラクル・コーポレーションに買収されたため、InnoDB と MySQL の開発チームが合流し、独立したプラグインとして独自の InnoDB を開発する必要性が消失した。その結果、MySQL 5.5 では、もともとあったビルトインの InnoDB が廃止され、InnoDB Plugin 相当のものがビルトインの座を奪ったのである。そのため、ビルトインの InnoDB の性能は MySQL 5.5 で劇的に向上している。

　このような InnoDB Plugin であるが、その機能の中でも目玉だったのが、新しいファイルフォーマットである。新しいファイルフォーマットを使用すると、新しい行（テーブル）フォーマットを利用できる。Antelope フォーマットでは REDUNDANT と COMPACT、Barracuda フォーマットでは、Antelope の 2 つに加え、DYNAMIC と COMPRESSED という行フォーマットが利用可能となっている。ファイルフォーマットのコードネームには、頭文字がアルファベット順になるように生き物の名前が採用されている。順に、"A"ntelope（レイヨウ）、"B"arracuda

第 4 章　InnoDB

（オニカマス）、"C"heetah（チーター）、"D"ragon（ドラゴン）と続き、最後は"Z"ebra（シマウマ）で終わっている。どのようなコードネームがあるか興味のある方はソースコード trx0sys.cc を覗いてみてほしい。
　　ただし、MySQL 5.7 で使用されているコードネームは最初の 2 つだけであり、innodb_file_format オプションは廃止予定となってしまった。現在は、古いフォーマットのデータファイルとの互換性のために残っているだけであり、将来は Barracuda に統一されることになる。残念ながら、Cheetah 以降のコードネームが使われるのを目にすることはなさそうである。

4.3.4　UNDO ログのオンライントランケート ▶▶▶ 新機能 58

　　一度成長してしまったテーブルスペースは縮小できない。それは、MySQL/InnoDB を使ううえで大きな悩みの種のひとつである。データファイルが成長してしまい、ファイルシステムを食い尽くした挙句に縮小できずにどうにもできなくなった経験はないだろうか。innodb_file_per_table が有効になっている場合には、いずれかのテーブルを削除することでファイルシステムに空き領域を作ることはできる。だが、共有テーブルスペースである ibdata1 が成長してしまうと、縮退は実質的に不可能である。ibdata1 が成長してしまう最大の要因が、UNDO ログ（ロールバックセグメント）の肥大化である。
　　UNDO ログが肥大化するシチュエーションはいろいろあるが、代表的なものは長時間トランザクションが COMMIT も ROLLBACK もされずに、実行しっぱなしになっているというケースである。管理者がうっかりトランザクションを終了し忘れると、そのトランザクションのリードビューに必要な UNDO レコードを削除できない。つまりパージができないのである。
　　このような UNDO ログの肥大化に対して、MySQL 5.7 では解決策が実装された。しかも MySQL サーバーを停止することなく、肥大化してしまった UNDO ログを小さくできる。
　　そのためには、UNDO ログ専用のテーブルスペースを作成するようにしておく必要がある。InnoDB は、デフォルトの状態では共有テーブルスペース内に UNDO ログを作成するが、innodb_undo_tablespaces を指定すると UNDO ログ用のテーブルスペースを別個に作成するようになっている。このオプションの引数は整数値であり、作成するテーブルスペース数を指定する。デフォルトは 0 であり、UNDO ログ専用のテーブルスペースは作らないという意味である。テーブルスペースを作成する場所は、明示的な指定がなければ datadir となる。I/O の負荷を分散させるなどの意図がある場合には innodb_undo_directory を指定するとよい。ただし、これらのオプションは、インスタンス初期化時に指定しなければならない点に注意しよう。さきほどの innodb_page_size もそうであったが、一度運用を開始してしまったら、途中で変更できないのである。
　　もうひとつ気にしなければならないオプションがある。それは、innodb_undo_logs である。これは UNDO ログの個数を決めるオプションである。MySQL 5.5 では innodb_rollback_segments という名称であったが、MySQL 5.6 で名称が変更された。InnoDB には、UNDO ログごとに 1024 個までのトランザクションしか同時に実行できないという制限がある。そのため、複数の UNDO ログを持つことで同時実行可能なトランザクション数を増やしたのである。innodb_undo_logs のデフォルトは 128 である。ただし MySQL 5.7 では 32 個の UNDO ログが、テンポラリテーブルのためのテーブルスペース

用に予約されているため、通常のトランザクションで利用可能な UNDO ログは 96 個となっている。つまり 96K 個のトランザクションを同時に実行できる。

　UNDO ログは、`innodb_undo_tablespaces` が 1 以上の場合、UNDO ログ用のテーブルスペースに格納されるが、UNDO ログの数と UNDO ログ用のテーブルスペースは必ずしも一致している必要はない。両者の数が異なる場合、UNDO ログがそれぞれのテーブルスペースに均等に割り当てられるからである。図 4.6 は、`innodb_undo_tablespaces=4`、`innodb_undo_logs=128` の場合の UNDO ログの割り当てを示したものである。

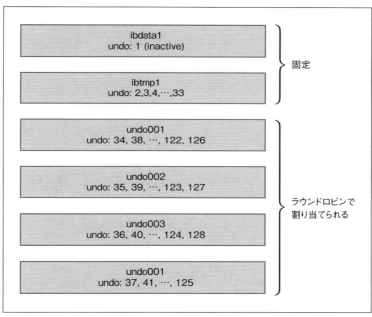

図 4.6　UNDO ログの割り当て

　UNDO ログの ID は 1 から開始する。1 番の UNDO ログは固定で、常に共有テーブルスペースに割り当てられる。UNDO ログを専用のテーブルスペースに格納する場合、1 番の UNDO ログは使われないので、UNDO ログによってテーブルスペースが大きくなる心配はない。MySQL 5.7 では、2〜33 までの 32 個の UNDO ログはテンポラリテーブル用に予約されている。共有スペースの未使用の UNDO ログとテンポラリテーブル用のものを合わせ、1〜33 までは通常のトランザクションには使えない。そのため、`innodb_undo_logs=128` の場合、同時に実行できるトランザクション数は 95K となる。34 番以降が UNDO ログ用のテーブルスペースへと割り当てられるのだが、割り当てられる順序はラウンドロビンとなる。4 つのテーブルスペースに対して 95 の UNDO ログを割り当てているので、最後のテーブルスペースだけ、割り当てられた UNDO ログがほかよりも 1 つ少なくなっている。したがって、この場合僅かではあるが負荷に偏りが出ると考えられる。それぞれのテーブルスペースに対する負荷を完

第 4 章　InnoDB

全に均等にしたければ、`innodb_undo_logs`−33 が `innodb_undo_tablespaces` で割り切れるようにすればよい。例えば `innodb_undo_tablespaces=5` と `innodb_undo_logs=128` の組み合わせなどである。`innodb_undo_tablespaces` の最大値は 95 であり、`innodb_undo_logs=128` の場合、テーブルスペースごとに UNDO ログがちょうど 1 つずつ割り当てられることになる。

　余談であるが、`innodb_undo_logs` は、`innodb_undo_tablespaces` ＋ 33 よりも多いほうが望ましいが、実際に設定できないわけではない。もし `innodb_undo_logs` のほうが少ない場合、たんに使われないテーブルスペースができるだけである。しかし使われないテーブルスペースはまったくの無駄であるので、そのような設定が望ましくないことはいうまでもない。

　UNDO ログのトランケートは、UNDO ログ専用のテーブルスペースを用意するだけでは行われない。この機能を有効化するには、`innodb_undo_log_truncate=ON` の設定が必要である。このオプションは動的に変更可能であるため、**リスト 4.7** のように `SET GLOBAL` で有効化できる。常時この機能を使いたい場合には `my.cnf` にも設定を記述しておこう。

リスト 4.7　UNDO ログのトランケートの有効化

```
mysql> SET GLOBAL innodb_undo_log_truncate=ON;
```

　さて、UNDO ログは一体どのようにトランケート（切り捨て）されるのだろうか。そこでまず注目すべきなのが `innodb_max_undo_log_size` オプションである。これは、それぞれの UNDO ログにとって望ましい最大サイズを決めるもので、UNDO ログがこれよりも大きくなった場合にトランケートの対象とするようになっている。デフォルトは 1GB である。

　トランケートすることが決定しても、即座にその UNDO ログをトランケートできるわけではない。なぜなら、まだ必要な UNDO レコードが残っているかもしれないからだ。トランケートが実行できるのは、テーブルスペース上の UNDO ログに含まれるすべての UNDO レコードのパージが完了し、テーブルスペースが未使用状態になったときである。しかしながら、新たにそのテーブルスペース上の UNDO ログが使用されてしまうと、いつまで経ってもテーブルスペースは未使用状態にはならない。そこで、トランケートすることが決定すると、そのテーブルスペース上の UNDO ログは無効（Inactive）となり、新たなトランザクションの割り当ては行われなくなる。テーブルスペースが未使用になると、そのテーブルスペースは再作成され、初期サイズの 10MB に戻る。これで肥大化した UNDO ログによる無駄な領域を解放できた。

　トランケートを実行するためにテーブルスペースに含まれる UNDO ログを無効にすることは、実行可能なトランザクション数の上限を減らしてしまうし、テーブルスペースの再作成には I/O や CPU の負荷上昇も伴う。そのため、テーブルスペースのトランケートはテーブルスペースが未使用になって即座に行われるのではなく、パージスレッドが `innodb_purge_rseg_truncate_frequency` によって指定される回数だけ起動されるたびに行われるようになっている。デフォルトは 128 であり、通常はこの設定で十分である。より迅速にトランケートを実行したい場合、このオプションを減らしてみよう。

4.3 MySQL 5.7 における管理性の向上

また、`innodb_max_undo_log_size` を、あまり小さな値に設定しないように気をつけよう。小さすぎるとトランケートが頻発してしまうからだ。UNDO ログは、パージによって解放された領域は再利用される。何らかのアクシデントで UNDO ログが肥大化した場合にはトランケートしたいが、そのための負荷を考えると恒常的にトランケートが行われるような状況は避けるべきである。

4.3.5　アトミックな TRUNCATE TABLE ▶▶▶ 新機能 59

そもそもであるが、MySQL 5.6 までの InnoDB では、`TRUNCATE TABLE` はアトミックではなかった。そのため、`TRUNCATE TABLE` 実行中にサーバーがクラッシュしてしまうと中途半端な状態になり、InnoDB の内部でメタデータとデータファイルの不整合を起こすなどの危険性があった。これは、`TRUNCATE TABLE` によって InnoDB がテーブルの削除と再作成を行うためである。MySQL 5.7 では、`TRUNCATE TABLE` がアトミックな操作として実装された。つまり、`TRUNCATE TABLE` 実行中に MySQL サーバーがクラッシュしても、リカバリによってトランケートを実行する前か後の状態の、いずれかになることが保証されるわけである。

ただし、`TRUNCATE TABLE` がアトミックになるには、いくつかの条件を満たす必要がある。

◆ `innodb_file_per_table` によって、テーブルが `.ibd` ファイルに格納されていること
◆ パーティショニングされていないこと
◆ 全文検索インデックスがないこと
◆ バイナリログとは不整合が生じる可能性がある

完全にアトミックな操作とはいい難いかもしれないが、`TRUNCATE TABLE` の安全性が高まったことは確かである。

4.3.6　ALTER によるコピーをしない VARCHAR サイズの変更 ▶▶▶ 新機能 60

古い MySQL では、`ALTER TABLE` は完全なデータのコピーが必要であった。`ALTER TABLE` を実行すると、新しい定義の、ユーザーからは見えないテンポラリテーブルを作成し、元々のテーブルからデータをすべてコピーし、コピーが完了するとリネームするという処理が行われていた。この操作が完了するまでのあいだ、ユーザーはテーブルのデータの参照はできるが、更新やロックはできない。つまりノンロッキングリードだけが許される。それ以外の処理は `ALTER TABLE` が完了するまでブロックされるため、更新やロッキングリードが必要なアプリケーションは停止してしまう。また、最後にリネームするタイミングだけはアクセスが排他的になる。

まず、MySQL 5.1 の InnoDB Plugin と MySQL 5.5 では、ファーストインデックスクリエイション（Fast Index Creation）と呼ばれる機能が追加された。これは、インデックスを追加する場合には、新しい定義のテーブルを作成して完全なデータのコピーを行う代わりに、インデックスだけを作成するというごく自然な機能である。これによって、インデックスの作成にかかる時間は飛躍的に短くなったが、作成中は相変わらず更新やロッキングリードはできないままであった。

153

第 4 章　InnoDB

　そこで、MySQL 5.6 において、ついに InnoDB にオンライン DDL が追加された。テーブル定義の変更がオンラインで実行可能な場合、データのコピー中にも参照だけでなく更新も許される。ただし、**ALTER TABLE** 開始時点と終了時点では、テーブル定義の整合性を保つため、その瞬間だけ排他処理が行われ、行ロックが必要なトランザクションとは同時に実行することはできない。このような制限はあるが、それでもオンラインでない場合よりも遥かにアプリケーションへのインパクトは少なくなった。図 4.7 はこれらの DDL の違いを模式的に表したものである。

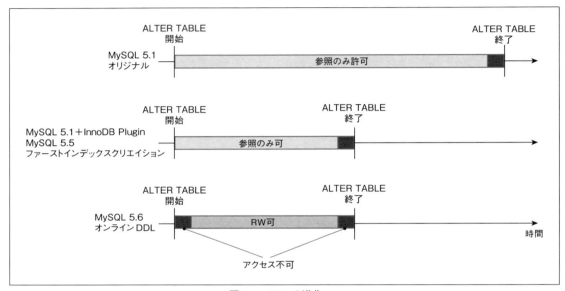

図 4.7　DDL の進化

　MySQL 5.6 のオンライン DDL で十分ではないかと思われるかもしれないが、それでもまだ問題がすべてなくなったわけではない。最大の問題は、オンラインで実行できる場合とそうでない場合があるということである。オンラインで実行できない DDL は、従来のようにテンポラリテーブルを作成してデータをコピーし、最後にリネームする方法で実行される。オンラインで実行できない DDL には、例えば次のようなものがある。

- ◆ カラムの定義の変更
- ◆ 主キーの削除
- ◆ 全文検索インデックスの追加

　MySQL 5.7 ではカラム定義の変更に関する制限が一部緩和され、**VARCHAR** のサイズを増やす場合には、一切データのコピーをせずに定義を変更できるようになった。ただし、増やすことはできるが減らすことはできない。例えば **VARCHAR(32)** のカラムを **VARCHAR(64)** にする場合、リスト 4.8 のようにコマンドを実行する。

リスト4.8　カラムサイズを INPLACE で増加させる

```
mysql> ALTER TABLE tbl_name ALGORITHM=INPLACE, MODIFY col VARCHAR(64) NOT NULL;
```

　オンライン DDL であることを強制するには、**ALGORITHM=INPLACE** を指定する。この指定がある場合、DDL がオンラインで処理できないときにはコマンドの実行が失敗する。指定がない場合には、オンラインでできるかどうかによって、自動的に **ALTER TABLE** の実行方式を選択する。ちなみに、従来からのコピーによる **ALTER TABLE** を強制したい場合には **ALGORITHM=COPY** を指定すればよい。

　VARCHAR のサイズを増やせるといっても、どのようなサイズでも指定できるわけではないことに注意してほしい。なぜなら、**VARCHAR** 型のカラムには実際の文字列の長さを表すためのメタデータがあり、それが 255 バイト以下かそれより大きいかによって別れているからだ。また、**VARCHAR** は 65535 バイトを越えると、内部的には **TEXT** 型が選択されるため、その境界を越えてオンライン DDL でサイズを大きくすることはできない。例えば最大サイズを 10 バイトから 100 バイトへ増やすことはオンライン DDL で可能だが、100 バイトから 1000 バイトにはできない。ここで、この制限におけるサイズの単位がバイトであることに注意してほしい。テーブル定義では、**VARCHAR** の大きさは文字数で表すので、カラムの最大バイト数がいくつになるかは使用する文字コードと文字数から計算する必要がある。例えば utf8mb4 の場合、1 文字あたり最大で 4 バイト消費する。そのため、**VARCHAR(64)** の最大バイト数は 256 となるため、**VARCHAR(63)** から **VARCHAR(64)** にはオンライン DDL でサイズ変更できない。そのような制限に引っかからなければ、**VARCHAR** サイズの変更は実質的にメタデータを書き換えるだけで完了する。

4.3.7　ALTER によるコピーをしないインデックス名の変更 ▶▶▶ 新機能 61

　MySQL 5.7 では、**ALTER TABLE** コマンドに **RENAME INDEX** という構文が追加され、インデックスのリネームができるようになった。これは純粋なメタデータの変更なので、当然ながらオンライン DDL による実行が可能である。**リスト4.9** はインデックスをリネームするコマンドの例である。

リスト4.9　インデックスのリネーム

```
mysql> ALTER TABLE tbl_name RENAME INDEX ix1 TO ix_dept_mgr;
```

　このようなコマンドがない以前のバージョンでは、インデックスの名前だけを変えることができないので、リネームをするにはインデックスの再作成が必要であった。管理やテーブル設計上の都合から、インデックスの名前を変更したいというケースはあるだろう。そのような場合、MySQL 5.7 であれば気軽に変更できる。

4.3.8　インデックスの作成が高速化 ▶▶▶ 新機能 62

　管理者にとって、**ALTER TABLE** に時間がかかるのは悩みの種である。オンライン DDL によってアプリケーションからの更新系クエリの実行を妨げるリスクは低下したが、それでもデータのコピーを一切する必要がなくなったわけではない。特にインデックスを追加する場合など、そのインデックスを構成する B+ ツリーは、どこからか降ってくるわけではないので、InnoDB がクラスタインデックスからデータを取得し、自分で組み立てるしかない。そういった操作には、決して少なくないコンピュータリソースが必要になるため、気軽には実行できない。

　そこで、MySQL 5.7 では、インデックスの作成を高速化するために、InnoDB 用の新しいインデックス作成のアルゴリズムが追加された。ソーテッドインデックスビルド（Sorted Index Build）という機能である。この機能は、データをクラスタインデックスから読み出してソートし、それからセカンダリインデックスへとバルクインサートするというものである。ちなみに、従来までのインデックス作成方法といえば、クラスタインデックスから 1 行読み取り、その都度セカンダリインデックスへエントリを追加するというものだった[14]。セカンダリインデックスに格納されるエントリの値は、必ずしもクラスタインデックスのキーの順序とは相関がない。そのため、クラスタインデックスの順番に行を読み取ってセカンダリインデックスへエントリを追加すると、どうしてもランダムアクセスにならざるを得なかった。ランダムアクセスになってしまうと、新しいインデックスエントリ（インデックス行）が追加されるページをインデックスを辿って探し出す必要がある。ページを取得するオーバーヘッドは馬鹿にならない。特にバッファプールが小さい場合、該当の行はキャッシュから追い出されているかもしれないので、ディスクからの読み出しが必要になってしまう。このように、データの局所性を考慮しない実装は、賢いやり方とはいえないのである。

　MySQL 5.7 の InnoDB は、**ALTER TABLE** によってインデックスの追加が実行されると、まずクラスタインデックスをスキャンし、キーをテンポラリファイルに書き出す。次に、マージソートによってインデックスエントリをソートし、その後キーの順序に沿ってバルクインサートすることで、セカンダリインデックス上のエントリを構築する。マージソートはランダムなデータに対してはクイックソートよりも劣るのだが、安定したソートを実現できるアルゴリズムで、計算量のオーダーはキーの数 N に対して $O(N \log N)$ である。

　ALTER TABLE によって使用されるテンポラリファイルは、**innodb_tmpdir** で指定されるディレクトリに作成される。デフォルトは **NULL** であり、その場合 **tmpdir** が使用される。**ALTER TABLE** によって使用されるテンポラリファイルのサイズは大きくなるため、**tmpdir** が **tmpfs** を指していると、ファイルシステムを枯渇させてしまう恐れがある。そのため、**innodb_tmpdir** によって、**ALTER TABLE** の領域だけ個別に指定できるようになっているわけだ[15]。

---

[14] ファーストインデックスクリエイションが導入される前は、新しいインデックスを持ったテンポラリテーブルを作成し、すべての行データをコピーするという恐ろしいものだった。

[15] innodb_tmpdir オプションは、MySQL 5.7.11 で追加された。そのため、MySQL 5.7.10 以前のバージョンでは利用できないので注意しよう。

4.3 MySQL 5.7における管理性の向上

ソーテッドインデックスビルドでは、インデックスエントリをキーの順序で追加可能であるため、ページに極めて効率的にデータを格納できる。現在更新中のページが満杯になるまでインデックスエントリを詰め込み、最後の行がそのページに入らなくなったら次のページへカーソルを移動させればよいからだ。理論上、1ページあたりの無駄になるスペースは、行サイズの平均値の半分である。このように極めて効率的なデータの充填率（ページが何%利用されているか）は一見するととても良さそうに思えるかもしれないが、更新が多い場合、セカンダリインデックスでは仇となってしまう。何故なら、そのインデックスページにはデータを新たに挿入する余裕がないからだ。

データを挿入しようとしているページに十分な空きがない場合、そのページを2つの新たなページに分割（Split）するという操作が行われる。ページの充填率が高すぎると、1行挿入しようとするたびにページ分割が発生してしまい、性能上大きなペナルティが発生してしまう。セカンダリインデックスは行を挿入する順序とは相関がないことが多いので、どこのページに新たにインデックスエントリが追加されるかはランダムなアクセスに近くなる。そのため、`ALTER TABLE`実行直後は、インデックス操作においてページ分割が頻発するという問題が発生するのである。更新がいっさいなければそのような問題は起きないが、そういうテーブルはマスターデータ以外では珍しいだろう。

このようなページ分割の問題を回避するには、ソーテッドインデックスビルド実行時にはページを満杯にせず、ある程度余裕を持たせておくとよい。そこで、MySQL 5.7では、`innodb_fill_factor`というオプションによって、ソーテッドインデックスビルドの際のページ充填率が指定できるようになっている。デフォルトは100であるが、100では使い物にならないので更新が多い場合には75程度にしておくとよいだろう。このオプションは動的に変更できるので、テーブルによって充填率を使い分けてもよい。

4.3.9　ページ統合に対する充填率の指定 ▶▶▶ 新機能 63

InnoDBは、`DELETE`や`UPDATE`によってページの充填率が下がってくると、となりのページと自動的に統合（Merge）しようと試みる。そのような動作をするため、一般的にはInnoDBのページの充填率は50%から100%のあいだの値をとることになる。余談であるが、InnoDBテーブルをデフラグすべきかという質問をよく目にするが、ページの充填率は極端に悪くなることはないので、デフラグは滅多なことでは必要にはならない。

問題はページが統合されたあとの充填率である。先ほど、ソーテッドインデックスビルドのところでも述べたように、ページの充填率が高すぎるという状況は`INSERT`によってページ分割が発生するため、問題なのである。ページ統合後の充填率が100%になっていると、せっかく統合したのにすぐにまた分割されてしまう可能性が高い。そのため、ページを統合するときには統合後にある程度余裕がある状態のほうが望ましい。

そこで、MySQL 5.7では、ページの統合をするかどうかを決めるページの充填率のしきい値を指定できるようになった。ページの充填率がそのしきい値を下回った場合にかぎり、となりのページとのマージが試行される。リスト4.10は、ページの統合をするかどうかを決める充填率`MERGE_THRESHOLD`の指定である。現時点では、これはオプションやSQL構文の一部にはなっておらず、`COMMENT`として指定する必要がある。

157

第 4 章　InnoDB

リスト 4.10　ページ統合に対するページ充填率の指定

```
CREATE TABLE t1 (
    id INT UNSIGNED NOT NULL PRIMARY KEY,
    col1 INT NOT NULL,
    INDEX index_col1 (col1) COMMENT='MERGE_THRESHOLD=30'
) COMMENT='MERGE_THRESHOLD=45';
```

　ページの充填率を指定しない場合、デフォルトは 50 となっている。MERGE_THRESHOLD はインデックスごと、テーブルごとに指定でき、両方に指定があった場合はインデックスに指定したものが優先される。リスト 4.10 の例では、主キーは MERGE_THRESHOLD が 45 となり、index_col1 は 30 となる。

　なお、MERGE_THRESHOLD はページを統合する処理を起動するためのしきい値であり、統合後のページの充填率ではない点に注意してほしい。統合後には MERGE_THRESHOLD の 2 倍よりも高い充填率になっている可能性がある。MERGE_THRESHOLD を低めに設定することで確率的に統合後のページ充填率を下げることにはなるが、絶対に低い充填率になることが保証されているわけではない。かといって、統合後のページ充填率を下げようと考えて MERGE_THRESHOLD を下げ過ぎると、ページを格納しているデータファイルの使用効率が下がってしまうので、下げすぎも考えものである。MERGE_THRESHOLD は 1〜50 のあいだの値を指定可能である。

　実際にいくつが適切かということは、例によって負荷次第である。ページの充填率を変えて、ベンチマークを取り、ぜひ最適な値を探しだしてほしい。

4.3.10　REDO ログフォーマットの変更 ▶▶▶ 新機能 64

　MySQL 5.7 では、REDO ログのフォーマットがどのタイプのものであるかを記すために、フォーマットのバージョン情報が追加された。これは、裏を返すと古いバージョンの MySQL では REDO ログのフォーマットが何であるかを記した情報がログファイル上になかったことを意味する。つまり、InnoDBが読めれば、それは正常なフォーマットを持ったログファイルだと認識されていたのである。REDO ログにはブロックごとにチェックサムがあり、チェックサム情報が正しいかどうかが、ログファイルが正常かどうかを示すひとつの判断材料であった。変更されたのはおもに REDO ログのヘッダ周りの情報で、REDO ログのブロックサイズ（512 バイト）には変更はない。

　この変更に伴い、チェックサムのアルゴリズムにも変更が加えられている。以前のバージョンでは、チェックサムは独自に計算した方式のものを用いていたが、MySQL 5.7 では CRC32 が用いられるようになった。CRC32 は標準的なチェックサムアルゴリズムであるため、CPU がサポートしていればハードウェアアクセラレーションも利用でき、計算処理が効率化するだろう。また、チェックサムの確認を無効化するオプションも追加されている。チェックサムの計算をさせたくない場合には、innodb_log_checksums=OFFを指定するとよい。当然ながら、通常の用途ではデータの安全性が最重要事項であり、安易に OFF にする

4.3　MySQL 5.7における管理性の向上

べきではない。

4.3.11　バッファプールをダンプする割合の指定 ▶▶▶ 新機能 65

　MySQLサーバーを再起動したときの問題としてよく挙げられるものに、バッファプール上のキャッシュがリセットされたために、再起動後のクエリに時間がかかるようになるというものがある。再起動直後は、キャッシュされたデータがバッファプール上にないために、キャッシュミスのたびにディスクアクセスが生じるからである。このような問題を解消するためのよくある手法が再起動後の暖機運転である。よくアクセスされるテーブルのデータをスキャンし、先にバッファプールに読み込んでしまおうというものである。だが、そのような手作業による暖機運転はいろいろと都合が悪い。どのテーブルがよくアクセスされるかということをユーザーが調べる必要があるし、同じテーブルの中にも頻繁にアクセスされるデータとそうでないデータがあるからだ。そもそもそのような処理を再起動後に毎回実行するのは手間である。

　そこで、MySQL 5.6ではバッファプールの内容をディスクへダンプし、再起動時にバッファプールの内容を復元するという機能が追加された。といっても、データそのものを保存するわけではなく、再起動する直前のバッファプールの内容を復元するために、どのページをデータファイルからロードすればよいのかという情報をテーブルスペースIDとページIDの形で記録しておくのである。そうすることで、ディスクに余分に保存される情報は、バッファプールそのものを保存するよりずっと小さくなっている。それに、データそのものではなく、キャッシュするページのIDを保存するだけなので、少々実際のバッファプールとズレがあっても問題にはならないというメリットがある。

　MySQL 5.7ではさらに、ダンプするページの割合を指定できるようになった。割合は`innodb_buffer_pool_dump_pct`オプションで指定する。デフォルトは25（単位は%）である。InnoDBのバッファプール上のキャッシュは、LRU（Least Recently Used）アルゴリズムを使って管理されている。アクセス頻度が低いものは、バッファプールから追い出される。これは、直近にアクセスされたページほど再びアクセスされる可能性が高いというヒューリスティクスに基づいており、バッファプールによるキャッシュではうまく機能している。その考えに基づけば、再起動後に読み込まれる可能性が高いデータは、再起動の直前にアクセスされたデータということになる。LRUリスト上の最も古いデータは、アクセスされずにキャッシュから追い出される確率も高くなる。そのため、再起動前にLRUリストのあとのほうにあったデータの大部分はキャッシュに読み込む必要がない可能性が高い。ディスクからバッファプールへのデータをロードはI/O帯域を消費するため、読み取るデータは少ないに越したことはない。バッファプール全体ではなく、最もホットな上位のデータだけを再起動の前後でダンプ／リロードをすることでキャッシュ機能の大部分を回復させ、I/O帯域の節約もできるのである。

4.3.12　ダブルライトバッファが不要なとき自動的に無効化 ▶▶▶ 新機能 66

　ダブルライトは、極めてシンプルかつ確実にデータファイルを破壊から保護できる。その反面、データファイルへの書き込み量が2倍になるという問題がある。一方、ファイルシステムにはディスクへの書き込みがアトミックであることが保証されているものがあり、そのような場合にはダブルライトを無効にす

159

ることが望ましい。

MySQL 5.7 では、Linux 上で Fusion-io NVMFS を利用している場合にかぎり、自動的にダブルライトが無効化されるようになっている。同等の機能を有するファイルシステムとしては Solaris ZFS などが挙げられるが、そちらは自動的には検出されないため、管理者が `skip_innodb_doublewrite` オプションを明示的に指定してダブルライトを無効化する必要がある。

4.3.13　NUMA サポートの追加 ▶▶▶ 新機能 67

最近のアーキテクチャではメモリコントローラが CPU に内蔵されており、CPU が複数ある場合はそれぞれの CPU にメモリが接続されている。ほかの CPU に接続されたメモリへアクセスするには、CPU にデータの転送を依頼する。すると、CPU 間のバス（インターコネクト）を通じて目的のデータが送られてくる。当然ながら、ある CPU で実行されているスレッドにとって、同じ CPU 上のメモリとほかの CPU 上のメモリではアクセス速度が異なる。そのような、どの CPU からアクセスするかによってメモリアクセスの速度が異なるシステムを NUMA（Non-Uniform Memory Access）という。図 4.8 は、NUMA を模式的に表したものである。最近のインテル系の CPU を搭載したマシンであれば、システム上に CPU が複数あるシステムは NUMA だと考えればよい[16]。

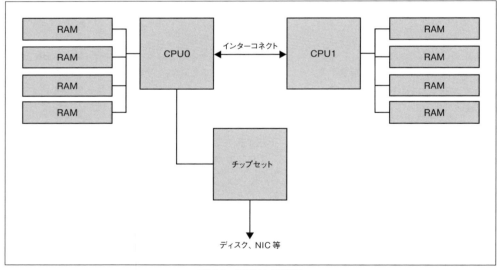

図 4.8　NUMA の概要

NUMA では、同じ CPU に接続されたメモリのほうが、ほかの CPU に接続されたメモリよりも高速にアクセスできる。そのため、Linux カーネルはメモリ割り当てを要求したスレッドが実行されている CPU

---

[16] 図 4.8 には書いていないが、最近のものは PCIe もチップセットではなく CPU 側にコントローラが設置されている。

と同じ CPU 上にあるメモリを優先的に割り当てるようになっている。このような動作は、シングルスレッドで実行されるプログラムにとっては、かなりうまく機能する。ところが、MySQL サーバーのように巨大なメモリを割り当てるマルチスレッドプロセスではたちまち破綻してしまう。1 つのスレッドが大きなサイズのメモリを割り当てようとすると、メモリの割り当てが特定の CPU のメモリに偏ってしまうからだ。NUMA システムでは、しばしば Swap Insanity という問題が報告されている。1 つの NUMA ノード[17]のメモリを使い切ってしまうと、次にカーネルがその NUMA ノード上にメモリを割り当てる必要が生じたとき、ほかの NUMA ノード上に十分なメモリの空きスペースがあるにもかかわらずスワップが発生するというものである。

このような問題があるため、従来 NUMA システムでは `numactl` コマンドや Linux カーネルの起動オプションでメモリ割り当てを均一にするような対策が行われていた。しかし、`numactl` を介して `mysqld` を起動するには `mysqld_safe` を書き換える必要があるし、カーネルのオプションを変更するのも手間である。そこで、MySQL 5.7 では、NUMA システムで偏ったメモリ割り当てが行われないようにするためのオプションが提供された。`innodb_numa_interleave=ON` を指定することで、メモリ割り当てがすべての NUMA ノードで均等に行われるようになる[18]。ただし、`innodb_numa_interleave` を使用するには、システム上に `libnuma` がインストールされている必要がある。そのため、このオプションは一部のディストリビューション（例えば RHEL）用のパッケージだけでしか有効になっていない。

4.3.14　デフォルト行フォーマットの指定 ▶▶▶ 新機能 68

MySQL 5.1 の InnoDB Plugin あるいは MySQL 5.5 で追加された新しい Barracuda 行フォーマットは既存のものよりも優秀であり、古い行フォーマットを使うべき理由は残っていない。にもかかわらず、MySQL 5.6 までのバージョンでは、`CREATE TABLE` 実行時に選択される行フォーマットは Antelope の COMPACT がデフォルトであった。デフォルトのフォーマットはオプションで設定できないため、Barracuda 行フォーマットを使用するには、`CREATE TABLE` 実行時にいちいち `ROW_FORMAT=DYNAMIC` あるいは `COMPRESSED` を指定する必要があり、面倒であった。

そこで、MySQL 5.7 では、デフォルトの行フォーマットを指定する `innodb_default_row_format` オプションが追加された。デフォルト値は `DYNAMIC` になっており、そのほかに `COMPACT` あるいは `REDUNDANT` を指定できる[19]。

---

[17] 1 つの CPU とその CPU が管理しているメモリを NUMA ノードと呼ぶ。

[18] 原稿執筆時点のバージョンでは Bug #80288 があり、Debian 上では `libnuma` によるメモリ割り当ては行われない。Debian ユーザーは、バグ修正が完了するのを待ってほしい。

[19] `COMPRESSED` については制限が多いため、デフォルトには指定できないようになっている。

第 4 章　InnoDB

4.3.15　InnoDB モニターの有効化方法変更 ▶▶▶ 新機能 69

　InnoDB モニターの有効化方法がようやく変更された。InnoDB モニターとは、15 秒ごとにエラーログへ `SHOW ENGINE INNODB STATUS` 相当の情報を出力する機能である。通常の InnoDB モニターのほかに、ロックの情報を追加した InnoDB ロックモニターとテーブルの情報を表示する InnoDB テーブルモニター、テーブルスペースの情報を表示する InnoDB テーブルスペースモニターがある。後者 2 つは情報スキーマでも同等の情報が得られるため、MySQL 5.7 では廃止されている。

　MySQL 5.6 までのバージョンでは、InnoDB（ロック）モニターを有効化する方法はなんと `CREATE TABLE` コマンドであった。任意の定義を持った `innodb_monitor` あるいは `innodb_lock_monitor` というテーブルを、`ENGINE=INNODB`[20]で作成することで、InnoDB モニターが有効になったのである。リスト 4.11 は、MySQL 5.6 において InnoDB ロックモニターを有効化するコマンドの例である。

リスト 4.11　MySQL 5.6 上で InnoDB ロックモニターを有効化する

```
mysql> CREATE TABLE innodb_lock_monitor (a int) ENGINE INNODB;
```

　モニターをオフにするには `DROP TABLE` コマンドを使うか、MySQL サーバーを再起動する。このインターフェイスははっきりいってダサい。忌憚なく意見を述べさせてもらうと UI としては最悪の部類である。

　MySQL 5.7 ではこの化石のような UI が改善され、システム変数で `ON/OFF` を切り替えられるようになった。MySQL 5.7 で InnoDB ロックモニターを有効化するためのコマンドをリスト 4.12 に示す。

リスト 4.12　MySQL 5.7 上で InnoDB ロックモニターを有効化する

```
mysql> SET GLOBAL innodb_status_output_locks = ON;
mysql> SET GLOBAL innodb_status_output = ON;
```

　リスト 4.12 の 1 行目のコマンドは、出力される情報を InnoDB ロックモニターのものにするかどうかを決めるものである。`ON` にすると InnoDB ロックモニターになり、`OFF` にすると通常の InnoDB モニターになる。このオプションを有効にすると、エラーログに記録されるものだけではなく `SHOW ENGINE INNODB STATUS` の出力も InnoDB ロックモニターのものへと変わる。2 行目で実際に InnoDB ロックモニターを有効化している。InnoDB モニターは出力されるデータサイズが大きいため常用はおすすめしない。それに、MySQL 5.7 では InnoDB ロックモニターよりも便利な InnoDB Metrics や情報スキーマ、パフォーマンススキーマがあるため InnoDB モニターの出番は少なくなった。そういった意味では有効化方法の変更は遅すぎたかもしれない。

---

[20] `ENGINE=INNODB` の「`=`」は省略可能である。

162

4.3.16　情報スキーマの改良 ▶▶▶ 新機能 70

MySQL 5.7 では、情報スキーマにおいて、これまで InnoDB が対応していなかったテーブルがきちんと InnoDB の情報を表示するようになった。

4.3.16.1　`INFORMATION_SCHEMA.TABLES`

MySQL 5.7 において、テーブルの最終更新日時を表す `update_time` カラムが InnoDB でも表示されるようになった。MySQL 5.6 までのバージョンでは InnoDB はこのカラムをサポートしておらず、常に `NULL` が表示されていた[21]。`update_time` の情報は、ディスクには保存されない。そのため、再起動するとクリアされてしまうので注意が必要である。

4.3.16.2　`INFORMATION_SCHEMA.FILES`

`INFORMATION_SCHEMA.FILES` に、データファイルとテーブルスペースの情報が表示されるようになった。`INFORMATION_SCHEMA` には `INNODB_SYS_TABLESPACES` があり、このテーブルからデータファイルの情報が得られるのだが、名前からも分かるようにこれは InnoDB 専用のテーブルである。一方、`FILES` はストレージエンジンに依存しない情報スキーマであり、MySQL Cluster でディスクテーブルスペースを使用している場合にもデータファイルの参照が可能になっている。好みに応じて使い分けるといいだろう。

4.3.16.3　`INFORMATION_SCHEMA.INNODB_TEMP_TABLE_INFO`

これは、InnoDB 上に作成したテンポラリテーブルの一覧を表示する情報スキーマテーブルであり、MySQL 5.7 で追加された。テンポラリテーブルは `TABLES` テーブルにもリストアップされず、ほかのセッションのものは見えないので俯瞰する方法がなかった。この情報スキーマテーブルによりすべてのテンポラリテーブルが把握できるようになり、管理性が向上したといえる。

4.3.16.4　`INFORMATION_SCHEMA.INNODB_SYS_VIRTUAL`

これは、MySQL 5.7 で追加された情報スキーマテーブルであり、生成カラム（Generated Column）の情報を表示するためのものである。生成カラムについては第 6 章で解説するので、詳細はそちらを見てほしい。

4.4　透過的ページ圧縮 ▶▶▶ 新機能 71

効率的なテーブルデータの圧縮は、すべてのデータベース管理者にとって待望の機能であるといっても過言ではない。圧縮されたフォーマットを持ったテーブル（以下圧縮テーブル）自体は、MySQL 5.1+InnoDB

---

[21] InnoDB は MVCC なので最終更新がいつになるかは議論の余地があるのだが、とりあえず `COMMIT` した時点が最終更新日時ということになっている。

Plugin の時代からあったのだが、圧縮による性能の劣化が大きく、使い勝手はあまり良くなかった。そこで登場したのが MySQL 5.7 の透過的ページ圧縮という機能である。この方式は、MySQL 5.6 までの圧縮テーブルとは実装が異なっている。両者の違いを見るために、まず従来からある古い方式の圧縮テーブルについて解説しよう。

4.4.1　圧縮テーブル

圧縮テーブルは、MySQL 5.1+InnoDB Plugin において Barracuda フォーマットの登場によって初めて利用可能になった。圧縮テーブルは `CREATE TABLE` 実行時に `ROW_FORMAT=COMPRESSED` を指定することで作成できる。このフォーマットでは InnoDB は元のページを圧縮し、より小さいサイズのページへと変換してからディスクに格納する。圧縮されたページは通常のページと同じようにバッファプール上にキャッシュされる。しかし、そのままでは行データにアクセスできないため展開（De-compress）を行う必要がある。展開されたデータは通常のページと同じフォーマットになり、そのページに存在するデータにアクセス可能になる。この様子を表したのが図 4.9 である。

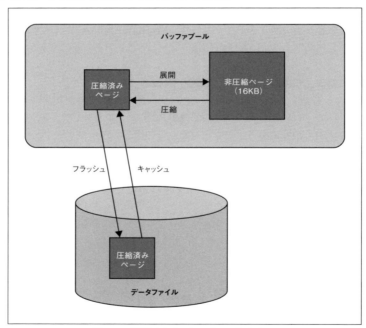

図 4.9　圧縮されたページへのアクセス

この図を見て分かるように、ディスク上には圧縮済みのページしか存在しないため、ディスクの消費量は抑えられる。一方、バッファプールは通常の（展開された非圧縮の）ページに加え、圧縮済みのページを保持しなければならないため、余分なオーバーヘッドになってしまう。これらのページは LRU によっ

てキャッシュから追い出されることもあるが、展開されたページがキャッシュ上にあるうちは圧縮済みのページをキャッシュから追い出せないという制約がある。そのため、このオーバーヘッドはどうしても必要であり、圧縮テーブルのメモリの使用効率は通常のテーブルよりも悪くなる。

　圧縮されたページのサイズは CREATE TABLE 実行時に、KEY_BLOCK_SIZE オプションによって指定する。リスト 4.13 は圧縮テーブルを作成する SQL 文の例である。

リスト 4.13　圧縮テーブルの作成

```
mysql> CREATE TABLE tbl_name (... 略...) ENGINE InnoDB
    -> ROW_FORMAT=COMPRESSED KEY_BLOCK_SIZE=4;
```

　KEY_BLOCK_SIZE は 1KB のブロックの個数として定義する。リスト 4.11 の例では、ブロックサイズは 4KB である。圧縮テーブルは一般テーブルスペース上にも作成できるが、その場合はテーブルの KEY_BLOCK_SIZE とテーブルスペースの FILE_BLOCK_SIZE が一致している必要がある。

　データのばらつき次第では、圧縮してもデータが 1 ページに収まらないかもしれない。そのような状況は「圧縮の失敗」と呼ばれ、InnoDB はページを分割してから再度圧縮を試みる。KEY_BLOCK_SIZE が小さすぎるとそのような分割が頻発してしまうことがあるので注意が必要である。MySQL 5.6 では、この部分のチューニングが追加され、圧縮の失敗が頻発すると自動的に圧縮前のページの充填率を下げるようになった。圧縮前のページのデータが少なくなれば、圧縮後のデータサイズも下がるはずである。ページの充填率を下げるかどうかは、インデックスごとに圧縮の失敗がどれだけ起きたかという統計によって決定される。もし、圧縮の失敗率が innodb_compression_failure_threshold_pct よりも大きくなると、圧縮前のページの充填率が約 1% 下げられる。圧縮の失敗率が innodb_compression_failure_threshold よりも大きくなるたびに充填率は切り下げられ、最終的には（100 - innodb_compression_pad_pct_max）まで下げられることになる。

　また、MySQL 5.6 では、圧縮率を調整するための innodb_compression_level というオプションが追加された。圧縮率のレベルは 1〜9 が指定可能であり、デフォルトは zlib と同じ 6 である。より空間効率を高めたい場合には、高いレベルを指定すればよい。また、以前のバージョンでは、ページが圧縮されるとその内容全体を必ず REDO ログに書き込むようになっていた。これは、システムにインストールされている zlib のバージョンがリカバリの前後で変わってもよいようにする措置であるが、REDO ログの消費速度は格段に高まってしまう。このように、従来型の圧縮テーブルを使用する場合はログサイズを大きくしておく必要があった。MySQL 5.6 では、圧縮後のページを REDO ログに書くかどうかを innodb_log_compressed_pages オプションで決められるようになった。デフォルトは ON であり、従来と同じ挙動になっているが、zlib のバージョンが変わらないのであれば OFF にして構わない。

4.4.2　透過的ページ圧縮

圧縮テーブルのおおよその仕組みについて説明したが、MySQL 5.7 で追加された透過的ページ圧縮の仕組みは圧縮テーブルのそれとはまったく異なる。透過的ページ圧縮で圧縮が行われる単位はページである。従来型の圧縮テーブルでは、圧縮したページは InnoDB が責任を持って管理し、圧縮によってどれだけのデータサイズが削減できるかということもすべて InnoDB に委ねられていた。透過的ページ圧縮では、InnoDB はデータの圧縮と展開は行うものの、ページサイズは圧縮をしない場合とまったく同じであり、データサイズの節約についてはファイルシステム側の機能を使って行われるようになっている。透過的ページ圧縮の仕組みを模式的に表したものを図 4.10 に示す。

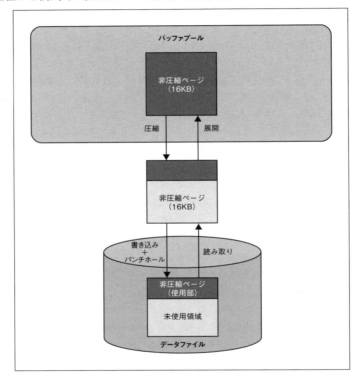

図 4.10　透過的ページ圧縮

このような仕組みでなぜデータサイズの使用量が減るのだろうか。じつは、ファイルシステムには未使用領域に対してその領域の値が 0 だと仮定し、実際にはディスク上の領域を割り当てないスパースファイル（穴空きファイル、Sparse File）というものがある。透過的ページ圧縮はスパースファイルの機能に依存しており、Linux 上では NVMFS、XFS（カーネル 2.6.38 以降）、ext4（カーネル 3.0 以降）、btrfs（カーネル 3.7 以降）などで利用可能である。スパースファイルに穴を開ける操作はパンチホール（パンチ

で穴を空ける）と呼ばれ、Linux では **fallocate(2)** によって実行できる。未使用領域に穴を空けてしまうことで、その領域がディスクから解放されるのである。ただし、解放される領域はファイルシステムのブロックごとになるので、小さなブロックサイズを選ぶ必要がある。

Windows 上でもスパースファイルは利用可能であるが、NTFS が解放可能なブロックサイズが小さくないため、残念ながら現時点ではあまり恩恵に与ることはできない。少なくとも NTFS でフォーマットするときにクラスタサイズをデフォルトの 4KB から 512B に変更する必要がある。

透過的ページ圧縮を使用するには **CREATE TABLE** 実行時に **COMPRESSION** オプションを指定するだけである。ファイルシステムがスパースファイルに対応していれば、それによって自動的に圧縮が行われる。**リスト 4.12** は透過的ページ圧縮を利用したテーブルを作成している例である。

リスト 4.14　透過的ページ圧縮を利用したテーブルの作成

```
mysql> CREATE TABLE tbl_name (... 略...) ENGINE InnoDB
    -> COMPRESSION='lz4';
```

COMPRESSION オプションでは、圧縮に利用するアルゴリズムを指定する。指定できるのは zlib と lz4 である。zlib の場合、**innodb_compression_level** によって圧縮レベルが調整される。

透過的ページ圧縮による最大のメリットは性能の改善である。透過的ページ圧縮はオーバーヘッドが少なく、従来型の圧縮テーブルよりほぼすべての局面で性能が改善している。すべてを InnoDB が管理していた従来型の圧縮テーブルとは異なり、透過的ページ圧縮では圧縮済みのページのためにバッファプールが取られてしまうことはない[22]。また、更新時の圧縮の失敗によるページ分割も発生しない。圧縮によって I/O が減るので、無圧縮の場合よりも高速になるケースも存在する。32KB あるいは 64KB のページサイズであれば、圧縮率の向上も見込まれる。実際にどの程度性能が改善するかは使用するハードウェアやデータの質あるいはクエリによって異なるため、一概にはいえない。ぜひ自身の手でベンチマークをして確かめてみてほしい。

透過的ページ圧縮のデメリットには、圧縮がスパースファイルに依存しているためファイルシステムがフラグメンテーションを起こしやすくなることが挙げられる。未使用領域はファイルへの割り当てが解除されるため、ほかの領域のために再利用されることになる。そのため、データファイル上では連続した領域に見えても、ディスク上では飛び飛びの場所に格納されてしまい、シーケンシャルなアクセス速度はかえって低下してしまうことになる。最近の IOPS が高い SSD であればデータファイルが不連続な場合でもそれほど悪影響はないかもしれないが、HDD では絶望的なので使用は控えるのが賢明である。

スパースファイルは、データをコピーするときにも注意が必要である。実際にはディスク上の領域は割り当てられていないが、データはすべて 0[23] だと仮定しているので **read** はできてしまう。そのため、単純にファイルをコピーするとコピー後のファイルには穴の代わりに 0 で埋められた領域ができているので、データサイズが増えてしまうことになる。バックアップを取ったり、ほかのマシンへデータファイルを移

---

[22] そもそも圧縮済みページのためのバッファプールのリストを管理することのオーバーヘッドもある。
[23] 穴の部分はバイトの値がすべて 0 の連続した領域に見える。

第 4 章　InnoDB

行したい場合には注意が必要である。`rsync` によるコピーであれば、`--sparse` オプションを付けることでスパースファイルをうまく扱える。

また、透過的ページ圧縮には次のような制限事項がある。

- ◆ 共有テーブルスペースでは利用できない
- ◆ 一般テーブルスペースでは利用できない
- ◆ 空間インデックスでは利用できない

使用するディスクが高速な SSD であり、ファイルシステムがスパースファイルをサポートしており、データサイズが大きくなることが分かっているのであれば透過的ページ圧縮の利用を検討してみてはいかがだろうか。程度はデータの質によるが確実にデータサイズを減らせる。ただし、圧縮率はファイルシステムのブロックサイズに依存するので、使用する場合にはファイルシステムのフォーマットからチューニングを行う必要がある。

4.5　フルテキストインデックスの改善

元来、InnoDB にはフルテキスト（全文）インデックスは実装されておらず、フルテキストサーチ（全文検索）が必要な場合には MyISAM を使うべしというのが MySQL での流儀であった。しかし、全文検索のためだけにトランザクション非対応の MyISAM を使うのは得策ではない。データに不整合が生じるかもしれないし、クラッシュ時にデータが壊れてしまう可能性もある。そういうわけで、MyISAM でできることは InnoDB でもできるようにしようと考えるのは自然なことであり、MySQL 5.6 においてフルテキストインデックスが追加された。ただし、InnoDB のフルテキストインデックスは MySQL 5.6 の段階ではさまざまな制限があり、特に日本語の環境でははっきりいって使える代物ではなかった。

MySQL 5.7 では、そのような事情が大幅に改善されている。

4.5.1　プラガブルパーサーのサポート ▶▶▶ 新機能 72

フルテキストサーチで必要なインデックスの種類は転置インデックスと呼ばれるタイプのものである。これは、それぞれの語句がどの行のどのポジションに登場するかということを表すものとなっている。そのようなインデックスを作成するには、元の行データから語句を抜き出さなければならない。フルテキストサーチのために利用する転置インデックスを、フルテキストインデックスと呼ぶ。

MySQL 5.6 の InnoDB では、独自のフルテキストパーサーが搭載されていたが、MyISAM のものと同じく空白やカンマ、ピリオドなどのストップワードと呼ばれる文字を利用して単語に分解するというものであった。もちろん、そのような方式では日本語用のフルテキストインデックスは作成できない。日本語の文章を扱うには機能が足りなかったのである[24]。

---

[24] 日本語だけでなく、中国語や韓国語も扱うことはできなかった。

4.5　フルテキストインデックスの改善

　MyISAM でも事情は同じなのではないかと思われるかもしれないが、MyISAM にはユーザー側で独自のパーサーを搭載できる機能があった。そのため、ユーザーはその気になれば文字列を単語に分解するパーサーを自分で実装できたのである。InnoDB にはそのようなインターフェイスがなく、日本語のフルテキストサーチはできなかったが、MySQL 5.7 ではインターフェイスが改良され、パーサーを変更できるようになった。

4.5.2　NGRAM パーサーと MeCab パーサーの搭載 ▶▶▶ 新機能 73

　日本語のフルテキストサーチを利用する場合、英文のような空白で区切られる言語とは異なる方式で単語を抽出する必要がある。そこでよく利用されるのが N グラムと形態素解析という方式である。

　N グラムとは、文字列を N 文字ごとに区切ってフルテキストインデックスを作成する方式である。N は単語を区切る文字のサイズを指定し、2 文字の場合はバイグラム。3 文字の場合はトリグラムとも呼ばれる。例えば「こんにちは」というフレーズの場合、「こん」「んに」「にち」「ちは」という 4 つの部分に分解される。もちろん、もともと 5 文字で意味をなす単語をそれより短い語句に区切っても、言語として意味のある何かを得られるわけではない。検索に必要なインデックスの構築ができるというだけである。ただしそれが役に立つのは、2 つ以上のフレーズで構成された文を区切った場合だけである。また、日本語には区切る部分を変えることで意味が変わってしまう、いわゆる「ぎなた読み」と呼ばれるものがある。例えば「この先生きのこるには」というフレーズからは「先生」という語が抽出されることになるが、たまたま「先」という文字と「生」という文字が一緒になっただけであり、「先生」という言葉によってこの文章が検索されるのは不本意なはずだ。N グラムは網羅的ではあるが、意味のない部分文字列や意味が変わってしまう部分文字列が含まれるため、検索ノイズが多いという課題がある。

　一方、より無駄を省いて検索の精度を高める方法として形態素解析がある。これは、辞書を用いて文字列の文法を解析し、現れる単語を抽出する技術である。単語をそっくり切り出せるため、無駄が少なくインデックスのサイズが小さくて済む。辞書を用いているため、意味のないフレーズが含まれる心配がないからだ。一方、欠点として挙げられるのは、単語を抜き出す能力の限界である。辞書に載っていない単語は抜き出せないし、平仮名ばかりの文章では、どこで区切ればよいのか人間でも判別が困難な場合がある。例えば「ここではきものをぬげ」というテキストが、「ここで、はきものをぬげ」を意味するのか「ここでは、きものをぬげ」なのかは文法だけでは判定できない。前後の文脈を見れば分かるかもしれないが、文脈まで考慮したパーサーというものは今のところ存在しない。

　このようにそれぞれの方式は一長一短であり、用途に応じて使い分けるのがよいとされている。MySQL 5.7 には N グラムと形態素解析の 2 つのパーサーが搭載されている。形態素解析にはオープンソースの形態素解析エンジンである MeCab が利用されている[25]。N グラムパーサープラグインはデフォルトでインストールされている。MeCab パーサープラグインはインストールが必要だが、MySQL 5.7 のバイナリパッケージに付属しているので、設定ファイルの変更とコマンドを実行するだけでインストールできる。

　MeCab パーサーをインストールするには、まず最初に `mecabrc` というファイルを編集し、MeCab が

---

[25] http://taku910.github.io/mecab/

169

第 4 章　InnoDB

利用する辞書の場所を指定する必要がある。辞書ファイルもパッケージにバンドルされているので、それを利用するとよいだろう。**リスト 4.15** は mecabrc の設定例である。

リスト 4.15　mecabrc の設定例

```
shell> cat /usr/local/mysql/lib/mecab/etc/mecabrc
dicdir =   /usr/local/mysql/lib/mecab/dic/ipadic_utf-8
```

　次に、my.cnf を変更し、MeCab 用の設定を追加する。**リスト 4.16** はオプションの設定例である。mecab_rc_file に、先ほど編集した mecabrc ファイルの場所を設定する。ただし、このオプションは MeCab パーサープラグインがインストールされていない状態では認識されないため、loose 接頭辞を付けておく必要がある。もうひとつの設定である innodb_ft_min_token_size は抽出する語句の最小サイズである。日本語には 1 文字の単語もあるので、1 あるいは 2 を設定しておくことが推奨されている。この設定を行ったあと、MySQL サーバーを再起動しよう。

リスト 4.16　my.cnf に追加する MeCab 用オプション

```
[mysqld]
loose_mecab_rc_file=/usr/local/mysql/lib/mecab/etc/mecabrc
innodb_ft_min_token_size=1
```

　次に、プラグインをインストールする。インストールは INSTALL PLUGIN コマンドで行う。**リスト 4.17** にコマンドの実行例を示す。バイナリ版パッケージであれば libpluginmecab.so はバンドルされているので、lib/plugin にあるはずだ。インストールが完了したら SHOW PLUGINS コマンドを実行し、mecab が表示されることを確認しよう。

リスト 4.17　MeCab パーサープラグインのインストール

```
mysql> INSTALL PLUGIN mecab SONAME 'libpluginmecab.so';
```

　プラグインのインストールが完了したら、テーブルを作成してみよう。使用するパーサーを指定するには**リスト 4.18** のように WITH PARSER 句を指定する。

4.5 フルテキストインデックスの改善

リスト 4.18　フルテキストインデックス付きテーブルの作成例

```
shell> CREATE TABLE fttest (
    ->    a SERIAL ,
    ->    b VARCHAR(100),
    ->    FULLTEXT(b) WITH PARSER mecab
    -> ) CHARACTER SET utf8;
```

　フルテキストサーチの構文は従来どおり、**MATCH〜AGAINST** を指定する。**リスト 4.19** は MeCab パーサーによるフルテキストサーチの例である。どうやら MeCab は「この先」と「生きのこるには」を別のフレーズだと判断したようである。

リスト 4.19　フルテキストサーチの例

```
mysql> insert into fttest (b) values('この先生きのこるには'),('ここではきものをぬげ');
Query OK, 2 rows affected (0.05 sec)
Records: 2  Duplicates: 0  Warnings: 0

mysql> select * from fttest where match (b) against ('きもの');
+---+-------------------------------+
| a | b                             |
+---+-------------------------------+
| 2 | ここではきものをぬげ          |
+---+-------------------------------+
1 row in set (0.00 sec)

mysql> select * from fttest where match (b) against ('先生');
Empty set (0.00 sec)

mysql> select * from fttest where match (b) against ('この先');
+---+-------------------------------+
| a | b                             |
+---+-------------------------------+
| 1 | この先生きのこるには          |
+---+-------------------------------+
```

171

第 4 章　InnoDB

```
1 row in set (0.00 sec)
```

　ところで、このフルテキストインデックスにはどのような語彙が格納されているのだろうか。それを知るには情報スキーマを見る必要があるのだが、フルテキストインデックス用の情報スキーマは 1 つのテーブルの情報しか扱えない。情報を表示する前に対象のテーブルを `innodb_ft_aux_table` に登録する必要がある。テーブル名の指定は文字列で行うが、SQL の表記とは異なり'DB 名/テーブル名'という風に、スラッシュで区切る必要がある。**リスト 4.20** は、**リスト 4.19** で INSERT した 2 つの行に対するインデックスの内容である。「先生」は含まれておらず、確かにヒットしないことが分かる。

リスト 4.20　フルテキストインデックスの内容を表示

```
mysql> SET GLOBAL innodb_ft_aux_table = 'test/fttest';
Query OK, 0 rows affected (0.00 sec)

mysql> SELECT * FROM INFORMATION_SCHEMA.INNODB_FT_INDEX_CACHE;
+-----------+--------------+--------------+-----------+---------+----------+
| WORD      | FIRST_DOC_ID | LAST_DOC_ID  | DOC_COUNT | DOC_ID  | POSITION |
+-----------+--------------+--------------+-----------+---------+----------+
| きもの     |            3 |            3 |         1 |       3 |       12 |
| ここ       |            3 |            3 |         1 |       3 |        0 |
| この       |            2 |            2 |         1 |       2 |        0 |
| で         |            3 |            3 |         1 |       3 |        6 |
| に         |            2 |            2 |         1 |       2 |       24 |
| ぬげ       |            3 |            3 |         1 |       3 |       24 |
| のこる     |            2 |            2 |         1 |       2 |       15 |
| は         |            2 |            3 |         2 |       2 |       27 |
| は         |            2 |            3 |         2 |       3 |        9 |
| を         |            3 |            3 |         1 |       3 |       21 |
| 先         |            2 |            2 |         1 |       2 |        6 |
| 生き       |            2 |            2 |         1 |       2 |        9 |
+-----------+--------------+--------------+-----------+---------+----------+
12 rows in set (0.00 sec)
```

　情報スキーマには、**リスト 4.20** にある INNODB_FT_INDEX_CACHE のほかに、似たような名前の INNODB_FT_INDEX_TABLE というものがある。この 2 つのテーブルのカラム定義は完全に同じであり、フルテキストインデックスのキャッシュと実体からそれぞれデータを取得する。INNODB_FT_INDEX_CACHE はキャッシュ内のエントリであり、INNODB_FT_INDEX_TABLE が実体のエントリである。フルテキストインデックスは、

行を挿入した時点では更新されず、まずデータがキャッシュへ格納されるようになっている。キャッシュの上限サイズは、ひとつのフルテキストインデックスごとに `innodb_ft_cache_size`、サーバー全体で `innodb_ft_total_cache_size` によって設定される。デフォルト値はそれぞれ 8000000、640000000 となっている。クエリの結果は実体とキャッシュの両方のデータを統合した結果を返す。

このキャッシュは、フルテキストインデックスの更新処理を高速化するためのものであり、次のようなタイミングでインデックス本体に統合される。

◆ キャッシュがいっぱいになったとき
◆ `OPTIMIZE TABLE` 実行時
◆ MySQL サーバーのシャットダウン時
◆ MySQL サーバーがクラッシュした場合、再起動後に初めてフルテキストインデックスにアクセスされたとき

`OPTIMIZE TABLE` については若干注意が必要で、通常の `OPTIMIZE TABLE` ではフルテキストインデックスのキャッシュのメンテナンスは行われない。フルテキストインデックスのメンテナンスを行うには、`SET GLOBAL innodb_optimize_fulltext_only=ON` を事前に実行しておく必要がある。逆に、`ON` のときは通常の `OPTIMIZE TABLE` 相当の処理は実行されなくなるという点にも注意が必要である。

4.5.3　フルテキストサーチの最適化 ▶▶▶ 新機能 74

MySQL 5.7 では、フルテキストサーチを高速化するための最適化がいくつか加えられている。これは、InnoDB のフルテキストインデックス自体の性能が向上したというより、オプティマイザが賢くなってInnoDB に無駄な仕事をさせなくなったというような改良である。例えば、不要なランキングによるソートを排除したり、ランキングの最上位と最下位だけが取得されるだけで済むケースが洗い出されたりしている。オプティマイザ側から渡されたヒントを InnoDB が解釈し、最適化を施すような仕組みになっている。

この新機能の恩恵にあずかるために、特にユーザーが何かを意識する必要はない。従来どおりクエリを実行すると自動的に最適化が施され、従来より無駄の少ない検索が実行されることになる。

Mroonga ストレージエンジン

オラクル・コーポレーション以外で開発されているストレージエンジンに、Mroonga というストレージエンジンがある。これは、Groonga というオープンソースのカラムストア機能付き全文検索エンジンを、MySQL から操作できるようにしたものである。Groonga はトランザクションを持っていないため、Mroonga においてもトランザクションは利用できない。ラッパーモードというデータを InnoDB に格納するモードも存在するが、トランザクションをロールバックするとインデックスに不整合が起きるなどの制限があり、使用には若干注意が必要である。だが、Mroonga は極めて高速な検索性能を持っているため、フルテキストサーチに特化したアプリケーションを開発したい場合には特に役に立つだろう。MySQL 5.7 で InnoDB のフルテキストサーチが改良されたとはいえ、検索性能はまだ遠く Mroonga には及ばない。まだ使ったことがないという人は、この機会

第 4 章　InnoDB

> に改めて Mroonga を評価してみては如何だろうか。
>
> http://mroonga.org/

4.6　空間インデックスのサポート ▶▶▶ 新機能 75

　MySQL 5.7 の InnoDB では、空間インデックス（Spatial Index）がサポートされた。空間インデックスとはその名のとおり、空間データ型（Spatial Data Types）を高速に検索するために用いられるインデックスである。空間といっても扱えるのは 2 次元までで、データの表現方法は地理情報システム（Geographic Information System または GIS）のオープンな規格である OpenGIS に基づいている。OpenGIS のデータを作成するには、**ST_GeometryFromText()** という関数に文字列の引数を与える。引数は、OpenGIS の記法に沿ったものでなければならない。例えば、**リスト 4.21** は空間データ型のカラムにインデックスを作成し、その後行を挿入、抽出している例である。

リスト 4.21　空間データの挿入と抽出

```
mysql> CREATE TABLE t (id SERIAL, g GEOMETRY NOT NULL, SPATIAL INDEX(g));
mysql> INSERT INTO t (g) VALUES(ST_GeometryFromText('POINT(100 100)'));
mysql> SELECT ST_AsText(g) FROM t;
+----------------+
| ST_AsText(g)   |
+----------------+
| POINT(100 100) |
+----------------+
1 row in set (0.01 sec)
```

　リスト 4.21 では、**CREATE TABLE** 文において、**SPATIAL INDEX(g)** として空間インデックスが作成されている。**g** のデータ型は **GEOMETRY** であり、これは任意のタイプの空間データを格納できることを意味している。MySQL がサポートしている空間データ型は次のとおりである。

- ◆ POINT
- ◆ LINE
- ◆ POLYGON
- ◆ GEOMETRY

　POINT、**LINE**、**POLYGON** は、それぞれ点、線、面を表すデータ型である。また、これらのデータ型の複数バージョンである次のデータ型も利用できる。

174

- MULTIPOINT
- MULTILINESTRING
- MULTIPOLYGON
- GEOMETRYCOLLECTION

こういったデータにインデックスを作成するには、通常のやり方つまりB+ツリーではできない。そこでよく利用されるのがRツリーというデータ構造である。RツリーのRはRectangle（矩形）の頭文字で、矩形を単位として空間データを整理する。Rツリーのインデックスでは、まず空間データをいったん最小外接矩形（Minimum Bounding RectangleあるいはMBR）というものに変換する。これは、その図形が隣接することのできる最小の矩形のことである。MBRの例を図4.11に示す。

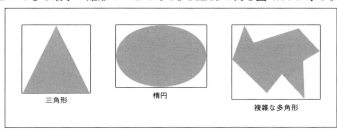

図4.11 最小外接矩形（MBR）の例

MBRを生成したら、今度はそれぞれの矩形同士の包含関係を元にインデックスを作成する。図4.12はRツリーの例である。

Rツリーを読み解くうえでポイントになるのは、近くにある複数のMBRが含まれるさらに大きなMBRを形成し、親ノードとするという点である。例えば図4.12ではR1、R2、R3を同時に含む矩形R10が形成され、親ノードとなっている。つまり、親ノードは子ノードすべてに対するMBRになっているのである。図4.12では、R1、R2、R3はR10に隣接していないように見えるが、これは線が重なってしまうと見づらいためである。実際には隣接すると矩形の線は重なることになる。

Rツリーを検索するときは、根ノードから順にノードをたどることになる。そのノードに含まれるすべてのエントリに対して包含関係があるかどうかを確かめるのである。Rツリーインデックスを使った検索は、`MBRContains()`、`MBRWithin()`あるいは`ST_Contains()`、`ST_Within()`といった関数に対して使用できる。リスト4.22はインデックスを使用した検索の実行例である。

リスト4.22　空間インデックスを使用したクエリの例

```
SELECT id,ST_AsText(g) FROM t
WHERE ST_Contains(
  ST_GeomFromText('POLYGON((0 0,150 0,150 150,0 150,0 0))'), g)
```

`ST_Contains()`は、1つ目の引数で指定された図形が2つ目の引数の図形を完全に含んでいる場合に真となる。`ST_Within()`は、`ST_Contains()`と引数の意味が反対になっている。`MBRContains()`およ

第 4 章　InnoDB

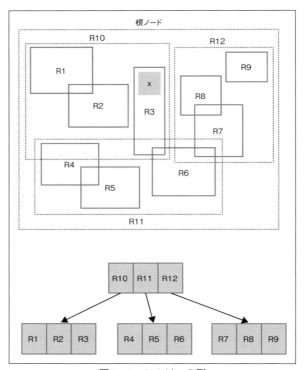

図 4.12　R ツリーの例

び MBRWithin() は、MBR のみで判定を行うバージョンの関数である。空間データ型を扱う関数はほかにも多数存在するが、ST_ で始まるものは図形の形に基づいた判定が行われ、MBR で始まるものは MBR によって判定が行われる[26]。

ST_GeomFromText() は、文字列から空間データを生成する関数である。文字列のフォーマットは WKT（Well Known Text）という形式のものである。空間データを表すフォーマットとしては WKB（Well Known Binary）というものもあり、説明は割愛するがこちらも MySQL 上で扱うことができる。

4.6.1　GIS 関数の命名規則の整理 ▶▶▶ 新機能 76

空間インデックスについて説明したついでに MySQL 5.7 の GIS 関連の改良点についても触れておく[27]。
　まずひとつ目は、GIS 関数の命名規則を整理したというものである。GIS 関数には、ST_ というプレフィックスが付くものと、MBR というプレフィックスが付くものがあるが、じつはそのどちらのプレフィッ

---

[26] ちなみに、ST_ というプレフィックスは、Spatial Type の頭文字に由来する。
[27] GIS そのものは InnoDB の機能ではないが、新機能はそれほど多くないので一緒に解説したほうがよいと判断した。

クスも持たないバージョンも存在する。それらの関数は図形の形に基づいた判定がされるのか、つまり `ST_` と同じ動作なのか、それとも MBR によるものなのかはまちまちであり、たちが悪い。そこで MySQL 5.7 では、`ST_` や `MBR` が付かない GIS 関数は廃止予定にされた。`ST_` や `MBR` のプレフィックスが付かない関数については、どの関数がどちらの動作になるかということは忘れてしまって構わない。明確にプレフィックスで指定できるからだ。ただし、`Point()` や `LineString()`、`Polygon()` のように新たにジオメトリを生成する関数については、ジオメトリ同士の関係を判定するわけではないのでいずれのプレフィックスも付かないものがある。また、`ST_PointN()` や `PointN()` のように、`ST_` プレフィックスを持つバージョンと持たないバージョンが同義として扱われるものも多数ある。それらは判定のための関数ではないため、`MBR` というプレフィックスが付くことはない。

4.6.2 GIS 関数のリファクタリング ▶▶▶ 新機能 77

GIS 関連の機能については、MySQL 独自の実装をやめ、Boost[28] を利用するようになった。これによって一番影響を受けるのは、MySQL を使うときではなくソースコードからビルドするときではなかろうか。配布されている MySQL のソースコードパッケージには、Boost がバンドルされているものとそうでないものがある。後者を用いる場合、Boost をあらかじめシステムにインストールしておくか、ビルド時にダウンロードする必要がある。

CMake 実行時に特にオプションを指定しなければ、システムに Boost がインストールされている場合はそれを利用する。ただし、MySQL 5.7 ではかなり新しいバージョンのものが必要となっているので、システムにインストールされているものではビルドできない場合が多い。その場合、CMake は**リスト 4.23** のようなエラーを出力して終了する。これは、バージョン 1.59 が必要なのにバージョン 1.56 がインストールされているというエラーだ。

リスト 4.23　Boost のバージョンエラー

```
shell> cmake ..
-- Running cmake version 3.3.1
・・・略・・・
-- Found /usr/include/boost/version.hpp
-- BOOST_VERSION_NUMBER is #define BOOST_VERSION 105600
CMake Warning at cmake/boost.cmake:266 (MESSAGE):
  Boost minor version found is 56 we need 59
・・・略・・・
```

バージョンが合わないといっても心配は無用だ。MySQL 5.7 では、CMake のオプションを 2 つ付けることで、自動的に Boost をダウンロードするようになっているからだ。その様子を**リスト 4.24** に示す。

---

[28] C++ のオープンソースのライブラリ

第 4 章　InnoDB

リスト 4.24

```
shell> cmake .. -DDOWNLOAD_BOOST=ON -DWITH_BOOST=$HOME/my_boost
・・・略・・・
-- Downloading boost_1_59_0.tar.gz to /home/hoge/my_boost
-- [download 0% complete]
-- [download 1% complete]
・・・略・・・
-- [download 100% complete]
-- cd /home/hoge/my_boost; tar xfz /home/hoge/my_boost/boost_1_59_0.tar.gz
-- Found /home/hoge/my_boost/boost_1_59_0/boost/version.hpp
-- BOOST_VERSION_NUMBER is #define BOOST_VERSION 105900
・・・略・・・
```

-DWITH_BOOST は、すでにダウンロードしたものがあれば、そのディレクトリを指定するというオプションだが、-DDOWNLOAD_BOOST=ON と組み合わせる場合にはダウンロード先のディレクトリ名となる。指定しなければエラーになるので注意してほしい。そもそもだが、ダウンロードをするにはインターネット接続が必要である。また、Boost は大きなライブラリなので、ダウンロードするには若干時間がかかるだろう。

4.6.3　GeoHash 関数 ▶▶▶ 新機能 78

　地図上のどの場所かということを表すフォーマットに、GeoHash というものがある。GeoHash は Base32 でエンコーディングされた文字列として表現されるものであるが、本質的には 1 つの数値である。2 つではなく 1 つの数値として地図上の位置を指し示すところがポイントである。

　GeoHash は、グリニッジ子午線（経度 0）と赤道（緯度 0）を基準にして、地図上の位置を表すのだが、その表現方法は少しユニークである。GeoHash を数値そして二進数へと変換したとき、最上位ビットから順に評価する。最上位ビットは、グリニッジ子午線より東にあるか西にあるかを表すビットで、1 は東、0 は西である。2 ビット目は赤道より北か南かを表すものであり、1 が北、0 が南を表す。そして 3 ビット目は、さらに選択された領域を中央で東西に分け、そのいずれにあるかを表す。このようにビット列で東西あるいは南北にどんどん分けることにより、地球上の特定の場所を表現する。図 4.13 は 4 ビットで世界がどのように分割されるかを示したものである。4 ビットを用いると、$2^4 = 16$ なので、世界を 16 分割してどのエリアに属するかということを表現できる。この図ではまだ世界の区切り方が大雑把であるが、桁数が増えれば増えるほどより範囲を特定して表現できる。

　GeoHash は経度と緯度に基づいた表現方法なので、ひとつの GeoHash 値によって表現されるエリアの面積は、赤道直下では間隔は広く、北極と南極では狭くなる点に注意されたい。GeoHash が 31 ビットあれば、赤道直下では、経度、緯度を表すビットはそれぞれ 16 ビットと 15 ビットになるので、特定でき

178

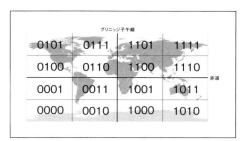

図 4.13　GeoHash の視覚的イメージ

るエリアの 1 辺の長さは 1km 未満（$40000 \div 2^{16}$）になる。同様に、51 ビットあれば 1m 未満となり、ほぼピンポイントで地球上の位置を特定できるだろう。GeoHash は Base32 なので 1 文字あたり 5 ビットを表せる。したがって、51 ビットを格納するには 11 文字必要となる。それほど精度が必要ない場合には、もう少し少ない文字数でも問題ないだろう。アプリケーションの要件から最適な文字数を選んでほしい。

リスト 4.25 は GeoHash を求める関数の実行例である。引数には経度、緯度、そして生成される GeoHash の桁数を指定する。この例では、東京都庁の経度／緯度から GeoHash を求めている。`ST_PointFromGeoHash()` 関数を使えば、GeoHash から GIS データに変換することも可能である。GeoHash は文字列なので通常の B+ ツリーインデックスに値を格納できる。余計なデータがないため、かなりコンパクトなフォーマットといえる。また、GeoHash では最上位ビットから徐々に範囲を絞り込んでいくため、値が近い 2 つの GeoHash は地理的にも近い場所を指すようにできている。`LIKE` 句を使ってあるエリアの情報を取得したり、何文字目まで一致するかによって地理的な近さを評価するといった使い方も可能だ。

リスト 4.25　東京都庁の GeoHash

```
mysql> select ST_GeoHash(139.6921007,35.6896342,11);
+---------------------------------------+
| ST_GeoHash(139.6921007,35.6896342,11) |
+---------------------------------------+
| xn774c0ejy5                           |
+---------------------------------------+
1 row in set (0.00 sec)
```

このように、GeoHash を生成したり解読したりするための関数が MySQL 5.7 で追加されたのである。

4.6.4　GeoJson 関数 ▶▶▶ 新機能 79

空間データを表現するのには、WKT や WKB を使うが、これらは Well Known という名前の割には馴染み深いフォーマットではないかもしれない。そこで、最近は GeoJson というフォーマットも用い

第4章　InnoDB

れるようになった。**リスト4.24**は、GeoJson による表記例である。`ST_GeomFromGeoJson()` という関数によって、GeoJson から GIS データに変換している。

リスト4.26　東京都庁の GeoJson から GeoHash への変換

```
mysql> SELECT ST_GeoHash(
         ST_GeomFromGeoJson('{
           "type": "Point",
           "coordinates": [139.6921007,35.6896342]}'
         ),11);
+-------------+
| Location    |
+-------------+
| xn774c0ejy5 |
+-------------+
1 row in set (0.00 sec)
```

　GeoJson の利点は JSON による表現だという点のみである。できることは WKT や WKB とは変わらないので、進んで GeoJson を使わなければならないという理由はない。好みから、JSON を使いたいという場合には利用するとよいだろう。

4.6.5　新たな関数の追加 ▶▶▶ 新機能 80

　MySQL 5.7 では、**表4.3** に挙げた関数が追加された。

表4.3　新しい GIS 関数一覧

関数名	説明
ST_Distance_Sphere	地球を球面としたときの、2点間の表面上の距離を計算する
ST_MakeEnvelope	2つの点から、その2点を対角線とする長方形を作成する
ST_IsValid	空間データの形状の妥当性を判定する
ST_Validate	空間データの形状が妥当かどうかを判定し、妥当であればそのまま、妥当でなければ NULL を返す
ST_Simplify	空間データから余分な要素を省き、最適化する
ST_Buffer_Strategy	MySQL 5.7 では、ST_Buffer の方式を指定できるようになった。その方式を生成する関数である

　本書では GIS 関数のすべてを網羅的には解説しないので、詳細について知りたい場合はマニュアルを読んでほしい。余談であるが、`ST_Distance_Sphere()` 関数は地球を完全な球として計算するが、よく知

180

られているように地球は完全な球ではなく、断面は楕円になっている。そのため、実際の距離とは誤差が生じてしまうので注意してほしい。

4.7　各種デフォルト値の変更

MySQL 5.7 では、InnoDB の設定のデフォルト値もいろいろと変更されている。新しく実装された優れた機能を活用したり、より最新のハードウェアに向いた設定がデフォルト値になっている。

4.7.1　innodb_file_format：Antelope → Barracuda ▶▶▶ 新機能 81

データファイルのフォーマットのバージョンが Antelope から Barracuda に変更された。古いバージョンの MySQL で DYNAMIC あるいは COMPRESSED といった行フォーマットを利用するには、データファイルのフォーマットとして Barracuda を明示的に指定する必要があったが、MySQL 5.7 では Barracuda がデフォルトになったため、特に設定を追加することなくこれらの行フォーマットを利用できる。本章では、デフォルトの行フォーマットを指定できるようになったことを説明したが、それを指定する innodb_default_row_format オプションも、DYNAMIC がデフォルト値になっている。

なお、このオプションは廃止予定であり、将来のバージョンでは Antelope フォーマットは使用できなくなるだろう。

4.7.2　innodb_buffer_pool_dump_at_shutdown：OFF → ON ▶▶▶ 新機能 82

シャットダウン時に、バッファプールの内容をダンプするかどうかを決めるオプションである。MySQL 5.7 では、この機能がデフォルトで有効化された。ダンプするページの割合を決める innodb_buffer_pool_dump_pct オプションが導入されたため、すべてのバッファプールページをダンプする場合と比べ、少ないリソース消費でそこそこの効果が出ることが期待される。

4.7.3　innodb_buffer_pool_load_at_startup：OFF → ON ▶▶▶ 新機能 83

シャットダウン時のダンプが有効化されたことに伴い、起動時の暖機運転も有効化された。自前で暖機運転する面倒な運用とはおさらばである。

4.7.4　innodb_large_prefix：OFF → ON ▶▶▶ 新機能 84

Antelope フォーマットでは、インデックスプレフィックスの最大サイズが 767 バイトまでという制限がある。インデックスプレフィックスとは、複合（マルチカラム）インデックスにおける、最初あるいは最後のカラムのことである。Barracuda フォーマットではその制限が 3072 バイトまで緩和されているの

第 4 章　InnoDB

だが、制限を解除するには `innodb_large_prefix` を ON にしなければならない。MySQL 5.7 では、より制限の少ない設定がデフォルト値になっている。なお、このオプションは廃止予定となっている。将来のバージョンではオプションが取り除かれ、常に ON の動作をするようになるだろう。

4.7.5　`innodb_purge_threads`：1 → 4 ▶▶▶ 新機能 85

　パージスレッドの数が 1 から 4 へと増やされている。最近の CPU はコア数が多いので、そのようなマシンではパージの性能が向上することが期待される。

　なお、MySQL 5.7 ではページクリーナースレッドの数を指定できるようになったことは、本章ですでに述べたとおりである。こちらもたくさんの CPU コアを活用し、更新性能を向上させるための設定である。

4.7.6　`innodb_strict_mode`：OFF → ON ▶▶▶ 新機能 86

　テーブル作成時に無効な組み合わせがあった場合、InnoDB 厳密モードが ON になっているとエラーを返す。OFF の場合には警告が発せられるだけで、テーブルが作成されてしまう。警告を見過ごすと意図しない定義のテーブルを使うことになってしまい、アプリケーションに悪影響を及ぼすかもしれないので、MySQL 5.7 ではデフォルトがより安全な ON に変更された。無効な組み合わせとは次のようなものである。

◆ `innodb_file_per_table=0` で圧縮テーブルを作成しようとした
◆ `innodb_file_format=Antelope` で圧縮テーブルを作成しようとした
◆ 圧縮テーブルでないテーブルで、`KEY_BLOCK_SIZE` が指定された
◆ 32KB あるいは 64KB のページサイズで圧縮テーブルを作成しようとした

4.8　新しい InnoDB の活用法

　MySQL 5.7 の InnoDB は、性能／機能の両面において素晴らしい進化を見せている。特に性能の改善に関しては、DBA や開発者が意識しなくても恩恵を受けられるものが多い。つまり、何か特別なことをしなくても、MySQL 5.7 へアップグレードするだけで性能の改善が見られるケースが多いだろう。

　それに加え、ハードウェアの特性に合わせてチューニングが加えられるようになっている。ハードウェアの持つリソースをしっかりと使い尽くすことは、RDBMS の性能向上にとって極めて重要な課題である。たくさんの CPU コア、豊富なメモリ、高性能なディスクといった最新のハードウェアも、その性能を引き出してこそ価値がある。しっかり使いこなせないようでは勿体ないのである。そういった最新のハードウェアを購入した場合には、ぜひ MySQL のバージョンも最新のものを選ぶように心がけてほしい。

　機能面では、フルテキストインデックスや空間インデックスといった新たな道具も手に入れた InnoDB は、ますます隙がなくなり、活用できる分野が広がっている。まさしくオールマイティなストレージエンジンとしての進化を続けているのである。

5

パフォーマンススキーマと sys スキーマ

　日々本気でデータベースに向き合っている DBA にとって、データベースの状況を知ることは至上命題である。以前から、MySQL には各種 SHOW コマンドや情報スキーマ、エラーログなどがあり、それなりの情報収集は可能だった。しかし、完璧な情報収集ツールというものは存在しない。情報収集ツールは常に不十分であり、新しい仕組みが待ち望まれる。そこで、MySQL 5.5 からは「パフォーマンススキーマ」という仕組みが追加され、バージョンアップを重ねるごとに進化している。本章では、MySQL 5.7 におけるパフォーマンススキーマの改良点と、パフォーマンススキーマと連携するさまざまな情報を取得する、sys スキーマという新たに追加された情報収集ツールについても紹介しようと思う。

5.1　パフォーマンススキーマとは

　パフォーマンススキーマとは、その名が示すとおり、おもにパフォーマンスに関係する情報を収集するツールである。なぜパフォーマンスを測定するのに専用のツールが必要なのか。言うまでもないが、それはパフォーマンスが RDBMS にとっての最重要課題のひとつだからである。機能が十分か、使いやすいか、安定しているかも重要だが、パフォーマンスが十分に出なければデータベースは使い物にならないといっても過言ではない。十分な性能が出るかどうかはアプリケーションにとっても死活問題である。業務アプリケーションが十分に高速に動作しなければ、業務効率に影響するし、Web サービスが高速でなければユーザーは離れて行ってしまうだろう。

　RDBMS 運用中のパフォーマンス劣化は頻繁に発生する。アプリケーションが稼動した当初は良好な性能を示していても、ユーザーやデータが増えたり、クエリを改悪してしまったなどの影響で、応答速度は次第に劣化してしまうのだ。そんなとき、原因をどのようにして見つけ出せばよいだろうか。性能の劣化というのは、RDBMS にしてみればエラーではない。通常どおり動作した結果、さまざまな要因によって、たまたま時間がかかっているにすぎない。明確なエラーの徴候はないので、性能劣化の原因を特定するの

第 5 章　パフォーマンススキーマと sys スキーマ

が難しいのである。そのため、パフォーマンスのデータをさまざまな角度から解析する必要があり、常に優れたツールが求められる。

　パフォーマンススキーマは、パフォーマンスのためのツールというだけあって、かなり事細かなデータを取得できるようになっている。情報の取得は、ソースコードの随所に埋め込まれた計器（Instrument）と呼ばれるコードを通じて行われる。計器は多数、随所に埋め込まれているため、すべての計器からデータを収集するとオーバーヘッドがかなり大きくなる。しかし、対象のデータを絞ればオーバーヘッドも小さく抑えられる。パフォーマンススキーマは、情報スキーマのようにテーブルを通じて取得する。パフォーマンスデータの収集方法と表示方法を統一したことで、パフォーマンスを収集するコードの記述が容易になった。そのため、バージョンが上がるごとに収集される情報が充実しており、MySQL 5.7 では計器の数が MySQL 5.6 の 2 倍程度にまで増えている。

> **RDBMS を捨てて NoSQL を使うべきか**
>
> 　パフォーマンスが十分でないというと、「スケーラビリティに優れた NoSQL を使うべきだ」という意見を言う人を見かける。しかし、それは早計というものである。確かにアプリケーションに必要なデータモデルが単純な場合、NoSQL への移行が簡単で、そうすることで性能が向上するケースも存在する。しかし実際のところ、そうすべきでないケースのほうが圧倒的に多い。SQL が持つ機能を必要としている場合が多いからである。
>
> 　例えば、RDBMS 上で JOIN を実行すると遅いので、アプリケーション上で JOIN 相当の処理を実装したというような話を耳にしたことがある。だがよく考えてみてほしい。RDBMS 以上に JOIN を高速に実行できるソフトウェアがあるだろうか？そもそも、JOIN を実行するには、複数のテーブルから結合するための行データが必要になる。最終的に行アクセスを行う量は、RDBMS 上で JOIN を実行しようが、アプリケーション側でやろうが変わらない。それどころか、RDBMS 上で実行すれば最適化が効いて、行アクセスが少なくてすむかもしれない。アプリケーション側で JOIN をすることで RDBMS の CPU 負荷を肩代わりできるという意見もあるかもしれないが、そういう工夫が必要なら MySQL のレプリケーションによる負荷分散を行ったほうがずっと簡単である。それに、RDBMS 上の JOIN は実績が多く、それ故バグが炙りだされ、チューニングも行われている。それと同等の処理を実装することは不可能に近い。そもそも SELECT を 1 つ書けばよい処理が、一体どれだけの量のコードで実装されるだろうか。まったくの無駄である。
>
> 　餅は餅屋という言葉があるように、JOIN は RDBMS に任せるのが最も賢い。だいいち、優れた JOIN をそんなに簡単に実装できるなら、RDBMS の開発者がもっと早くに実装しているだろう。サブクエリ然り、UNION 然り、トランザクション然り、インデックス然り、セキュリティ然り、制約然り。RDBMS にはデータ管理に関するさまざまな叡智が詰まっているのである。
>
> 　もう一点、大規模になれば RDBMS は使い物にならないという意見も間違っていることを指摘しておきたい。それは、世界最大の SNS である Facebook などの IT 界の巨人が MySQL を利用していることからも自明である。彼らはほかの種類のデータベースも併用しているが、RDBMS が必要なところには RDBMS を使っている。あなたが関わっているプロジェクトは、Facebook の常識すら通用しないほどの巨大なデータベースを必要とするだろうか？

184

5.1.1 パフォーマンススキーマのコンセプトと構造

　パフォーマンススキーマは、mysqldの随所に埋め込まれた計器と呼ばれるコードを通じてデータ採取を行う。稼働中のプログラムから最小限のオーバーヘッドで動的にデータを収集するという点では、DTraceや、LinuxのSystemTapなどに似ている。しかし、これらのツールではプログラムの実行が観測点に差し掛かったときにデータを出力したり集計用のために保存するのに対し、パフォーマンススキーマはバッファに溜めておくという動作しかしない。バッファ上のパフォーマンスデータは、ユーザーからのリクエストがあったときに出力される。リクエストは、performance_schemaデータベース上にあるテーブルへのクエリという形で行われる。それらのテーブルはパフォーマンススキーマ専用のストレージエンジンとして実装されており、通常のテーブルと同じようにアクセスできるため、SQLを活用してさまざまな加工が可能である。パフォーマンススキーマは計器ごとにオン／オフの指定が可能であり、データ収集をする前にオンにしておく必要がある。パフォーマンススキーマの構造を表したものを図5.1に示す。

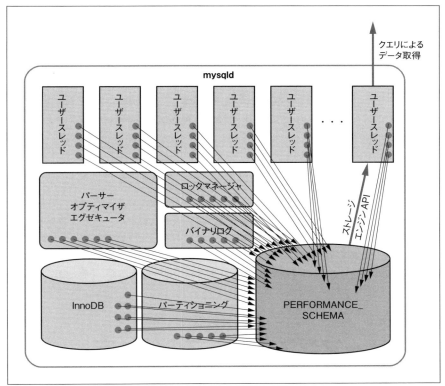

図5.1　パフォーマンススキーマの構造

　図5.1はかなり模式的な図になっている点を了承いただきたい。概念として、MySQLサーバープロセ

第5章　パフォーマンススキーマと sys スキーマ

ス（`mysqld`）のさまざまなコンポーネントからデータが収集されるということを分かっていただきたいのである。図では1つの大きな集計用のデータ領域としてパフォーマンススキーマがあるように見えるが、実際にそうなっているわけではない。大きな共有のメモリ領域にデータを集めようとすると排他処理によるオーバーヘッドが生じるので、スレッドローカルな領域を使うなどして排他処理が要らないように工夫されている。また、収集されるデータはコンシューマーと呼ばれる分類に基づいて整理されている。

5.1.2　情報スキーマとの違い

パフォーマンススキーマは、テーブルを通じてさまざまな情報を取得するという点では情報スキーマに近い。だが、その用途や仕組みは大きく異なっている。**表 5.1** にパフォーマンススキーマと情報スキーマの違いを挙げた。似ているが、確かにこれらは違うものだということがお分かりいただけるだろうか。

表 5.1　情報スキーマとの違い

	パフォーマンススキーマ	情報スキーマ
主目的	パフォーマンスデータの取得	メタデータの取得
アプリケーション	パフォーマンスチューニング	監視ツールや管理ツール
導入されたバージョン	5.5	5.0
SQL 標準	いいえ（MySQL 独自）	はい
実装方法	ストレージエンジンとして実装	情報スキーマ API
データ収集のタイミング	`mysqld` 内部でコードを実行するたび	情報スキーマテーブルアクセス時
通常時のオーバーヘッド	有り	無し
表示によるオーバーヘッド	少ない	大きい
類似のツール	DTrace/SystemTap	各種 SHOW コマンド

パフォーマンススキーマはあくまでもパフォーマンスデータを収集するためのものであり、豊富なデータをできるだけ小さなオーバーヘッドで収集できるように工夫されている。一方、情報スキーマはある瞬間のデータベースの状態つまりメタデータを取得するものであり、オーバーヘッドは比較的大きい。情報スキーマは SQL 標準で定められたものであるが、パフォーマンススキーマは MySQL 独自の機能である。ほかの RDBMS 製品にもパフォーマンスデータを収集する仕組みはあるが、MySQL ではストレージエンジンという仕組みを活かした実装になっている。

5.2　パフォーマンススキーマの使い方

パフォーマンススキーマの使い方について簡単に説明しておこう。データの取得は `performance_schema` データベースにある各種テーブルから行うだけだ。利用者がやるべきことは、必要なデータがきちんと収集されるように準備しておくことである。

186

5.2.1 パフォーマンススキーマの有効化

MySQL 5.6 以降のバージョンでは、パフォーマンススキーマがデフォルトで有効になっている。したがって、有効にするための起動オプション等を指定する必要はない。また、パフォーマンススキーマのテーブルは `performance_schema` データベースに格納されているが、こちらもインストール時に作成されるため、ユーザー側で準備をする必要はない。ただし、`performance_schema` データベースはユーザーが `DROP` できるため、うっかり削除してしまった場合は修復が必要である。修復は、`mysql_upgrade` コマンドひとつで実行できる。

5.2.2 採取するデータの設定

パフォーマンスデータを採取するには、いくつかの単位や角度から、データ採取を有効化する必要がある。デフォルトの状態でも採取されるデータはあるが、それらはごく一部であり、多くの場合は目的に応じてユーザーが有効化する必要がある。最初からすべてのデータ収集を有効化しておけばよいではないかと思うかもしれないが、そうしてしまうとオーバーヘッドが極めて大きくなってしまうので、クエリの実行にも支障をきたしてしまう。そのため、デフォルトでは必要最低限のものだけが、有効化されているのである。

パフォーマンスデータ収集のオン／オフは、動的に `performance_schema` データベースにある設定用のテーブルを `UPDATE` することで行う。現在の設定値は、それら設定用のテーブルから `SELECT` によってデータを読み出すことで確認できる。設定のためのテーブルを表5.2 にリストアップしておく。これらのテーブルは揮発性であり、変更は再起動によって消失してしまう点に注意してほしい。

表5.2　パフォーマンススキーマ設定用テーブル

テーブル名	説明
`setup_instruments`	計器ごとにデータ収集のオン／オフを切り替える。計器は多数あるのでこのテーブルは行数が多い
`setup_objects`	テーブルなどのオブジェクトごとにデータ収集のオン／オフを切り替える
`setup_consumers`	コンシューマーごとにデータ収集のオン／オフを切り替える
`threads`	現在実行中のスレッドの一覧を表示する。スレッドごとにデータ収集をオフにできる
`setup_actors`	ユーザーごと、ホストごとに、スレッドのデータ収集のデフォルト値を設定する
`setup_timers`	コンシューマーごとに使用するタイマーを選択する

それでは、パフォーマンスデータ収集の有効化、無効化の詳細について順に見ていこう。

5.2.2.1 個々の計器のオン／オフ

パフォーマンススキーマのデータ収集は、計器ひとつひとつについてオン／オフを切り替えられる。設定は、`setup_instruments` テーブルで行う。計器の数は極めて多く、執筆時点で最新の MySQL 5.7.11

第5章　パフォーマンススキーマと sys スキーマ

では、なんと 1013 もの計器が存在している。計器の意味を正確に把握するには、ソースコードを見て、ど
のタイミングでデータを収集しているかを理解する必要があり、すべての計器を使いこなすには相当の修
練が必要である。計器の名前はスラッシュ（/）で区切られたパスのような形式になっている。**リスト 5.1**
は setup_instruments から 1 つの計器の情報を表示している例である。

リスト 5.1　計器のサンプル

```
mysql> SELECT * FROM setup_instruments LIMIT 1;
+------------------------------------------+---------+-------+
| NAME                                     | ENABLED | TIMED |
+------------------------------------------+---------+-------+
| wait/synch/mutex/sql/TC_LOG_MMAP::LOCK_tc | NO      | NO    |
+------------------------------------------+---------+-------+
1 row in set (0.00 sec)
```

---

setup_instruments テーブルを使いこなすには計器の命名規則を理解する必要があるので、少しくど
くなってしまうがここで解説しておこう。

計器の名前つまり**リスト 5.1** の実行結果における NAME カラムはスラッシュ区切りであるが、一番右側の
項目以外はカテゴリを表しており、より左にある項目のほうが大きなカテゴリとなる。この例では wait が
最も大きなカテゴリで、そのサブカテゴリが synch、その次のサブカテゴリが mutex という具合である[1]。

リスト 5.1 は、TC_LOG_MMAP というクラスの LOCK_tc という名前のミューテックスロックを待つとき
にデータ収集される計器である。TC_LOG_MMAP や LOCK_tc というのは、MySQL サーバーのソースコー
ドに記述されているクラス名と変数名であり、これらの働きを理解するにはソースコードを解読する必要
がある。時間がある人はぜひチャレンジしてみてほしい。それぞれのカテゴリにどれだけの計器が存在す
るかは、**リスト 5.2** のようなクエリで確認できる[2]。

リスト 5.2　カテゴリごとの計器の数

```
mysql> SELECT SUBSTRING_INDEX(NAME, '/', 1) AS category, COUNT(1)
    -> FROM setup_instruments
    -> GROUP BY SUBSTRING_INDEX(NAME, '/', 1);
+-------------+----------+
```

---

[1] 余談であるが、このようなフォーマットは正規化されていないという批判があるかもしれない。その指摘は正しいのだが、
パフォーマンススキーマはあくまでもデータ収集のための道具であるため、データベース設計の美しさは二の次となっている。
アプリケーションのためのデータを格納するわけではないので、十分実用に耐えるのである。

[2] **リスト 5.2** は、MySQL 5.7 から採取した例であるが、同様のクエリは MySQL 5.5 および MySQL 5.6 でも実行可能
である。

5.2 パフォーマンススキーマの使い方

```
| category    | COUNT(1) |
+-------------+----------+
| idle        |        1 |
| memory      |      376 |
| stage       |      128 |
| statement   |      193 |
| transaction |        1 |
| wait        |      314 |
+-------------+----------+
6 rows in set (0.00 sec)
```

　もうひとつ下のカテゴリまで見たい場合には、SUBSTRING_INDEX(NAME, '/', 1) の数字を1から2
へ変更すればよい。さらにその下のカテゴリを見たい場合は数字を増やしていく。表5.3 にそれぞれのカ
テゴリの大まかな意味を挙げてある。バージョンが上がるごとにカテゴリが増えていることがおわかりい
ただけるだろう。

表 5.3　計器のカテゴリ

カテゴリ	導入されたバージョン	説明
wait	5.5	ラッチや IO 操作などの待ちが発生する操作に対する計器
idle	5.6	アイドル状態を測定するための計器
stage	5.6	SQL 実行の各段階に対する計器
statement	5.6	SQL 文ごとの計器
transaction	5.7	トランザクション全体に対する計器
memory	5.7	メモリの割り当てと解放に対する計器

　setup_instruments テーブルの更新は、個別に計器を指定して更新してもよいのだが、多くの場合は
興味のあるカテゴリごとにオン／オフを切り替えるのが実用的である。リスト 5.3 はパーティショニング
関連のメモリ割り当てに関する計器を有効化する例である。

リスト 5.3　パーティショニング関連のメモリ割り当てを測定する

```
mysql> UPDATE setup_instruments
    -> SET ENABLED='Yes', TIMED='Yes'
    -> WHERE NAME LIKE 'memory/partition/%';
```

　有効化は UPDATE コマンドで行うので、SQL の文法の範囲であれば、どのような方法でも条件の指定
が可能である。ENABLED を Yes にすると計器を呼び出した回数を測定する。TIMED を Yes にするとタイ
マーから取得した値を用いて処理にかかった時間を計測できる。ただし、タイマーへのアクセスには、後
述するようにそれなりに大きなオーバーヘッドがあるので注意が必要である。

189

5.2.2.2　コンシューマーのオン／オフ

計器がデータを収集するポイントだとすれば、コンシューマーはデータを消費するための仕組みであり、例えるならデータを一時保存しておくための場所である。個々のコンシューマーは、パフォーマンススキーマ上のテーブルとして具現化されている。どのようなコンシューマーが存在するかは `setup_consumers` テーブルを見るのがてっとり早い。一点厄介なのは、個々のコンシューマーには上下関係があり、上位のコンシューマーが有効になっていないと下位のコンシューマーは情報収集できない点である。

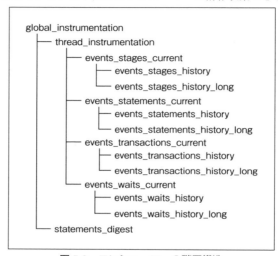

図 5.2　コンシューマーの階層構造

`global_instrumentation` というコンシューマーが最上位であり、これがオンになっていないと、ほかのコンシューマーはすべて無効となる。スレッドごと、ダイジェストごとのコンシューマーが次の階層であり、スレッドの配下にはスコープに応じたコンシューマーが4つある。それぞれのコンシューマーの意味を表 5.4 に示す。

表 5.4　スレッド単位のコンシューマー

コンシューマー名	スコープ	説明
`events_stages_current`	ステージ	個々のステージを対象にしたコンシューマー。ステージとは、各 SQL の実行における段階のこと。SQL の種類によってどのようなステージが実行されるかは異なる
`events_statements_current`	SQL 文	1つの SQL 文ごとのコンシューマー
`events_transactions_current`	トランザクション	トランザクション全体を対象にしたコンシューマー
`events_waits_current`	計器	1つの計器を待っているあいだに集計されるコンシューマー

これら4つのコンシューマーには同じ名前のテーブルがあり、そのテーブルへのデータ提供が行われる

かどうかを、`setup_consumers` テーブルで設定するようになっている。データを取得するためのテーブルとコンシューマーの関係性は単純に 1：1 にはなっていないが、その点については本節で後述する。**リスト 5.4** は、ステートメント（SQL 文）ごとに集計を行うコンシューマーを有効化するコマンドである。

リスト 5.4　ステートメントごとの測定を有効化する

```
mysql> UPDATE setup_consumers SET ENABLED='YES'
    -> WHERE NAME LIKE 'event_statements%';
```

データを集計するテーブルには、`_current` で終わる名前のもののほかに、`_history` および `_history_long` で終わるものが存在する。これらはイベントの履歴を保管しておくためのものであり、`_history` はスレッドごとの履歴を、`_history_long` は MySQL サーバー全体の履歴を参照できるようになっている。保存される履歴の数は起動オプションで設定可能であり、デフォルトでは `_history` コンシューマーは 10、`_history_long` コンシューマーは 100〜10000 のあいだで自動的に調整される。調整された結果の個数は、`SHOW GLOBAL VARIABLES LIKE 'perf%schema%hist%size'` で確認可能だ。

図 5.2 にあるように、4 種類のコンシューマーそれぞれに `_current`、`_history`、`_history_long` という 3 つのバリエーションがある。これらのテーブルは、コンシューマー名とテーブル名が同じであるため分かりやすいが、その他のテーブルについてはどのコンシューマーを有効化すればデータが採取できるかが若干分かりづらい。この点については、後ほどテーブルを紹介する際に説明しようと思う。

5.2.2.3　計器とコンシューマーの関係性

表 5.3 で紹介した計器のカテゴリと**表 5.4** の 4 つのコンシューマーには、名前が似ているものがあることにお気づきだろうか。じつは、膨大な数の計器の大半は、いずれかのコンシューマーへデータを提供するようになっている。例えば `wait` カテゴリの計器は、`events_waits_current` などのコンシューマーへデータを提供するのである。`stage`、`statement`、`transaction` カテゴリの計器も同様である。これらの計器については、コンシューマーと $N：3$ の関係になっている点に注意してほしい。なぜ 1 ではなく 3 になっているかというと、コンシューマーには `_current`、`_history`、`_history_long` という 3 つのバリエーションがそれぞれ存在するからである。

ただし、$N：3$ という関係性は厳格なものではない。ほかのカテゴリ、つまり `idle` と `memory` については対応するコンシューマーがない。また、**表 5.4** の 4 種類のコンシューマーに対応するテーブル以外のテーブルにもデータを提供する計器もある。

このように、計器、コンシューマー、テーブルの関係性があいまいになっているのは、実装に柔軟性を持たせるためである。厳格なルールを設定しないことでユーザーが理解するのを難しくしているが、MySQL サーバーの開発者にとっては将来的な拡張を容易にし、採取できるデータを増やすことにつながるのである。

5.2.2.4　ダイジェストコンシューマー

図 5.2 の一番下に `statements_digest` というコンシューマーがあるのがお分かりだろうか。このコンシューマーは `thread_instrumentation` の配下にはなっていないので、ほかのコンシューマーとは独立し

第5章　パフォーマンススキーマと sys スキーマ

て計測できる。ダイジェストというものは聞きなれない方も多いと思うので、ここで少し解説しておこう。

　MySQL 5.6 以降のバージョンでは、SQL 文の種類ごとにパフォーマンスデータを集計する仕組みが備わっている。そこで、SQL 文を特定するときに用いられるのがダイジェストであり、32 桁の 16 進数の文字列として表される。ダイジェストを用いれば、リテラル値が違うだけの SQL 文を同じであると判定できる。例えば、**リスト 5.5** にある 2 つの SELECT は同じダイジェストを持つ。

リスト 5.5　同じダイジェストを持つ 2 つのクエリ

```
SELECT col1, col2 FROM t1
   WHERE col3 = 'abc' AND col4 = 100;
SELECT col1, col2 FROM t1 WHERE
   col3 = 'xyz' AND col4 = 999;
```

　ちなみに、**リスト 5.5** のクエリは、わざと改行の位置をずらして書いている。改行の位置が違っても、SQL 文に対する構文は同じだからである。このように、ダイジェストは SQL 文の見た目ではなく、SQL の構文に基づいて計算される。ダイジェストを計算するルーチンは、パーサー[3] に組み込まれており、パーサーが構文解析をした結果を利用して計算される。パーサーは、与えられた SQL 文を構文解析すると同時に、コンパクトなフォーマットの文字列に変換し、バッファに一時的に保管する。このとき生成された文字列はダイジェストテキストと呼ばれる。ダイジェストテキスト用のバッファサイズは変更可能であり、デフォルトでは 1024 バイトとなっている。ダイジェストテキストに対し、さらに MD5 ハッシュを取ったものがダイジェストである。MD5 ハッシュの長さは 16 バイト（128 ビット）なので、16 進数では 32 桁となる。

　ダイジェストコンシューマーはデフォルトでオンになっており、パフォーマンスに問題のあるクエリを特定するのに極めて役に立つ。スロークエリログを解析するよりも素早く問題のあるクエリを特定できる場合が多い。

5.2.2.5　オブジェクトのオン／オフ

　setup_objects テーブルを使用すると、各種オブジェクトごとにデータ収集のオン／オフを切り替えられる。デフォルトでは、情報スキーマとパフォーマンススキーマを除く、すべてのオブジェクトに対してデータ収集が有効になっている。特定のオブジェクトだけを追跡したい場合には、いったんすべてのオブジェクトに対するデータ収集をオフにし、それから個別のものだけをオンにするというやり方が有効だ[4]。

　setup_objects テーブルで指定できるオブジェクトには、次のタイプがある。

◆ TABLE

---

[3] 構文解析器のこと
[4] とはいえ、後述する各種サマリーテーブルにはオブジェクトごとに集計データをまとめるものがあるので、それを使用すれば特にオン／オフを調整しなくても特定のオブジェクトだけのデータの取得は可能である。

- ◆ FUNCTION
- ◆ PROCEDURE
- ◆ TRIGGER
- ◆ EVENT

例えば、**db1** にあるテーブルだけを追跡したい場合には、**リスト5.6** のように **setup_objects** テーブルを更新すればよい。

リスト5.6　特定のテーブルだけを追跡

```
mysql> UPDATE setup_objects SET ENABLED='No', TIMED='No';
mysql> INSERT INTO setup_ojbects
    -> VALUES('TABLE', 'db1', '%', 'Yes', 'Yes');
```

リスト5.6 を実行したあとの状態だと、**db1** 配下のテーブルにはスキーマとテーブルの組み合わせが `'%.%'` のルールと、`'db1.%'` の両方がヒットしてしまうことになる。だが心配にはおよばない。複数のルールがヒットした場合にはより具体的なほう、つまりワイルドカードが少ないほうが優先される。`'%.%'` と `'db1.%'` では、後者のほうがより具体性が高いため優先度も高い。デフォルトでは、情報スキーマとパフォーマンススキーマに対するデータ収集が無効になっているが、これもワイルドカードの優先順位が低いことを利用して設定されている。

5.2.2.6　スレッドのオン／オフ

データ収集は、現在存在するスレッドごとにオン／オフを切り替えられるようになっている。詳しい説明は割愛するが、**threads** テーブルを更新することで動的に各スレッドのデータ収集をコントロールできる。しかし、スレッドは必要に応じて作成と破棄が繰り返されるものである。あるスレッドに対するデータ収集をオンあるいはオフしても、クライアントが切断すると設定も消えてなくなるし、同じユーザーが再接続した場合には再設定しないといけない。そこで役に立つのが **setup_actors** というテーブルである。このテーブルを利用すると、ユーザーアカウントごとにスレッドの初期状態を設定できる。特定のユーザーのデータだけを収集したいという場合に便利だ。**ENABLED** と **HISTORY** というカラムがあり、それぞれ **YES** か **NO** で動作を設定する。**ENABLED** は **_current** というサフィックスを持つコンシューマーに対して、**HISTORY** は **_history** というサフィックスを持つコンシューマーに対して、それぞれオン／オフを切り替えるようになっている。

5.2.3　採取するデータの決定方法

本章ではこれまで計器、コンシューマー、オブジェクト、スレッドごとにデータ収集のオン／オフを切り替える方法を紹介したが、最終的にデータ収集が行われるのはどのような場合だろうか。これには明確な答えがある。それは、すべての条件がオンになっている場合のみデータ収集が行われるということであ

第 5 章　パフォーマンススキーマと sys スキーマ

る。例えばオブジェクトごとのデータ収集を有効化しても、そもそもデータを採取する計器がオンになっていなければデータを採取できないし、コンシューマーがオンになっていなければデータを収集しておくことができない。デフォルトでは、オブジェクトは情報スキーマとパフォーマンススキーマ以外において、スレッドはすべてのものに対してデータ収集がオンになっており、ユーザーが意図的に設定をしなければ収集されるようになっている。コンシューマーには階層関係があるという点にも注意しよう。

5.2.3.1　タイマーの選択

　パフォーマンススキーマでは、イベントの実行にかかった時間などを計測するためにタイマーが使用される。タイマーの種類はいくつかあり、コンシューマーごとにどのタイマーを使うかを選択できるようになっている。タイマーを使うかどうか、つまり経過時間の測定を行うかどうかは、計器ごとあるいはオブジェクトごとに設定可能である。タイマーの種類がコンシューマーごとであるのに対して、オン／オフの単位は計器あるいはオブジェクトごとという違いがあるので注意してほしい。オン／オフは `setup_instruments` あるいは `setup_objects` テーブルの `TIMED` カラムで切り替えるようになっている。

　タイマーの種類の選択は `setup_timers` テーブルで行う。`performance_timers` テーブルには使用できるタイマーの種類が格納されている。**表5.5** は使用できるタイマーの種類の一覧である。

表5.5　パフォーマンススキーマで使用できるタイマー一覧

タイマー名	精度	オーバーヘッド
CYCLE	クロック周波数次第	最小
NANOSECOND	1/1000000000 秒	小さい
MICROSECOND	1/1000000 秒	小さい
MILLISECOND	1/1000 秒	小さい
TICK	およそ 1/100 秒	大きい

　なぜタイマーの種類を設定できるようになっているかというと、タイマーごとに精度やオーバーヘッドが異なるからである。`CYCLE` は最も精度が高く、なおかつオーバーヘッドも小さいが、クロック周波数によって値が変動するという性質を持っている。タイマーの精度やオーバーヘッドの大きさはシステムによって異なるので、まずは `performance_timers` テーブルを確認してほしい。特に、オーバーヘッドは実装次第であり、`performance_timers` テーブルの `TIMER_OVERHEAD` カラムで参照できるオーバーヘッドは、タイマーの値を取得するのに必要なおおよそのクロック数として表現される。

　`setup_timers` テーブルのデフォルト値は**表5.6** のようになっている。実際のところ、デフォルトから変更する必要はないだろう。

5.2.3.2　起動オプションによるコンシューマーの指定

　`performance_schema` データベースに存在する各種設定用のテーブルはいずれも永続化されず、再起動で設定がデフォルトにリセットされてしまう。MySQL サーバーを再起動するたびに設定し直すのは面倒なので、オプションでコンシューマーの有効／無効を切り替えられるようになっている。デフォルトでは次の 5 つのオプションがオンになっており、対応するコンシューマーが有効化されている。

表5.6　タイマーのデフォルト設定

名前	タイマー名
idle	MICROSECOND
wait	CYCLE
stage	NANOSECOND
statement	NANOSECOND
transaction	NANOSECOND

- ◆ performance_schema_consumer_global_instrumentation
- ◆ performance_schema_consumer_thread_instrumentation
- ◆ performance_schema_consumer_events_statements_current
- ◆ performance_schema_consumer_events_statements_history
- ◆ performance_schema_consumer_statements_digest

　これらのほかにもコンシューマーを有効化するオプションはあり、本書では解説は割愛するが同じように performance_schema_consumer で始まる名前になっている。

5.3　パフォーマンススキーマのテーブル

　MySQL 5.7[5]では、performance_schema データベースには、なんと 87 個ものテーブルが存在する。設定用のテーブルは 7 個、実質的に使われていないものが 2 個あるので、それらを除けば 78 個ものデータ収集用のテーブルが存在することになる。章末の**表5.8**に MySQL 5.7 上のパフォーマンススキーマの一覧を挙げる。それぞれのテーブルがどのバージョンで追加されたかということも分かるようにしておいた。ちなみに、バージョンが上がったことで定義が変わった（カラムが増えた）テーブルもあるが、それについては記していない。コンシューマーの列は、そのテーブルのデータを収集するのに最低限必要なコンシューマーを記してある。コンシューマーは階層型であるため、記入されているものより上位のコンシューマーも有効になっている必要がある。コンシューマーが空欄になっているものは、特にコンシューマーを有効化しなくてもデータの採取ができることを表す。

　なお、これらのテーブルは TRUNCATE することで、データをリセットできるようになっているので、何かの区切りでデータをリセットしたい場合に便利である。データのリセットは必ずしも必要なわけではない。リセットしない場合には、データの増分を追跡するという使い方をすれば、特に困ることはないからである。

---

[5] 原稿執筆時点の最新バージョンは 5.7.11

第5章　パフォーマンススキーマと sys スキーマ

5.4　各種パフォーマンススキーマテーブルの概要

　78 個ものデータ取得用テーブルを使いこなすのははっきりいって難しい。どんな情報がどのテーブルに格納されていたかを思い出すだけでも一苦労だ。恐らく将来のバージョンでは、さらにテーブルが増えることだろう。すると、ますますどんな問題が起きたときにどのテーブルを使うべきかを判断するのが難しくなってしまうだろう。そこで、テーブルの種類ごとにどのようなときに使うべきかを簡単に紹介しよう。

5.4.1　イベントテーブル

　各種コンシューマーによって収集される、_current、_history、_history_long で終わる名前のテーブルである。それぞれ現在のイベント、スレッドごとの N 個の履歴、サーバー全体で N 個の履歴を保持するテーブルである。コンシューマーと同じ名前を持つことから、データ収集の基本であることが分かる。特に、_current テーブルはサーバー内部のラッチの競合を調べるのに便利であるが、すべてのラッチに計器が設置されているわけではないので万能ではないという点には注意したい。

5.4.2　サマリーテーブル

　サマリーテーブルは、種々の要素ごとに取った統計データを格納したテーブルである。サマリーテーブルは、テーブル名に_summary_ が含まれていることから判別でき、テーブル名から何によって集計したかが分かるようになっている。例えば events_waits_summary_by_account_by_event_name というテーブルは、待ち状態についてアカウントごとイベント名ごとに集計したものである。MySQL のアカウントはユーザー名とホスト名の組み合わせなので、events_waits_summary_by_account_by_event_name テーブルに含まれるデータは、待ち状態の統計データを GROUP BY USER, HOST, EVENT_NAME 相当の処理を適用して集計したデータであると考えてよい。

　サマリーテーブルで最も注目すべきは、何といっても events_statements_summary_by_digest である。ダイジェストごとに取得した行数や実行時間などさまざまな統計情報を保持しており、遅いクエリを特定する際に極めて役に立つ。

　また、サマリーテーブルには、イベントテーブルと同じカテゴリ（events_ で始まるもの）以外のテーブルも存在し、かなり役に立つ。例えばテーブルごとにアクセス統計をまとめて表示する table_io_waits_summary_by_table、ファイルごとに I/O の状況を集計する file_summary_by_instance テーブル、メモリの割り当て状況を追跡する memory_summary_global_by_event_name テーブルなどは特に有用である。

　サマリーテーブルでデータを集計するには、それに対応したコンシューマーと計器も有効化する必要がある点に注意してほしい。どの計器を有効化すべきかは、カテゴリ[6] からおおよそ判別できる。例えばメモリの割り当てであれば、memory カテゴリの計器を有効化すればよい。

---

[6] 表 5.3 参照

196

5.4.3　インスタンステーブル

　ファイル名に`_instances`というサフィックスを持つテーブルは、インスタンステーブルと呼ばれる。インスタンスとは追跡中の計器のインスタンスのことである。例えばミューテックスであっても、サーバーの初期化時に生成されサーバーが終了するまで破棄されないものもあれば、テーブルなどのオブジェクトのライフサイクルに合わせて生成と破棄を繰り返すものもある。インスタンステーブルを見れば、追跡中のインスタンスがどれだけ存在するかということが分かるのである。

　インスタンステーブルは、おそらく大半のユーザーにとっては無用の長物かもしれない。しかし、プリペアドステートメントのインスタンスを表示する`prepared_statements_instances`テーブルは別格である。現時点でサーバー上に存在するプリペアドステートメントを俯瞰できるので、解放忘れがないか、それによってメモリが無駄に消費されていないかといった確認に使用できる。`prepared_statements_instances`テーブルは、インスタンステーブルという分類にしているものの、性能の分析に必要な種々の統計データも取得できるようになっている。

5.4.4　ロックテーブル

　`metadata_locks`、`table_handles`という2つのテーブルは、テーブルごとのメタデータロックとテーブルロックを解析するのに役立つ。特に`metadata_locks`テーブルは、`FLUSH TABLES WITH READ LOCK`によって取得されるグローバルリードロックの情報を表示できるので便利である。

5.4.5　ステータス変数テーブル

　ステータス変数テーブルは、`SHOW GLOBAL STATUS`コマンドなどで表示される各種ステータス変数のデータをサーバー全体（グローバル）、現在のセッション、現在存在するスレッドごと、アカウント（ユーザー＋ホスト）ごとの累積、ユーザーごとの累積、ホストごとの累積といった区切りで表示できる。例えば、アプリケーションごと、役割ごとにユーザーアカウントを分けている場合などに、どのアプリケーションが大きな負荷を発生させているかなどを解析するのに役に立つ。

　ただし、`Com_`で始まる各SQLコマンドが何回実行されたかというデータは、ステータス変数テーブルには含まれない。なぜならば、それらの情報は`statement`コンシューマーからもっと詳細に取得できるからである。

　その他のステータス変数はいずれのコンシューマーにも属していない。ステータス変数はスレッドごとに元から保持されている情報のため、ステータス変数を取得するために有効化すべき計器も存在しない。

5.4.6　レプリケーション情報テーブル

　第2章で紹介したように、MySQL 5.7ではパフォーマンススキーマを使ってレプリケーションのステータスを取得できるようになった。それぞれのテーブルの意味については、**表2.1**を参照してほしい。

第 5 章　パフォーマンススキーマと sys スキーマ

5.4.7　その他

　パフォーマンススキーマでは、パフォーマンス解析のためのデータ以外にも種々の雑多なデータを取得できるようになっている。詳細な説明は割愛するので**表 5.8** を見てほしい。また、どのようなデータを取得できるかは実際にテーブルへアクセスして確認してみてほしい。

5.4.8　テーブルのアクセス権限

　パフォーマンススキーマの各種テーブルからデータを取得するには、`performance_schema` データベース内のテーブルに対して、`SELECT` 権限があればよい。また、データをリセットする（`TRUNCATE TABLE` を実行する）には `DROP` 権限が、設定をする場合には `UPDATE` 権限が必要になる。これら 3 つの権限をユーザーに付与するには、**リスト 5.7** のように `GRANT` コマンドを実行すればよい。

リスト 5.7　パフォーマンススキーマのアクセス権を付与

```
mysql> GRANT SELECT, UPDATE, DROP ON
    -> performance_schema.* TO username@hostname;
```

5.5　MySQL 5.7 で追加されたテーブルや計器

　前置きが随分長くなってしまったが、MySQL 5.7 で取り入れられたパフォーマンススキーマの改良点について紹介しよう。まずは、採取できる情報が増えたという点から見ていこう。

　改良点の目玉のひとつは、何といってもテーブルが新たに追加されたことである。テーブルのデータと計器はセットになっているので、テーブルの種類が増えたぶん計器も増えている。どのテーブルが追加されたかということは章末の**表 5.8** を見れば一目瞭然であるが、ここで大まかに見ておこう。

5.5.1　メモリの割り当てと解放 ▶▶▶ 新機能 87

　`memory_summary_global_by_event_name` テーブルなどのサマリーテーブルが追加され、メモリ割り当てを追跡できるようになった。メモリ割り当てはサーバー内部の随所で行われるが、どの機能あるいはオブジェクトがメモリを多く消費しているのかを特定できる。サーバー実行中に何故か RSS[7] が増えているということはよくあるが、MySQL 5.6 まではその原因を特定する術はなかった。具体的にいうと、MySQL がたんに実装上の都合でメモリをたくさん消費しているだけなのか、メモリ割り当てを減らすにはどのオプションを調整すべきか、それともメモリリークが起きているのか、あるいは `libc` 内部で保留さ

---

[7] レジデントセットサイズ

5.5 MySQL 5.7 で追加されたテーブルや計器

れているのかという判断ができなかった。MySQL 5.7 ではメモリの割り当てと解放を追跡できるように
なったので、割り当て済みで解放されていないメモリが何か、対処法は何かを具体的に知ることができる。
　メモリ追跡のための計器はデフォルトでは有効になっていないので、追跡をしたい場合には起動オプショ
ンにリスト5.8 のように書いておけばよい[8]。

リスト5.8　メモリ追跡のための計器を有効化するオプション

```
performance_schema_instrument = 'memory/%=ON'
```

5.5.2　テーブルロック、メタデータロック ▶▶▶ 新機能 88

　MySQL 5.6 までのバージョンでは、取得済みのテーブルロックの情報や、メタデータロックの情報を
取得できなかった。これらのロックの競合よって処理が止まってしまう、あるいはパフォーマンスが低下
するといった問題は解析できなかった。現在取得されているロックについてはそれぞれ `table_handles`、
`metadata_locks` テーブルから取得できる。統計情報については、待ち状態のサマリーテーブル（`events_`
`waits_summary*`）から取得できる。対応する計器はそれぞれ `wait/lock/table/sql/handler` と `wait/`
`lock/metadata/sql/mdl` であり、デフォルトではテーブルロックだけが有効になっている。
　余談であるが、`wait/lock` は SQL 上の各種ロックに関する計器のカテゴリであり、ラッチのカテゴリ
は `wait/synch` となっている。

5.5.3　ストアドプログラム ▶▶▶ 新機能 89

　ストアドプログラムを追跡するためのテーブルが追加された。計測されるのはストアドプログラムの実
行開始／終了のタイミングと、そのストアドプログラムの内部で実行されたクエリの統計情報を集計した
ものである。対象のストアドプログラムは、ストアドプロシージャ、ストアドファンクション、トリガー
そしてイベントスケジューラーとなっている。
　ストアドファンクションの追跡ができるようになったのは画期的ではないだろうか。ストアドファンク
ションがどの程度の行アクセスを行うかということは、クエリ全体の統計情報から切り出すことは難しかっ
た。しかし、これからはパフォーマンススキーマを見れば、個々のストアドファンクションごとの効率が
一目瞭然となる。

5.5.4　トランザクション ▶▶▶ 新機能 90

　スロークエリログに遅いクエリは記録されないのに、何故か更新の応答が悪くなってしまった。そんな
場合には、ひょっとすると 1 つのトランザクションが細かい更新系クエリをたくさん実行してしまってい

---

[8] `%` はワイルドカードである。

第 5 章　パフォーマンススキーマと sys スキーマ

るのかもしれない。しかし、そこで問題になるのは、いったいどのトランザクションが遅いのかということだ。遅いトランザクションの特定ができなければチューニングのしようがない。

　MySQL 5.6 までのバージョンには、トランザクションごとに統計データを収集するような機能はなかった。そのため、問題のあるトランザクションを見つけ出すには苦労したことだろう。だが、MySQL 5.7 では、トランザクションごとに応答時間を集計できるので時間がかかっているトランザクションを簡単に見つけ出せる。

　トランザクションの追跡は、デフォルトでは有効になっていない。`setup_consumers` でトランザクション関係のコンシューマーを有効にし、なおかつ `transaction` という計器を有効化する必要がある。また、トランザクションを追跡するには GTID を有効化しておく必要がある。トランザクションには名前は付かないので、GTID をもって内容を特定するしかないからだ。トランザクションが実際にどのような処理を行ったかということについては、GTID とバイナリログを付きあわせて判別する必要がある。

5.5.5　プリペアドステートメント ▶▶▶ 新機能 **91**

　MySQL 5.7 では、サーバー上に存在するプリペアドステートメントの一覧を取得できるようになった。`prepared_statements_instances` テーブルである。このテーブルでは、プリペアドステートメントごとに、何度呼ばれたかといった情報や、実行時の各種統計も取得できる。**EXECUTE** コマンドの実行はダイジェストでも追跡可能であり、サーバー全体の統計データという観点からするとそちらで十分である。

　プリペアドステートメントの追跡が真価を発揮するのは、パフォーマンスデータの取得ではない。それはむしろ現在サーバー上に存在するプリペアドステートメントを確認する用途で威力を発揮する。プリペアドステートメントはメモリを少なからず消費するため、コネクションプールを使用して接続を使いまわすような環境で解放忘れが発生すると、メモリ消費量が増大してしまう。そのような解放忘れのプリペアドステートメントを発見するのに便利である。

5.5.6　ユーザー変数 ▶▶▶ 新機能 **92**

　プリペアドステートメントと同様に、セッションごとに作成されるオブジェクトとして、ユーザー変数がある。こちらも、MySQL 5.6 までのバージョンでは追跡できなかった。`user_variables_by_thread` テーブルは、セッションごとに定義されたユーザー変数を表示できる。**リスト 5.9** はユーザー変数を表示している例である。こちらもプリペアドステートメントの場合と同様、不要なものが残っていないかを確認するのに適している。

リスト 5.9　ユーザー変数の確認

```
mysql> SET @x = 'test';
Query OK, 0 rows affected (0.00 sec)
```

200

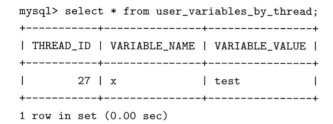

5.5.7　ステータス変数、システム変数 ▶▶▶ 新機能 93

前節で述べたとおり、MySQL 5.7 では、ステータス変数をさまざまな切り口で集計できるようになっている。また、SHOW GLOBAL VARIABLES コマンドで表示されるシステム変数を取得するためのテーブルも追加されている。サーバー全体、現在のセッションだけでなく、セッションごとの設定を見渡せるようになっており、各セッションが独自に設定を変更したかどうかを追跡できる。

パフォーマンススキーマ上に新たにテーブルが追加された影響で、情報スキーマにかつてから存在する次のテーブルから情報を取得できなくなっている。これらのテーブルへアクセスしても情報は得られず、代わりに警告が返ってくるようになった。

- ◆ GLOBAL_STATUS
- ◆ GLOBAL_VARIABLES
- ◆ SESSION_STATUS
- ◆ SESSION_VARIABLES

これらのテーブルと同等の情報はパフォーマンススキーマから取得できるようになっている。詳しくは、章末の表 5.8 を見てほしい。MySQL 5.6 と同様に、情報スキーマのこれらのテーブルへアクセスしたい場合には、グローバルなシステム変数 show_compatibility_56 を ON にする必要がある[9]。次のバージョンでこのシステム変数は削除される予定であり、かつ情報スキーマのテーブルも非推奨であり、将来のバージョンでは削除されるだろう。

なお、show_compatibility_56 システム変数は、SHOW [GLOBAL] STATUS および SHOW [GLOBAL] VARIABLES コマンドの出力にも影響を与える。show_compatibility_56 システム変数が OFF の場合、いくつかのステータス変数あるいはシステム変数が表示されなくなるので注意してほしい。

5.5.8　SX-lock ▶▶▶ 新機能 94

InnoDB の改良として、ラッチの同時アクセス性能を改善するため、SX という S ロックと X ロックの中間的なモードが追加された[10]。それに伴い、SX ロックを追跡するための計器が追加されている。計器

---

[9] なお、このシステム変数は MySQL 5.7 だけのものとなっている。
[10] 新機能 44（P. 137）

第 5 章　パフォーマンススキーマと sys スキーマ

は wait/synch/sxlock というカテゴリに存在するので、SX ロックを追跡したい場合には有効化しよう。
名前から分かるようにコンシューマーは events_waits_current および履歴の 2 つが対応する。

5.5.9　ステージの進捗 ▶▶▶ 新機能 95

events_stages_current テーブルに、WORK_COMPLETED と WORK_ESTIMATED という 2 つのカラムが
追加された。これはそれぞれ現在のステージの進捗を表すために用いられているものであり、現在のステー
ジを完了するためのタスクの総量を WORK_ESTIMATED、現在完了したタスクの量を WORK_COMPLETED と
している。仕事量の単位は規定されておらず、進捗は WORK_COMPLETED と WORK_ESTIMATED の比率で考
えてほしい。

　進捗はどのような処理でも表示されるわけではなく、むしろ時間がかかることが予測される処理だけを
対象にしている。具体的には、ALTER TABLE とバッファプールのロードが進捗データ取得の対象となって
いる。ALTER TABLE には、ALGORITHM=INPLACE と ALGORITHM=COPY のものが存在するが、いずれの場
合も進捗が表示される。ただし ALGORITHM=INPLACE の場合、ALTER TABLE は単一のステージではなく、
複数のステージに分割されているので注意が必要である。InnoDB のマージソートを使ったインデックス
の作成[11] の場合、次のようなステージに処理が細分化されている。

- ◆ stage/innodb/alter table (read PK and internal sort)
- ◆ stage/innodb/alter table (merge sort)
- ◆ stage/innodb/alter table (insert)
- ◆ stage/innodb/alter table (flush)
- ◆ stage/innodb/alter table (log apply index)
- ◆ stage/innodb/alter table (flush)
- ◆ stage/innodb/alter table (end)

　ALTER TABLE 全体の進捗情報がほしいところだが、現時点ではステージごとにしか進捗は報告されな
い。単純に、現在のステージの進捗率が 100% になれば ALTER TABLE も終わると考えてはいけないので
注意してほしい。従来は ALTER TABLE にかかる時間は予測が難しかったのだが、MySQL 5.7 では進捗
がリアルタイムで見られるようになり、何時終わるか分からないという不安は解消された。

5.6　パフォーマンススキーマの性能改善等

　パフォーマンスデータを採取するために、オーバーヘッドによってかえってパフォーマンスの劣化を招
いてしまうというようでは本番環境のシステムでは使えない。そこで、パフォーマンススキーマについて
もオーバーヘッドが減るような改善が日々行われている。

---

[11] 新機能 62 参照（P. 158）

5.6.1　メモリの自動拡張 ▶▶▶ 新機能 96

　MySQL 5.6 までのバージョンでは、パフォーマンススキーマが使用するメモリは起動時に割り当てられ、その後は追加で割り当てられることはなかった。動的な割り当てと解放が行われないことはオーバーヘッドの面で有利だが、次のような問題があった。

- ◆ 割り当てたにもかかわらず使われない領域が多い
- ◆ 割り当て済みよりも多くのメモリが必要になるケースがある

　後者の場合、計器からデータを採取できなくなるため、パフォーマンスデータは捨てられることになる。正確な計測をしたい場合、データの欠損は厄介な問題だ。そこで、MySQL 5.7 では、パフォーマンススキーマが使用するメモリ領域が自動的に拡張されるようになった。そのため、上記 2 つの問題が解消され、無駄なメモリ割り当てがなくなり、その一方で必要な場合にはメモリが拡張されるようになったのである。

　余談であるが、MySQL 5.6 でもデフォルトではもろもろのオプションから必要なメモリサイズを予測して、割り当てるバッファのサイズが自動的に計算されるようになっていた。しかし、予測は完璧ではないので、上記のような問題が起きていたのである。自動見積りでは対応できない上記の問題も、自動拡張であれば何の問題もなく対応が可能である。ただし、拡張されたメモリが自動であとから解放されることはないので注意してほしい。デフォルトではすべてのバッファサイズは自動拡張されるようになっている。サイズを表すオプション（`performance-schema-*-size`）のデフォルト値は -1 であり、これが自動拡張であることを表す。固定長にすることも可能であるが、その場合はデータが喪失する可能性がある。データが喪失した回数は、`SHOW GLOBAL STATUS LIKE 'perf%lost'` で調べられる。

　自動拡張するとメモリの使用量が気になるが、`SHOW ENGINE performance_schema STATUS` で確認が可能である。`performance_schema.memory` という一番最後の行がメモリの合計サイズを表す。その他の `.memory` で終わっている行は、それぞれのコンシューマーや計器のインスタンスに割り当てられたメモリを表すので、メモリが増加したらどの項目が原因なのかを調べることが可能である。

5.6.2　テーブル I/O 統計のオーバーヘッド低減 ▶▶▶ 新機能 97

　JOIN で最後にアクセスされるテーブルにおいて、行アクセスの統計が 1 行ごとではなく、その 1 回のループごとにまとめられるようになった。例えば t1、t2 という 2 つのテーブルを JOIN する場合、オプティマイザが駆動表を t1、内部表に t2 を選び、t1 の 1 行に対して t2 が平均して 10 行がマッチするとする。MySQL 5.6 では t2 から 1 行フェッチされるごとにテーブル I/O 統計を計算していたが、MySQL 5.7 では t1 からフェッチした 1 行に対してマッチする t2 の行すべてがまとめて計算されるようになった。例えば、t1 からフェッチされる行が 10 行だとすると、t2 は t1 の 1 行に対して平均 10 行がマッチするので $10 \times 10 = 100$ 行がフェッチされる。MySQL 5.6 では、t1 から 10 行、t2 から 100 行のすべてのアクセスにおいて、つまり 110 回テーブル I/O 統計を計算する必要があった。MySQL 5.7 では、t1 の 1 行に対して t2 の統計情報が 1 度だけ計算されるようになったので、統計情報を計算するのは $10 + 10 = 20$ 回ということになる。

第 5 章　パフォーマンススキーマと sys スキーマ

また、MySQL 5.7 ではテーブル I/O 統計情報を格納する領域のデータ構造が工夫され、メモリの消費も少なくなっている。

5.7　追加されたオプションとデフォルト値の変更

MySQL 5.7 で追加されたオプションと、既存のオプションのデフォルト値が変更されたものを見ていこう。

5.7.1　ステートメントの履歴が有効化 ▶▶▶ 新機能 98

MySQL 5.7 では、ステートメントの履歴（`events_statements_history`）コンシューマーが、デフォルトで有効化されるようになった。このコンシューマーは、スレッドごとに N 個（デフォルトでは 10 個）のステートメントを履歴として保持する。`performance-schema-consumer-events-statements-history`オプションが対応する。

5.7.2　新しいコンシューマーや計器のためのオプション

MySQL 5.7 では新たにコンシューマーや計器が追加されたため、それに対するオプションも追加されている。例えば、トランザクション関係のコンシューマーやメモリ消費、メタデータロック、ストアドプログラム、プリペアドステートメントなどを追跡する計器のインスタンス数の最大値を決める設定である。あまり重要ではないので詳細は割愛する。

5.8　sys スキーマ ▶▶▶ 新機能 99

MySQL 5.7 では、さまざまな情報を採取するツールとして、**sys** スキーマというものが新たに追加されている。**sys** スキーマはそれ自体を 1 つの新機能としてまとめるのをためらうほど大きな新機能である。MySQL の管理スタイルを劇的に変える可能性があるので、MySQL を使いこなすうえでぜひともチェックしてほしい。

5.8.1　sys スキーマとは

sys スキーマは、元々 MySQL 本体とは異なるプロジェクトとして開発されたツールであった。MySQL 5.6 あるいは MySQL 5.7 で利用できる **sys** スキーマのソースコードは、GitHub 上でサーバー本体とは別に公開されている。

204

```
https://github.com/mysql/mysql-sys
```

　MySQL 5.6 の場合は、GitHub からソースコードを取得してインストールを行ってもよいが、MySQL Workbench からインストールするほうがお手軽でお勧めである。図 5.3 は、MySQL Workbench の画面左端をキャプチャしたものである。MANAGEMENT、INSTANCE、PERFORMANCE という項目があるのがお分かりだろうか。PERFORMANCE の下にある、Performance Reports という項目をクリックすると、まだ sys スキーマがインストールされていないサーバーでは、画面中央に「Install Helper」と書かれたボタンが表示されるので、クリックすると sys スキーマがインストールされる。ただし MySQL 5.6 では、MySQL 5.7 と比べて使える機能が若干少なくなっているので注意してほしい。

図 5.3　MySQL Workbench の画面キャプチャ

　sys スキーマの実体は、便利なビューやストアドプログラムの集合体である。本章で紹介したパフォーマンススキーマは、極めて豊富なデータを取得できるので、エキスパートにとっては便利なツールであるが、初心者や中級者にはややとっつきにくい面もある。そこで、おもにパフォーマンススキーマから得られる情報を、ユーザーにとって解りやすい形で加工してくれるのが sys スキーマの種々のビューなのである。

　MySQL 5.7 リリース時点では、sys スキーマには 100 個のビューと 47 個のストアドプログラムが含まれている。それらをすべて解説すると膨大な量になるので、ここでは役に立つであろういくつかのビューとプロシージャを紹介したい。

第 5 章　パフォーマンススキーマと sys スキーマ

5.8.2　metrics ビュー

metrics ビューは、SHOW GLOBAL STATUS と INFORMATION_SCHEMA.INNODB_METRICS を合わせた内容を持つ。

INNODB_METRICS について簡単に紹介しておこう。INNODB_METRICS は、InnoDB が持っている統計情報を取得する仕組みで、MySQL 5.6 で追加された。あまり知られていない機能ではあるが、InnoDB 内部の詳細なデータが取得できる。機能の方向性が INNODB_METRICS はパフォーマンススキーマとかぶっている点もあるが、パフォーマンススキーマはまだ完全に InnoDB の全貌を捉えることはできないので、INNODB_METRICS テーブルを使ってデータを補完する必要がある。INNODB_METRICS テーブルでは、SHOW ENGINE INNODB STATUS には現れない各種統計情報も取得できる。そのため、統計的な解析をしたい場合には、SHOW ENGINE INNODB STATUS よりも INNODB_METRICS のほうが向いている。

パフォーマンス統計情報を収集するとオーバーヘッドが生じるのは、INNODB_METRICS の場合も同じである。そのため、INNODB_METRICS も採取できる情報のすべてが最初から有効化されているのではなく、最も使われるであろうものだけになっている。統計データの採取を有効化するには、innodb_monitor_enable オプションまたはシステム変数を使う。リスト 5.10 はトランザクション関係の統計データを有効化するコマンドである。

リスト 5.10　トランザクションの統計データの有効化

```
mysql> SET GLOBAL innodb_monitor_enable ='module_trx';
```

このオプションによって統計データを有効化する単位は、カウンターごと、カウンターのパターンマッチによって選択されたモジュールごと、あるいはすべて一度に更新の中から選択できる。ちなみに、INNODB_METRICS のカウンターとモジュールは、それぞれパフォーマンススキーマの計器とコンシューマーのようなものである。

INNODB_METRICS を使ううえでちょっと面倒なところは、モジュール名の指定である。INNODB_METRICS テーブルには、subsystem というカラムがあり、これがおおよそモジュールに相当するのだが、subsystem 名とモジュール名は一致しておらず、いちいち変換する必要がある[12]。モジュール名と subsystem 名との対応を表 5.7 に示す。

データ収集を無効化する innodb_monitor_disable、カウンター値をリセットする innodb_monitor_reset、カウンター値だけでなくその他の値もリセットする innodb_monitor_reset_all というシステム変数もあるので適宜使い分けてほしい。ちなみに、これらのオプションは my.cnf に書いておくことができる。常時モニタリングしたいものがある場合には、秘伝のタレとして my.cnf に書いておくとよいだろう。

---

[12] 両者の名前を一致させなかったのは、控え目にいっても失敗ではないだろうか。とはいえ、採取できるデータは非常に有用なので不便な点は我慢して使ってほしい。

206

表 5.7　INNODB_METRICS のモジュール名

モジュール名	subsystem
module_metadata	metadata
module_lock	lock
module_buffer	buffer
module_buf_page	buffer_page_io
module_os	os
module_trx	transaction
module_purge	purge
module_compress	compression
module_file	file_system
module_index	index
module_adaptive_hash	adaptive_hash_index
module_ibuf_system	change_buffer
module_srv	server
module_ddl	ddl
module_dml	dml
module_log	recovery
module_icp	icp

　INNODB_METRICS は優れた統計データ取得ツールであるが、サーバー全体の統計データを解析する場合には、どのみち SHOW GLOBAL STATUS も必要になるので、そちらの情報も同時に取得されるようになっている。

5.8.3　user_summary ビュー

　ユーザーごとに、クエリの応答やファイルアクセスなどの統計情報を一覧表示する。どのユーザーがもっともビジーなのかということは、このビューを見れば一目瞭然である。

　このビューには、x$ というプレフィックスが付いた x$user_summary という名前の変種が存在するが、sys スキーマの多くのビューには x$ のあるものとないものがある。x$ のないものは、人間が見て理解しやすいように大きな数値がフォーマットされたものである。時間であればミリ秒／秒／分といった単位、データサイズであれば KiB/MiB/GiB といった単位が追加され、数字は適切な桁数まで減らされる。x$ のあるものは、そのような加工をしない数値だけを取得できる。監視ツール上で表示するときのように加工が不要な場合には x$ 付きのものを使うとよい。

　なお、user_summary には情報の切り口という点でもいくつか変種が存在する。その中でも user_summary_by_statement_latency は、ユーザーごとの行アクセスの詳細が分かるので便利である。

第 5 章　パフォーマンススキーマと sys スキーマ

5.8.4　`innodb_lock_waits` ビュー

InnoDB の行ロックを解析する場合は、`INFORMATION_SCHEMA` にある 3 つのテーブル、`INNODB_LOCKS`、`INNODB_LOCK_WAITS`、`INNODB_TRX` を結合して、どのトランザクションがどのトランザクションを待たせているかを特定するのが定石である。これら 3 つのテーブルを結合するクエリを毎度記述するのは面倒である。そこで、便利に使えるのがこの `innodb_lock_waits` ビューだ。行ロックの解析をしたい場合には、まずこのビューへアクセスしよう。

5.8.5　`schema_table_lock_waits` ビュー

テーブルロックによる競合を検出する場合に便利なのが `schema_table_lock_waits` ビューである。このビューは、MySQL 5.7 で登場したパフォーマンススキーマの `metadata_locks` テーブルを使用し、テーブルロックの競合を調べられる。残念ながら、現時点では `FLUSH TABLES WITH READ LOCK` によるグローバルリードロックとの競合については追跡できない。グローバルリードロックによるほかの処理のブロックの状況については `metadata_locks` テーブルを直接参照してほしい。

5.8.6　`schema_table_statistics` ビュー

テーブルごとの行アクセスおよび IO の統計データを表示する。アクセスが集中しているテーブルを特定するのに便利である。行アクセスだけでなく、I/O についての統計も含まれているので、I/O を大量に発生させる原因となるテーブルを特定するのにも使えて便利だ。

5.8.7　`diagnostics` プロシージャ

サーバー上のさまざまな情報を採取して、サポートへ問い合わせをする。そんなときに便利なのが `diagnostics` プロシージャだ。このプロシージャは、sys スキーマやパフォーマンススキーマ、情報スキーマを活用して、さまざまな情報を一括で取得する。引数として次の 3 つを取る。

- ◆ `in_max_runtime INT UNSIGNED`
- ◆ `in_interval INT UNSIGNED`
- ◆ `in_auto_config ENUM('current', 'medium', 'full')`

引数はそれぞれ、`diagnostics` プロシージャを実行する最大の時間、情報採取の間隔、採取する情報の種類を表している。デフォルトはそれぞれ 60、30、`current` となっており、30 秒ごとに最大で 60 秒、つまり 2 回の出力を行う。`in_auto_config` の各値の意味はそれぞれ次のような意味になっている。

- ◆ `current`：現在有効な計器とコンシューマーからのみデータの採取を行う
- ◆ `medium`：いくつかの計器とコンシューマーを有効にして、データの採取を行う

208

◆ **full**：すべての計器とコンシューマーを有効にして、データの採取を行う

　なぜ間隔を開けてデータを採取するようになっているのかというと、1回のスナップショットのデータつまりサーバー起動時からの累積値はパフォーマンスの解析には役に立たないからだ。パフォーマンスの解析では、統計データの変化に着目する必要がある。1分間あるいは1秒間のあいだにどのような操作がどれだけ行われているか、それが問題のあるときとないときでどのような違いがあるかといったことを分析し、問題の切り分けを行うのである。

5.8.8　**ps_setup_save** プロシージャ

　現在のパフォーマンススキーマの設定をテンポラリテーブルに保存する。このプロシージャは、**diagnostics** プロシージャでも内部的に使用されるので、**full** や **medium** を設定してコンシューマーと計器を追加で有効化した場合にも、情報の採取が終われば元の設定へ自動的に復帰するようになっている。このプロシージャは引数を1つ取る。引数は整数値で、設定を保存するまでのタイムアウトである。負の値を指定するとタイムアウトせずに永遠に待ち続けるようになっている。

　このプロシージャでは、テンポラリテーブルへの更新をバイナリログへ保存しないようになっているため、実行するには SUPER 権限を必要とする。したがって、内部的にこのプロシージャを呼び出す **diagnostics** プロシージャを使うにも、SUPER 権限が必要である。

　テンポラリテーブルから設定を戻す場合には、**ps_setup_reload_saved** プロシージャを使う。こちらのプロシージャには引数はない。なお、設定の保存先がテンポラリテーブルであるという点に注意してほしい。つまり、セッションが切れると保存した設定は消失してしまうことになる。

5.8.9　**ps_setup_enable_consumer** プロシージャ

　パフォーマンススキーマのコンシューマーを有効化する。引数はコンシューマーの名前の一部である。リスト5.11 はこのプロシージャの実行結果である。

リスト5.11　プロシージャによるコンシューマーの有効化

```
mysql> call ps_setup_enable_consumer('wait');
+--------------------+
| summary            |
+--------------------+
| Enabled 3 consumers |
+--------------------+
1 row in set (0.00 sec)
```

　名前の一部に **wait** を含むコンシューマーは3つあるので、このプロシージャコールによって、それら

第 5 章　パフォーマンススキーマと sys スキーマ

が有効化された。このプロシージャとセットで使う `ps_setup_disable_consumer` というプロシージャもある。こちらはコンシューマーを無効化するためのものである。コンシューマーの有効／無効の切り替えは `setup_consumers` テーブルを `UPDATE` すればできるのだが、何度も `UPDATE` コマンドを実行するのは面倒なので、このプロシージャを使うことにより面倒臭さが若干緩和されるだろう。

5.8.10　`ps_setup_enable_instrument` プロシージャ

`ps_setup_enable_consumer` と似ているが、こちらは計器のオン／オフを切り替えるプロシージャである。`ps_setup_enable_consumer` と同様に、引数には計器の名前の一部を指定する。無効化する `ps_setup_disable_instrument` というプロシージャもある。コンシューマーよりも計器のオン／オフのほうがずっと面倒なので、こちらのプロシージャのほうが重宝するだろう。

5.8.11　`list_add` ファンクション

カンマ区切りのテキストを操作するストアドファンクションである。このファンクションは、カンマ区切りのリストに新たな要素を追加する。反対に、リストから要素を削除する `list_drop` というストアドファンクションもある。これらのファンクションは SQL モードのようにカンマ区切りの値を操作するのに便利である。リスト 5.12 は、SQL モードから `ONLY_FULL_GROUP_BY` を取り除いている例である。

リスト 5.12　リスト操作による SQL モードの変更

```
mysql> SET sql_mode=sys.list_drop(@@sql_mode, 'ONLY_FULL_GROUP_BY');
```

5.9　MySQL 5.7 でのパフォーマンスデータ活用法

MySQL 5.7 になり、MySQL の情報採取は新たな次元に達したといえる。パフォーマンススキーマの効率が改善し、オーバーヘッドをそれほど気にしなくてもよくなったので、これまで以上に気軽に情報を取得できるようになった。

一方、豊富な情報源を持つトレードオフとして、情報採取の複雑さが増してしまった。その問題に対する解決策として sys スキーマが導入され、豊富な情報源を直感的かつ簡単に活用することができるようになっている。ぜひこれらのツールを活用し、MySQL サーバーを丸裸にしてほしいと思う。

210

5.9 MySQL 5.7 でのパフォーマンスデータ活用法

表 5.8 パフォーマンススキーマテーブル一覧（1）

テーブル名	導入	説明	コンシューマー	区分
`accounts`	5.6	接続したことのあるユーザーアカウントの情報		その他
`cond_instances`	5.5	追跡している状態変数の情報	`global_instrumentation`	インスタンス
`events_stages_current`	5.6	現在のステージ	`events_stages_current`	イベント
`events_stages_history`	5.6	スレッドごとに保持された N 個のステージの履歴	`events_stages_history`	イベント
`events_stages_history_long`	5.6	サーバー全体で保持された N 個のステージの履歴	`events_stages_history_long`	イベント
`events_stages_summary_by_account_by_event_name`	5.6	アカウントごと、イベントごとのステージの統計	`global_instrumentation`	サマリー
`events_stages_summary_by_host_by_event_name`	5.6	ホストごと、イベントごとのステージの統計	`global_instrumentation`	サマリー
`events_stages_summary_by_thread_by_event_name`	5.6	スレッドごと、イベントごとのステージの統計	`global_instrumentation`	サマリー
`events_stages_summary_by_user_by_event_name`	5.6	ユーザーごと、イベントごとのステージの統計	`global_instrumentation`	サマリー
`events_stages_summary_global_by_event_name`	5.6	イベントごとのサーバー全体のステージの統計	`global_instrumentation`	サマリー
`events_statements_current`	5.6	現在のステートメント	`events_statement_current`	イベント
`events_statements_history`	5.6	スレッドごとに保持された N 個のステートメントの履歴	`events_statement_history`	イベント
`events_statements_history_long`	5.6	サーバー全体で保持された N 個のステートメントの履歴	`events_statement_history_long`	イベント
`events_statements_summary_by_account_by_event_name`	5.6	アカウントごと、イベントごとのステートメントの統計	`thread_instrumentation`	サマリー
`events_statements_summary_by_digest`	5.6	ダイジェストごとのステートメントの統計	`statements_digest`	サマリー
`events_statements_summary_by_host_by_event_name`	5.6	ホストごと、イベントごとのステートメントの統計	`thread_instrumentation`	サマリー
`events_statements_summary_by_program`	5.7	ストアドプログラムごとのステートメントの統計	`global_instrumentation`	サマリー
`events_statements_summary_by_thread_by_event_name`	5.6	スレッドごと、イベントごとのステートメントの統計	`thread_instrumentation`	サマリー
`events_statements_summary_by_user_by_event_name`	5.6	ユーザーごと、イベントごとのステートメントの統計	`thread_instrumentation`	サマリー
`events_statements_summary_global_by_event_name`	5.6	イベントごとのサーバー全体のステートメントの統計	`global_instrumentation`	サマリー

211

第5章　パフォーマンススキーマとsysスキーマ

表5.9　パフォーマンススキーマテーブル一覧（2）

テーブル名	導入	説明	コンシューマー	区分
events_transactions_current	5.7	現在のトランザクション	events_transactions_current	イベント
events_transactions_history	5.7	スレッドごとに保持されたN個のトランザクションの履歴	events_transactions_history	イベント
events_transactions_history_long	5.7	サーバー全体で保持されたN個のトランザクションの履歴	events_transactions_history_long	イベント
events_transactions_summary_by_account_by_event_name	5.7	アカウントごと、イベントごとのトランザクションの統計	thread_instrumentation	サマリー
events_transactions_summary_by_host_by_event_name	5.7	ホストごと、イベントごとのトランザクションの統計	thread_instrumentation	サマリー
events_transactions_summary_by_thread_by_event_name	5.7	スレッドごと、イベントごとのトランザクションの統計	thread_instrumentation	サマリー
events_transactions_summary_by_user_by_event_name	5.7	ユーザーごと、イベントごとのトランザクションの統計	thread_instrumentation	サマリー
events_transactions_summary_global_by_event_name	5.7	イベントごとのサーバー全体のトランザクションの統計	global_instrumentation	サマリー
events_waits_current	5.5	現在の待ち状態	events_waits_current	イベント
events_waits_history	5.5	スレッドごとに保持されたN個の待ち状態の履歴	events_waits_history	イベント
events_waits_history_long	5.5	サーバー全体で保持されたN個の待ち状態の履歴	events_waits_history_long	イベント
events_waits_summary_by_account_by_event_name	5.6	アカウントごと、イベントごとの待ち状態の統計	thread_instrumentation	サマリー
events_waits_summary_by_host_by_event_name	5.6	ホストごと、イベントごとの待ち状態の統計	thread_instrumentation	サマリー
events_waits_summary_by_instance	5.5	インスタンスごとの待ち状態の統計	global_instrumentation	サマリー
events_waits_summary_by_thread_by_event_name	5.5	スレッドごと、イベントごとの待ち状態の統計	thread_instrumentation	サマリー
events_waits_summary_by_user_by_event_name	5.6	ユーザーごと、イベントごとの待ち状態の統計	thread_instrumentation	サマリー
events_waits_summary_global_by_event_name	5.5	イベントごとのサーバー全体の待ち状態の統計	global_instrumentation	サマリー
file_instances	5.5	MySQLサーバーが起動してからアクセスしたことのあるファイルの情報	global_instrumentation	インスタンス
file_summary_by_event_name	5.5	イベントごとのファイルI/Oの統計	global_instrumentation	サマリー

212

5.9 MySQL 5.7 でのパフォーマンスデータ活用法

表5.10 パフォーマンススキーマテーブル一覧（3）

テーブル名	導入	説明	コンシューマー	区分
file_summary_by_instance	5.5	インスタンスごとのファイルI/O の統計	global_instrumentation	サマリー
global_status	5.7	グローバルなステータス変数の情報		ステータス変数
global_variables	5.7	グローバルなシステム変数の情報		システム変数
host_cache	5.6	ホストキャッシュの内容		その他
hosts	5.6	ホストごとの接続数統計		その他
memory_summary_by_account_by_event_name	5.7	アカウントごと、イベントごとのメモリ統計	thread_instrumentation	サマリー
memory_summary_by_host_by_event_name	5.7	ホストごと、イベントごとのメモリ統計	thread_instrumentation	サマリー
memory_summary_by_thread_by_event_name	5.7	スレッドごと、イベントごとのメモリ統計	thread_instrumentation	サマリー
memory_summary_by_user_by_event_name	5.7	ユーザーごと、イベントごとのメモリ統計	thread_instrumentation	サマリー
memory_summary_global_by_event_name	5.7	イベントごとのサーバー全体のメモリ統計	global_instrumentation	サマリー
metadata_locks	5.7	メタデータロックの情報	global_instrumentation	ロック
mutex_instances	5.5	追跡しているミューテックスの情報	global_instrumentation	ロック
objects_summary_global_by_type	5.6	オブジェクトごとの統計情報	global_instrumentation	サマリー
performance_timers	5.5	利用可能なタイマーの情報		設定
prepared_statements_instances	5.7	追跡しているしているプリペアドステートメントの情報	global_instrumentation	インスタンス
replication_applier_configuration	5.7	レプリケーション SQL スレッドの設定情報		レプリケーション
replication_applier_status	5.7	レプリケーション SQL スレッドの状態		レプリケーション
replication_applier_status_by_coordinator	5.7	コーディネーターごとのSQLスレッドの状態		レプリケーション
replication_applier_status_by_worker	5.7	ワーカーごとの SQL スレッドの状態		レプリケーション
replication_connection_configuration	5.7	レプリケーション IO スレッドの設定情報		レプリケーション
replication_connection_status	5.7	レプリケーション IO スレッドの状態		レプリケーション

213

第5章 パフォーマンススキーマと sys スキーマ

表5.11 パフォーマンススキーマテーブル一覧（4）

テーブル名	導入	説明	コンシューマー	区分
replication_group_member_stats	5.7	未使用（将来のために予約）		レプリケーション
replication_group_members	5.7	未使用（将来のために予約）		レプリケーション
rwlock_instances	5.5	追跡している RW ロックの情報	global_instrumentation	インスタンス
session_account_connect_attrs	5.6	現在ログイン中のアカウントに対するクライアントの属性情報		その他
session_connect_attrs	5.6	クライアントの属性情報		その他
session_status	5.7	現在のセッションのステータス変数		ステータス変数
session_variables	5.7	現在のセッションのシステム変数		システム変数
setup_actors	5.6	設定用テーブル（スレッドの初期状態）		設定
setup_consumers	5.5	設定用テーブル（コンシューマー）		設定
setup_instruments	5.5	設定用テーブル（計器）		設定
setup_objects	5.6	設定用テーブル（オブジェクト）		設定
setup_timers	5.5	設定用テーブル（タイマー）		設定
socket_instances	5.6	追跡しているソケットの情報	global_instrumentation	インスタンス
socket_summary_by_event_name	5.6	ソケットの種類ごとの統計情報	global_instrumentation	サマリー
socket_summary_by_instance	5.6	ソケットのインスタンスごとの統計情報	global_instrumentation	サマリー
status_by_account	5.7	アカウントごとのステータス変数		ステータス変数
status_by_host	5.7	ホストごとのステータス変数		ステータス変数
status_by_thread	5.7	スレッドごとのステータス変数		ステータス変数
status_by_user	5.7	ユーザーごとのステータス変数		ステータス変数
table_handles	5.7	テーブルロックの情報	global_instrumentation	ロック
table_io_waits_summary_by_index_usage	5.6	インデックスごとのテーブル I/O 待ち統計情報	global_instrumentation	サマリー
table_io_waits_summary_by_table	5.6	テーブルごとの I/O 待ち統計情報	global_instrumentation	サマリー
table_lock_waits_summary_by_table	5.6	テーブルごとのテーブルロック統計情報	global_instrumentation	サマリー
threads	5.5	設定用テーブル（スレッド）		設定
user_variables_by_thread	5.7	スレッドごとのユーザー変数の情報		その他
users	5.6	ユーザーの一覧		その他
variables_by_thread	5.7	スレッドごとのシステム変数		システム変数

214

6

JSON データ型

　NoSQL というバズワードが広く知られるようになって久しい。NoSQL の中でも、ドキュメント型データベース（あるいはドキュメントストア）は人気が高く、使ってみようと考える人は多い。しかし、ドキュメント型データベースはよほど気をつけて使わないとデータが散乱してしまうという問題があり、スキーマがないぶん、格納するデータの構造には細心の注意を払う必要がある。また、それらのデータベースにはトランザクションもないため、ひとたびトラブルが発生すると痛い目を見ることになる。

　そのように扱いが難しいドキュメント型データベースに人気が集まるのには理由がある。日々変化する要件によってデータの設計も変えなければならないというニーズが世の中に多くあるからだ。そこで、そのようなニーズをできるだけとり込もうと、各種 RDBMS 製品は JSON 型のサポートを開始している。MySQL では、5.7 から JSON 型が追加された。RDBMS には強固なトランザクションとデータモデルがあり、データを不整合から守り、アプリケーションの運用を楽にしてくれる。そのような RDBMS の機能によるメリットを享受しつつ、JSON の柔軟性も活用したい。そのような二兎を追うようなニーズを満たしてくれるのが RDBMS による JSON 型のサポートなのである。

6.1　JSON とは

　JSON（JavaScript Object Notation）は、構造化したデータを表現するための記法のひとつである。JavaScript の文法のサブセットを用いてデータを表現するため、JavaScript であれば eval 関数を呼び出すことで容易に値をパースできる。また、JSON は構造が単純であり、ほかの言語でも扱いは極めて容易である。JSON を形式的に紹介すると長くなるので、ここでの説明は直感的なものだけにとどめておきたい。

　大まかにいって、JSON には次の 2 つの構造がある。

◆ キーと値のペアを含んだ**オブジェクト**
◆ 要素が先頭から順序付けられて並んだ**配列**

　それぞれの値の例を、**リスト 6.1** に示す。

215

第 6 章　JSON データ型

リスト6.1　JSON の例

■オブジェクト
```
{"Name": "東京都", "PrefId": 13}
```

■配列
```
["青森", "岩手", "秋田"]
```

　オブジェクトは波括弧（{ }）の中に、カンマ区切りで値のペアを並べたものであり、ひと組のペアのことをメンバーと呼ぶ。メンバーはコロン（:）の左右に値を記述し、それぞれ「キー」と「値」という関係になっている。オブジェクトのキーは文字列のみ、値は文字列、数値、真偽値、オブジェクト、配列、null のいずれかが入る。文字列はダブルクォートで囲う。数値には、整数あるいは浮動小数点の表現が利用可能であるが、使用できるのは 10 進数のみである。真偽値は true または false である。null は JavaScriptの null であって、SQL の NULL ではないので注意しよう。

　配列は角括弧（[ ]）の中に要素を順に並べて記述する。配列の要素もオブジェクトと同様で、文字列、数値、真偽値、オブジェクト、配列、null のいずれかである。JSON に記述できる要素を表6.1 にまとめる。

表6.1　JSON 上で表現できるデータの種類

要素	サンプル
文字列	"東京都 "、 "引用符 \ "を含んだテキスト"
数値	123、1.0、1.23456789e8
真偽値	true、false
オブジェクト	{ "key"：　"value"，…}
配列	[123、 "string"，…]
null	null

　要素としてオブジェクトや配列を持つことができるというのは、入れ子構造にできることを意味する。入れ子構造によって、JSON は複雑なデータ構造を表現できる。ただし、必ずしもオブジェクトか配列を使って記述しないといけないというわけではない。文字列や数値だけであっても妥当な JSON ドキュメントである。

　オブジェクトは、多くのプログラミング言語で実装されているハッシュのようなものである。ハッシュなので要素間に順序はない。つまり順序が異なっても同じキーと値のペアを含んでいれば、同値であると判断される。例えば、次の 2 つのオブジェクトは同値である。

◆ {"Name": "東京都", "PrefId": 13}
◆ {"PrefId": 13, "Name": "東京都"}

　一方、配列は順序が意味を持つため、順序が異なると同値ではなくなる。

このように、JSON は極めてシンプルな記法であるにもかかわらず、入れ子構造によって複雑なデータを表現できるため、多くの開発者から人気を集めている。特に、ブラウザ上で動く JavaScript プログラムとデータのやりとりをするのが容易であるということは、大きな利点である。

6.2　JSON 型のサポート ▶▶▶ 新機能 100

MySQL 5.7 において、JSON 型が追加された。これは、データ型として JSON を指定できるということを意味する。リスト 6.2 は、JSON 型を含むテーブルの定義である。

リスト 6.2　JSON 型を含むテーブルの定義

```
mysql> CREATE TABLE jsondoc (document JSON);
```

JSON 型がサポートされたといっても、ストレージエンジン上に専用の新しいデータ型が追加されたわけではない。MySQL が、文字列として与えられた JSON データを解析し、バイナリ形式に変換したうえでストレージエンジン上に格納するようになっている。ストレージエンジン上の扱いは、BLOB と同じである。ただし、たんに文字列を格納するのとは異なり、内部的に適切なフォーマットへの変換を行うことで、JSON データの構造を保持し、JSON データの要素に効率よくアクセスができるように工夫されているのである。リスト 6.3 は、JSON 型のカラムを持つテーブルに行を挿入している例である。

リスト 6.3　JSON データの挿入

```
mysql> INSERT INTO jsondoc (document) VALUES
    -> ('[1, "a", "X", true]'),
    -> ('{"one": 1, "two": 2, "three": 3}'),
    -> ('[1, 2, [3, 4], 5, {"key": "val"}]'),
    -> ('{"object": {"one": 1}, "array": [1, 2, "3"]}');
Query OK, 4 rows affected (0.02 sec)
Records: 4  Duplicates: 0  Warnings: 0

mysql> SELECT * FROM jsondoc;
+---------------------------------------------+
| document                                    |
+---------------------------------------------+
| [1, "a", "X", true]                         |
| {"one": 1, "two": 2, "three": 3}            |
```

第6章　JSON データ型

```
| [1, 2, [3, 4], 5, {"key": "val"}]            |
| {"array": [1, 2, "3"], "object": {"one": 1}} |
+----------------------------------------------+
4 rows in set (0.01 sec)
```

　SELECT で取得した結果の最終行が INSERT したときの見た目と変わっていることがお分かりだろうか。しかし、これは見た目だけの問題で、表示の順序は違うがどちらも JSON の値としては同じものを表している。INSERT 時にバイナリ形式に変換されて格納されたものが、出力のときにはテキスト形式に再度変換された結果、オブジェクトのメンバーの記述順序は失われるのである。JSON のオブジェクトには順序がないため、このように順序が入れ替わって表示されることがあるので注意しよう。

　内部的に JSON のバイナリ形式にフォーマットして格納する必要があるため、JSON のデータとして正しくないものは格納できないようになっている。例えば、括弧の数が合わなかったり、オブジェクトのキーに文字列以外のものが用いられているといった場合は JSON 型のカラムには格納できない。

　明示的に JSON データを作成したい場合には、CAST 関数を使う。リスト6.4 は、CAST 関数を用いた JSON データが同値かどうかを判定するクエリである。オブジェクトの要素を指定する順序が違っても、JSON データとして同値[1]であることが分かる。

リスト6.4　CAST 関数による JSON データの作成

```
mysql> SELECT CAST('{"one": 1, "two": 2}' AS JSON) =
    -> CAST('{"two": 2, "one": 1}' AS JSON) AS IS_EQUAL;
+----------+
| IS_EQUAL |
+----------+
|        1 |
+----------+
1 row in set (0.00 sec)
```

　余談だが、MySQL 5.7 では JSON のパースのために RapidJSON[2]というライブラリを用いている。

6.3　各種 JSON 操作用関数 ▶▶▶ 新機能 101

　JSON データ型がサポートされたといっても、たんにそれを格納したり取り出したりできるというだけでは意味がない。JSON データの加工や検索などの操作ができてこそ JSON データを活用できる。JSON

---

[1] MySQL では真は 1、偽は 0 である。
[2] http://rapidjson.org/

218

はリレーショナルモデルとは異なるデータモデルであるため、SQL本来の構文だけではうまく扱えない。そのため、JSONデータ型のサポートにともなって、MySQL 5.7ではJSONを操作する各種関数が用意されている。JSONデータを操作する関数を**表6.2**にリストアップする。

表6.2　JSONデータを操作する関数の一覧

関数のシグネチャ	説明
`JSON_ARRAY([val[, val] ...])`	引数を使ってJSON配列を作成する
`JSON_ARRAY_APPEND(json_doc, path, val[, path, val] ...)`	JSONドキュメント内の配列に要素を追加する
`JSON_ARRAY_INSERT(json_doc, path, val[, path, val] …)`	JSONドキュメント内の配列の特定の位置に要素を挿入する
`JSON_CONTAINS(json_doc, val[, path])`	JSONドキュメントが引数で指定された値を含んでいるかどうかを判定する
`JSON_CONTAINS_PATH(json_doc, one_or_all, path[, path] ...)`	JSONドキュメントが引数で指定された値を、引数で指定されたパスに含んでいるかどうかを判定する
`JSON_DEPTH(json_doc)`	JSONドキュメントのパスの深さを返す
`JSON_EXTRACT(json_doc, path[, path] ...)`	JSONドキュメントから要素を抜き出す
`JSON_INSERT(json_doc, path, val[, path, val] ...)`	JSONドキュメント内のオブジェクトにメンバーを追加する
`JSON_KEYS(json_doc[, path])`	JSONドキュメント内のオブジェクトからキーを配列として抜き出す
`JSON_MERGE(json_doc, json_doc[, json_doc] ...)`	2つ以上のJSONドキュメントを統合する
`JSON_LENGTH(json_doc[, path])`	JSONドキュメントそのものあるいは指定されたパスにある要素の長さを返す
`JSON_OBJECT([key, val[, key, val] ...])`	引数を使ってJSONオブジェクトを作成する
`JSON_QUOTE(json_val)`	引数を、JSONの文字列としてクォートする
`JSON_REMOVE(json_doc, path[, path] ...)`	JSONドキュメントから要素を削除する
`JSON_REPLACE(json_doc, path, val[, path, val] ...)`	JSONドキュメント内の要素を別の要素に置き換える
`JSON_SEARCH(json_doc, one_or_all, search_str[, escape_char[, path] ...])`	JSONドキュメント内の要素を検索し、パスを返す
`JSON_SET(json_doc, path, val[, path, val] ...)`	JSONドキュメント内のオブジェクトに値をセットする
`JSON_TYPE(json_val)`	JSONドキュメントから抜き出した要素のデータ型を返す
`JSON_UNQUOTE(val)`	JSONドキュメントのクォートを解除し、通常の文字列に変換する
`JSON_VALID(val)`	文字列がJSONとして妥当かどうかを判定する

第6章　JSON データ型

　関数の一覧を挙げるだけではイメージがつかみにくいと思うので、いくつか JSON データを操作するサンプルを挙げておこう。

　JSON データは CAST 関数で作成してもよいが、配列やオブジェクトを容易に作成できる関数もある。文字列をパースするよりもコストが低いし、何よりアプリケーション側で文字列を動的に組み立てることに伴う SQL インジェクションのリスクを減らすことができる。**リスト 6.5** は JSON_ARRAY 関数を使って、JSON の配列を作成している例である。

リスト 6.5　JSON 配列の作成

```
mysql> SELECT JSON_ARRAY(1, 2, 'x', NULL);
+-----------------------------+
| JSON_ARRAY(1, 2, 'x', NULL) |
+-----------------------------+
| [1, 2, "x", null]           |
+-----------------------------+
1 row in set (0.01 sec)
```

　リスト 6.5 ではテーブルを指定していないので、SELECT で指定したデータを 1 行だけ検索する形となっているが[3]、実テーブルを活用して JSON データの作成をすることもできる。**リスト 6.6** は、テーブルのデータを利用して、JSON オブジェクトを作成している例である。データベースサーバーからダイレクトに JSON 値を受け取りたいという場合には、このような使い方をすると便利である。

リスト 6.6　JSON オブジェクトの作成

```
mysql> SELECT JSON_OBJECT('CountryCode', Code, 'CountryName', Name, 'GNP', GNP)
    -> FROM Country WHERE Code LIKE 'J%';
+------------------------------------------------------------------+
| JSON_OBJECT('CountryCode', Code, 'CountryName', Name, 'GNP', GNP) |
+------------------------------------------------------------------+
| {"GNP": 6871, "CountryCode": "JAM", "CountryName": "Jamaica"}    |
| {"GNP": 7526, "CountryCode": "JOR", "CountryName": "Jordan"}     |
| {"GNP": 3787042, "CountryCode": "JPN", "CountryName": "Japan"}   |
+------------------------------------------------------------------+
3 rows in set (0.00 sec)
```

---

[3] Oracle Database でいうところの、DUAL 表からの検索である（DUAL 表は Oracle 独自）

このように JSON データを関数で作成するうえで本当に便利なのは、関数を組み合わせて使用できるという点である。**リスト 6.7** は、`JSON_ARRAY` と `JSON_OBJECT` をネストして使用している例である。

リスト 6.7　JSON データ作成関数のネスト

```
mysql> SELECT JSON_OBJECT('Code', Code,
    ->   'Info', JSON_OBJECT('Props',
    ->     JSON_OBJECT('CountryName', Name,
    ->       'Capital', (SELECT Name FROM City WHERE Id = Capital)),
    ->     'Numbers', JSON_ARRAY(IndepYear, GNP, Population)))
    -> AS doc FROM Country WHERE Code = 'JPN';
+-----------------------------------------------------------------------------------------------------------+
| doc                                                                                                       |
+-----------------------------------------------------------------------------------------------------------+
| {"Code": "JPN", "Info": {"Props": {"Capital": "Tokyo", "CountryName": "Japan"}, "Numbers": [-660, 3787042, 126714000]}} |
+-----------------------------------------------------------------------------------------------------------+
1 row in set (0.00 sec)
```

このような操作を文字列でやろうと思うと大変である。JSON 関数を使う最大のメリットは、このように JSON の構造を関数側で認識し、適切な処理を行ってくれるという点なのである。

次は、JSON ドキュメントのデータを検索するサンプルを紹介しよう。**リスト 6.7** と同じ関数を用いて JSON ドキュメントを生成し、`world.Country` テーブルのすべての行を、`jsonCountry` という JSON 型のカラムを 1 つだけ持つテーブルに格納したとする。そのテーブルから、`CountryName` が `Japan` になっているデータを検索してみよう。その SQL を**リスト 6.8** に挙げる。

リスト 6.8　テーブル内の JSON ドキュメントを検索する

```
mysql> CREATE TABLE jsonCountry(doc JSON);
mysql> INSERT INTO jsonCountry SELECT JSON_OBJECT(...中略...) FROM Country;
mysql> SELECT * FROM jsonCountry WHERE JSON_EXTRACT(doc, '$.Info.Props.CountryName') = 'Japan';
+-----------------------------------------------------------------------------------------------------------+
| doc                                                                                                       |
+-----------------------------------------------------------------------------------------------------------+
| {"Code": "JPN", "Info": {"Props": {"Capital": "Tokyo", "CountryName": "Japan"}, "Numbers": [-660, 3787042, 126714000]}} |
+-----------------------------------------------------------------------------------------------------------+
1 row in set (0.00 sec)
```

第6章　JSONデータ型

JSON_EXTRACT関数は、JSONドキュメントからデータを抜き出す関数である。2つ目の引数は、JSON内のパスを指定する。JSON型は入れ子構造、つまり階層型のツリー構造になっているため、要素を表すにはパスを指定するのが便利なのである。JSON内のパスは次のようなルールで指定することになっている。

◆ ドル記号（$）はJSONドキュメント全体を表す
◆ オブジェクトのメンバーは、ピリオド（.）に続けて記述する
◆ 配列の要素は、角括弧（[ ]）に要素のインデックスを指定する
◆ .* は、オブジェクトのすべてのメンバーを表す
◆ [*] は、配列のすべての要素を表す
◆ ** は、パスに対するワイルドカードであり、マッチする要素をすべて配列として返す

** は一見便利そうに見えるが、配列が返されるところが若干面倒臭い。配列の要素にアクセスするには、さらにJSON_EXTRACTを使って要素を取り出さないといけないからである。

リスト6.9は、どこかにあるオブジェクトのCountryNameというキーがJapanになっている行を返すクエリである。配列から要素を取り出すために、JSON_EXTRACTがさらにもう1度使われていることがお分かりだろうか。

リスト6.9　ワイルドカードの使用例

```
mysql> SELECT * FROM jsonCountry WHERE
    -> JSON_EXTRACT(JSON_EXTRACT(data, '$**.CountryName'), '$[0]') = 'Japan';
```

更新の場合も、データの検索と同様にJSONドキュメント内のどの要素を変更するかは、パスを用いて指定する。リスト6.10は、配列の2番めの要素オブジェクトのPropsというメンバーオブジェクトにLocalNameという新しいメンバーを追加する例である。JSONにスキーマはないので、特定の行に勝手に新しいデータ構造を追加してもエラーにはならない。スキーマがないということは、特定のケースでは便利である反面、収拾場合がつかなくなる可能性をはらんでいる。

リスト6.10　要素の追加

```
mysql> UPDATE jsonCountry SET data =
    -> JSON_SET(data, '$[1].Props.LocalName', '日本')
    -> WHERE JSON_EXTRACT(data, '$[1].Props.CountryName') = 'Japan';
Query OK, 1 row affected (0.01 sec)
Rows matched: 1  Changed: 1  Warnings: 0
```

6.4 JSON 用のパス指定演算子 ▶▶▶ 新機能 102

JSON_EXTRACT は、JSON ドキュメント内のデータを検索するための基本的な機能であるが、毎度この関数名を入力しなければならないのは若干煩わしい。そこで、MySQL 5.7 では JSON_EXTRACT 相当の結果を得るためのショートカットとして、-> という演算子がサポートされた。この演算子を使用すると、リスト 6.8 の SQL 文はリスト 6.11 のように記述できる。リスト 6.8 と比べて、かなりスッキリしているのがお分かりいただけるだろうか。

リスト 6.11 -> 演算子の使用

```
mysql> SELECT * FROM jsonCountry WHERE data->'$[1].Props.CountryName' = 'Japan';
```

この演算子は、JSON_EXTRACT へのショートカットであるが、JSON_EXTRACT とは違い、返ってきた JSON ドキュメントに対して、さらに -> 演算子を適用して値を取り出すということはできない。-> 演算子の左側にはカラム名を指定する構文規則になっているからである。リスト 6.9 では JSON_EXTRACT が 2 度用いられているが、このような場合に -> を 2 度用いるという記述はできないようになっている。

6.5 JSON データの比較 ▶▶▶ 新機能 103

JSON ドキュメントそのもの、あるいは JSON から取り出した値はソートしたり、ほかのデータ型の値と比較することが考えられる。事実、JSON_EXTRACT などの関数は JSON の値を返す関数であるが、これまでに紹介したサンプルでは JSON 型とほかのデータ型が直接比較されている。JSON_EXTRACT と同じ機能を持つ -> 演算子も同様である。リスト 6.11 では -> 演算子の返り値つまり JSON 値と文字列が直接比較されているが、一体なぜ比較が成立するのだろうか。それはもちろん、自動的にデータ型の変換が行われているからである。自動的な型の変換は、古参の MySQL ユーザーであればお馴染みだろう。MySQL 5.7 ではそのような自動変換が JSON 型についても実装されているというわけだ。

JSON とほかのデータ型を比較する場合、ほかのデータ型が JSON に変換されたあとに比較されることを覚えておいてほしい。従って、どのような比較結果になるかは JSON 上の振る舞いを意識する必要がある。JSON データ内では、すべての文字を識別する必要があることから、文字コードは utf8mb4 が用いられている。照合順序は utf8mb4_bin であり、すべての文字が異なるものと判定される。もちろん、大文字と小文字の区別もされる。リスト 6.12 は大文字と小文字が同じにならないということを示す例である。

リスト 6.12 JSON データにおける大文字と小文字の区別

```
mysql> SELECT 'lower case', CAST('"a"' AS JSON) = 'a' AS result
    -> UNION SELECT 'upper case', CAST('"a"' AS JSON) = 'A';
```

第6章　JSONデータ型

```
+------------+--------+
| lower case | result |
+------------+--------+
| lower case |      1 |
| upper case |      0 |
+------------+--------+
2 rows in set (0.00 sec)
```

　utf8mb4であるということは、日本語の使用も当然可能である。照合順序がutf8mb4_binであるため、絵文字もきちんと区別される。寿司とビールは異なる文字となる。その様子を**リスト6.13**に示す[4]。

リスト6.13　寿司とビールの判定

```
mysql> SELECT CAST(JSON_QUOTE(CAST(UNHEX('F09F8DA3') AS CHAR)) AS JSON) =
    -> CAST(JSON_QUOTE(CAST(UNHEX('F09F8DBA') AS CHAR)) AS JSON) AS sush_eq_beer;
+--------------+
| sush_eq_beer |
+--------------+
|            0 |
+--------------+
1 row in set (0.00 sec)
```

　JSONドキュメントの比較は、=、<=>、<>、!=、<、<=、>、>=の各種演算子でできる。INとBETWEENはまだサポートされていない。また、どのような比較ができるかはJSONドキュメントの中身次第であり、JSONの上のデータ型によって比較方法は異なる。異なるデータ型、例えば配列とスカラ数値[5]でも比較は可能であり、現在の実装による一応の結果は返るのだがその結果には意味がない（配列と数値の比較結果に何の意味があるというのだろうか？）。比較は同じデータ型同士で行わなければならないという点に気をつけよう。ただし、**リスト6.11**の例のように、MySQLによる自動変換によって結果的に同じデータ型になるのであれば問題はない。

　以降では、データ型ごとにどのような比較結果になるかを見ていこう。

6.5.1　数値

　数値の場合は、数値の大きさで比較結果が決まる。**リスト6.14**はスカラ数値同士の比較である。

---

[4] MySQLには俗に「寿司ビール問題」と呼ばれる問題がある。これはMySQLのUnicodeでbinary collationにしてコードポイントで比較しないと🍣と🍺に限らず絵文字が同値判定されるという問題だ。ここでは寿司とビールの絵文字をそれぞれコードポイントで設定している点に注意してほしい。 http://blog.kamipo.net/entry/2015/03/23/093052
[5] 配列でもオブジェクトでもない、単一の値という意味。

224

リスト 6.14　数値の比較

```
mysql> SELECT CAST('777' AS JSON) > 1234;
+---------------------------+
| CAST('777' AS JSON) > 1234 |
+---------------------------+
|                         0 |
+---------------------------+
1 row in set (0.00 sec)
```

6.5.2　文字列

　スカラ文字列の場合には、utf8mb4_bin の照合順序によって比較が行われる。**リスト 6.15** は文字列の比較である。ASCII では小文字のほうがあとなので（コードポイントの値が大きい）、このような結果になっている。

リスト 6.15　文字列の比較

```
mysql> SELECT CAST('"abc"' AS JSON) > 'XYZ';
+------------------------------+
| CAST('"abc"' AS JSON) > 'XYZ' |
+------------------------------+
|                            1 |
+------------------------------+
1 row in set (0.00 sec)
```

6.5.3　真偽値

　真偽値の場合は、true > false となる。

6.5.4　配列

　配列は、最初の要素から順に比較される。要素の長さが違うが、短いほうの要素がすべて長いほうの要素と一致している場合には、長いほうが大きいという判定になる。

　配列の比較が同値（イコール）となるのは、配列の長さが同じで、なおかつ要素がすべて同じ場合に限られる。

　リスト 6.16 は配列同士の比較である。

第 6 章　JSON データ型

リスト 6.16　配列同士の比較

```
mysql> SELECT 'test1' AS TEST,
    ->        CAST('[1,2,3]' AS JSON) > CAST('[1,3,2]' AS JSON)
    ->            AS RESULT
    ->    UNION SELECT 'test2',
    ->        CAST('[1,2,3]' AS JSON) > CAST('[1,2]' AS JSON);
+-------+--------+
| TEST  | RESULT |
+-------+--------+
| test1 |      0 |
| test2 |      1 |
+-------+--------+
2 rows in set (0.00 sec)
```

6.5.5　オブジェクト

　オブジェクトは、すべてのメンバーのキーと値が同じ場合かつその場合にかぎり、同値であるという判定になる。JSON オブジェクト同士の不等号による比較はナンセンスであると思うが、何故か真偽値の結果が返って来るようになっている。現在の実装では次のような判定を行っている。

◆ メンバー数を比較する。異なる場合には、メンバーが少ないほうが小さいという判定になる
◆ メンバー数が同じ場合には、要素を順に比較する
◆ 比較する 2 つのオブジェクトからメンバーを取得し比較する
　　− メンバーの取得順はキーの文字数が少ない順、文字数が同じ場合はバイト列としてキーを比較し、小さい順に取得される
　　− 2 つのメンバーのキーが同値でない場合、文字列として比較して小さいほうがオブジェクトの比較でも小さい値となる
　　− 2 つのキーが同値の場合、メンバーの値が比較され、同値でなければそれがオブジェクトの比較結果となる
◆ 比較したメンバーが同じだった場合、次のメンバーが取得され、同様に比較される
◆ すべてのメンバーが同じ場合、2 つのオブジェクトは同値であると判定される

　この比較のアルゴリズムで重要なのは、最後の 1 行だけ、つまり 2 つのオブジェクトが同値かどうかという判定だけである。それ以外のケースでは、この比較によってオブジェクトの値の大小を決めることは、論理的に一切の意味はない。メンバーの数で比較するというのはまだ理解できなくもないが、何故キーの長さが短いほうが先に比較されるのか。何故キーの長さが短いほうが小さい値だといえるのか、何故メン

226

6.5.6 日付／時刻

　MySQL 5.7 の JSON データは、MySQL の日付／時刻のデータ型から作成された場合にかぎり、ほかの日付や時刻と比較できるようになっている。これは、文字列をパースして作成した JSON データにはない特別な動作である。リスト 6.17 は、文字列をパースした場合といったん DATE 型にキャストしてから JSON へキャストした場合の比較結果の違いを示したものである。文字列の場合には、ハイフン（-）のほうがスラッシュ（/）よりも小さいため不等号の結果は偽である。いったん日付型に変更した場合には、正常に日付同士の比較が行われている[6]。

リスト 6.17　日付の比較

```
mysql> SELECT 'str' AS type,
    ->     CAST('"2016-02-29"' AS JSON) >
    ->     CAST('"2016/02/28"' AS JSON) AS result
    -> UNION ALL SELECT 'date',
    ->     CAST(CAST('2016-02-29' AS DATE) AS JSON) >
    ->     CAST(CAST('2016/02/28' AS DATE) AS JSON);
+------+--------+
| type | result |
+------+--------+
| str  |      0 |
| date |      1 |
+------+--------+
2 rows in set (0.01 sec)
```

6.5.7　BLOB/BIT

　BLOB や BIT は、バイト列としてそのまま JSON データと比較される。こちらも、MySQL 上で BLOB や BINARY から直接 JSON 型が作成された場合限定の特別な動作である。リスト 6.18 は、BLOB と JSON を比較する例である。1 行目は 0x12345 を BLOB カラムに挿入してから、BLOB の値を JSON へ代入したもの、2 行目は 0x12345 の値を JSON 型に直接挿入したものである。比較結果が異なっている点に注目してほしい。

---

[6] ちなみに、MySQL が認識しているデータ型が何であるかは JSON_TYPE 関数を使うことで確認可能である。思ったとおりの結果にならないときはデータ型を確認してみるとよいだろう。

第6章　JSONデータ型

リスト6.18　JSON型とBLOB型の比較

```
mysql> CREATE TABLE jsonblob (j JSON, b BLOB);
Query OK, 0 rows affected (0.08 sec)

mysql> INSERT INTO jsonblob VALUES(NULL, 0x12345);
Query OK, 1 row affected (0.01 sec)

mysql> UPDATE jsonblob SET j = CAST(b AS JSON);
Query OK, 1 row affected (0.01 sec)
Rows matched: 1  Changed: 1  Warnings: 0

mysql> INSERT INTO jsonblob VALUES(CAST(0x12345 AS JSON), 0x12345);
Query OK, 1 row affected (0.01 sec)

mysql> SELECT j, j=b, JSON_TYPE(j) FROM jsonblob;
+----------------------+------+--------------+
| j                    | j=b  | JSON_TYPE(j) |
+----------------------+------+--------------+
| "base64:type252:ASNF" |   1 | BLOB         |
| "base64:type16:ASNF"  |   0 | BIT          |
+----------------------+------+--------------+
2 rows in set (0.00 sec)
```

　正直なところ、BLOBの同一性を比較するのは難しい。リスト6.18では、JSONデータはbase64エンコーディングで表示されているが、これは格納されているデータがエンコードされているわけではなく、たんに表示のときにエンコードされるだけである。type252やtype16というのはMySQL内部のデータ型のコードであり、BLOBおよびBITを表している。これらデータ型の種類もJSONカラムに格納されており、比較はこのデータ型に関しても行われる。そのため、BLOBやBITと比較するには、元になったデータ型も含めて完全に一致していなければならない。リスト6.18では、比較の結果、1行目は同値、2行目は一致していないという判定になっている。1行目はbカラムをCASTしたもの、2行目は0x12345を直接CASTしたものである。2行目が一致しないのは、JSONカラムに格納されているデータ型が異なるためである。

　このように、BLOBとJSONの比較では内部的なデータ型についても意識しなければならず、かなり面倒である。わざわざBLOBをJSONに変換して手間を増やしたりしないようにしよう。

6.5.8　JSON ドキュメントへの変換

JSON とその他のデータとの変換について、ルールを**表6.3**にまとめておいた。このルールは `CAST` によってデータ型を変換するときのものだが、自動変換の場合もこのルールに準じる。特に自動変換は意図せぬ動作の元になりやすいので、変換がどのような動作をするかしっかりと把握しておこう。

表6.3　JSON データの自動変換のルール

データ型	ほかのデータ型から JSON へ	JSON からほかのデータ型へ
文字列（utf8、utf8mb4、ascii）	パースされて JSON データに変換される	JSON データから utf8mb4 文字列に直列化される
文字列（上記以外の文字コード）	utf8mb4 へ変換後にパースされ、JSON データに変換される	JSON データから utf8mb4 文字列に直列化され、その後文字コードが変換される
ジオメトリ	ST_AsGeoJSON() によって変換される	CAST 関数はジオメトリへの変換をサポートしていない
数値、真偽値、日付、時刻、BLOB 等	スカラ値の JSON ドキュメントが生成される	変換可能な場合のみ変換が行われる。そうでなければ NULL が返る
NULL	NULL（JSON ではない）	JSON から NULL への変換は存在しない

6.5.9　ソート

JSON カラムを `ORDER BY` に指定することで、ソートすることも可能である。**リスト6.19**は、JSON カラムを用いてソートしている例である。現時点では、ソートはスカラ値によるものしかサポートされていない。NULL は先頭になり、スカラではない値は後方に配置されるようになっている。この例では、'$.id' というパスの要素を取り出して、ソートのキーにしている。JSON にはスキーマはないため、要素が存在するかどうかも不明であるし、そもそも型の指定すらできないため同じ型のデータが返ってくる保証はどこにもない。思わぬソートの結果にならないよう、十分に注意しよう。

リスト6.19　JSON カラムによるソートの例

```
mysql> CREATE TABLE jsondoc (document JSON);
Query OK, 0 rows affected (0.04 sec)

mysql> INSERT INTO jsondoc VALUES
    -> ('{"id": 123, "val": [1,2,3]}'),
    -> ('{"id": 999, "str": "test"}'),
    -> ('{"id": 7, "val": 7}'),
```

第6章　JSONデータ型

```
    ->    ('{"no-id": "id doesn\'t exist"}'),
    ->    ('{"id": [1,2,3], "val": "wrong type"}');
Query OK, 5 rows affected (0.01 sec)
Records: 5  Duplicates: 0  Warnings: 0

mysql> SELECT document->'$.id' AS id, document FROM jsondoc ORDER BY document->'$.id';
+-----------+--------------------------------------+
| id        | document                             |
+-----------+--------------------------------------+
| NULL      | {"no-id": "id doesn't exist"}        |
| 7         | {"id": 7, "val": 7}                  |
| 123       | {"id": 123, "val": [1, 2, 3]}        |
| 999       | {"id": 999, "str": "test"}           |
| [1, 2, 3] | {"id": [1, 2, 3], "val": "wrong type"} |
+-----------+--------------------------------------+
5 rows in set, 1 warning (0.00 sec)

mysql> SHOW WARNINGS;
+---------+------+------------------------------------------------------------------------------+
| Level   | Code | Message                                                                      |
+---------+------+------------------------------------------------------------------------------+
| Warning | 1235 | This version of MySQL doesn't yet support 'sorting of non-scalar JSON values' |
+---------+------+------------------------------------------------------------------------------+
1 row in set (0.00 sec)
```

6.6　生成カラム ▶▶▶ 新機能 104

　検索やソートを高速化するにはインデックスが必要であり、それは JSON 型が対象であっても変わらない。むしろ、インデックスが使えないようでは十分な検索性能が得られず、データベースとして役に立たないだろう。しかし、問題はどのようにして JSON データに対してインデックスを作成するかということだ。

　RDBMS 上で使用できるインデックスにはいろいろある。MySQL 上で使用できるものには、B+ ツリーインデックス、R ツリーインデックス、転置インデックスがあるが、JSON はいずれのインデックスにも適合しない。そもそも、JSON 型のデータは構造をユーザーが自由に決定できるので型に嵌めてインデックスを作成するには向かないのだ。そのような問題を解決するため、MySQL 5.7 には生成カラム[7]と

---

[7] Oracle DB（11g から）では仮想列と呼ばれている機能。http://www.oracle.com/technetwork/jp/articles/11g-schemamanagement-084211-ja.html

いう機能が追加された。これは、あるカラムの値を別のカラムの値から自動的に計算してしまうというものである。生成カラムは、JSON に限定された機能ではなく汎用的に使える機能だが、むしろ JSON データは生成カラムなしには使い物にならないので、この場で解説したい。

6.6.1 生成カラムの作成

CREATE TABLE コマンドでテーブル定義と同時に生成カラムを作成することもできるし、あとから ALTER TABLE コマンドで追加することもできる。必要な構文は、データ型を指定したあとに AS （式）という書式を追加するだけである[8]。AS 句は NOT NULL 制約やインデックスの指定よりも前に配置しなければならない。リスト 6.20 は 3 つの数値から日付を生成する例である。

リスト 6.20　生成カラムの例

```
mysql> CREATE TABLE gcdate (
    ->   y INT,
    ->   m INT,
    ->   d INT,
    ->   gdate DATE AS (CAST(CONCAT(y,'-',m,'-',d) AS DATE)) VIRTUAL NOT NULL
    -> );
Query OK, 0 rows affected (0.10 sec)

mysql> INSERT INTO gcdate (y,m,d) VALUES(2016,2,29);
Query OK, 1 row affected (0.00 sec)

mysql> SELECT * FROM gcdate;
+------+------+------+------------+
| y    | m    | d    | gdate      |
+------+------+------+------------+
| 2016 |    2 |   29 | 2016-02-29 |
+------+------+------+------------+
1 row in set (0.00 sec)
```

　生成カラムは、見た目は通常のカラムっぽく見えるが、直接値を挿入したり更新できないという点が異なる。値は、定義のときに指定された式に従って自動的に生成される（だから生成カラムという）。生成カラムを INSERT や UPDATE に含めることも可能だが、必ず DEFAULT を指定しなければならない。それ以外

---

[8] たんに AS と書くだけでなく、GENERATED ALWAYS AS と記述することもできるが、語数が増えて生成カラムであることが明確に記述できる以上の意味はない。

第6章　JSON データ型

の値を指定した場合にはエラーになる。生成カラムの値を使って、さらに別の生成カラムを作成することも可能であるが、その場合はカラムを定義する順序に制限がある。参照されるほうの生成カラムは、参照するカラムよりも前に定義されていなければならない。この場合の前というのは時間軸の前後ではなく、DESC コマンド等でカラムが表示される順序のことである。**リスト 6.21** は、**リスト 6.20** のテーブルにカラムを追加する SQL 文であり、既存の生成カラムから別の生成カラムの値を作成する例である。

リスト 6.21　生成カラムのカスケード

```
mysql> ALTER TABLE gcdate
    ->     ADD h INT,
    ->     ADD mi INT,
    ->     ADD s INT,
    ->     ADD gtime TIME AS (MAKETIME(h, mi, s)),
    ->     ADD gdatetime DATETIME AS (TIMESTAMP(gdate, gtime));
Query OK, 1 row affected (0.21 sec)
Records: 1  Duplicates: 0  Warnings: 0

mysql> UPDATE gcdate SET h=1, mi=30, s=0;
Query OK, 1 row affected (0.01 sec)
Rows matched: 1  Changed: 1  Warnings: 0

mysql> SELECT * FROM gcdate;
+------+------+------+------------+------+------+------+----------+---------------------+
| y    | m    | d    | gdate      | h    | mi   | s    | gtime    | gdatetime           |
+------+------+------+------------+------+------+------+----------+---------------------+
| 2016 |    2 |   29 | 2016-02-29 |    1 |   30 |    0 | 01:30:00 | 2016-02-29 01:30:00 |
+------+------+------+------------+------+------+------+----------+---------------------+
1 row in set (0.00 sec)
```

　生成カラムを作成するうえで重要なのは、式が決定性でなければならないという点である。したがって、非決定性の値を生成する関数などは、生成カラムでは利用できない。非決定性の値を生成する関数としては、例えば次のようなものが挙げられる。

◆ UUID()
◆ CONNECTION_ID()
◆ NOW()
◆ RAND()

また、式の内部では、サブクエリやユーザー変数、ユーザー定義関数、ストアドファンクションなども使用できない。いつ誰がテーブルのデータを更新しても、同じデータからは同じ値を生成する必要があるからである。とりあえず、JSONの操作であれば問題ないので、その点は安心してほしい。

ただし、JSONから文字列を取り出すような生成カラムは、**JSON_UNQUOTE**を利用しなければならない点に注意しよう。JSONの文字列をそのまま評価すると、ダブルクォーテーションマークが含まれてしまうからである。**リスト6.22**はJSONから文字列を取り出す生成カラムの例である。

リスト6.22　JSONを用いた生成カラム

```
mysql> CREATE TABLE gclabels (
    ->    doc JSON,
    ->    label VARCHAR(20) AS
    ->    (JSON_UNQUOTE(JSON_EXTRACT(doc, '$.label'))));
```

作成した生成カラムは、情報スキーマにある`INNODB_SYS_VIRTUAL`というテーブルからメタデータを参照できる。しかしこのテーブルには、生成カラムを作成したテーブルのテーブルIDや、カラムのポジションなどが数値で格納されているだけなので、テーブル名やカラム名などを含めたい場合には、ほかのテーブルと`JOIN`しなければならない。**リスト6.23**はそのような`JOIN`を用いたクエリの例である。

リスト6.23　生成カラムのメタデータの例

```
mysql> SELECT
    ->    t.TABLE_ID,
    ->    FLOOR(v.pos / (1<<16)) - 1 AS vcol_no,
    ->    v.pos % (1<<16) - 1 AS col_no,
    ->    v.base_pos,
    ->    t.NAME AS TABLE_NAME,
    ->    c1.NAME AS virtual_col_name,
    ->    c2.NAME AS base_col_name
    -> FROM
    ->    INNODB_SYS_VIRTUAL v
    ->    JOIN INNODB_SYS_TABLES t ON v.TABLE_ID = t.TABLE_ID
    ->    JOIN INNODB_SYS_COLUMNS c1 ON c1.TABLE_ID = t.TABLE_ID AND c1.pos = v.pos
    ->    JOIN INNODB_SYS_COLUMNS c2 ON c2.TABLE_ID = t.TABLE_ID AND c2.pos = v.base_pos
    -> ORDER BY TABLE_ID, col_no;
+----------+---------+--------+----------+--------------+------------------+---------------+
| TABLE_ID | vcol_no | col_no | base_pos | TABLE_NAME   | virtual_col_name | base_col_name |
```

第6章　JSONデータ型

```
+----------+--------+-------+-------+---------------+----------------+--------------+
|      637 |      0 |     2 |     2 | test/gcdate   | gdate          | d            |
|      637 |      0 |     2 |     1 | test/gcdate   | gdate          | m            |
|      637 |      0 |     2 |     0 | test/gcdate   | gdate          | y            |
|      637 |      1 |     6 |     5 | test/gcdate   | gtime          | s            |
|      637 |      1 |     6 |     4 | test/gcdate   | gtime          | mi           |
|      637 |      1 |     6 |     3 | test/gcdate   | gtime          | h            |
|      637 |      2 |     7 |     0 | test/gcdate   | gdatetime      | y            |
|      637 |      2 |     7 |     3 | test/gcdate   | gdatetime      | h            |
|      637 |      2 |     7 |     2 | test/gcdate   | gdatetime      | d            |
|      637 |      2 |     7 |     5 | test/gcdate   | gdatetime      | s            |
|      637 |      2 |     7 |     1 | test/gcdate   | gdatetime      | m            |
|      637 |      2 |     7 |     4 | test/gcdate   | gdatetime      | mi           |
|     1687 |      0 |     0 |     0 | test/gclabels | label          | doc          |
+----------+--------+-------+-------+---------------+----------------+--------------+
13 rows in set (0.00 sec)
```

6.6.2　VIRTUAL vs STORED

　生成カラムはデフォルトではデータを実際に格納せず、行へアクセスするたびにカラムの値が再計算されるようになっている。一方、計算済のデータを保存しておくこともできる。後者の場合は AS（式）のあとに STORED というキーワードを記述する。デフォルトの挙動は VIRTUAL である。なぜ2つの方式が存在するかというと、それぞれ利点と欠点があるからである。各方式の特徴を比較したものを**表 6.4** に示す。

　表 6.4 を見ても分かるとおり、VIRTUAL と STORED のトレードオフは明確である。データサイズの効率を取るか、CPU の効率を取るかである。CPU の消費がどの程度になるかは、式の内容次第という面もあるので、単純な場合は VIRTUAL、複雑になれば STORED という判断をしても差し支えない。ただし、実際にどちらが速いか、あるいはメモリ消費が問題ないかといったことは負荷次第でもあるので、きっちりとベンチマークをして確かめてほしい。

　また、VIRTUAL と STORED では使用できるインデックスも異なる。VIRTUAL の場合は、B+ ツリーのセカンダリインデックスを作成できるが、それ以外の種類のインデックスは作成できない。ほかの種類のインデックスが必要な場合には、STORED しか選択肢はない。

　VIRTUAL は外部キー制約でも使えないので注意が必要である。また、生成カラムに対する外部キー制約については、追加で次のような制限があるので注意してほしい。

◆ STORED 生成カラムでは、ON DELETE SET NULL、ON UPDATE SET NULL、ON UPDATE CASCADE などの指定はできない

◆ VIRTUAL 生成カラムは、ON DELETE SET NULL、ON UPDATE SET NULL、ON UPDATE CASCADE などの外部キー制約が指定されたカラムを元に生成することはできない

234

表6.4　VIRTUAL と STORED の比較

項目	VIRTUAL	STORED
方式の概要	カラムにアクセスしたときに値を計算する	計算した値を実際に格納しておく
アクセス速度	若干劣る	速い
CPU消費	大	小
メモリ消費	小	大
ディスク消費	小	大
デフォルト	Yes	No
セカンダリインデックス	Yes	Yes
クラスタインデックス	No	Yes
Rツリーインデックス	No	Yes
フルテキストインデックス	No	Yes
外部キー参照	No	Yes
外部キー被参照	No	Yes

6.6.3　JSONデータのインデックス

　JSON型に直接インデックスは作成できないが、ほかのデータ型を持つ生成カラムであればインデックスを作成可能である。インデックスの種類はB+ツリーかもしれないし、STORED であればRツリーやフルテキスト、さらにはクラスタインデックスも可能である。リスト6.24 は、JSON型のカラムからINT型のカラムを生成し、インデックスを作成する様子を示したものである。STORED の指定がないので、intval カラムは VIRTUAL の生成カラムである。VIRTUAL に対して、セカンダリインデックスが作成されている。EXPLAIN の実行結果では、type が ref になっていることからインデックスが使用されていることが分かる。

リスト6.24　JSONカラムから生成した INTカラムに対するインデックス

```
mysql> CREATE TABLE jsondoc (
    ->    doc JSON,
    ->    intval INT AS (JSON_EXTRACT(doc, '$.val')),
    ->    INDEX(intval));
Query OK, 0 rows affected (0.10 sec)

mysql> INSERT INTO jsondoc (doc) VALUES
    ->    (JSON_OBJECT('val', 123, 'key', 'test')),
    ->    (JSON_OBJECT('val', 234, 'foo', 'bar'));
Query OK, 2 rows affected (0.03 sec)
```

第 6 章　JSON データ型

```
Records: 2  Duplicates: 0  Warnings: 0

mysql> EXPLAIN SELECT doc FROM jsondoc
    ->   WHERE JSON_EXTRACT(doc, '$.val') = 123\G
*************************** 1. row ***************************
           id: 1
  select_type: SIMPLE
        table: jsondoc
   partitions: NULL
         type: ref
possible_keys: intval
          key: intval
      key_len: 5
          ref: const
         rows: 1
     filtered: 100.00
        Extra: NULL
1 row in set, 1 warning (0.00 sec)
```

　生成カラムに対するインデックスの使用で気をつけなければならないのは、生成カラムの式とクエリに
現れる式がまったく同じでなければならない点である。式の計算結果が同じだからといっても、オプティ
マイザがそれを認識してくれるわけではない。例えば、**リスト 6.24** において、**SELECT** 文の **WHERE** 句の条
件を **JSON_EXTRACT(doc, '$.val') + 0 = 123** にすると、インデックスは使えなくなってしまう。

6.6.4　生成カラムと制約

　個人的に便利だと思う生成カラムの使い方として、制約との連携が挙げられる。生成カラムには **NOT
NULL** 制約や一意性制約を付けられるほか、データ型もマッチしなければならないからである。**リスト 6.20**
では、3 つの数値から **DATE** 型を生成しているため、無効な日付は自動的に弾かれる。**リスト 6.25** は閏年
を認識している例である。2015 年には 2 月 29 日は存在しないためエラーになっているが、2016 年 2 月
29 日は問題なく格納できている。ただし、SQL モードに **ALLOW_INVALID_DATES** が設定されていると、
無効な日付も格納できる点に注意してほしい。

リスト 6.25　無効な日付を認識する生成カラム

```
mysql> INSERT INTO gcdate (y,m,d) VALUES (2015,2,29);
ERROR 1292 (22007): Incorrect datetime value: '2015-2-29'
```

```
mysql> INSERT INTO gcdate (y,m,d) VALUES (2016,2,29);
Query OK, 1 row affected (0.01 sec)
```

　もちろん JSON データを使った生成カラムでも、このような制約は役に立つ。JSON データはスキーマレスであるため構造は自由奔放だが、生成カラムと制約を使用することである程度構造に制限を設けられる。

　例えば、生成カラムと NOT NULL 制約を使えば、あるデータが存在していることを保証できる。リスト 6.26 の例では、すべての JSON ドキュメントはオブジェクトでなければならないし、id というメンバーが必要であり、なおかつ ISBN というメンバーは長さ 1 以上の配列でなければならない。

リスト 6.26　JSON データに制約を付ける

```
mysql> CREATE TABLE jbooks (
    ->    data JSON,
    ->    id BIGINT AS (JSON_EXTRACT(data, '$.id'))
    ->       STORED NOT NULL PRIMARY KEY,
    ->    isbn VARCHAR(13) AS
    ->       (JSON_UNQUOTE(JSON_EXTRACT(data, '$.ISBN[0]')))
    ->       NOT NULL,
    ->    INDEX(isbn));
```

　生成カラムと制約の組み合わせは無数に存在する。MySQL には CHECK 制約がないので複雑な制約を表現したい場合に困るのだが、MySQL 5.7 では生成カラムが使えるケースも多いのではないだろうか。特に JSON データの構造に何らかの規則を設定したい場合には有用である。

6.7　地理情報の応用

　本章で紹介した JSON 関数や生成カラムは、空間データを扱う際にも非常に便利である。空間データは WKT などを用いて表現しなければならず、テーブルから値を取り出すのにも GIS 関数を用いて WKT に変換するなど、手間が多い[9]。そこで、GeoJSON 関数を用いてデータを JSON で記録し、同時にジオメトリカラムを生成することで R ツリーインデックスを作成するといった操作が可能である。

　GeoJSON は地理情報を記述するフォーマットとして人気であり、元から GeoJSON が用いられているケースも多いだろう。そのため、GeoJSON を格納しておくことが望ましいケースも多いに違いない。リスト 6.27 は、JSON ドキュメントからジオメトリデータを生成する例である。

---

[9] 地理情報の詳細については第 4.6 節（P. 174）を参照のこと。GIS や WKT の説明も同節にある。

第6章 JSONデータ型

リスト 6.27 ジオメトリオブジェクトの生成

```
mysql> CREATE TABLE gcgeo (
    ->    geomjson JSON,
    ->    geom GEOMETRY AS (ST_GeomFromGeoJson(geomjson),1,0) STORED NOT NULL,
    ->    SPATIAL INDEX(geom));

mysql> INSERT INTO gcgeo (geomjson) VALUES ('{"type": "Feature",
    '->    "properties": {"Location": "Tokyo Metropolitan Government headquarters"},
    '->    "geometry": {"type": "Point", "coordinates": [139.6921007, 35.6896342]}}');
Query OK, 1 row affected (0.01 sec)

mysql> SELECT geomjson->'$.properties.Location' FROM gcgeo WHERE
    -> ST_Contains(ST_MakeEnvelope(Point(139,35),Point(140,36)),geom);
+---------------------------------------------+
| geomjson->'$.properties.Location'           |
+---------------------------------------------+
| "Tokyo Metropolitan Government headquarters" |
+---------------------------------------------+
1 row in set (0.00 sec)
```

　GeoJSON では、WKT にはないプロパティを記述することが許容されているという特徴がある。プロパティにはどのようなデータを記述してもよい。リスト 6.27 は地理情報の検索と連動してプロパティを抽出するという使い方のサンプルである。

　GeoJSON から GeoHash へ連携させることも可能である。R ツリーはカラムが NOT NULL でなければいけないという制限があるし、生成カラムも STORED でなければならない。GeoHash であればいずれの制限もないので、取り回しは極めて簡単である。GeoHash に連携する例をリスト 6.28 に示す。

リスト 6.28 GeoHash の生成

```
mysql> CREATE TABLE gcgeo (
    ->             geomjson JSON,
    ->             geohash CHAR(10) AS (ST_GeoHash(ST_GeomFromGeoJson(geomjson),10)),
    ->             INDEX(geohash));
Query OK, 0 rows affected (0.04 sec)

mysql> INSERT INTO gcgeo (geomjson) VALUES ('{"type": "Feature",
```

6.7 地理情報の応用

```
  '->    "properties": {"Location": "Tokyo Metropolitan Government headquarters"},
  '->    "geometry": {"type": "Point", "coordinates": [139.6921007, 35.6896342]}}');
Query OK, 1 row affected (0.01 sec)

mysql> SELECT geomjson->'$.properties.Location' FROM gcgeo
    -> WHERE geohash LIKE CONCAT(ST_GeoHash(POINT(139.7,35.7),4), '%');
+---------------------------------------------+
| geomjson->'$.properties.Location'           |
+---------------------------------------------+
| "Tokyo Metropolitan Government headquarters" |
+---------------------------------------------+
1 row in set (0.00 sec)
```

オプティマイザトレースと JSON 関数

　JSON といえば、JSON 形式の EXPLAIN やオプティマイザトレースを思い出す人も多いだろう。EXPLAIN はほかのクエリの入力にすることはできないので、JSON 関数とは組み合わせられないが、オプティマイザトレースであれば可能である。しかし、オプティマイザトレースを JSON 関数で解析しても、あまり旨味はないだろう。なぜならば、JSON 関数を経由すると、インデントが完全に破棄されてしまうからだ。次の実行結果は、第 3 章で取り上げたオプティマイザトレースから、-> 演算子を使って要素を抜き出している例である。

```
mysql> SELECT TRACE->'$**.attached_conditions_summary'
    -> FROM information_schema.OPTIMIZER_TRACE\G
*************************** 1. row ***************************
TRACE->'$**.attached_conditions_summary': [[{"table": "`Country`", "attached": "(`Cou
ntry`.`Capital` is not null)"}, {"table": "`City`", "attached": "(`City`.`CountryCode
` = `Country`.`Code`)"}, {"table": "`CountryLanguage`", "attached": null}]]
1 row in set (0.00 sec)
```

　ご覧のとおり、とても長い 1 行になってしまっており、非常に見づらい。オプティマイザトレースはそのまま目視したほうがよいだろう。

第6章　JSON データ型

6.8　MySQL をドキュメントストアとして利用する
▶▶▶ 新機能 105

執筆時点ではまだ正式リリースされてはいないが、MySQL をあたかもドキュメントストアのように使用するための機能の実装が進んでいる。原稿執筆時点の最新バージョンである MySQL 5.7.12 では新たにプロトコルを提供するプラグインが同梱されるようになった。ドキュメントストアとして使用する機能自体は正式リリース前なので本番環境ですぐに使うことはできないが、今後の開発の進展に期待していただきたい。

以降では、MySQL をドキュメントストアとして利用する際の仕組みと手順について簡単に解説しよう。SQL 上で JSON を操作するのははっきりいって面倒なので、純粋に JSON の格納場所として使うのであれば SQL よりもこちらのほうが重宝するだろう。

6.8.1　X DevAPI

MySQL 5.7.12 において、MySQL サーバーパッケージに X Plugin というコンポーネントが追加された。これは、MySQL の第三のプロトコル[10] を追加するものであり、そのプロトコルは X Protocol と呼ばれる。X Protocol は、Google が開発した Protocol Buffers というツールを用いて記述されており、移植性が高いことが期待される。MySQL 5.7.12 と同時にリリースされたドライバでは、Connector/J、Connector/Net、Connector/Node.js において X Protocol がサポートされ、このプロトコルを使用するための関数群が X DevAPI として公開されている。つまり、X Protocol を使用するには、サーバー側では X Plugin が、クライアント側では X DevAPI が搭載されたドライバが必要になる。

X DevAPI は、ドキュメントストアとして MySQL を使用するのに必要な機能がひととおり実装されている。加えて、リレーショナルデータベースとして使用する仕組みも備えている。O/R マッパー風のAPI のほか、MySQL サーバーへ送信する SQL を直接渡すための機能も持っている。O/R マッパー風のAPI は、アプリケーションからシンプルな操作をする場合に便利だろう。ただし、現時点では単一のテーブルに対する操作ができるだけであり、JOIN やサブクエリに相当する処理はないので、リレーショナルモデルを実践するには程遠い。また、プロトコルレベルで非同期 API を備えており、高いスループットや応答速度が必要なアプリケーションで使いやすくなっている。単純な処理を大量に実行したいというニーズに適しているだろう。

リスト 6.30 は Java 用ドライバを用いてドキュメントを変更するサンプルコードである。リスト 6.30を実行するにはリスト 6.29 にある SQL を事前に実行しておく必要がある。X DevAPI は巨大な API なので、詳細に解説するには本書の範疇を大きく超えてしまう。簡単な解説だけにとどめておくので、雰囲気だけでも掴んでいただければ幸いである[11]。

---

[10] 第二のプロトコルとしては、すでに memcached プラグインが存在する。
[11] X DevAPI についての詳細を知りたい人は、公式マニュアルである X DevAPI User's Guide を参照してほしい。

240

6.8 MySQLをドキュメントストアとして利用する ▶▶▶ 新機能 105

リスト6.29　サンプルコレクションの準備

```
mysql> UPDATE jsonCountry SET doc =
    -> JSON_SET(doc, '$._id', JSON_EXTRACT(doc, '$.Code'));
Query OK, 239 rows affected (0.06 sec)
Rows matched: 239  Changed: 239  Warnings: 0

mysql> ALTER TABLE jsonCountry ADD _id VARCHAR(32)
    -> AS (JSON_UNQUOTE(JSON_EXTRACT('doc','$._id')))
    -> STORED NOT NULL;
Query OK, 239 rows affected (0.23 sec)
Records: 239  Duplicates: 0  Warnings: 0

mysql> ALTER TABLE jsonCountry ADD UNIQUE (_id);
Query OK, 0 rows affected (0.23 sec)
Records: 0  Duplicates: 0  Warnings: 0
```

リスト6.30　Java用ドライバ上でドキュメントデータベースとしてMySQLを使用する

```java
import com.mysql.cj.api.x.*;
import com.mysql.cj.x.json.*;
import com.mysql.cj.x.MysqlxSessionFactory;

class XDevAPITest
{
    final static String conUrl = "mysql:x://localhost:33060/world?user=myuser&password=mypass";

    XSession mySession;

    XDevAPITest()
    {
        // Connect to server on localhost
        mySession = new MysqlxSessionFactory().getSession(conUrl);
    }

    DbDoc fetchCountry(String code)
```

241

第6章 JSONデータ型

```java
    {
        return mySession.getSchema("world").
            getCollection("jsonCountry").
            find("$.Code == :code").
            bind("code", code).
            execute().
            fetchOne();
    }

    void modifyCountryGNP(String code, Integer gnp)
    {
        mySession.getSchema("world").
            getCollection("jsonCountry").
            modify("$.Code == :code").
            set("$.Info.Numbers[2]", gnp).
            bind("code", code).
            execute();
    }

    Row selectCountryTable(String code)
    {
        return mySession.getSchema("world").getTable("Country").
            select("Name, GNP, Capital").
            where("Code = :code").
            bind("code", code).
            execute().
            fetchOne();
    }

    public void run()
    {
        // Start transaction
        mySession.startTransaction();

        try {
            // Fetch document
            com.mysql.cj.x.json.DbDoc doc = fetchCountry("JPN");
```

242

6.8　MySQLをドキュメントストアとして利用する　▶▶▶ 新機能 105

```java
            // Retrieve a single value from document
            DbDoc myInfo = (DbDoc)doc.get("Info");
            JsonArray myNumbers = (JsonArray)myInfo.get("Numbers");
            Integer gnp = ((JsonNumber)myNumbers.get(2)).getInteger();
            // Modify document
            modifyCountryGNP("JPN", gnp - 1);
            // Print document
            System.out.println(doc);
            // Select from a table
            Row row = selectCountryTable("JPN");
            System.out.println(row.getString("Name"));
            // Commit transaction
            mySession.commit();
        } catch(Exception e) {
            // Handle error
            System.out.println(e.toString());
        }
        mySession.close();
    }

    public static void main(String args[])
    {
        XDevAPITest test = new XDevAPITest();
        test.run();
    }
}
```

　リスト6.29で操作している`jsonCountry`というテーブルはリスト6.8で作成したものである。リスト6.29では、`_id`という一意な値を持った要素をドキュメントに、そしてその値を生成カラムとして取り出したものを追加している。`_id`カラムには、ユニークインデックスが付けられている。これはX DevAPIを通じてドキュメントストアとしてテーブルにアクセスする際に必要な制限事項である。`_id`は最大で32文字でなければならない。また、ドキュメントを格納するカラムの名前は`doc`でなければならない。

　X DevAPIでは、ドキュメントストアとしてアクセスする場合とリレーショナルモデルつまりSQLの場合では異なるオブジェクトを通じてデータにアクセスするようになっている。大雑把な処理の流れを説明すると、ドライバからXSessionインスタンスを取得し、XSessionインスタンスからSchemaインスタンスを取得、SchemaインスタンスからCollectionあるいはTableインスタンスを取得し、各種操作を行う。リスト6.30では、実際には`jsonCountry`として作成されたテーブルに対してCollectionとい

243

第 6 章 JSON データ型

うクラスのインスタンスを通じてアクセスしており、データの元になった **Country** テーブルには **Table** というクラスのインスタンスを通じてアクセスをしている。この 2 つのテーブルへの操作を 1 回のトランザクションとして実行している。ドキュメント型の処理と SQL 型の処理が、同一のトランザクション内で実行できるのが大きなメリットである。

表 6.5 は、ドキュメントストアと SQL のメソッドの違いを示したものである。それぞれ対応する概念を持つメソッドが存在するので使い分けてほしい。

表6.5 ドキュメント型と SQL のメソッドの対応

SQL	ドキュメント型
getTable	getCollection
insert	add
select	find
update	modify
delete	remove

ちなみに、原稿執筆時点（MySQL Connector/J 6.0.2）の段階では、**JOIN**、**UNION**、サブクエリなどに相当するクエリは、X DevAPI のクエリビルダーには搭載されていない。SQL を直接実行する形式の API もあるので、これらの操作が必要な場合は SQL を直接実行してほしい。よほど単調な処理でないかぎり、リレーショナルモデルに必須の **JOIN** や **UNION**、サブクエリも必要になるので、これらが実装されるまでは SQL を直接実行することになるだろう。また、Java から X DevAPI を操作する場合、Protocol Buffers の Java 実装である **protobuf.jar** を **CLASSPATH** に登録しておく必要があるので注意してほしい。

6.8.2 MySQL Shell

MySQL Shell は、X DevAPI を使って MySQL サーバーにアクセスできる CLI ツールだ。ドキュメントストアとして MySQL を利用する場合、アプリケーションからドライバ経由で接続してオンラインで処理を実行する以外に、インタラクティブに X DevAPI の動作を確認したりスクリプトによってバッチ処理を実行したいという場合もあるだろう。そんなとき役に立つのが MySQL Shell である。MySQL Shell は、JavaScript と Python そして SQL をサポートする。MySQL サーバー本体に同梱されているわけではなく、独立したツールとして開発されている。X DevAPI を使ってアプリケーションを開発する際には MySQL Shell も併せて利用するとよいだろう[12]。

リスト 6.31 は、MySQL Shell のインタラクティブな使用例である。**Collection** と **Table** の場合で表示形式が異なっている点に注目してほしい。

---

[12] ただし、原稿執筆時点では、Python はまだドライバ側で X DevAPI がサポートされていないし、JavaScript は Node.js 用ドライバと微妙に挙動が違うので注意が必要である。

6.8　MySQL をドキュメントストアとして利用する　▶▶▶ 新機能 105

リスト 6.31　MySQL Shell を使ってデータにアクセスする

```
shell> mysqlsh --uri myuser:mypass@localhost:33060 world
・・・中略・・・
Currently in JavaScript mode. Use \sql to switch to SQL mode and execute queries.
mysql-js> db.getCollection('jsonCountry').
      ... find("$.Code = :code").
      ... bind('code', 'JPN').
      ... execute().
      ... fetchOne();
      ...
{
    "Code": "JPN",
    "Info": {
        "Numbers": [
            -660,
            3787042,
            126713961
        ],
        "Props": {
            "Capital": "Tokyo",
            "CountryName": "Japan"
        }
    },
    "_id": "JPN"
}
mysql-js> db.getTable('City').
      ... select(['Name', 'District', 'Population', 'CountryCode']).
      ... where('countrycode = :cc').
      ... orderBy(['Name']).
      ... limit(5).
      ... bind('cc', 'JPN').
      ... execute();
      ...
+---------------+-----------+------------+-------------+
| Name          | District  | Population | CountryCode |
```

245

第 6 章　JSON データ型

```
+----------------+-----------+-----------+------------+
| Abiko          | Chiba     |    126670 | JPN        |
| Ageo           | Saitama   |    209442 | JPN        |
| Aizuwakamatsu  | Fukushima |    119287 | JPN        |
| Akashi         | Hyogo     |    292253 | JPN        |
| Akishima       | Tokyo-to  |    106914 | JPN        |
+----------------+-----------+-----------+------------+
5 rows in set (0.00 sec)
```

　MySQL X DevAPI も、MySQL Shell も現時点では正式版にはなっておらず、機能的にも品質的にもまだ満足なレベルには達していない。X Plugin は MySQL サーバー本体とは異なる（より速い）サイクルで開発される仕組みになっているので、次期バージョンの登場を待たずして、さらなる進化を期待できるだろう。

6.9　JSON 型の使いどころ

　リレーショナルモデルは万能ではない。そのため、ほかのデータモデルを扱いたいというニーズは確実に存在するし、そのような場合にほかのデータモデルを選択するのは悪いことではない。JSON 型でデータを格納しておきたい、あるいは今後頻繁に構造が変化する可能性が高いデータを格納したい場合に JSONを選択するのは理にかなっている。

　ただし、RDBMS 上では、リレーショナルモデルに沿った DB 設計を優先すべきである。万能ではないとはいえ RDBMS はやはりリレーショナルモデルの扱いが得意だからだ。JSON 型が便利だからといって、そればかり使うようでは RDBMS のパワーを活かすことはできない。逆説的であるが、JSON 型を使うかどうかという判断をするには、まずリレーショナルモデルが適用できるかどうかという判断を先にする必要がある。リレーショナルモデルでは扱えない場合、かつ JSON 型が適している場合にはぜひ利用してみてほしい。

7

パーティショニング

　パーティショニングは、RDBMS が持つ機能の中で、最も悩ましいもののひとつである。高速化に繋がると宣伝されているわりにはそれほどの効果はないし、パーティショニングのせいでかえって性能が低下することも多々ある。なのに、パーティショニングを使おうとする人は跡を絶たない。書籍『SQL アンチパターン』[1]では、何でもかんでもインデックスを付けたがる「インデックスショットガン」というアンチパターンが紹介されているが、「パーティションショットガン」とも呼べるような使い方をする人もいる。当然、そのような使い方はアンチパターンである。

7.1　パーティショニングの概要

　冒頭で悩ましいと述べたのは、パーティショニングはまったく役に立たないわけではないからである。インデックスと同様、物理的なアクセスを最適化するための手段であり、パーティショニングをするかどうかはアプリケーション開発者の選択に委ねられる。パーティショニングが有効なケースを見極めるには、パーティショニングとは何か、製品がどのような機能をサポートしているか、そしてどのような制限があるかを正しく理解しなければならない。そのうえで、役立つかどうかを見極めることが重要である。本章ではパーティショニングの基本を解説しつつ、MySQL 5.7 で取り入れられた改善点を紹介しようと思う。

7.1.1　基本コンセプト

　MySQL では、バージョン 5.1 からパーティショニングがサポートされている。そのため、すでにパーティショニングを使用されている方も多いだろう。ここではパーティショニングについての解説を述べるが、ごく基本的な内容だけに留めておきたい。

　パーティショニングは、インデックスと同じく、物理的なアクセスを最適化するための手段のひとつである。インデックスは、B+ ツリーなどの構造を使って目的の行を素早く見つけ出すための仕組みである。

---

[1] ビル・カーウィン著、和田卓人／和田省二 監訳、児島修 訳、オライリー（2013 年）、ISBN978-4-87311-589-4

検索の高速化は、B+ツリーのデータ構造が持つ特性によるものであり、クエリによって取得されるデータサイズが小さい場合に特に大きな効果を発揮する。一方、パーティショニングとは、データの内容などに基づいてデータを格納する領域を分けておくことで検索するデータのサイズを小さくするというものである。大量のデータにアクセスする必要がある場合に、テーブル全体をスキャンするよりも特定のパーティションだけをスキャンするほうがアクセスする行数を大幅に減らせられる。このように、インデックスとパーティショニングは構造がまったく異なるため、クエリによってアクセスされるデータの性質により得意分野が異なるのである。また、パーティショニングとインデックスは相反するものではないので併用も可能である。あるテーブルをパーティショニングしたときの構造例を図7.1に示す。

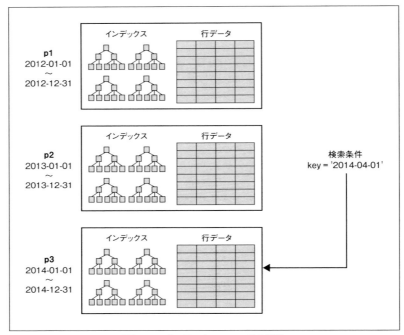

図7.1　パーティショニングの構造

図7.1では、それぞれのパーティションにB+ツリーが存在する。このB+ツリーはパーティション内のデータに対するインデックスであり、ほかのパーティションのデータは検索できない。このように、個々のパーティションだけを対象にするタイプのインデックスをローカルインデックスと呼ぶ。一方、テーブル全体つまりすべてのパーティションを対象にしたインデックスをグローバルインデックスと呼ぶ。ただし、MySQLはグローバルインデックスをサポートしていない。

7.1.2　パーティショニングの種類

　パーティショニングは、行ごとに格納先を変える水平パーティショニングと、カラムごとに格納先を変える垂直パーティショニングがある。MySQL がサポートしているのは水平パーティショニングのみである。カラムごとに格納先を変えるタイプのものはカラム型データベースとかカラムストア型、列指向型などと呼ばれ、OLTP には向かず、おもにテーブル上の特定の列に対する集計処理などで活躍する。MySQL はオンライン処理で使用できる RDBMS であるため、使用できるパーティショニングの種類は、必然的に水平パーティショニングに限られることになる。

　水平パーティショニングでは、あるキーの値に従って格納先のパーティションを決定する。パーティショニングで使用されるキーは、パーティションキーと呼ばれる。パーティションキーは、カラムの値を直接指定しても構わないし、関数を実行した結果であっても構わない。パーティションキーの結果に従って格納先を変えるのだが、その方式にはいくつかの種類がある。MySQL に実装されているパーティショニングの方式を、**表7.1** に示す。

表 7.1　MySQL のパーティショニングの方式

方式	パーティションキーの型	説明
RANGE	数値	パーティションごとに値の範囲を指定する。パーティションキーは式で表現することができ、評価結果は数値でなければならない。例えば DATE 型から YEAR 関数などによって数値に変換するという具合である
RANGE COLUMNS	数値、DATETIME、VARCHAR 等	RANGE に似ているが、式を評価した結果ではなく、カラムの値そのものに基づいてパーティションを決定する。複数のカラムを指定可能であり、データ型は数値に限られない
LIST	数値	パーティションごとに値のリストを指定する。RANGE と同様、パーティションキーは式の結果を利用する。式の評価結果は整数でなければならない
LIST COLUMNS	数値、DATETIME、VARCHAR 等	LIST に似ているが、カラムの値を直接用いる点が異なる。RANGE COLUMNS と同様、複数のカラムを指定可能で、データ型は数値に限られない
HASH/LINEAR HASH	数値	パーティションキーとパーティション数の剰余によって、格納するパーティションを決定する方式
KEY/LINEAR KEY	BLOB 以外	パーティションキーから PASSWORD 関数を用いて計算し値に対し、パーティション数の剰余を計算して納するパーティションを決定する方式

　HASH および KEY にはそれぞれ LINEAR HASH、および LINEAR KEY という変種が存在する。これは格納するパーティションの選択のための演算にビット演算を使うことで高速化したものである。剰余を用いるよりもビット演算のほうが高速に動作する。LINEAR HASH および LINEAR KEY では、

第 7 章　パーティショニング

パーティション数以上の自然数のうち、最小の 2 の累乗（自然数冪）を求める。2 の累乗とは、任意の自然数 n に対し、2^n として表現される数のことである。例えば、パーティション数が 6 の場合、6 以上で最小の 2 の累乗は $2^3 = 8$ である。この数を V、パーティションキーの値を E とおくと、その行が属するパーティションは次のように計算できる。

p = E & (V - 1)

もし、p がパーティション数以上の場合には、さらに次の計算式で属するパーティションを決定する。

p = p & (V/2 - 1)

例えば、パーティション数が 6 の場合、V は 8 となり、パーティションキー E が 999 の場合は属するパーティションが次のように決定する。

p = 1000 & (8 - 1)
  = 7
※ 7 はパーティション数以上
p = 7 & (8 / 2 - 1)
  = 3

　2 度目の計算が必要になった場合、その計算結果は特定の数値しか出てこない点に注意してほしい。例えば、パーティション数が 6 の場合、2 度目の計算が必要になるのは 1 度目の計算結果が 6 あるいは 7 の場合のみで、その場合 2 度目の計算結果は 2 あるいは 3 となる。それ以外のパーティションは、2 度目の計算が必要な場合には使用されることはないので、パーティションに属するデータ量には偏りが生じてしまうだろう。

　この問題への唯一の対策は、パーティション数に 2 の累乗（2、4、8、16...）を選択することである。その場合、1 度目の計算結果がパーティション数以上になることはないので、2 度目の計算が必要になることはない。無駄な計算をする必要もなく、データもそれぞれのパーティションに均等に割り振られることになる。

7.1.3　パーティションの刈り込み

　パーティショニングされたテーブルに対するクエリで最も重要なのが、パーティションの刈り込み（Partition Pruning）が行われるかどうかという点である。刈り込みとは、検索条件と照らしあわせた結果、アクセスする必要のないパーティションを検索対象から除外することである。それにより、アクセスしなければならない行が減り、クエリが効率化されるのがパーティショニングの利点である。

　例えばリスト 7.1 のテーブルとクエリを見てほしい。EXPLAIN の実行結果に、partitions: p5 という表記があることから、p5 のみが検索対象になっていることが分かる。なぜこのクエリは p5 だけにしかアクセスする必要がないかというのは、WHERE 句で指定された start_date の範囲から導き出された推論によるものである。

250

7.1 パーティショニングの概要

リスト7.1 パーティションの刈り込みの例

```
mysql> CREATE TABLE price_list_history (
    ->    item_id INT,
    ->    price DECIMAL(10,0),
    ->    start_date DATE,
    ->    PRIMARY KEY (item_id, start_date))
    -> PARTITION BY RANGE COLUMNS (start_date)
    -> (PARTITION p1 VALUES LESS THAN ('2016-01-01'),
    ->  PARTITION p2 VALUES LESS THAN ('2016-02-01'),
    ->  PARTITION p3 VALUES LESS THAN ('2016-03-01'),
    ->  PARTITION p4 VALUES LESS THAN ('2016-04-01'),
    ->  PARTITION p5 VALUES LESS THAN ('2016-05-01'),
    ... 中略 ...
    ->  PARTITION p12 VALUES LESS THAN ('2016-12-01'),
    ->  PARTITION pmax VALUES LESS THAN MAXVALUE);
Query OK, 0 rows affected (0.59 sec)

mysql> INSERT INTO price_list_history VALUES
    -> (1, 1000, '2016-04-01'), (1, 1000, '2016-04-20'),
    -> (2, 1000, '2016-01-01'), (2, 1000, '2016-08-01');
Query OK, 4 rows affected (0.01 sec)
Records: 4  Duplicates: 0  Warnings: 0

mysql> EXPLAIN SELECT MAX(price) FROM price_list_history
    -> WHERE item_id = 1 AND start_date >= '2016-04-01'
    -> AND start_date < '2016-05-01'\G
*************************** 1. row ***************************
           id: 1
  select_type: SIMPLE
        table: price_list_history
   partitions: p5
         type: range
possible_keys: PRIMARY
          key: PRIMARY
      key_len: 7
```

251

第7章　パーティショニング

```
        ref: NULL
       rows: 2
   filtered: 100.00
      Extra: Using where
1 row in set, 1 warning (0.00 sec)
```

　パーティショニングによる検索の高速化は、刈り込みが効いている場合しか効果はない。刈り込みが効かない場合には、検索はかえって遅くなってしまうことが知られている。**リスト7.2**は、**リスト7.1**と同じテーブルに対するクエリであるが、刈り込みが効かないタイプのものである。刈り込みが効かない理由はパーティションキーをクエリ内で指定していないからである。その場合、すべてのパーティションにアクセスしなければならず、クエリのオーバーヘッドがパーティショニングをしない場合よりも増えてしまう。特にパーティション数が多くなればなるほど、刈り込みが効かない場合のデメリットは大きい。

リスト7.2　刈り込みが効かないクエリの例

```
mysql> EXPLAIN SELECT MAX(price) FROM price_list_history
    -> WHERE item_id = 1\G
*************************** 1. row ***************************
           id: 1
  select_type: SIMPLE
        table: price_list_history
   partitions: p1,p2,p3,p4,p5,p6,p7,p8,p9,p10,p11,p12,pmax
         type: ref
possible_keys: PRIMARY
          key: PRIMARY
      key_len: 4
          ref: const
         rows: 2
     filtered: 100.00
        Extra: NULL
1 row in set, 1 warning (0.00 sec)
```

　このサンプルはごく少数の行だけしか扱ってはいないので、刈り込みが効こうが効くまいがクエリの応答は一瞬だが、行数が大きくなればなるほど刈り込みの効果は高くなる。

252

7.1.4 パーティションの物理的レイアウト

デフォルトの設定では、`innodb_file_per_table` が有効であるため、InnoDB テーブルは、パーティションごとに 1 つの `.ibd` ファイルを作成するようになっている。パーティションごとに `.ibd` ファイルを別のディスク上に配置することで、負荷分散やディスク容量の増加を狙うことも可能である。そのようにするには、パーティションごとに `DATA DIRECTORY` を指定する。`DATA DIRECTORY` の指定は、MySQL 5.6 から可能になっている。`INDEX DIRECTORY` という句も存在するが、こちらは InnoDB ではサポートされないので注意しよう。**リスト 7.3** は、パーティションごとにデータの格納先を変える例である。

リスト 7.3 DATA DIRECTORY の指定

```
mysql> CREATE TABLE price_list_history (
    ->   item_id INT,
    ->   price DECIMAL(10,0),
    ->   start_date DATE,
    ->   PRIMARY KEY (item_id, start_date))
    -> PARTITION BY RANGE COLUMNS (start_date)
    -> (PARTITION p1 VALUES LESS THAN ('2016-01-01')
    ->   DATA DIRECTORY = '/data1',
    ->  PARTITION p2 VALUES LESS THAN ('2016-02-01')
    ->   DATA DIRECTORY = '/data2',
    ... 以下略 ...
```

---

1 つのパーティションに 1 つのファイルの場合、パーティション数が多くなるとファイルのオープンとクローズにかかるオーバーヘッドが増えてしまう。そのような場合には、第 4 章で解説した一般テーブルスペース（P. 146）を利用するとよいだろう。テーブルスペースは、テーブル全体で同じものを指定するだけでなく、パーティションごとに指定することも可能である。それによって、データファイル数を減らしつつ、I/O の負荷分散やディスク容量の増加を狙うことができる。`DATA DIRECTORY` では、パーティションごとに `.ibd` ファイルを作成するため、パーティション数に応じてファイル数も多くなってしまう。一般テーブルスペースであれば、複数のパーティションをまとめて格納できるので、ファイル数が増えてしまうことはない。**リスト 7.4** にパーティションごとにテーブルスペースを指定する例を示す。使用するテーブルスペースは、テーブルよりも前に作成しておこう。

リスト 7.4 テーブルスペースの指定

```
mysql> CREATE TABLE price_list_history (
    ->   item_id INT,
```

第 7 章　パーティショニング

```
->    price DECIMAL(10,0),
->    start_date DATE,
->    PRIMARY KEY (item_id, start_date))
-> PARTITION BY RANGE COLUMNS (start_date)
-> (PARTITION p1 VALUES LESS THAN ('2016-01-01')
->    TABLESPACE tsdisk_1,
->  PARTITION p2 VALUES LESS THAN ('2016-02-01')
->    TABLESPACE tsdisk_2,
... 以下略 ...
```

7.1.5　テーブル設計時の留意点

　MySQL 5.7 の時点では、まだグローバルインデックスがサポートされていない。グローバルインデックスがないことで困るのは一意性制約である。ローカルインデックスでは、ほかのパーティションにどのような値があるか分からないため、インデックスを用いて一意性の確認を取ることは、構造上できない。テーブル全体で値が一意かどうかを検出するには、グローバルインデックスが必要なのである。

　パーティショニングされたテーブルであっても、主キーやユニークインデックスを作成することは可能である。ただし、MySQL 5.7 にはローカルインデックスしかないため、大きな制限がある。それは、パーティションキーを算出するのに使用するカラムは、すべての主キーあるいはユニークインデックスに含まれていなければならないというものである。あるテーブル内のすべての主キーとユニークインデックスに共通で含まれるようなカラムがない場合には、パーティショニングはできない。**リスト 7.1** で用いられている `price_list_history` テーブルでは、`start_date` カラムをパーティションキーに用いているが、このカラムは主キー（`item_id, start_date`）に含まれるということに留意してほしい。`price` カラムは主キーに含まれないため、このカラムを使ったパーティショニングはできないのである。

　また、パーティショニングされたテーブルは、外部キー制約に含められない。これは、子テーブルか親テーブルかに関係ない制限である。外部キー制約が必要な場合は、残念ながらパーティショニングは諦めよう。

　パーティショニングによって、どれだけ性能が向上するかはやってみないと分からない。刈り込みが効かない場合には、オーバーヘッドのせいでかえって性能が低下してしまう。パーティショニングをしたあとは必ずベンチマークを実施し、性能が向上しているかどうかを確認しよう。

7.2　パーティショニングに関する新機能

　パーティショニングについて簡単におさらいしたところで、MySQL 5.7 で追加された新機能を見ていこう。

254

7.2.1 ICP のサポート ▶▶▶ 新機能 106

ICP（Index Condition Pushdown）とは、セカンダリインデックスを使ったテーブルへのアクセスにおける最適化手法のひとつである。ICP 自体は MySQL 5.6 で追加された機能だが、パーティショニングされたテーブルでは利用できなかった。MySQL 5.7 ではその制限がなくなったのである。以降で ICP について簡単に説明しておこう。

ICP が実装されるまでの MySQL では、マルチカラムインデックスを利用する際、そのインデックスに含まれるカラムを左端（つまり先に定義されたもの）から順に余すことなく指定しなければインデックスを使った検索ができなかった。たとえば、3 つの INT カラムで構成された (col1, col2, col3) というセカンダリインデックスがある場合、このインデックスを用いるには col1 から順に検索条件として指定する必要がある。なおかつ、右側のカラムがインデックスの条件として用いられるには、それより左側にあるカラムが等価比較でなければならない。例えば WHERE col1=1 AND col2 = 2 AND col3<10 というような検索条件であれば、このセカンダリインデックスを用いて解決することができる。

しかし、WHERE col1=1 AND col3<10 というような検索条件では、col2 が等価比較で用いられていないため、col3<10 という条件にはインデックスが用いられず、先ほどの場合より検索の効率が劣ることになる。この場合、いったんストレージエンジンから行データを取得したあとで、エグゼキュータがストレージエンジン側では用いられなかった検索条件（この場合は col3<10）を改めて適用することになる。行データへアクセスするのは格段にコストが高い。

この WHERE col1=1 AND col3<10 という検索条件にインデックスを適用するためには、(col1, col3) というインデックスが必要になる。このインデックスならば途中に空きがないため、どちらのカラムもインデックスで絞り込めるのである。

しかし、すべてのカラムの組み合せに対して隙間のないインデックスを定義するのは、インデックスの洗い出しも大変であるうえに更新性能も犠牲になってしまう。そこで、そのような隙間があっても、ストレージエンジン側で行の絞り込みを行い、不要な行データへのアクセスをなくせるように、ストレージエンジンへ検索条件を引き渡すという仕組みが考案された。それが ICP である。WHERE col1=1 AND col3<10 という検索条件において、ICP を使った場合と使わなかった場合の違いを図 7.2 に示す。ICP を使ったほうが行へのアクセスが少ないため、効率的である。

7.2.2 HANDLER コマンドのサポート ▶▶▶ 新機能 107

HANDLER コマンドは MySQL 独自のコマンドであり、ストレージエンジンを直接操作するための低レベルなコマンドである。SELECT よりもオーバーヘッドが低いとされているが、それはごくごくシンプルな検索に限られる。MySQL 5.6 までは、パーティショニングされたテーブルに対して HANDLER コマンドはサポートされていなかった。MySQL 5.7 では HANDLER コマンドがパーティショニングされていても利用できるようになった。そもそも使用できるコマンドの種類が貧弱であるため、あまり出番はないだろう。細かい説明は本書では割愛する。

第 7 章　パーティショニング

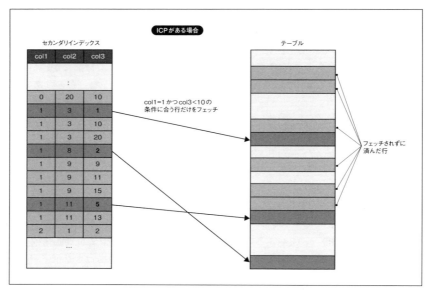

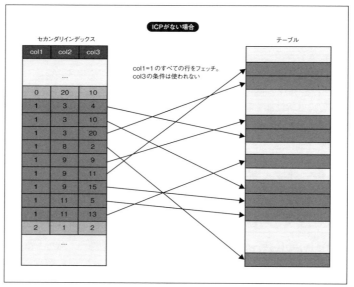

図 7.2　ICP の有無による検索効率の違い

7.2.3　EXCHANGE PARTITION ... WITHOUT VALIDATION ▶▶▶ 新機能 108

　MySQL 5.6 では、パーティショニングされていないテーブル全体のデータとパーティショニングされたテーブルの 1 つのパーティションの中身を入れ替える EXCHANGE PARTITION という操作がサポートさ

7.2 パーティショニングに関する新機能

れた。2つのテーブルは、パーティショニングの有無以外は完全に定義が同じであり、なおかつ外部キー制約が存在しないものでなければならない。パーティショニングされたテーブル同士で直接パーティションを交換することはできないが、あいだにパーティショニングされていない中間的なテーブルを挟めば、ほかのテーブルへ低いコストでデータを移動できる。古くなったデータをアーカイブするような場合に便利である。

リスト7.1 の price_list_history と同じ構造を持つ price_list_archive そして同じ構造だがパーティショニングされていない price_list_tmp というテーブルがあったとする。リスト7.5 は、最も古いパーティション p1 を price_list_history から price_list_archive へと移動する例である。

リスト7.5　パーティションデータの移動

```
mysql> TRUNCATE price_list_tmp;
Query OK, 0 rows affected (0.04 sec)
mysql> ALTER TABLE price_list_history
    ->    EXCHANGE PARTITION p1
    ->    WITH TABLE price_list_tmp;
Query OK, 0 rows affected (0.17 sec)

mysql> ALTER TABLE price_list_tmp
    ->    EXCHANGE PARTITION p1
    ->    WITH TABLE price_list_archive;
Query OK, 0 rows affected (0.11 sec)

mysql> ALTER TABLE price_list_history
    ->    DROP PARTITION p1;
Query OK, 0 rows affected (0.17 sec)
Records: 0  Duplicates: 0  Warnings: 0
```

　パーティショニングされていないテーブルに含まれるデータは、移動先のパーティションの定義に沿っていなければならない。price_list_archive は RANGE COLUMNS パーティショニングであり、p1 は start_date が '2016-01-01' よりも小さい値の集まりである。デフォルトの EXCHANGE PARTITION では、移動元のパーティショニングされていないテーブルにパーティションの定義から外れたデータが含まれていないことを1行ずつデータを読み取って確認する。パーティション全体のデータをスキャンするため、この操作は非常にコストが高い。

　そこで、MySQL 5.7 では、移動元のテーブルのデータの確認を行わないようにする WITHOUT VALIDATION が追加された。このオプションを使用する場合には、ユーザーが範囲外のデータが含まれないことを保証しなければならない。上記の例では、途中でほかのトランザクションによって price_list_tmp テー

257

第 7 章　パーティショニング

ブルが更新されなければ、パーティションの範囲外のデータが含まれることはない。したがって、行データのチェックは不要である。余分な処理をせずに済むのであればそれに越したことはない。**リスト 7.6** はWITHOUT VALIDATION の使用例である。

リスト 7.6　行データの確認をしないパーティションデータの移動

```
mysql> ALTER TABLE price_list_tmp
    ->     EXCHANGE PARTITION p1
    ->     WITH TABLE price_list_archive
    ->     WITHOUT VALIDATION;
Query OK, 0 rows affected (0.10 sec)
```

7.2.4　InnoDB に最適化されたパーティショニングの実装 ▶▶▶ 新機能 109

　この機能について解説するには、若干実装についての泥臭い話が必要になる。苦手な方は飛ばしていただいても構わない。結論だけいうと、MySQL 5.7 では、InnoDB 専用のパーティショニングエンジンが実装され、メモリの使用効率などが飛躍的に向上したということである。以降に詳細を述べる。

　MySQL 5.6 までのパーティショニングはとにかくメモリの使用効率が悪かった。MySQL のストレージエンジン API では、テーブルへのアクセスが発生するたびに handler というクラスから派生したクラスのインスタンスを作成する必要がある。この派生クラスは InnoDB や MyISAM などのストレージエンジンへアクセスするためのハンドルであり、テーブルごと、スレッドごとに作成する必要がある。自己結合をする場合など、同じクエリ内で複数回同じテーブルが参照された場合には、handler インスタンスがそれぞれに 1 つ必要になる。ストレージエンジンは handler の派生クラスを実装する必要があり、InnoDB の場合は ha_innobase、MyISAM の場合は ha_myisam という具合になっている。ストレージエンジンの機能を実装しているだけあって、handler クラスはかなり大きい。パーティショニングされたテーブルも、内部的にはストレージエンジンとして実装されており、その派生クラスは ha_partition となっている。

　ha_partition は、テーブルへアクセスされた際に適切なパーティションを特定し、そのパーティションとデータをやりとりするなどの橋渡し的役割を担っている。さらに、MySQL 5.6 における配下のパーティションへのアクセスは、各パーティションのストレージエンジンに応じた handler（の派生クラスの）インスタンスを生成して行っていた。このため、パーティション数が膨大になるとそれだけ多くの handler インスタンスが必要になり、メモリを多く消費する原因となっていた。

　そこで、MySQL 5.7 では次の 2 つの改良が行われた。

◆ パーティショニングに関係するロジックの切り離し
◆ InnoDB 専用のパーティショニングエンジンの実装

　パーティショニングに関する種々のロジック、例えばパーティションの選定などが ha_partition から別のクラスへと移動された。その結果、MySQL 5.6 と MySQL 5.7 では ha_partition クラスの継承に**リスト 7.7** のような違いがある。

258

7.2 パーティショニングに関する新機能

リスト7.7　ha_partition クラスの違い

■ MySQL 5.6 の場合
```
class ha_partition :public handler
{
    ... 省略 ...
};
```

■ MySQL 5.7 の場合
```
class ha_partition :
    public handler,
    public Partition_helper,
    public Partition_handler
{
    ... 省略 ...
};
```

　パーティショニングのために必要なロジックの大半は、`Partition_helper` および `Partition_handler` という2つのクラスに移行された。InnoDB専用のパーティショニングエンジンである `ha_innopart` クラスは**リスト7.8**のような定義になっている。

リスト7.8　ha_innopart クラスの定義

```
class ha_innopart:
    public ha_innobase,
    public Partition_helper,
    public Partition_handler
{
        ... 省略 ...
};
```

　このクラスが、`ha_innobase` クラスを継承している点にも注目してほしい。`ha_partition` とは異なり、あいだに `handler` インスタンスがなくても、InnoDBへこのクラスから直接アクセスできるのである。余計な `handler` クラスが不要になり、使用するメモリが格段に削減されることになった。
　MySQL 5.6 から MySQL 5.7 へアップグレードした場合、MySQL 5.6 で作成された `ha_partition` のテーブルは `mysql_upgrade` コマンドを実行することで、新しい実装のものへと一括で変換されるよう

259

第 7 章　パーティショニング

になっている。**mysql_upgrade** コマンドはサーバーへログインしたのち、**ha_partition** のテーブルに
対し **ALTER TABLE ...　UPGRADE PARTITIONING** コマンドを実行する。このコマンドは.**frm** ファイル
を書き換えるだけであり、すぐに完了する。

7.2.5　移行可能なテーブルスペースへの対応 ▶▶▶ 新機能 110

　MySQL 5.6 では、InnoDB のテーブルスペースの移行が可能になった。これは、物理的なファイルを
ほかのサーバーへコピーすることで、データの移行が可能になるというものである。ここで若干補足してお
くと、**innodb_file_per_table** が ON のときに作成されるテーブルごとの.**ibd** ファイルはデータファイル
であり、なおかつそのファイル単体で 1 つのテーブルスペースを構成する。テーブルスペースの移行は
この.**ibd** ファイルが対象であり、一般テーブルスペースや、共有テーブルスペース（**ibdata1**）は対象で
はない。ファイルコピーによるテーブルデータの移行のメリットは、パフォーマンスである。**mysqldump**
で移行するよりも性能面でずっと有利なのである。

　MySQL 5.6 の時点では、パーティショニングされていない通常の InnoDB テーブルだけが対象であ
り、パーティショニングされたテーブルについてはテーブルスペースの移行ができなかった。そのため、
どうしても移行をしたい場合には、いったん **EXCHANGE PARTITION** を使って特定のパーティションを通
常の InnoDB テーブルに変換し、それからコピーするという手順をとっていた。この対策では手順が増え
るため、手間も増えるし時間もかかってしまう。MySQL 5.7 では、パーティショニングされたテーブル
を直接ほかのサーバーへ移行することが可能になっている。

　以降で、テーブルスペースの移行の手順を簡単に紹介しよう。

　まず、移行先のサーバー上で、移行元のテーブルとまったく同じ定義のテーブルを作成し、テーブルス
ペースを破棄し、データファイルの受け入れ準備をしておく。

```
mysql> CREATE TABLE price_list_history (
... 中略 ...
Query OK, 0 rows affected (0.69 sec)

mysql> ALTER TABLE price_list_history DISCARD TABLESPACE;
Query OK, 0 rows affected (0.22 sec)
```

　次に、移行元のサーバー上で、移行するテーブルのデータファイルをコピーする準備をする。

```
mysql> FLUSH TABLES price_list_history FOR EXPORT;
Query OK, 0 rows affected (0.00 sec)
```

　このコマンドによって、このテーブルのダーティーページはすべてディスクへフラッシュされ、データ
ファイルのメタデータが格納された.**cfg** という拡張子を持つファイルが作成される。それと同時に、テー
ブルには共有ロックがかけられ、一時的に更新ができない状態になる。共有ロックは **UNLOCK TABLES** コ
マンドによって解除される。パーティショニングされたテーブルでは、.**ibd** ファイルはパーティションご

260

とに作成されるので、.cfg もパーティションごとに1つ作成される。コマンドが完了したら.ibd ファイルと.cfg ファイルを移行先のサーバーへコピーする。

```
shell> scp price_list_history#P#*.{ibd,cfg} user@host:/path/to/datadir/dbname
```

ユーザー名やホスト名、データベースディレクトリへのパスなどは適宜置き換えてほしい。コピーが完了したら、データファイルをとり込もう。

```
mysql> ALTER TABLE price_list_history IMPORT TABLESPACE;
Query OK, 0 rows affected (1.45 sec)
```

最後に、移行元のサーバーでテーブルロックの解除を忘れずに実施すること。

```
mysql> UNLOCK TABLES;
Query OK, 0 rows affected (0.00 sec)
```

これで、移行作業は完了である。パーティショニングされたテーブルであっても、移行作業の手順はパーティショニングされていない場合と違いはない。.ibd および.cfg ファイルの数が多いか少ないかの違いだけである。

7.3　MySQL 5.7 のパーティショニングの使いどころ

　MySQL 5.7 のパーティショニングは、ストレージエンジンとして InnoDB を利用する場合、オーバーヘッドが減っているので、かなり使いやすくなっている。特にメモリの使用効率が減ったという点は大きい。ICP がサポートされたため、クエリの性能も向上するだろう。EXPLAIN コマンドにもデフォルトでパーティション情報が含まれるようになり、刈り込みが効いているかどうかの見落としがなくなった。EXCHANGE PARTITION が WITHOUT VALIDATION を併用できるようになったことでパーティションのメンテナンスも容易になった。MySQL 5.6 と比べると着実に進歩を遂げているといえるだろう。パーティショニングが適しているケースでは敬遠せずに使ってみては如何だろうか。

　しかし、本章の冒頭でも述べたように、パーティショニングにはそもそも取り扱いが難しい側面がある。刈り込みが効かない場合にはオーバーヘッドが増えるばかりでメリットがないし、外部キー制約も使えない。しかも、MySQL にはグローバルインデックスが未実装であるため、主キーやユニークインデックスにも制限が生じてしまう。本当にパーティショニングが適しているかどうかをよく吟味したうえで、アプリケーションの負荷をシミュレートしたベンチマークを行い、実際に使うかどうかを判断しよう。

8

セキュリティ

ITシステムは年々その重要性を増すばかりであり、それに伴い、システムに求められるセキュリティの要件もますます厳しくなりつつある。セキュリティが大事であることは、RDBMSにとっても例外ではない。したがって、MySQL 5.7でも、種々のセキュリティ強化のための新機能が追加されている。ぜひ新しい機能を活用してセキュリティを高め、安全にデータベースサーバーを運用してほしい。

8.1 MySQLのセキュリティモデル

MySQLのセキュリティについて理解するには、まずMySQLがどのような仕組みによってアクセス管理をしているかということを理解しなければならない。以降では、MySQLが持つセキュリティ関連の基本的な仕組みについて解説しよう。

8.1.1 ユーザーアカウント

MySQLはクライアント・サーバー方式のソフトウェアであり、不特定多数のリモートホストからの接続を受け付ける。このため意図しない操作をMySQLサーバーが受け付けないようにする必要がある。クライアント・サーバー方式のソフトウェアのセキュリティで重要なことは、サーバーが許可したユーザーからのアクセスだけを受け付けることである。そこで、ユーザーアカウントによる認証を行い、さらに通信経路を保護することで不正な第三者からのアクセスを防ぐ。本節では、MySQLのユーザーアカウントについて解説する。通信経路の保護については次節で解説する。SQLインジェクションなどのように許可されたユーザーアカウントによって攻撃される例もあるのだが、ユーザーアカウントをきっちり運用することがセキュリティの大原則であることは変わらない。

ユーザーアカウントが正しく運用されるためには、MySQLのユーザーアカウントについて、正しく理解しなければならない。MySQLのユーザーアカウントにおいて最も注意すべきポイントは、アカウントはユーザー名とホストがセットになっているということである。ここでいうホストとは、接続元のクライア

263

第 8 章 セキュリティ

ントのホストだ。MySQL では、同じユーザー名であっても、クライアントのホストが違えば異なるユーザーアカウントだと認識されるのである。MySQL のユーザーアカウントはホストを識別するため、次のような見た目になっている。

ユーザー名@ホスト

ホストの指定は、ホスト名でも IP アドレスでも構わない。ユーザー名とホストが組み合わされているだけでも厄介なのだが、ユーザー名を空欄にすることで任意のユーザーにマッチするという意味になり、ホストはワイルドカード[1]を使用できる。ワイルドカードは、ホスト全体に適用することも、一部だけに適用することもできる。ワイルドカードはパーセント記号（%）である。ワイルドカードを使用したものを含め、MySQL 上のユーザーアカウントの例を表 8.1 に挙げる。

表 8.1　MySQL のユーザーアカウントの例

ユーザーアカウント	説明	優先度
`appuser@appserver.example.com`	ユーザー名は空欄ではなく、ホストにワイルドカードの指定はない	1
`''@appserver.example.com`	特定のホストから、任意のユーザー名による接続を受け付ける	2
`appuser@app%.example.com`	`app%..example.com` に一致するホストから、`appuser` というユーザーからの接続を受け付ける。	3
`''@app%..example.com`	`app%..example.com` に一致するホストから、任意のユーザー名による接続を受け付ける。	4
`appuser@%`	任意のホストから、`appuser` というユーザーによる接続を受け付ける。	5
`''@%`	ユーザー名もホストも任意である。	6

ワイルドカードを用いると、1 つのユーザー名とホストの組み合わせが複数のアカウントに該当する場合がある。複数のアカウントにマッチする場合、より具体的なほう、つまりワイルドカードが少ないほうが優先される。また、ユーザー名とホストの具体性ではホストが優先される。どういうことかというと、ユーザー名が空欄になっているがホストが任意でないアカウントと、ユーザー名が設定されているが任意のホストのアカウントでは、後者のほうが優先度が高い。表 8.1 はこのようなルールに従い、優先度が高い順に記述している。具体的な例を挙げると、`appserver.example.com` というホストから、`appuser` というユーザー名で接続すると、1 番目のアカウントが採用される。同じホストから、別のユーザー名で接続をすると 2 番目のアカウントになり、まったく違うドメインのホストから `appuser` というユーザー名で接続すると 5 番目のアカウントになる。ワイルドカードが用いられている場合には、このように最初にマッチするものが用いられるのである。

ちなみに、IP アドレスはホスト名よりも優先度が高い。IP アドレスでもワイルドカードは使用可能だが、IP アドレスは前方一致[2]にしなければならないので、おすすめできない。例えば、**192.168.1.%**とい

---

[1] 任意の文字列と一致することを表す文字。

[2] ワイルドカードが末尾にあるようなもの。

8.1　MySQL のセキュリティモデル

うふうにワイルドカードを使用すると、192.168.1.badhost.example.com というホストも一致してしまい、危険である。その代わり、192.168.1.0/255.255.255.0 にすれば、確実にサブネット上のホストからのアクセスに限定できる。

8.1.2　MySQL の権限

　事前に許可されたユーザーアカウントからのアクセスだけが行われる場合であっても、不正アクセスのリスクはゼロではない。SQL インジェクションの可能性もあるし、アカウントが乗っ取られてしまう可能性もある。そのようなリスクからデータを保護するため、それぞれのユーザーアカウントが実行できる操作は、必要最小限にすることが望ましい。そうすれば、万が一アカウントが乗っ取られたような場合でも、被害の拡大を防げるからだ。**表 8.2** および**表 8.3** に MySQL が提供する権限の一覧を示す。

　本書では、個々の権限について詳しい説明はしない。詳細を知りたい人はマニュアルを参照してほしい。権限を付与する際には**リスト 8.1** のように GRANT コマンドを実行する。

表 8.2　MySQL が提供する権限一覧（1）

権限名	対象	種別	説明
CREATE	データベース、テーブル、インデックス	DDL	データベース、テーブル、テーブル作成に伴うインデックスの作成
CREATE TEMPORARY TABLES	テンポラリテーブル	DDL	テンポラリテーブルの作成
INDEX	テーブル	DDL	既存のテーブルに対するインデックスの作成と削除
REFERENCES	テーブル	DDL	外部キー制約の作成
ALTER	テーブル	DDL	テーブル定義の変更
DROP	データベース、テーブル、ビュー	DDL	データベース、テーブル、ビューの削除
CREATE VIEW	ビュー	DDL	ビューの作成
SHOW VIEW	ビュー	DDL	ビュー定義の確認
EVENT	イベントスケジューラー	DDL	イベントスケジューラーの作成、削除、変更
TRIGGER	トリガー（テーブル）	DDL	トリガーの作成、削除、変更、実行
CREATE ROUTINE	ストアドルーチン	DDL	ストアドルーチンの作成
ALTER ROUTINE	ストアドルーチン	DDL	ストアドルーチンの変更と削除
EXECUTE	ストアドルーチン	DML	ストアドルーチンの実行
LOCK TABLES	データベース	DML	テーブルロックの取得
SELECT	テーブル、カラム	DML	テーブルの参照
INSERT	テーブル、カラム	DML	テーブルへの行の追加
UPDATE	テーブル、カラム	DML	テーブルの更新

265

第 8 章　セキュリティ

表 8.3　MySQL が提供する権限一覧（2）

権限名	対象	種別	説明
DELETE	テーブル	DML	テーブルから行の削除
FILE	サーバー	管理	ホスト上の任意のファイルへのアクセス
CREATE TABLESPACE	サーバー	管理	テーブルスペースの作成、削除、変更
CREATE USER	サーバー	管理	ユーザーの作成、変更、削除、リネーム、すべての権限の削除
PROCESS	サーバー	管理	SHOW PROCESSLIST と SHOW ENGINE … STATUS の実行
PROXY	サーバー	管理	ほかのユーザーの権限を拝借
RELOAD	サーバー	管理	FLUSH コマンドの実行
REPLICATION SLAVE	サーバー	管理	レプリケーションスレーブになる
REPLICATION CLIENT	サーバー	管理	レプリケーション用の管理コマンドの実行
SHOW DATABASES	サーバー	管理	サーバー上に存在するデータベースをリストアップ
SHUTDOWN	サーバー	管理	サーバーの停止
SUPER	サーバー	管理	各種管理タスクの実行
USAGE	サーバー	–	何の権限も付与しない。サーバーへのログインや DUAL テーブルのアクセスが可能
ALL	サーバー	–	すべての権限を付与

リスト 8.1　GRANT コマンドの実行例

```
mysql> GRANT SELECT, INSERT, UPDATE ON app1db.* TO appuser@appclient;
Query OK, 0 rows affected (0.00 sec)
```

　権限を付与する際に重要なのは、影響が大きな権限をユーザーに不用意に与えないことだ。特に、管理系コマンドに対する権限と DDL に対する権限は、データベース管理者やバッチ処理用のユーザーアカウントだけに付与することが望ましい。この中でも特に危険なのは FILE 権限だろう。mysqld プロセスを実行するユーザー（UNIX 系 OS であれば通常は mysql）がアクセスできる任意のファイルアクセスできてしまうからだ。

　表 8.2 および表 8.3 には敢えて記載しなかったが、GRANT コマンドを実行する際に、WITH GRANT OPTION 句を指定することで GRANT 権限が付与される。これは、自分の持っている権限をほかのユーザーに付与するための権限である。悪用されたときの影響ももちろん大きいが、ほかのユーザーに権限の管理を任せるということは自分の管理が行き届かない可能性があるということである。GRANT オプションの運用は慎重に考慮するべきである。

　なお、MySQL では伝統的に GRANT コマンドを実行する際、対象のユーザーが存在しない場合には、同時にユーザーアカウントの作成が行われるというゆるい仕様になっている。MySQL 5.7 ではそのような

266

使い方は非推奨になった[3]）。今後のことを見据え、GRANT コマンドを実行する前には、あらかじめ CREATE USER コマンドを使って、対象のユーザーアカウントを作成しておく習慣を付けておくとよいだろう。

8.1.3　権限テーブル

MySQL のユーザーが持つ各種権限に対する情報は、mysql データベース配下にあるテーブルに情報が格納されるようになっている。これらのシステムテーブルは、権限テーブル（Grant Table）と呼ばれている。表 8.4 に権限テーブルの一覧を示す。

表 8.4　権限テーブルの一覧

テーブル名	説明
user	ログイン情報とサーバー全体に対するの権限情報
db	データベースごとの権限情報
tables_priv	テーブルごとの権限情報
columns_priv	カラムごとの権限情報
procs_priv	ストアドルーチンに対する権限情報
proxies_priv	権限のプロキシーに関する情報

権限テーブルにはユーザーアカウントごとの権限情報が格納されており、MySQL サーバー起動時に読み取られ、高速にアクセスできるようデータがメモリ上にキャッシュされる。これらのテーブルを直接更新して、ユーザーアカウントの権限を変更することも可能であるが、テーブルを変更しても即座にメモリ上のキャッシュに変更が反映されるわけではない。変更を反映するには、FLUSH PRIVILEGES コマンドを実行する必要がある。FLUSH PRIVILEGES を実行するには、RELOAD 権限が必要である。

権限を管理するために権限テーブルを直接操作するのはお勧めしない。権限データが適切に読み取られるためには、すべての権限テーブルの情報が整合性の取れた状態でなければならい。権限を管理するには、GRANT や REVOKE などの専用のコマンドを使用したほうが安全である。これらのテーブルは、mysqldump などを使ってバックアップを取ったり、あるいはほかのサーバーへユーザーアカウントを移行する際に役に立つ。

8.1.4　認証プラグイン

MySQL 5.5 において、MySQL サーバーの認証部分をさまざまなタイプに置き換えられるように、認証がプラガブルになった。プラグインを記述するための API が定義され、認証方式を入れ替えられるようになっている。オラクル・コーポレーションが提供している外部認証プラグインには表 8.5 に挙げるものがある。

---

[3] 以前のバージョンでも、SQL モードで NO_AUTO_CREATE_USER を指定すると、GRANT コマンドによるユーザーアカウントの作成を禁止できる。

第 8 章　セキュリティ

表 8.5　外部認証プラグインの一覧

通称	プラグイン名	商用版のみ	導入バージョン	説明
MySQL ネイティブパスワード認証プラグイン	`mysql_native_password`		4.1	MySQL 4.1 から使用されているパスワードハッシュを用いた認証方式
古い MySQL ネイティブパスワード認証プラグイン	`mysql_old_password`		–	MySQL 4.0 以前のパスワードハッシュを用いた認証方式。ハッシュの強度が弱いため、MySQL 5.7 で削除された
SHA256 認証プラグイン	`sha256_password`		5.6	SHA-256 をパスワードハッシュに用いた認証方式。mysql_native_password よりもハッシュの強度が強い
PAM 認証プラグイン	`authentication_pam`	○	5.5	PAM 認証を利用する方式
Windows ネイティブ認証プラグイン	`authentication_windows`	○	5.5	Window OS の認証を利用する方式
ログインなし認証プラグイン	`mysql_no_login`		5.7	ログインさせないユーザー用。ストアドルーチン実行用のユーザーなどに使用する
クライアントサイド平文認証プラグイン	`mysql_clear_password`		5.5	平文をサーバーへ送信するクライアントのプラグイン。サーバーサイドはほかの認証方式を使う。パスワードの盗聴を防ぐため、通信経路の保護が必要
ソケットピア証明書認証プラグイン	`auth_socket`		5.5	UNIX ドメインソケットからクライアントのユーザー情報を読み取って、MySQL のユーザー名と一致すれば認証する方式

　デフォルトとは異なる認証方式を使用する場合には、**CREATE USER** コマンドでユーザーを作成する際、**WITH** 句でプラグイン名を指定する。**リスト 8.2** は、SHA-256 認証プラグインを使用してユーザーアカウントを作成する例である。

リスト 8.2　SHA-256 認証プラグインの利用

```
mysql> CREATE USER newuser@localhost IDENTIFIED WITH sha256_password;
Query OK, 0 rows affected (0.19 sec)
```

```
mysql> SET PASSWORD FOR newuser@localhost = 'newpassword';
Query OK, 0 rows affected (0.03 sec)
```

このユーザーアカウントを用いて MySQL サーバーに接続するには、クライアント側も SHA-256 認証プラグインをサポートしているものでなければならない。また、SHA-256 認証プラグインを利用するには、SSL 接続を行うかクライアントがサーバーの RSA 公開鍵を持っている必要がある[4]。SHA-256 認証プラグインの使い方については、本書では割愛するのでマニュアルを参照してほしい。

認証プラグインのための API はきっちりと定められており、ユーザーが独自に認証部分を作成することも可能である。もし、既存の認証方式では満たせない特別なニーズがある場合には、認証プラグインの開発も検討してみてほしい。

8.1.5 プロキシーユーザー

プロキシーユーザー（Proxy User）とは、ほかのユーザーの権限を代理で行使するユーザーのことである。プロキシーユーザー自身には、各種オブジェクトへアクセスするための具体的な権限は付与されておらず、PROXY 権限だけが付与されている。権限を拝借されるユーザーをプロキシー対象ユーザー（Proxied User）と呼ぶ。つまり、プロキシーユーザーを使ってログインしたユーザーは、プロキシー対象ユーザーと同じ権限を持つことになる。

一般的には、プロキシーユーザーを利用する場合は外部認証プラグインを併用する必要がある。オラクル・コーポレーションが提供している外部認証プラグインとしては、UNIX 系システムで利用可能な PAM 認証プラグインと Windows のネイティブ認証用プラグインがあるが、これらは商用版のみで利用可能である[5]。

リスト 8.3 は、PAM 認証プラグインを利用して、プロキシーユーザーを作成する例である。PAM 認証とは種々のソフトウェアから利用できる認証フレームワークであり、Linux を含む種々の UNIX 系 OS で利用可能である。元々はサン・マイクロシステムズによって提唱された仕組みであり、後に CDE[6] の認証フレームワークとなった。PAM は現在でも UNIX 系 OS のデスクトップ環境のユーザー認証に使われている。したがって、MySQL において PAM 認証プラグインを使用するには、システムに PAM がインストールされている必要がある。多くのシステムツール（例えば sudo や polkit、sshd、X ディスプレイマネージャなど）は PAM を利用しているので、余程のことがなければインストールされているはずだ。PAM 認証プラグインは商用版のみで提供される機能のため、コミュニティ版には付属していないので注意してほしい。

---

[4] したがって、サーバー側では事前に RSA のキーペアを生成しておかなければならない。

[5] ただし、認証プラグインにはもちろんインターフェイスが定義されているため、その気になれば誰でも独自のプラグインを記述できる。

[6] Common Desktop Environment。20 年以上前にリリースされた OpenVM および UNIX 向けのデスクトップ環境。当初はプロプライエタリなソフトウェアであったが、2012 年に LGPLv2+ が付与され、自由なソフトウェアとなった。

第 8 章 セキュリティ

リスト 8.3　プロキシーユーザーの作成例

```
mysql> install plugin authentication_pam soname 'authentication_pam.so';
Query OK, 0 rows affected (0.02 sec)

mysql> CREATE USER developer@localhost IDENTIFIED BY 'somepassword';
Query OK, 0 rows affected (0.00 sec)

mysql> GRANT ALL ON appdev.* to developer@localhost;
Query OK, 0 rows affected (0.00 sec)

mysql> CREATE USER ''@'' IDENTIFIED WITH authentication_pam
    -> AS 'mysql, appdev=developer';
Query OK, 0 rows affected (0.00 sec)

mysql> GRANT PROXY ON 'developer'@'localhost' TO ''@'';
Query OK, 0 rows affected (0.00 sec)
```

　ここで、ユーザーアカウントが''@''となっているのは、デフォルトのプロキシーユーザーを意味し、任意のログインユーザーアカウントとマッチする。任意のログインユーザーは''@''というアカウントに記述されている情報を見て、適切なプロキシー対象ユーザーへとマッピングされる。マッピングの内容はAS句で指定する。**リスト 8.3**の例では、AS 'mysql, appdev=developer'となっている。文字列の先頭にあるmysqlはサービス名であり、詳細は後述する。マッピングはappdev=developerの部分である。これは、appdevというグループに属するユーザーがdeveloperユーザーにマップされるということを示す。ここでいうグループとは、OS上のユーザーアカウントが属するグループである。ユーザーが属するグループが何であるかは、PAM認証プラグインによって取得される。**リスト 8.3**の例は単一のマッピングが行われているが、同じ要領でほかのグループのユーザーを別のプロキシー対象ユーザー（例えば**wheel**というグループを**root@localhost**）にマッピングさせることも可能である。複数のマッピングを記述する場合、個々のマッピングをカンマ区切りで列挙する。OS上のユーザーアカウントには、複数のグループを割り当てられる。そのため、潜在的には複数のマッピングで用いられているグループにマッチする可能性があるが、最初にマッチしたグループが用いられる。

　AS句の先頭のmysqlという文字列は、PAM認証で使用するサービス名である。これは、/etc/pam.d/mysqlの内容によって認証が行われることを示している。PAMの設定ファイルの内容は、OS（Linuxであればディストリビューション）の種類あるいはPAM内部でどのような認証方式を用いるかによって異なる。例えば、筆者が愛用しているGentoo Linuxでは、**リスト 8.4**のように記述するとOSログイン時の認証が用いられる。ほかのOSでは設定が異なるので詳しくはOSのマニュアル等を参照してほしい。

270

8.1 MySQLのセキュリティモデル

リスト 8.4 Gentoo Linux における/etc/pam.d/mysql の例

```
#%PAM-1.0
auth     include system-login
account include system-login
```

PAM認証プラグインでは、OS（あるいはほかのモジュールが提供するユーザーアカウント）と同じユーザー名でログインする必要がある。また、クライアントサイド平文認証プラグインを用いる必要がある。**リスト8.5**は、`mysql`コマンドを使ったログインの実行例である。

リスト 8.5 mysql コマンドによるログイン例

```
shell> mysql -u myuser -p --enable-cleartext-plugin
Enter password:
```

この設定でMySQLサーバーへログインすると、サーバー側ではプロキシーユーザー''@''により、PAM認証プラグインを使用して認証が行われ、その後グループ名とのマッチングにより適切なプロキシー対象ユーザーが選択される。ここで、`myuser`は`appdev`グループに属しているとする。すると、**リスト8.3**における`CREATE USER`文の`AS`句の記載とおり、`appdev`グループのユーザーは`developer`というユーザーにマッピングされ、`myuser`というユーザー名でログインしたにもかかわらず`developer@localhost`の権限を得る。ログイン時に指定したユーザー、プロキシーユーザー、プロキシー対象ユーザーにそれぞれ異なるユーザーがセットされる様子を**リスト8.6**に示す。

リスト 8.6 ログインユーザー、プロキシーユーザー、実効ユーザーの例

```
mysql> SELECT USER(), @@proxy_user, CURRENT_USER();
+------------------+--------------+---------------------+
| USER()           | @@proxy_user | CURRENT_USER()      |
+------------------+--------------+---------------------+
| myuser@localhost | ''@''        | developer@localhost |
+------------------+--------------+---------------------+
1 row in set (0.00 sec)
```

このように、プロキシーユーザーは外部認証プラグインによって得られた情報を用いてユーザーアカウントのマッピングを行う。ただし、後述するように、MySQL 5.7ではローカルのユーザーであってもプロキシーユーザーを利用できるようになっている。

271

第 8 章　セキュリティ

8.1.6　通信経路の保護

MySQL では、通信経路を保護するために、TLS/SSL（以下、SSL）による暗号化をサポートしている。従来、SSL の設定は少々面倒であったが、MySQL 5.7 から手順が劇的に簡略化されている。この点については後ほど具体的な手順を踏まえて解説する。

いくらユーザー認証と権限が適切に運用されていても、通信経路で漏洩や改ざんに遭ってしまっては元も子もない。プライベートネットワークを利用する場合など、通信経路の保護が必要ないケースもあるが、そうでない場合には暗号化による保護が必須である。

8.1.7　暗号化関数

MySQL サーバーには、アプリケーションが暗号化や復号を行うための関数も用意されている。それらの関数を使って独自に暗号化することで、データの安全性を高められる。それらの関数をどう活用するかはアプリケーション次第である。例えば、クレジットカード番号などの極めて重要な情報を格納しなければならない場合、事前に暗号化を施しておくことで、万が一データが盗まれてしまった場合でも攻撃者の手に情報が渡るリスクを低減してくれる。

商用版の MySQL Enterprise Server には、非対称（共通鍵）暗号化アルゴリズムのための関数が提供されている。鍵の長さはデフォルトでは 1024 ビット、最長は RSA の場合に 16KiB、DSA の場合に 10000 バイトとなっている。

8.1.8　監査プラグイン

MySQL には、バージョン 5.5 より監査用のプラグインを追加するための API が備わっている。MySQL Enterprise Audit Log Plugin という、商用版だけで利用可能な監査ログプラグインが存在するが、監査プラグイン API を使用すれば、コミュニティ版であっても独自に監査用プログラムの追加が可能である。プラグイン開発のコストをかけられないのであれば商用版を利用するとよいだろう。

MySQL Enterprise Audit Log Plugin では、ユーザーのログインあるいはクエリの実行をログに記録できる。ログは XML 形式になっており、プログラムを使ってあとから検索や加工しやすいようになっている。このプラグイン自体は MySQL 5.5 から利用可能だが、MySQL 5.6 において機能が拡充されており、アカウントやイベントの終了ステータスによってフィルタリングができるようになっている。特に、MySQL 5.6.20 において大きく機能が追加されており、MySQL Enterprise Audit Log Plugin を利用するなら、このバージョンよりも新しいものを使うべきだろう。

パフォーマンススキーマによる監視

監査ログまで必要はなくとも、想定外のユーザーによるログインがないか、あるいは個々のユーザーが想定外の操作を行っていないかといったことを監視したい場合があるだろう。そういうときに便利なのがパフォー

> マンススキーマあるいはパフォーマンススキーマを利用した sys スキーマ上の各種テーブルである。例えば、`performance_schema.accounts` テーブルを見れば、それぞれのユーザーが何回ログインしたかが分かる。また、`sys.user_summary` では、接続数に加えてクエリ実行に関する統計なども見られる。問題が発生した際、それがいつから発生しているかを見極めるためにも `sys.user_summary` などを定常的に記録し、いつでもシステムに対する変化を調査できるよう準備しておくといいだろう。

8.2 ユーザーアカウントに対する変更

MySQL のセキュリティモデルについてひととおり解説したところで、MySQL 5.7 の新機能について見ていこう。

8.2.1 プロキシーユーザーを外部認証なしでも利用可能に ▶▶▶ 新機能 111

プロキシーユーザーは複数のユーザーに対して同じユーザーの権限を貸与できるので、ロール（Role）のように利用できて便利である。プロキシーユーザーを利用する場合、MySQL 5.5 および MySQL 5.6 では外部認証プラグインを併用する必要があった。MySQL 5.7 ではこの制限がなくなり、外部認証プラグインを利用しなくてもプロキシーユーザーとして機能させられるようになった。

以降では、MySQL ネイティブパスワード認証プラグインのユーザーを、プロキシーユーザーとして利用する手順を紹介しよう。

まず、外部認証以外のユーザーがログインした際にプロキシーユーザーとなれるよう、設定を変更する必要がある。変更すべきオプションは、`check_proxy_users` および `mysql_native_password_proxy_users` の 2 つである。前者はサーバー全体で外部認証でないユーザーに対してプロキシーユーザーの利用を許可するもの。後者は MySQL ネイティブパスワード認証プラグインのユーザーに対するプロキシーユーザーの利用を許可するものである。デフォルトは `OFF` だが、両方が `ON` になっていなければネイティブ認証のユーザーがプロキシーユーザーを利用することはできない。これらは `SET GLOBAL` を用いて動的に変更可能である。設定変更例をリスト 8.7 に示す。SHA256 認証プラグインの場合は、`sha256_password_proxy_users` というオプションを有効化しよう。常にプロキシーユーザーを許可したい場合には `my.cnf` に記述して再起動をしても設定が消失しないようにしておこう。

リスト 8.7 ネイティブ認証でプロキシーユーザーを利用するための設定変更

```
mysql> SET GLOBAL check_proxy_users = ON;
Query OK, 0 rows affected (0.00 sec)

mysql> SET GLOBAL mysql_native_password_proxy_users = ON;
```

第8章　セキュリティ

```
Query OK, 0 rows affected (0.00 sec)
```

　次に、プロキシー対象ユーザーと、プロキシーユーザーを作成する。その様子を**リスト8.8** に示す。プ
ロキシー対象ユーザーが developer@localhost で、プロキシーユーザーが proxytest@localhost で
ある。

リスト8.8　ネイティブ認証によるプロキシー／プロキシー対象ユーザーの作成

```
mysql> CREATE USER developer@localhost IDENTIFIED BY 'somepassword';
Query OK, 0 rows affected (0.00 sec)

mysql> GRANT ALL ON appdev.* to developer@localhost;
Query OK, 0 rows affected (0.00 sec)

mysql> CREATE USER proxytest@localhost IDENTIFIED BY 'somepassword';
Query OK, 0 rows affected (0.00 sec)

mysql> GRANT PROXY ON developer@localhost TO proxytest@localhost;
Query OK, 0 rows affected (0.00 sec)
```

---

　proxytest@localhost でログインし、ログインユーザー、プロキシーユーザー、実効ユーザーを調べ
ると、**リスト8.9** のようになる。

リスト8.9　ユーザー情報の表示

```
shell> mysql -u proxytest -p
… 中略 …
mysql> SELECT USER(), @@proxy_user, CURRENT_USER();
+---------------------+-----------------------+---------------------+
| USER()              | @@proxy_user          | CURRENT_USER()      |
+---------------------+-----------------------+---------------------+
| proxytest@localhost | 'proxytest'@'localhost' | developer@localhost |
+---------------------+-----------------------+---------------------+
1 row in set (0.00 sec)
```

　プロキシーユーザーは、同じ権限を持つユーザーが多数存在する場合に便利である。ユーザー数が増え
るとユーザーアカウントの管理、特に権限の変更が煩雑になり、同じアカウントを複数のユーザーで共有

274

8.2　ユーザーアカウントに対する変更

する誘惑にかられるかもしれない。だが、プロキシーユーザーを使用すれば、1 つのユーザーの権限を複数のユーザーに貸与できるため格段に手間を減らせられる。権限を変更したい場合は 1 つのユーザー権限を変更するだけで済む。

8.2.2　ALTER USER コマンドの改良 ▶▶▶ 新機能 112

MySQL 5.6 では ALTER USER というコマンドが追加された。しかし、このコマンドはユーザーアカウントのパスワードを期限切れにするだけの機能しかなく、その他のユーザー管理には使用できなかった。

MySQL 5.7 より、ALTER USER コマンドに新たな機能が追加された。パスワードの期限を設定するほか、認証プラグイン、パスワード、SSL の設定、アカウントのロック状態、リソース制限、プロキシーユーザーのマッピングを変更できるようになった。リスト 8.10 は認証プラグインを変更するコマンドである。

リスト 8.10　ALTER USER コマンドの例

```
mysql> ALTER USER myuser@localhost IDENTIFIED WITH 'auth_socket';
Query OK, 0 rows affected (0.00 sec)
```

MySQL 5.6 以前のバージョンでは、同様の情報を変更するにはユーザーを再作成するか mysql.user テーブルを直接編集するしか方法がなかった。システムテーブルを直接編集することはリスクが伴う。ALTER USER コマンドが大幅に改良されたおかげで、標準的な方法で、安全にユーザーアカウントの設定を変更できるようになったのである。なお、ALTER USER コマンドを実行するには、CREATE USER 権限が必要である。

8.2.3　SET PASSWORD コマンドの仕様変更 ▶▶▶ 新機能 113

MySQL 5.6 以前のバージョンでは、SET PASSWORD コマンドの引数には PASSWORD 関数を用いて生成したハッシュ文字列を渡すようになっていた。これは、mysql.user テーブルに格納される値がハッシュ値であることに起因する[7]。MySQL 5.6 までのバージョンの SET PASSWORD コマンドはリスト 8.11 のような書式であった。

リスト 8.11　古い書式の SET PASSWORD コマンド

```
mysql> SET PASSWORD = PASSWORD('newpassword');
```

---

[7] MySQL サーバーは、パスワードを直接格納することはせずにハッシュ値のみを保持している。ネイティブ認証では、クライアントから送付されたハッシュ値が一致していればログインが許可される。

第8章　セキュリティ

　MySQL 5.7 では古い書式も利用可能であるが、**リスト 8.12** のように PASSWORD 関数なしの書式もサポートされるようになった。古い書式しかない MySQL 5.6 では PASSWORD 関数を忘れるとエラーになってしまう。そのため、`mysql.user` テーブルの中身がハッシュ化する前の文字列になってしまう心配はないが、慣れないうちは戸惑うかもしれない[8]。

　MySQL 5.7 では PASSWORD 関数なしでもハッシュ値が格納されるようになったため、すこしだけタイピングが楽になった。

リスト8.12　新しい書式の SET PASSWORD コマンド

```
mysql> SET PASSWORD = 'newpassword';
```

　ただし、MySQL 5.7 で PASSWORD 関数のない書式に慣れてしまうと、古いバージョンでもうっかりと同じように SET PASSWORD コマンドを実行してしまうかもしれないので注意が必要である。

8.2.4　CREATE/DROP USER に IF [NOT] EXISTS が追加 ▶▶▶ 新機能 114

　CREATE USER コマンドにおいて IF NOT EXISTS 句が、DROP USER コマンドにおいて IF EXISTS 句がサポートされるようになった。**リスト 8.13** にコマンドの例を挙げる。

リスト8.13　CREATE USER IF NOT EXISTS の例

```
mysql> CREATE USER IF NOT EXISTS myuser@localhost
    -> IDENTIFIED BY 'mypassword';
```

　この新たな構文を利用することで、ユーザーアカウントが存在していない場合のみ新たにユーザーアカウントを作成する、あるいはユーザーアカウントが存在する場合のみアカウントを削除するといった操作が可能になる。このため、バッチ等でユーザーアカウントを作成するのが容易になった。

8.2.5　パスワード期限の設定 ▶▶▶ 新機能 115

　MySQL 5.7 から、パスワードの期限を設定できるようになった。MySQL 5.6 までは、ALTER USER コマンドでユーザーアカウントのパスワードを期限切れにすることはできたが、実際に日数で設定して自動的に期限切れにするような使い方はできなかった。

　期限を過ぎたアカウントは、ログインはできてもパスワードを変更するまでほかの操作ができなくなる。その際、**リスト 8.14** のようなエラーが返される。当然、アプリケーションから接続した場合の操作も受け

---

[8] MySQL 5.7 では ALTER USER コマンドでパスワードを変更することができるようになっているので、混乱を避けるにはそちらを常用するのもアリかもしれない。

276

付けなくなるので注意が必要だ。期限切れになったアカウントは、mysql CLI を使ってログイン後、SET PASSWORD あるいは ALTER USER コマンドでパスワードを変更できる。パスワードを変更すると付与された権限に従い各種操作を実行できるようになるので、1820 のエラーを見た場合には焦らないようにしよう。

リスト 8.14 期限切れのユーザーによるエラー

```
mysql> SHOW DATABASES;
ERROR 1820 (HY000): You must reset your password using ALTER USER statement befo
re executing this statement.
```

1820 のエラーが出る状態はサンドボックスモードと呼ばれる。じつは、サンドボックスモードによる接続を許可するかどうかは、MySQL サーバーとクライアントの設定次第である。MySQL 5.7 では `disconnect_on_expired_password` というオプションが追加され、これによってクライアント接続時の挙動が変わるようになっている。デフォルトは ON であり、次に述べる条件を持つクライアントを除きサンドボックスモードによる接続を許可しない。つまり、即座に切断される。`disconnect_on_expired_password=ON` の場合であっても、`MYSQL_OPT_CAN_HANDLE_EXPIRED_PASSWORDS` というフラグが有効なクライアントは接続が可能である。mysql CLI はバッチモードでないかぎり、このフラグを `mysql_options` 関数によって指定して接続するようになっている。通常のインタラクティブモードであれば、サンドボックスモードによる接続が可能なのである。

パスワードの期限の設定には `ALTER USER` コマンドを使用する。**リスト 8.15** は 200 日の期限を設定する例である。期限は日数でしか指定できない。日数には 1 以上の整数値しか用いることができないので、1 日よりも短い期限は設定できない。

リスト 8.15 ユーザーアカウントに期限を設定する

```
mysql> ALTER USER myuser@localhost PASSWORD EXPIRE INTERVAL 200 DAY;
Query OK, 0 rows affected (0.00 sec)
```

`EXPIRE` のあとの `INTERVAL` 以降を省略すると、パスワードは即座に期限切れとなる。`PASSWORD EXPIRE NEVER` を指定すると、パスワードの期限が解除される。期限切れを起こしたくない場合には `PASSWORD EXPIRE NEVER` を指定するとよいだろう。`PASSWORD EXPIRE` 句は、`CREATE USER` 実行時にも指定できる。管理者が一時的なパスワードでユーザーアカウントを作成し、ユーザーが最初にログインしたときにパスワードの変更を強制したいというような場合に便利である。

`CREATE USER` 実行時には、新しいアカウントのパスワード期限として `default_password_lifetime` オプションの値が用いられる。このオプションは MySQL 5.7 で追加されたものであり、デフォルト値は 0 である。0 はパスワードの期限切れが起こらないことを示す。MySQL 5.7 の最初の正式版つまり MySQL 5.7.10 では、`default_password_lifetime` オプションのデフォルト値は 360 となっていた。

第 8 章 セキュリティ

これにより、MySQL 5.7.10 の初期状態で作成されたユーザーアカウントは、作成後 360 日経過した時点で自動的に期限切れになってしまう。このような挙動は、従来のバージョンとは大きく異なるものであり、コミュニティ[9]からの声により、MySQL 5.7.11 においてデフォルトでは期限切れにはならないよう default_password_lifetime の値が 0 に変更された。MySQL 5.7.10 を使用している場合には、パスワードの期限切れに注意してほしい。また、可能であれば、MySQL 5.7.10 よりも新しいバージョンを使ってほしい。パスワード期限のデフォルト値の改善以外にも、多くのバグ修正が含まれているからだ。

8.2.6　ユーザーのロック／アンロック ▶▶▶ 新機能 116

　ユーザーアカウントを使用できないようにしたいけれども設定は残しておきたい。そんなときに便利なのが、ユーザーアカウントのロック機能だ。ユーザーアカウントがロックされると、そのアカウントではログインができなくなる。ユーザーアカウントをロックするには、リスト 8.16 のように ALTER USER コマンドを実行する。

リスト 8.16　ユーザーアカウントのロック

```
mysql> ALTER USER myuser@localhost ACCOUNT LOCK;
Query OK, 0 rows affected (0.00 sec)
```

　ロックされたユーザーアカウントを使ってログインしようとすると、リスト 8.17 のようにエラーによってログインに失敗してしまう。

リスト 8.17　ロックされたユーザーアカウントによるログイン失敗

```
shell> mysql -u myuser -p
Enter password:
ERROR 3118 (HY000): Access denied for user 'myuser'@'localhost'. Account is locked.
```

　この状態は、ユーザーアカウントをアンロックするまで継続する。ユーザーアカウントをアンロックするには、リスト 8.16 の ALTER USER コマンドにおいて、ACCOUNT LOCK の代わりに ACCOUNT UNLOCK を指定すればよい。

8.2.7　ユーザー名の長さが 32 文字に増加 ▶▶▶ 新機能 117

　従来、MySQL のユーザー名は 16 文字までであったが、MySQL 5.7 において 32 文字まで拡張された。これにより、利用できるユーザー名の選択肢が増えることになる。

---

[9] Oracle ACE の田中氏によって登録された Bug #77277 による。

278

8.2 ユーザーアカウントに対する変更

8.2.8 ログイン不可能なユーザーアカウント ▶▶▶ 新機能 118

MySQL 5.7 より、`mysql_no_login` という認証プラグインが追加された。これは、直接的なログインができないユーザーアカウントのための認証プラグインである。`mysql_no_login` を使ったユーザーアカウントを作成するには、**リスト 8.18** のようにコマンドを実行する。1 行目はプラグインのインストールである。デフォルトの状態ではインストールされていないため事前にプラグインをインストールしておかなければならない。

リスト 8.18　ログイン不可能なユーザーアカウントの作成

```
mysql> INSTALL PLUGIN mysql_no_login SONAME 'mysql_no_login.so';
Query OK, 0 rows affected (0.03 sec)

mysql> CREATE USER nologinuser@localhost IDENTIFIED WITH 'mysql_no_login';
Query OK, 0 rows affected (0.00 sec)
```

ログイン不可能なユーザーアカウントが何の役に立つのかと疑問に思うかもしれない。だが、じつのところユーザーアカウントは直接的なログインができなくとも次のような場面で役に立つ。

◆ ストアドルーチンの実行ユーザー
◆ ビューの実行ユーザー
◆ イベントの実行ユーザー
◆ プロキシ対象ユーザー

データの漏洩を防ぐためにストアドプロシージャやビューを用いてアクセス可能なデータを最小限にしたいという場合、それらを実行するユーザーアカウントが乗っ取られてしまっては元の木阿弥である。したがって、センシティブなデータにアクセス可能なユーザーはログインできないほうが望ましい。**リスト 8.19** は、**リスト 8.18** で作成したユーザーアカウントを使ってベーステーブルにアクセスするビューの例である。

リスト 8.19　ログイン不可能なユーザーアカウントによって実行されるビュー

```
mysql> CREATE DEFINER=nologinuser@localhost
    -> SQL SECURITY DEFINER VIEW v1 AS SELECT
    ... 以下略 ...;
Query OK, 0 rows affected (0.00 sec)
```

`DEFINER=nologinuser@localhost` と `SQL SECURITY DEFINER` を指定することで、このビューによるベーステーブルへのアクセスは `nologinuser@localhost` の権限で行われる。このビューにアクセス

279

第 8 章　セキュリティ

するユーザーがベーステーブルへの `SELECT` 権限を持っていなくても、`nologinuser@localhost` に権限があればビューを介したベーステーブルへのアクセスが可能である。ストアドルーチンの場合も `DEFINER` と `SQL SECURITY` を指定することにより、同様のアクセス制御が可能である。

8.2.9　`mysql.user` テーブルの定義変更 ▶▶▶ 新機能 119

　MySQL 5.6 までのバージョンでは、`mysql.user` テーブルには `password` というカラムがあった。MySQL 5.7 では、同様の役割を持つカラムの名称が `authentication_string` へと変更された。これは、このカラムに格納される値がユーザーアカウント作成時の定義次第であり、パスワード以外のものも格納されるケースがあるからである。`mysql.user` テーブルを直接操作せず、`GRANT` コマンド等で権限を管理している場合にはユーザー側にこの変更の影響は一切ない。また、MySQL 5.7 の `mysql.user` テーブルでは、`plugin` カラムが `NOT NULL` に変更されている。これは認証プラグインを表すカラムであり、すべてのユーザーアカウントは何らかの認証プラグインを持つことが必須であることを意味する。

　さらに、アカウントの期限を管理するために `password_last_changed`、`password_lifetime` というカラムが、アカウントのロック状態を管理するために `account_locked` というカラムが追加されている。このように、機能の拡充とともに MySQL のシステムテーブルの定義は変化していくわけである。

8.2.10　`FILE` 権限のアクセス範囲の限定 ▶▶▶ 新機能 120

　MySQL が提供する権限の中で最も危険なものを挙げるとすると、`FILE` 権限を推薦したい。`FILE` 権限は、`mysqld` を実行しているホスト上に存在するファイルへアクセスできる権限である。`LOAD DATA INFILE` では読み取りを、`SELECT ... INTO OUTFILE` では書き込みを実行できる。`mysqld` の実行ユーザーがアクセスできるファイルであれば、これらの機能を使って読み書きが可能なのである。

　危険な `FILE` 権限に対して、`FILE` 権限を持ったユーザーがアクセス可能なディレクトリを制限する `secure_file_priv` というオプションが MySQL 5.1 から追加された。このオプションの引数はディレクトリ名であり、`FILE` 権限を持ったユーザーによるファイルアクセスは指定されたディレクトリにあるファイルだけに限定される。

　MySQL 5.7 では、`secure_file_priv` オプションのデフォルト値がいくつかのプラットフォームで設定されるようになった。どの値に設定されるかはプラットフォームに依存する。デフォルト値を表 8.6 に示す。MySQL 5.6 までのデフォルト値は空であり、特にディレクトリの制限はなかった。また、MySQL 5.7 では `NULL` を設定することで `FILE` 権限によるファイルアクセスを禁止できるようになっている。

表 8.6　`secure_file_priv` オプションのデフォルト値

プラットフォーム	値
スタンドアローン、Windows	空
RPM、DEB、Solaris	`/var/lib/mysql-files`
その他	ビルド時の `CMAKE_INSTALL_PREFIX` 配下の `mysql-files`

8.3 暗号化機能の強化

以降では、暗号化機能の強化ポイントについて述べる。暗号化は日進月歩で進化する分野である。データを守るために暗号はより強固になる一方で、暗号の脆弱性も日々発見される。暗号化を利用するうえで重要なポイントのひとつは常に新しいバージョンのソフトウェアを使い続けることである。

8.3.1　SSL/RSA 用ファイルの自動生成 ▶▶▶ 新機能 121

商用版限定の機能であるが、MySQL 5.7 では `mysqld` 起動時に暗号化に用いられる各種ファイルが生成されるようになった。自動生成されるファイルの一覧を**表8.7** に示す。これらのファイルは、データディレクトリ上に生成される。

表8.7　自動的に生成されるファイルの一覧

ファイル名	説明	用途
`ca.pem`	自己署名した CA 証明書	SSL 通信／サーバー側
`ca-key.pem`	CA 秘密鍵	n/a
`server-cert.pem`	サーバー証明書	SSL 通信／サーバー側
`server-key.pem`	サーバー秘密鍵	SSL 通信／サーバー側
`client-cert.pem`	クライアント証明書	SSL 通信／クライアント側
`client-key.pem`	クライアント秘密鍵	SSL 通信／クライアント側
`private_key.pem`	RSA 秘密鍵	SHA256 認証プラグイン
`public_key.pem`	RSA 公開鍵	SHA256 認証プラグイン

すでにデータディレクトリにファイルがある場合には、起動時のファイル生成は行われない。また、これらのファイルを生成するか `auto_generate_certs` および `sha256_password_auto_generate_rsa_keys` オプションの設定次第である。これらのオプションはデフォルトで ON であり、`auto_generate_certs` は SSL 通信用の各種ファイル、`sha256_password_auto_generate_rsa_keys` は SHA256 認証プラグイン用のファイルの生成を行うかどうかを決める。生成されたファイルの中には秘密鍵も含まれるので第三者から読み取られないようにしよう。

データディレクトリは `mysql` ユーザー以外から読み取られないようにアクセス権を 700 にしておくとよいだろう。クライアントへファイルを送信する場合にも、ファイルや通信経路を暗号化して漏洩しないよう細心の注意を払うべきである。

データディレクトリにファイルが存在する場合、`mysqld` は自動的に次のオプションを設定する。

◆ `ssl_ca`
◆ `ssl_cert`
◆ `ssl_key`

第8章　セキュリティ

　プライベート CA[10] ではあるものの、MySQL サーバー起動時に SSL 接続を受け入れ可能な状態になっているのは大きな利点である。

　なお、GPL 版であっても、ソースコードを自らコンパイルすれば SSL/RSA 用ファイルの自動生成ができるようになる。自動生成を有効化するのに必要な設定はコミュニティ版 MySQL サーバーのバイナリにリンクされている YaSSL の代わりに OpenSSL をリンクすることである。OpenSSL がすでにインストールされているシステムであれば、cmake 実行時に -DWITH_SSL=system を指定すればよい。

8.3.2　mysql_ssl_rsa_setup ▶▶▶ 新機能 122

　MySQL 5.7 には、mysql_ssl_rsa_setup というコマンドが追加された。これは、MySQL サーバー起動時の、暗号化に用いられる各種ファイルの自動生成と同様の処理を行うコマンドである。このコマンドは、コミュニティ版 MySQL サーバーにも付属している。自動生成はされないが、コマンドを 1 つ叩くだけで同等の処理が可能である。リスト 8.20 は mysql_ssl_rsa_setup コマンドの実行例である。--uid オプションを指定するとファイルの所有者を変更するため、スーパーユーザーの権限でコマンドを実行する必要がある。

リスト 8.20　暗号化に用いられる各種ファイルの生成

```
shell> sudo mysql_ssl_rsa_setup --uid=mysql --datadir=/var/lib/mysql
Generating a 2048 bit RSA private key
................................+++
.+++
... 以下略 ...
```

　なお、コミュニティ版 MySQL サーバーであっても、データディレクトリに各種ファイルがあれば自動的に検出され、ssl_ca、ssl_cert、ssl_key の 3 つのオプションが設定されるようになっている。したがって、コミュニティ版 MySQL サーバーで SSL を利用するには、データディレクトリ初期化後にリスト 8.20 のコマンドを実行するだけでよい。その後、MySQL サーバーを起動すれば、SSL 接続に必要なオプションが自動的に設定される。

　RPM パッケージを利用している場合は、systemctl で最初に起動する際、データディレクトリの初期化とともに mysql_ssl_rsa_setup が自動的に実行されるようになっている。

---

[10] CA は認証局の意味。一般向けに認証サービスを提供する事業者であるパブリック認証局と限定された範囲での利用に向けた証明書を発行するプライベート認証局がある。

282

8.3.3　TLSv1.2 のサポート ▶▶▶ 新機能 123

　MySQL 5.6 までのバージョンでは、サポートされている SSL プロトコルのバージョンは、TLSv1.0 が最新であった。MySQL 5.7 においては、OpenSSL をリンクした場合には TLSv1.2 が、YaSSL をリンクした場合には TLSv1.1 がサポートされる。より新しいバージョンのプロトコルのほうが安全である。SSLv3 は、「POODLE」という脆弱性が明るみに出て、安全ではないプロトコルとなった。したがって、最低でも TLSv1.0 を使用する必要があるが、可能なかぎり新しいバージョンを使用することが望ましい。SSL を利用するのであれば、ぜひ MySQL 5.7（将来的にはそれ以降のバージョン）を利用してほしい。

8.3.4　SSL 通信を必須化するサーバーオプション ▶▶▶ 新機能 124

　MySQL ではユーザーアカウントごとに SSL を必須化することが可能であり、そのようなユーザーアカウントでは、SSL を使用しない接続は許可されない。しかし、各ユーザーアカウントに対して SSL を必須化しても、すべてのユーザーアカウントが SSL を必須化されているとはかぎらない。そこで、MySQL 5.7 では、`require_secure_transport` というオプションが追加され、MySQL サーバーへのすべてのログインに SSL 接続を要求できるようになった。これにより、TCP/IP 接続経由で暗号化されていない通信が行われないことが保証され、情報漏洩のリスクを低減できる。デフォルトは `OFF` であり、SSL 接続を使わなくとも、ユーザーアカウントが SSL 必須でなければログインが可能である。

　ただし、`require_secure_transport` オプションが有効であっても、TCP/IP 接続でなければ、つまり UNIX ドメインソケットあるいは Windows 共有メモリによる接続であれば接続は許可される。これら TCP/IP 以外の通信手段では通信経路上でデータが盗聴される危険性はないからである。

8.3.5　AES 暗号化におけるキーサイズの選択 ▶▶▶ 新機能 125

　`AES_ENCRYPT`/`AES_DECRYPT` 関数おいて、キーのサイズとモードが選択可能になった。従来のバージョンでは、128 ビットのキーかつ ECB モードしか選択できなかったが、128 ビットでは今ひとつ強度が十分とはいい切れない。そこで、より強度の高い暗号化をするため、192 ビットおよび 256 ビットのキーと、そのほかのモードを利用できるようになった。暗号化の安全性と処理速度はトレードオフになっているため、要件にあわせて適切なキー長を選択してほしい。AES 暗号の種類は、`block_encryption_mode` オプションで指定する。リスト 8.21 に 256 ビットのキーで CBC モードを用いた暗号化の例を示す。`AES_ENCRYPT` および `AES_DECRYPT` 関数は、暗号化のモードによっては第 3 の引数である `init_vector` を必要とするので注意してほしい。

リスト 8.21　256 ビット長のキーを用いた AES 暗号化／復号の例

```
mysql> SET block_encryption_mode = 'aes-256-cbc';
Query OK, 0 rows affected (0.00 sec)
```

第8章　セキュリティ

```
mysql> SET @init_vector = RANDOM_BYTES(16);
Query OK, 0 rows affected (0.00 sec)

mysql> SET @key = UNHEX(SHA2('My secret passphrase',512));
Query OK, 0 rows affected (0.00 sec)

mysql> SELECT @encrypted_value :=
    -> HEX(AES_ENCRYPT('This is a secret!', @key, @init_vector))
    -> AS ENCRYPTED;
+----------------------------------------------------------------+
| ENCRYPTED                                                      |
+----------------------------------------------------------------+
| 203B9F0BD4A4C7FD2A05C58C030424CE4BC801C3BCFD0091FADE05D1DDFF9D9C |
+----------------------------------------------------------------+
1 row in set (0.00 sec)

mysql> SELECT AES_DECRYPT(UNHEX(@encrypted_value), @key, @init_vector)
    -> AS SECRET;
+------------------+
| SECRET           |
+------------------+
| This is a secret! |
+------------------+
1 row in set (0.00 sec)
```

　なお、この新機能については、当初 MySQL 5.7.4DMR で追加されたものであるが、MySQL 5.6.17
に対してバックポートされたため MySQL 5.6 でも利用可能となっている。

8.3.6　安全でない古いパスワードハッシュの削除 ▶▶▶ 新機能 126

　MySQL 5.7 では、古い MySQL ネイティブパスワード認証プラグイン（`mysql_old_password`）が
廃止された。パスワードの強度が不足しており、不正ログインの餌食になってしまう可能性があるためだ。
古い形式のパスワードを未だに使っていた場合には、**リスト 8.22** のようなコマンドでアカウントのパス
ワードを移行し、クライアント側のソフトウェアをアップグレードする必要がある。

284

8.3 暗号化機能の強化

リスト 8.22　古いパスワードからの以降

```
mysql> ALTER USER myuser@localhost
    -> IDENTIFIED WITH mysql_native_password BY 'Temp Password'
    -> PASSWORD EXPIRE;
```

`ALTER USER` によってパスワードの期限が失効しているため、ユーザーは次にログインした際にパスワードを変更する必要がある。

8.3.7　古い暗号化関数の非推奨化 ▶▶▶ 新機能 127

MySQL 5.7 では、暗号化あるいは復号を行ういくつかの関数が非推奨になった。これらの関数は将来のバージョンの MySQL では削除される予定なので利用は控えよう。非推奨になった関数の一覧を**表 8.8**に示す。暗号化／復号を行いたい場合には、`AES_ENCRYPT` および `AES_DECRYPT` 関数を用いるようにしてほしい。

表 8.8　MySQL 5.7 で非推奨になった関数の一覧

関数名	説明
`ENCODE`	MySQL 独自のアルゴリズムによる暗号化
`DECODE`	ENCODE 関数で暗号化した文字列を復号
`ENCRYPT`	標準 C ライブラリに含まれる crypt() 関数を使った暗号化
`DES_ENCRYPT`	DES 暗号化
`DES_DECRYPT`	DES 復号
`PASSWORD`	MySQL のネイティブパスワードと同じハッシュを生成する

脆弱性とアップグレード

　ソフトウェアを安全に運用するうえで重要なポイントとして、できるだけ新しいバージョンを利用することが挙げられる。ソフトウェアの規模がある程度の水準を越えると、脆弱性の撲滅は極めて困難な作業となる。ソフトウェアからバグがなくせない以上、脆弱性との戦いが終結することはないだろう。MySQL も例外ではなく、恒常的に新たな脆弱性が報告されている。

　オラクル・コーポレーションでは、ソフトウェアに含まれる脆弱性に関する情報を、Critical Patch Updates（通称 CPU）というパッチによって、定期的に公開している。CPU は 1 月、4 月、7 月、10 月の 17 日に最も近い火曜日に公開されることになっており（2016 年 5 月執筆時点）、MySQL もその対象となっている。名称にパッチという文字列が含まれているが、MySQL の場合はマイナーバージョンアップが基本であるため、問題の修正を行うには、いわゆるパッチではなくパッケージのアップグレードが必要になる。

285

第 8 章　セキュリティ

> 　緊急性の高い脆弱性については、CPU ではなく、Security Alerts という文書で脆弱性についての通知が行われる。日々情報をチェックして、緊急性の高い脆弱性に対し、迅速にアップグレードを実施するなどの対応を心がけてほしい。

8.4　インストール時の変更

　システムの安全性の観点からいえば、何もしない素の状態で安全なのがベストである。安全性を高めるために何らかの余分な操作や設定が必要というのは無駄だし、リスクを高めるだけだからである。MySQL 5.7 では、初期状態でも高い安全性が保たれるよう以前のバージョンに存在した問題が取り除かれている。

8.4.1　mysqld --initialize ▶▶▶ 新機能 128

　セキュリティの向上に直接寄与する新機能ではないが、MySQL サーバーのデータディレクトリの初期化方法が変更されている。従来は `mysql_install_db` という Perl のスクリプトによって `mysqld` が起動され、各種 SQL スクリプトが読み込まれることでシステムテーブルの初期化が行われていた。これではデータを初期化するために Perl が必要となり、特に Windows 上のデータの初期化で問題となっていた。`mysqld` 自身が直接データディレクトリの初期化を行うことで、どのようなシステムであれ `mysqld` が動作すればデータディレクトリの初期化が可能となった。

　データディレクトリの初期化を行うには、`--initialize` オプションを付けて `mysqld` を起動する。InnoDB のデータファイルや UNDO ログの個数など、事前に設定しておかなければならないオプションがあるので、そのような設定は事前に `my.cnf` に書き込んでおこう。`mysqld --initialize` を実行するとデータディレクトリが初期化され、エラーログに `root@localhost` の初期パスワードが記録されて `mysqld` 自体はいったん終了する。初期パスワードは期限切れになっているので、再度 `mysqld` を起動したあと、初期パスワードでログインして改めてパスワードを設定しよう。**リスト 8.23** は、データディレクトリの初期化を行う手順を示したものである。

リスト 8.23　データディレクトリ初期化手順

```
shell> vi /etc/my.cnf
... 中略 ...
shell> mysqld --initialize
shell> systemctl start mysql
... 中略 ...
shell> mysql -u root -p
Enter password:
```

8.4 インストール時の変更

```
... 中略 ...
mysql> SET PASSWORD = 'New Password';
```

--initialize のほかにも、--initialize-insecure というオプションも追加された。これは、root@localhost の初期パスワードの設定を行わずに、データディレクトリの初期化を行う。パスワードが空であるうえに、期限切れにもなっていない。起動後には速やかにパスワードを設定しておこう。

mysqld --initialize によって生成されたファイルは、必要最低限のアクセス権限しか持たないようになっている。データベースディレクトリは 750、データファイルは 640 のパーミッションが設定される。これは、mysql ユーザーによる R/W アクセスと mysql グループに属するユーザーによるリードオンリーアクセスを許可するためである。

mysql_install_db コマンド自体は、廃止予定ではあるものの MySQL 5.7 に残っている。ただし、従来のような Perl スクリプトではなく、C++ で記述されたネイティブコードのプログラムとなっている点が異なる。mysql_install_db コマンドでも引き続きデータディレクトリの初期化は可能だが、廃止予定であるため敢えて使う必要はないだろう。現在は、過去のバージョンとの互換性のために残されているだけである。

8.4.2　test データベースの廃止 ▶▶▶ 新機能 129

MySQL 5.6 までのバージョンの mysql_install_db コマンドでは、誰でもアクセス可能な test という名前のデータベースが初期状態で作成されていた。この test データベースでは、どのユーザーアカウントであっても、テーブルやプロシージャの作成のほか、あらゆる操作が許可されている。当然ながらこれは安全ではない。test データベースがアプリケーションによって使用されていなければ、あまり安全性には関係ないのではと思うかもしれないが、さまざまな操作が可能であれば、アカウントが乗っ取られた場合に DoS 攻撃の対象になり得る。例えば、悪意あるユーザーによってメモリやディスク、さらに CPU リソースが不必要に消費されてしまう危険性がある。ディスクが満杯になるまで延々と INSERT するといった攻撃が容易に可能である。

MySQL 5.7 では、test データベースが最初から作成されなくなったため、そのような危険性とは無縁である。test データベースは開発環境で動作確認をするといった目的には便利かもしれないが、そのためにわざわざリスクを取る必要はないといえる。

8.4.3　匿名ユーザーの廃止 ▶▶▶ 新機能 130

MySQL 5.6 までのバージョンの mysql_install_db コマンドでは、どのようなユーザー名およびホストでもログイン可能な匿名ユーザーが作成されてしまう。これは当然ながら安全ではない。特に、誰でもアクセス可能な test データベースとの組み合わせは最悪である。匿名ユーザーはパスワードなしでログイン可能であり、test データベース上であらゆる操作ができてしまう。

MySQL 5.7 では、匿名ユーザーは作成されなくなった。したがって、初期状態で作成される root@local

287

第 8 章　セキュリティ

host か、明示的に CREATE USER コマンドまたは GRANT コマンドによってユーザーあるいはプロキシーユーザーを作成しないかぎり、MySQL サーバーにログインできない。

8.4.4　`root@localhost` 以外の管理ユーザーアカウントの廃止 ▶▶▶ 新機能 131

MySQL 5.6 までのバージョンの `mysql_install_db` コマンドでは、`root@localhost` 以外にも、`root@'127.0.0.1'`、`root@'::1'`、`root@` 自ホスト名という 3 つのアカウントが作成される。しかし、`root@localhost` 以外の管理ユーザーアカウントは根本的に無駄であり、不正アクセスの危険性もはらんでいる。

特に `root@` 自ホスト名というユーザーアカウントが厄介である。例えば `mysql_install_db` 実行時のホスト名が `hostX` だったとすると `root@hostX` という管理ユーザーアカウントが作成される。通常の管理タスクは `root@localhost` で行い、`root@localhost` のパスワードのみ設定したとする。その後、`root@hostX` を削除せずにコールドバックアップを取り、`hostY` 上でリストアした場合を考えてみよう。リストアされた `mysql.user` テーブルには、`root@hostX` というユーザーアカウントが残っているはずである。したがって、`hostY` 上で動作する MySQL サーバーには、元のホストである `hostX` から root ユーザーでログインできてしまう。しかも、`root@localhost` でログインしてパスワードを変更しても、`root@hostX` を含むほかのユーザーアカウントのパスワードは変更されない。そのため、`hostY` 上で動く MySQL サーバーに root ユーザーはパスワードなしでログインできてしまうのだ。このような事態を防ぐには、あらかじめ `root@hostX` を削除しておくか、SET PASSWORD コマンドで `root@hostX` のパスワードを変更しておく必要がある。

MySQL 5.7 では、`root@localhost` のみが作成されるようになったため、そのようなリスクはなくなった。

8.4.5　`mysql_secure_installation` の改良 ▶▶▶ 新機能 132

データディレクトリの初期化をしたあとは、`mysql_secure_installation` というプログラムを実行して、MySQL サーバーのリスクを取り除くのが定石である。しかしながら、`mysql_secure_installation` が実行する次の 3 点のタスクは、MySQL 5.7 では実質的に不要となった。

◆ test データベースの削除
◆ 匿名ユーザーの削除
◆ localhost、127.0.0.1、::1 以外のホストからログイン可能な root ユーザーの削除

MySQL 5.6 までの `mysql_secure_installation` コマンドがほかに実行するタスクは `root@localhost` のパスワードの変更だけである。`root@localhost` のパスワード変更は必要だが、それだけではあまりにも機能が寂しい。そこで、MySQL 5.7 の `mysql_secure_installation` コマンドは、パスワードバリデーションプラグインをインストールおよび設定するという機能が追加された。パスワードバリデーションプラグインは、MySQL 5.6 から利用可能な機能であり、パスワードの強度が一定の水準に達するこ

とを保証するものである。パスワードバリデーションプラグインには**表8.9**のようなポリシーを設定できる[11]。パスワードで認証を行う以上、その強度は重要であり、パスワードバリデーションプラグインの利用は望ましい。初期状態でもかなり安全になったため以前ほどのご利益はなくなったものの、依然として`mysql_secure_installation`を実行しておくメリットはある。

表8.9　パスワードバリデーションプラグインのポリシー

ポリシー	説明
LOW	パスワードが8文字以上であること
MEDIUM	上記に加え、数値、大文字、小文字、英数字以外の文字が、最低でも1文字ずつ含まれていること
STRONG	上記に加え、4文字以上の部分文字列が、辞書に含まれる文字列に一致しないこと

　なお、MySQL 5.6までの`mysql_secure_installation`コマンドはPerlのスクリプトであった。作りはあまり良いとはいえず、MySQLサーバーへの接続はドライバではなく、`mysql`コマンドを呼び出すようになっている。そのため、Windows上では実行できないうえ、デフォルトのポートおよびUNIXドメインソケットで待ち受けているMySQLサーバーにしかログインできない。この問題への対策として、MySQL 5.7の`mysql_secure_installation`コマンドは、C言語[12]で書きなおされた。`libmysqlclient`を使って接続するため、どのホスト／ポートで待ち受けているサーバーへも接続できるし、Perlのようなパッケージに含まれないコマンドを呼び出す必要もないので、どのプラットフォームでも実行が可能である。

8.5　透過的テーブルスペース暗号化 ▶▶▶ 新機能 133

　MySQL 5.7.11より、テーブルスペースを透過的に暗号化する機能が追加された。一部制限があるものの、コミュニティ版MySQLサーバーでも利用可能である。暗号化が可能なテーブルスペースは`innodb_file_per_table=ON`のときに作成された.ibdファイルのみであり、共有テーブルスペースや一般テーブルスペースは暗号化できない。

　暗号化は2段階になっており、テーブルスペースに格納されたデータはヘッダに格納されたテーブル固有のキーで暗号化／復号を実行する。ヘッダはサーバーで共通のマスターキーで暗号化されているため、マスターキーがないかぎり第三者から読み取られることはない。マスターキーはキーリングで管理されるようになっており、MySQL Enterprise Editionでは、Key Management Interoperability Protocol（以降KMIP）を通じてOracle Key Vault（以降下OKV）という製品によってマスターキーを管理できる。コミュニティ版MySQLサーバーでは、ファイル上でマスターキーを管理するための仕組みが備わっているが、安全性ではOKVより大きく劣る。ただのファイルであれば、第三者から読み取られればマスターキーが漏洩するからだ。透過的テーブルスペース暗号化の仕組みを図示したものを**図8.1**に示す。

　以降では、コミュニティ版MySQLサーバーでも利用可能なファイル上でマスターキーを管理する

---

[11] これはデフォルト値であり、オプションで調整可能になっている。

[12] 拡張子は.ccとなっているが、内容的にはC言語になっている。

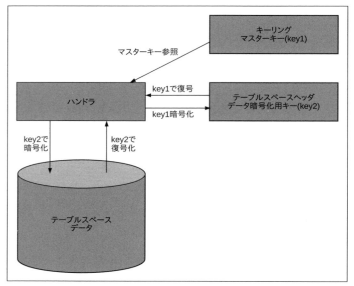

図 8.1　透過的テーブルスペース暗号化の構造

`keyring_file` プラグインを使った設定法を解説する。OKV を用いる方法についてはマニュアルを参照してほしい。

8.5.1　キーリングの設定

まずはキーリングを適切に設定する。そのためにはキーリングを管理するプラグインをインストールしなければならない。コミュニティ版 MySQL サーバーでは、`keyring_file` プラグインが最初からインストールされている。MySQL Enterprise Edition ではリスト 8.24 のようにプラグインをインストールする必要がある。

リスト 8.24　keyring_file プラグインのインストール

```
mysql> INSTALL PLUGIN keyring_file SONAME 'keyring_file.so';
```

`keyring_file` プラグインをインストールしたら、`keyring_file_data` というオプションが使用可能になる。このオプションは、キーを格納するファイルのパスを指定する。第三者から読み取られない場所を指定しよう。このオプションは動的に変更可能だが、いったんキーリングの使用を開始したあとは、無闇に変更するとエラーになってしまうので注意が必要である[13]。また、再起動によって設定が消失するの

---

[13] キーリングファイルを新しいパスへ移動すればエラーにはならない。

を防ぐため、`my.cnf` にも設定を記述しておこう。

8.5.2　テーブルの作成

透過的テーブルスペース暗号化を用いたテーブルの作成は極めて簡単である。方法は**リスト 8.25** のように、テーブルオプションに `ENCRYPTION='Y'` を指定するだけである。`innodb_file_per_table` が `ON` でない場合や一般テーブルスペースを指定した場合はエラーになる。

リスト 8.25　暗号化されたテーブルの作成

```
mysql> CREATE TABLE table_name (... 略...) ENCRYPTION='Y';
```

たったこれだけの操作で `.ibd` ファイルの中身が暗号化され、`.ibd` ファイルをコピーしただけではデータは読み取れなくなる。`.ibd` ファイルにはデータ（クラスタインデックス）だけでなくセカンダリインデックスも含まれる。つまり、データだけでなくインデックスも暗号化の対象となる。`.ibd` ファイル内のデータはファイルから読み込む際に復号される。そのため、バッファプール上のデータは暗号化されていないので注意しよう。クラッシュ時にコアファイルを保存する設定になっていると、コアファイルからデータを読み取られてしまう可能性がある。また、InnoDB のログファイルは暗号化されないので、最新のデータはそちらから読み取られる可能性があるし、一般クエリログやスロークエリログなども暗号化がされないため、データが読み取られる可能性がある点には注意してほしい。

なお、暗号化を解除したい場合には `ALTER TABLE ...  ENCRYPTION='N'` を実行すればよい。ただし、この操作はオンラインでは実行できず、テーブルの再作成（`ALGORITHM=COPY`）が必要である。暗号化されていないテーブルを暗号化したい場合も同様に `ALTER TABLE` コマンドで変更可能である。

8.5.3　マスターキーのローテーション

セキュリティを万全にするためには、マスターキーを定期的にローテーションするべきである。また、万が一マスターキーが漏洩したと考えられる場合には、即座にローテーションしなければならない。マスターキーをローテーションすると、そのサーバー上に存在するテーブルスペースのヘッダが新しいマスターキーによって直ちに暗号化され、古いマスターキーでは読み取れなくなる。マスターキーのローテーションをするには `ALTER INSTANCE` コマンドを使う。**リスト 8.26** はコマンドの実行例である。

リスト 8.26　ALTER INSTANCE コマンドの実行例

```
mysql> ALTER INSTANCE ROTATE INNODB MASTER KEY;
```

第 8 章　セキュリティ

MySQL Enterprise Firewall

　MySQL 5.6.24 より、MySQL Enterprise Edition では、MySQL Enterprise Firewall という機能が利用可能になっている。これは、あらかじめ安全な SQL のダイジェストを記録し、許可されたダイジェストを持つ SQL 文の実行だけを許可するというツールである。そうすることで、悪意あるユーザーが SQL の構文を変えてしまう、SQL インジェクション攻撃を防げる。

　MySQL Enterprise Firewall の使い方を大雑把に説明すると、次のとおりである。

1. プラグインをインストールする

```
mysql> SOURCE /path/to/basedir/share/linux_install_firewall.sql
```

2. 記録（RECORDING）モードでアプリケーションから SQL をひととおり実行し、安全な SQL を記録する

```
mysql> SET GLOBAL mysql_firewall_mode = ON;
mysql> CALL mysql.sp_set_firewall_mode('appuser@localhost', 'RECORDING');
```

3. 保護（PROTECTING）モードあるいは検出（DETECTING）モードで、SQL インジェクション攻撃からサーバーを守る

```
mysql> CALL mysql.sp_set_firewall_mode('appuser@localhost', 'PROTECTING');
```

　見てのとおり、使い方は極めてシンプルである。保護モードと検出モードの違いは、保護モードが記録されていない SQL 文の実行を拒否するのに対し、検出モードではエラーメッセージをエラーログに記録するという点である。当然ながら、SQL インジェクションからデータを保護するには保護モードでなければならない。

```
https://dev.mysql.com/doc/refman/5.7/en/firewall.html
```

8.6　監査プラグイン API の改良 ▶▶▶ 新機能 134

　MySQL 5.7 では、監査プラグイン API（監査プラグインを実装するための仕組み）が大幅に改良されている。コミュニティ版にはプラグインそのものは提供されていないし、商用版の Audit Log Plugin の機能拡充もまだであるが、プラグイン API が改良されたことにより、よりきめ細やかなイベントのフィルタリングが可能になっている。

8.7　MySQL 5.7 におけるセキュリティの定石

　MySQL 5.7 では、セキュリティの向上に役立つ新機能が非常に充実している。インストール時の初期設定がより安全になったり、SSL の設定が簡略化されたことで管理者が手をかけずに従来より安全性を高められるようになった。TLSv1.2 がサポートされたことで、SSL 通信の安全性も高まった。今後は SSL を用いた接続が標準になっていくことだろう。また、プロキシーユーザーが外部認証を必要としなくなり、常にロールのように使えるようになったことで、より柔軟なユーザーアカウント管理が可能になった。`ALTER USER` コマンドが改良され、ユーザーアカウントの管理がやりやすくなった点も嬉しい。

　`SET PASSWORD` の書式が変更されたり、MySQL 5.7.10 ではパスワードの期限が 360 日に設定され、MySQL 5.7.11 で撤回されたり、インストール方法が変更されるなど一部混乱が生じる要因があるのは否めない。しかし、それらはより良い方向、つまりより簡単に、より安全な MySQL サーバーの管理をするための措置であり、長い目で見れば必要な対処であるといえる。使い方が MySQL 5.6 と 5.7 で異なるのは厄介だが、MySQL を利用するのであれば、ぜひともバージョンによる違いを覚えておいてほしい。

　セキュリティは今後ますます重要になっていくことは疑いようがない。MySQL 5.7 のセキュリティ関連の新機能は、いずれも使い方が簡単でありかつ高い効果が見込めるものばかりである。ぜひこれら新機能を活用し、従来より安全な運用を行ってほしいと思う。

9

クライアント&プロトコル

　MySQL サーバーは、クライアントからのアクセスによって初めてその価値を示す。クライアントは MySQL サーバーに付属している管理コマンドであったり、MySQL プロトコルを通じてアクセスするアプリケーションであるかもしれない。サーバーはクライアントからの指示がなければ何もしない。サーバーにはクライアントが必要なのであり、両者は切り離すことのできない関係なのである。本章では、MySQL のクライアントおよびプロトコル関連の変更点について解説する。

9.1　MySQL のプロトコル

　クライアント側の新機能を紹介する前に、MySQL のプロトコルについて簡単に解説する。プロトコルがどうなっているかを知るのは、クライアントとサーバーの通信を理解するうえで重要である。

9.1.1　MySQL プロトコル概要

　MySQL のプロトコルは、3 バイトのパケット長、1 バイトのシーケンス番号が先頭に付いたパケットになっている。3 バイトなので、1 つのパケットの最大長は 2^{24} ＝ 16MiB である。サイズが 3 バイトの上限（つまり 0xFFFFFF＝ 16MiB）のときは、次のパケットに続くということになっている。また、シーケンス番号は 255 まで到達すると、0 に戻るようになっている。このように、パケットには合計で 4 バイトのヘッダがあり、そのあとにペイロードが続くというシンプルな形式になっている。なお、パケット内のデータはすべてリトルエンディアンである。

　そのような形式のパケットを使い、初期のハンドシェイク、認証、その後の各種操作のためのやりとりを行う。認証が完了すると、クライアントはサーバーへコマンドパケットを送信し、サーバーはコマンドに応じた応答パケットをクライアントへ送信する。コマンドパケットは、先頭の 1 バイトがコマンドの種類を表すものとなっており、そのあとにコマンドごとの引数（ない場合もある）が続く。

　MySQL 5.7 で定義されているコマンドの種類をリスト 9.1 に示す。これは、MySQL 5.7.12 のソース

295

第9章　クライアント&プロトコル

コード（`include/my_command.h`）からの抜粋である。

リスト9.1　MySQLプロトコル上のコマンド

```
enum enum_server_command
{
  COM_SLEEP,
  COM_QUIT,
  COM_INIT_DB,
  COM_QUERY,
  COM_FIELD_LIST,
  COM_CREATE_DB,
  COM_DROP_DB,
  COM_REFRESH,
  COM_SHUTDOWN,
  COM_STATISTICS,
  COM_PROCESS_INFO,
  COM_CONNECT,
  COM_PROCESS_KILL,
  COM_DEBUG,
  COM_PING,
  COM_TIME,
  COM_DELAYED_INSERT,
  COM_CHANGE_USER,
  COM_BINLOG_DUMP,
  COM_TABLE_DUMP,
  COM_CONNECT_OUT,
  COM_REGISTER_SLAVE,
  COM_STMT_PREPARE,
  COM_STMT_EXECUTE,
  COM_STMT_SEND_LONG_DATA,
  COM_STMT_CLOSE,
  COM_STMT_RESET,
  COM_SET_OPTION,
  COM_STMT_FETCH,
  COM_DAEMON,
  COM_BINLOG_DUMP_GTID,
```

```
COM_RESET_CONNECTION,
/* don't forget to update const char *command_name[] in sql_parse.cc */

/* Must be last */
COM_END
};
```

すでに使用されていないコマンドや廃止予定のものも含まれているが、コマンドの番号を変更するわけには行かないので、そのまま残されている。最も使用頻度が高いコマンドは、`COM_QUERY`（整数値で表すと 3）であろう。`COM_QUERY` つまり整数値の 3 を表す 1 バイトに次いで、クエリ文字列を送信することで、サーバーへクエリのリクエストが送信される。その後、クライアントはサーバーからの応答を待つ。応答の内容はクエリの種類によって、結果セットが含まれるものと終了ステータスだけを報告するものに分けられる。例えば `SELECT` は前者であり、`INSERT`、`UPDATE`、`DELETE` は後者である。また、第 6 章で紹介した X プロトコルとは異なり、従来からある MySQL プロトコルは、非同期リクエストをサポートしていない。そのため、クライアントはサーバーへリクエストを送信し終えるまでサーバーから応答が返ってくることはないし、また、いったんサーバーへリクエストを送信し終えると、応答を受け取るまで新たなリクエストを送信することはできないのである。

極めてざっくりとした概要ではあるが、本書ではこれ以上深みには触れないようにする。MySQL プロトコルの詳細について興味がある人は、MySQL Internals のサイトで解説されているのでそちらを参照してほしい[1]。

`https://dev.mysql.com/doc/internals/en/client-server-protocol.html`

9.1.2　サポートされる通信方式

MySQL では、通信方式として次のものをサポートしている。

◆ TCP/IP
◆ 名前付きパイプ（Windows のみ）
◆ 共有メモリ（Windows のみ）
◆ UNIX ドメインソケット（UNIX 系 OS のみ）

TCP/IP と名前付きパイプ以外は同一ホスト内の接続にしか用いることができないものである。これらの方式を使って接続したうえで MySQL プロトコルの交換が行われる。MySQL のプロトコルは接続方式とは独立して実装されており、どの接続方式を用いた場合でもやりとりされる内容に違いはない。

---

[1] 日本語の解説が希望の場合には、とみたまさひろ氏によるスライドがある。`https://slide.rabbit-shocker.org/authors/tommy/mysql-protocol/`

第9章　クライアント&プロトコル

　また、MySQL では SSL を用いた通信の暗号化や、zlib によるデータ圧縮をサポートしている。通信経路に公共のネットワークが含まれる場合やネットワーク帯域が満足でない場合などに、これらの機能を活用するとよいだろう。

9.1.3　ドライバの種類

　MySQL には、各種言語用のドライバが存在する。アプリケーションはドライバが提供する API を呼び出し、ドライバはそれに応じたパケットをサーバーへ送信し、応答を待ち受け、アプリケーションへ結果を返す。つまり、ドライバは API で定義された関数やメソッドの呼び出しと、クライアントとサーバー間のプロトコルのやりとりを翻訳するプログラムといえる。

　ドライバには、MySQL の開発元であるオラクル・コーポレーションが提供しているものもあれば、サードパーティによって開発／メンテナンスされているものもある。最近はネイティブのドライバが増えて来たが、C API である libmysqlclient に対するラッパーになっているものも多い。表9.1 および表9.2 は、MySQL 用のドライバの種類である。用途に応じて、適切なものを選択してほしい。

表 9.1　主な MySQL 用のドライバ（1）

言語／環境	名称	タイプ	開発元または URL	ライセンス
C	C API	libmysqlclient	オラクル	GPLv2、商用
	Connector/C	libmysqlclient の別パッケージ	オラクル	GPLv2、商用
C++	Connector/C++	libmysqlclient のラッパー	オラクル	GPLv2、商用
	MySQL++	libmysqlclient のラッパー	http://tangentsoft.net/mysql++/	LGPL
Erlang	erlang-mysql-driver	libmysqlclient のラッパー	https://code.google.com/archive/p/erlang-mysql-driver/	BSD
Go	Go-MySQL-Driver	ネイティブドライバ	https://github.com/go-sql-driver/mysql	MPL v2
Haskell	Haskell language bindings for MySQL	ネイティブドライバ	http://www.serpentine.com/blog/software/mysql/	BSD
	hsql-mysql	libmysqlclient のラッパー	http://hackage.haskell.org/package/hsql-mysql-1.7	BSD
Java	Connector/J	ネイティブドライバ	オラクル	GPLv2、商用
Lua	LuaSQL	libmysqlclient のラッパー	http://keplerproject.github.io/luasql/	Lua 5.1
.NET	Connector/NET	ネイティブドライバ	オラクル	GPLv2、商用
Node.js	Connector/Node.js	X DevAPI	オラクル	GPLv2

9.1 MySQL のプロトコル

表 9.2 主な MySQL 用のドライバ（2）

言語／環境	名称	タイプ	開発元または URL	ライセンス
OCaml	ocaml-mysql	`libmysqlclient` のラッパー	http://ocaml-mysql.forge.ocamlcore.org/	LGPL
ODBC	Connector/ODBC	`libmysqlclient` のラッパー	オラクル	GPLv2、商用
Perl	DBD::mysql	`libmysqlclient` のラッパー	http://search.cpan.org/dist/DBD-mysql/lib/DBD/mysql.pm	Artistic License
	Net::MySQL	ネイティブドライバ	http://search.cpan.org/dist/Net-MySQL/MySQL.pm	Artistic License
PHP	mysqli, PDO_mysql	`libmysqlclient` のラッパー	PHP にバンドル	PHP License
	mysqlnd	ネイティブドライバ	PHP にバンドル	PHP License
Python	Connector/Python	ネイティブドライバ	オラクル	GPLv2、商用
	_mysql_connector C 拡張	`libmysqlclient` のラッパー	Python にバンドル	Python
	MySQLdb	`libmysqlclient` のラッパー	https://github.com/farcepest/MySQLdb1	GPLv2
Ruby	MySQL/Ruby	`libmysqlclient` のラッパー	https://github.com/tmtm/ruby-mysql	Ruby
	mysql2	`libmysqlclient` のラッパー	https://github.com/brianmario/mysql2	MIT
	Ruby/MySQL	ネイティブドライバ	http://www.tmtm.org/ruby/mysql/	Ruby
Scheme	Myscsh	`libmysqlclient` のラッパー	https://github.com/aehrisch/myscsh	BSD

表 9.1 および表 9.2 では、`libmysqlclient`（GPLv2）とリンクするものであっても、GPLv2 以外のライセンスで提供されている。これは「コピーレフトの対象だから GPLv2 でなければいけないのではないか？」と不思議に思われるかもしれない。先に結論をいうと、問題はない。これらのライセンスは GPLv2 との互換性があるため、libmysqlclient と共に頒布する場合には、GPLv2 への変更が可能だからである。一緒に頒布する際には全体として GPLv2 としなければならないが、その前段階であれば問題はないというわけだ。GPLv2 非互換のライセンスは、GPLv2 へとライセンスを変更してコピーレフトを実行することができないので NG である。また、MySQL には FOSS License Exception というライセンス例外があり、オープンソースプロジェクトであれば、オラクル・コーポレーションが提供する GPLv2 の MySQL 用ドライバを含めても、全体を GPLv2 にすることなく頒布できるようになっている。対象となるライセンスは、下記のページに記載されているので例外を適用したい場合にはこのページを確認してほしい。

`https://www.mysql.com/about/legal/licensing/foss-exception/`

第9章　クライアント&プロトコル

　なお、MySQL では、従来よりドライバのことをコネクタと呼ぶ慣習がある。ドキュメントを読むときは、両者は同じ意味であると念頭に置いてほしい。

9.2　主なクライアントプログラム

　以下に、MySQL サーバーとともに利用する主なクライアントプログラムを紹介する。これらは、オラクル・コーポレーションが提供するパッケージに含まれるプログラムであり、日々の開発や運用において使用するツールである。

mysql　通称 mysql CLI、あるいは MySQL モニター。MySQL サーバーへ接続し、インタラクティブあるいはバッチ的にコマンドを実行することができるクライアントプログラムである。MySQL サーバーの状態を確認したり、SQL の実行計画の確認、各種管理コマンドの実行、または日々のバッチ処理といった用途まで幅広く活用される。MySQL を使った開発や運用を行っていれば、**mysql** を使わない日はないといっても過言ではないだろう。

mysqlsh　こちらは、第6章で紹介した X DevAPI に対するインタラクティブあるいはバッチ処理のためのクライアントプログラムである。当面は X プロトコルではなく、従来からある MySQL プロトコルが本流として使われると考えられるので、**mysqlsh** をメインで使うのはまだ先のことになるだろう。そもそも、ドキュメントストアとして MySQL を使う場合でなければ、はっきりいって **mysqlsh** の出番はない。

mysqladmin　各種管理用のプロトコルコマンドを MySQL サーバーへリクエストするためのクライアントプログラムである。**mysqladmin** コマンドが行っていた各種操作は、徐々に SQL 上でも実行できるようになっているため、**mysqladmin** を利用する機会は減ってきているかもしれない。もっぱら **ping** 専用というべきだろうか。

mysqldump　論理バックアップを取得するためのユーティリティである。論理バックアップは物理バックアップよりも速度面で劣るものの、移植性の高さではこちらに軍配が上がる。日々のバックアップとして **mysqldump** を使用している現場も少なくはない。

mysqlbinlog　バイナリログを管理するためのコマンドである。従来は、バイナリログから実行可能な SQL 文を取り出し、ロールフォワードリカバリなどの用途に使用するプログラムだった。MySQL 5.6 では、稼働中の MySQL サーバーからバイナリログをリアルタイムで受け取れるようになっている。

mysql_upgrade　第8章で紹介した、MySQL サーバーをアップグレードしたあとに必ず実行するコマンドである。

mysqlcheck　テーブルのメンテナンスを行うためのコマンドである。複数のテーブルを一括で処理したい場合に向いている。

MySQL Workbench　本書では、すでに何度か登場しているが、MySQL 公式の GUI ツールである。ER 図を書いてテーブルの設計をしたり、SQL やビジュアル EXPLAIN を実行したり、サーバーの管理を行うことができるようになっている。CLI ばかりでなく、GUI が欲しいという人はぜひ活用してほしい。

9.3 無用なコマンドの削除 ▶▶▶ 新機能 135

さて、いよいよ新機能の説明に移ろう。本章のトップバッターは無用なコマンドの削除である。

MySQL 5.7 では、もうあまり使われないであろうコマンドが削除された。それらは過去の歴史的な経緯から残っていただけであり、MySQL 5.6 の時点で廃止予定になっており、すでにほとんど使われてはいなかった。**表 9.3** および**表 9.4** は、MySQL 5.6 と MySQL 5.7 に存在するサーバーおよびテスト用プログラム以外のコマンドのリストである。ちなみに、表に載っていないサーバープログラムとは、`mysqld`、`mysqld-debug`、`mysqld_safe`、`mysqld_multi` のことである。

表 9.3　MySQL 5.6 と MySQL 5.7 のコマンド比較（1）

コマンド名	説明	MySQL 5.6	MySQL 5.7
`innochecksum`	オフラインで InnoDB のファイルのチェックサムを確認する	○	○
`lz4_decompress`	LZ4 圧縮された mysqlpump の出力を解凍する	×	○
`msql2mysql`	mSQL 用の C プログラムを、MySQL 用のものに変換する	○	×
`myisamchk`	MyISAM 用ファイルの整合性をチェックする	○	○
`myisam_ftdump`	MyISAM 用のフルテキストインデックスの中身を出力する	○	○
`myisamlog`	MyISAM のデバッグ用ログファイルの中身を出力する	○	○
`myisampack`	MyISAM テーブルのデータを圧縮する	○	○
`my_print_defaults`	オプションファイルの中身を読み取って出力する	○	○
`mysql`	MySQL サーバーへ接続するインタラクティブな CLI	○	○
`mysqlaccess`	アクセス権限をチェックする	○	×
`mysqladmin`	種々の管理タスクを実行する	○	○
`mysqlbinlog`	バイナリログの内容を表示したり、ほかのサーバーからバイナリログを転送する	○	○
`mysqlcheck`	テーブルの整合性をオンラインで確認するためのクライアント	○	○
`mysql_config`	クライアントのコンパイル用オプションを表示する	○	○
`mysql_config_editor`	MySQL サーバーへ接続するためのオプションを構成する	○	○
`mysql_convert_table_format`	テーブルのストレージエンジンを一括で変換する	○	×
`mysqldump`	論理バックアップ用ツール	○	○

第9章　クライアント&プロトコル

表 9.4　MySQL 5.6 と MySQL 5.7 のコマンド比較（2）

コマンド名	説明	MySQL 5.6	MySQL 5.7
mysqldumpslow	スロークエリログを解析して表示する	○	○
mysql_embedded	mysql CLI に libmysqld（サーバーライブラリ）が組み込まれたもの	○	○
mysql_find_rows	SQL 文が含まれるファイルを読み取って、行を検索する	○	×
mysql_fix_extensions	MySQL サーバーが生成する各種ファイルの拡張子を統一する	○	×
mysqlhotcopy	ファイルコピーによるバックアップを作成する	○	×
mysqlimport	LOAD DATA INFILE コマンドのラッパークライアント	○	○
mysql_install_db	データディレクトリを初期化する	○	○
mysql_plugin	サーバー上のプラグインを管理する	○	○
mysqlpump	新しい論理バックアップ用ツール	×	○
mysql_secure_installation	MySQL サーバーの状態を安全にする	○	○
mysql_setpermission	権限をインタラクティブに設定する	○	×
mysqlshow	データベース、テーブル、カラムのメタデータを表示	○	○
mysqlslap	MySQL サーバーに負荷をかける簡易プログラム	○	○
mysql_ssl_rsa_setup	SSL 通信に必要な証明書や鍵を生成する	×	○
mysql_tzinfo_to_sql	システム上のタイムゾーン情報を MySQL サーバーが取り込み可能な SQL に変換する	○	○
mysql_upgrade	MySQL バージョンアップ後の各種調整を行う	○	○
mysql_waitpid	UNIX 系 OS 上で、プロセスを強制終了して終了を待機する	○	×
mysql_zap	UNIX 系 OS 上で、パターンに一致するプロセスを強制終了する	○	×
perror	エラーコードに対応したエラーメッセージを表示する	○	○
replace	ファイルに含まれる文字列の変換を行う	○	○
resolveip	ホスト名あるいは IP アドレスを、MySQL と同じ方法で名前解決する	○	○
resolve_stack_dump	アドレスしか含まれないスタックトレースのシンボルを解決する	○	○
zlib_decompress	ZIP 圧縮された mysqlpump の出力を解凍する	×	○

　MySQL 5.7 では、数多くのコマンドが削除された。特に、Perl で記述されたユーティリティプログラムが軒並み削除されている。当たり前だが、Perl で記述されたプログラムは、Perl がインストールされていなければ実行できない。そのような外部要因によってプログラムが利用できるかどうかが決まるのは問

302

題である。そこで、あまり使われていない Perl プログラムは削除され、引き続き使用されるものは C++ へと移植された。移植されたものは `mysql_install_db` と `mysql_secure_installation` である。

まだ残っている Perl で記述されたプログラムもある。スロークエリログを解析する `mysqldumpslow` と、複数の MySQL サーバーを使い分ける `mysqld_multi` である。`mysqldumpslow` に関しては、パフォーマンススキーマのダイジェストが登場したことにより、その役目の大部分は奪われたように思える。チューニング対象のクエリを探すという目的であれば、ダイジェストテーブルを使ったほうがずっとシンプルで簡単だからだ。

MySQL 5.7 では新たなプログラムの追加も行われた。第 8 章で解説した `mysql_ssl_rsa_setup` と、本章で解説する `mysqlpump` である。

このように、MySQL 5.7 ではクライアントプログラムの交替が行われているので注意してほしい。

9.4　**mysql'p'ump** ▶▶▶ 新機能 136

MySQL 5.7 で新たに加わった `mysqlpump`[2] は、`mysqldump` にはないいくつかの特徴を持ったバックアップコマンドである。両者は非常に綴りが似ているが、バックアップに使用するという用途も極めて近い。`mysqlpump` の特徴としては、次のようなものが挙げられる。

◆ 並列ダンプ
◆ テーブル、ビュー、ストアドプログラムを個別にフィルタリング
◆ インデックスの作成をデータのリストアと同時に行わず、データをリストアし てから実行する
◆ ユーザーアカウントの情報を権限テーブルではなく、**CREATE USER** と **GRANT** コマンドで出力する
◆ 出力の圧縮
◆ バックアップの進捗報告

MySQL 5.7 リリース当初の `mysqlpump` には、並列バックアップで MVCC によるデータの同期が取れないという致命的な欠点があった。そのため、並列ダンプを実行するには更新を止めなければならず、`mysqldump` の置き換えとして使うことはできなかった。その制限は MySQL 5.7.11 で解除され、サーバー更新中に並列ダンプを行っても整合性のあるバックアップを取得できるようになっている。InnoDB の一貫したバックアップを取得するには、`mysqldump` と同様 `--single-transaction` オプションを指定する必要がある。`--single-transaction` オプションでは、InnoDB 以外のテーブルのデータは一貫性を保証できないという点も同じである。

`mysqlpump` は、オプション等に違いはあるものの `mysqldump` と同じ感覚で使用できる。**リスト 9.2** は、典型的な `mysqlpump` によるバックアップとリストアのコマンドである。mysql CLI を使ってリストアするという点も同様である。`mysqlpump` は内部的に並列ダンプを行うものの出力は 1 つだけである。デフォ

---

[2] マイエスキューエルパンプと読む。パンプではなく、カタカナ読みでポンプでも構わない。

第 9 章　クライアント＆プロトコル

ルトでは、標準出力がダンプの出力先となる。そのため、リストアは mysqldump と同様、出力されたダンプファイルを mysql CLI を使って実行するものになる。ちなみに、--users というオプションは、ユーザーアカウントをバックアップするためのものである。デフォルトではユーザーアカウントは、バックアップされないようになっているので注意してほしい。

リスト 9.2　mysqlpump によるバックアップとリストア

```
shell> mysqlpump --single-transaction --users > dump.sql
shell> mysql < dump.sql
```

---

　mysqlpump は、デフォルトではすべてのデータベースをバックアップする。明示的に --all-databases オプションを指定することも可能だが冗長である。データベースを個別に指定したい場合には、mysqldump と同じようにオプションではない引数でデータベース名を直接指定するか、--databases オプションを使用するか、もしくは mysqlpump だけで利用可能な --include-databases、--exclude-databases オプションを使用するとよい。これら 2 つのオプションでは、カンマ区切りでデータベース名を指定するほか、ワイルドカードも利用可能である。データベースの指定方法を表 9.5 にまとめておく。ただし、--all-databases を指定した場合、情報スキーマ、パフォーマンススキーマ、sys スキーマ、ndbinfo および mysql データベースにある権限テーブルはバックアップされないので注意してほしい。

表 9.5　mysqlpump によるデータベースの指定

説明	書式（ログインオプションなし）
すべてのデータベースをバックアップする	mysqlpump --all-databases mysqlpump（オプションなし）
バックアップ対象のデータベースをリストアップする	mysqlpump --databases=db1,db2,db3
ワイルドカードでバックアップするデータベース名を指定する	mysqlpump --include-databases=db%
ワイルドカードでバックアップしないデータベース名を指定する	mysqlpump --exclude-databases=test%
あるデータベース配下の特定のテーブルのみをバックアップする	mysqlpump db1 table1 table2 table3

　並列ダンプについては少し詳しい解説が必要だろう。mysqlpump には、MySQL サーバーからデータを収集するために複数のスレッドを作成する。それぞれのスレッドが MySQL サーバーへ接続を行い、データを 1 つにまとめるためにキューに挿入される。キューはデフォルトでは 1 つだけである。また、キューごとのデフォルトのスレッド数は 2 である。

　キューを増やすには、--parallel-schemas オプションを使用する。このオプションの書式はリスト 9.3 のとおりである。このオプションは複数回指定することが可能であり、オプションを指定するごとにキューが 1 つ増える。N はこのキューに所属するスレッド数であり、正の整数を指定する。それぞれのスレッドが

対象の MySQL サーバーに対して個別に接続を行う。あまりにスレッドが多すぎると、サーバー側の接続数を消費してしまうので注意が必要である。スレッド数に続き、このキューによって処理すべきデータベースを指定する。データベースを複数個指定する場合にはカンマ区切りで指定する。`--parallel-schemas` オプションを指定しても、デフォルトのキューは必ず作成される。`--parallel-schemas` オプションで指定されなかったデータベースは、デフォルトのキューで処理される。

リスト 9.3　`--parallel-schemas` の書式

```
--parallel-schemas=[N:]データベース名[,データベース名...]
```

　リスト 9.4 は、`--parallel-schemas` によってキューを 2 つ追加する例である。デフォルトのキューと合わせて合計 3 つのキューが作成されることになる。デフォルトのキューと `--parallel-schemas` オプションでスレッド数を指定しなかった場合のキューには `--default-parallelism` オプションで指定された数のスレッドが作成される。このオプションのデフォルトは 2 である。リスト 9.4 の例では、デフォルトのキューと 1 つ目のキューにおいてそれぞれ 3 つのスレッドが、そして 2 つ目のキューで 5 つのスレッドが作成される。この例では、合計 11 のスレッド、つまり 11 の MySQL サーバーへの接続によってバックアップが処理されることになる。

リスト 9.4　2 つのキューを追加する書式例

```
shell> mysqlpump --default-parallelism=3 \
        --parallel-schemas=db1,db2 \
        --parallel-schemas=5:db3,db4,db5
```

　並列ダンプの粒度にはひとつ大きな制約がある。それは、1 つのテーブルを複数のスレッドでダンプできないということである。つまり、テーブル数がスレッド数よりも少ない場合はスレッドが余っていても活用できない。リスト 9.4 のコマンドによる並列ダンプの様子を図示したものを、図 9.1 に示す。db2 と db3 にはテーブルが 2 つしかなく、それ以外のデータベースには 4 つ以上のテーブルがあると仮定する。

　このように、`mysqlpump` では定義されたスレッドがすべて同時に実行される。キューとスレッドの数を上手く調整し、同時実行スレッド数があまり多くならないようにしよう。

9.5　`mysql_upgrade` のリファクタリング ▶▶▶ 新機能 137

`mysql_upgrade` は、MySQL サーバーをアップグレードしたあとに必ず実行するコマンドである。MySQL 5.6 までの実装では、`mysql_upgrade` そのものは C 言語で記述されているものの、mysql CLI や `mysqlcheck` コマンドを呼び出すことで MySQL サーバーへ接続する仕組みになっていた。C あるい

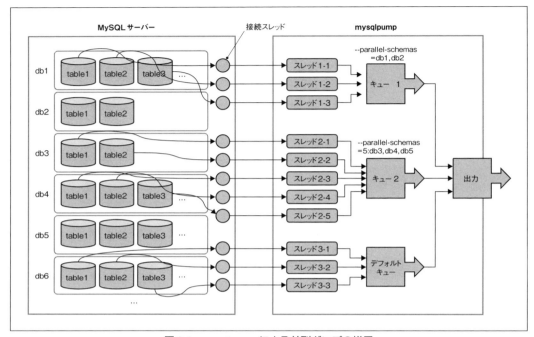

図 9.1　mysqlpump による並列ダンプの様子

は C++ で記述されたプログラムであれば、C や C++ のドライバを使って MySQL サーバーと交信するべきであり、決して良い作りのプログラムとはいえなかった。

MySQL 5.7 ではその点が改められ、`mysql_upgrade` が直接 MySQL サーバーと通信するようになった。そもそも、C++ で全面的に書き換えられており、同じ機能を果たすものの内部は別物になっている[3]。

9.6　mysql CLI で CTRL+C の挙動が変更 ▶▶▶ 新機能 138

　mysql CLI をインタラクティブモードで使う際、MySQL 5.6 までのバージョンでは、何もコマンドを実行していない場合、CTRL+C によって mysql CLI そのものが終了してしまう仕様であった。何かコマンドを実行している場合には、実行中の SQL コマンドに割り込みをかけ、新たな入力を受け付ける。そうでない場合、UNIX 上のプログラムの慣例では、現在入力中のコマンドをクリアして、新しい入力を開始する。CTRL+C によってコマンドが終了するのは、慣習とは異なる動きであり、ユーザーにとって驚きやストレスを生む原因となっていた。そこで、MySQL 5.7 ではその挙動を改め、mysql CLI を終了さ

---

[3] この書き換えにより、未使用であった `--datadir` と `--basedir` の 2 つのオプションが削除されている。

せる代わりに、新たな入力を受け付けるようになった。これは、例えるなら、**bash** などのシェルと同じような挙動になったといえる。

9.7 `mysql --syslog` ▶▶▶ 新機能 **139**

mysql CLI が実行した SQL 文を syslog へ記録するためのオプションが追加された。作業の内容をあとから見直したいときに便利だろう。syslog へログを記録するには、**--syslog**（短縮形は **-j**）オプションを指定する。記録するログをフィルタリングしたい場合には、**--histignore** オプションを使用できる。このオプションの引数では、記録したくないクエリのパターンを文字列で指定できるようになっており、ワイルドカードを用いることで、ごく簡易なパターンマッチングも行える[4]。ワイルドカードには任意の1文字にマッチする「**?**」と任意の文字列にマッチする「*****」がある。

リスト 9.5 は、SELECT と SHOW コマンド以外を記録する例である。例としてこれら2つのコマンドをフィルタリングしているが、フィルタ機能は貧弱であるし、作業ログのような目的で使用する場合にはすべてのコマンドを記録しておきたい場合が圧倒的に多いので、**--histignore** オプションを使用する機会は多くないだろう。ちなみに、このフィルタは、クエリ実行時に先頭に空白を1つ付けるだけでマッチしなくなる点に注意してほしい。ワイルドカードによるフィルタリングは柔軟性が乏しく、対応できるケースは限られるのである。監査のような使い方はできないだろう。

リスト 9.5 syslog へコマンドを記録するためのオプション例

```
shell> mysql -j --histignore=show*:select*
```

ワイルドカードによるフィルタの実践的な使い方としては、意図的にフィルタしたいクエリを記述するというものがある。例えば、**リスト 9.6** のように mysql コマンドを起動しクエリを実行すると、SQL 文末にコメントを記述して syslog への出力をコントロールできる。この例の SHOW ENGINE INNODB STATUS は syslog に記録されることはない。

リスト 9.6 コメントによるフィルタリングの例

```
shell> mysql -j --histignore=*nolog
... 中略 ...
mysql> SHOW ENGINE INNODB STATUS\G -- nolog
```

---

[4] ただし、指定できるのはワイルドカードだけという難点があり、正規表現などは使用できない。

第9章　クライアント&プロトコル

9.8　クライアントの `--ssl` オプションが SSL を強制 ▶▶▶ 新機能 140

　MySQL 5.6 までの実装では、`--ssl` オプションを指定した場合、驚くべきことに、たとえサーバーと SSL 通信ができなくてもエラーにはならない。この事実はあまり知られていないが、皆さんご存知だっただろうか。`--ssl` オプションの意味は SSL 通信機能を有効化するということだけであり、必須化や強制化とは意味合いが異なる。ここでいう「有効化」は「サーバーとの通信で SSL が使用できるなら使うが、使えなければ非 SSL の通信を使う」という意味なのである。これは、クライアントとサーバー間の通信を保護したい場合、思わぬ落とし穴になる。ユーザーが SSL 通信を行っているつもりでも、実際には SSL が使われていないということが起こり得るからだ。これは危険である[5]。

　MySQL 5.7 では、`--ssl` オプションの意味が変更された。`--ssl` オプションは、たんに SSL を有効化するだけではなく、SSL 通信を強制するという意味になった。`--ssl` オプションを指定した場合、SSL でない通信は行えず、コマンドはエラーで終了する。`--ssl` オプションを指定していれば SSL 通信が行われることが保証されるのである。

9.9　`innochecksum` コマンドの改良 ▶▶▶ 新機能 141

　`innochecksum` はクライアントではなく、MySQL サーバーに付属する管理ツールであるが、本章でまとめて解説しよう。`innochecksum` は、その名前が示すとおり InnoDB のデータファイルのチェックサムを確認するツールである。MySQL サーバーへ接続せずファイルを直接読み取るため、クライアントプログラムではない。`innochecksum` はページのチェックサムを計算し、ページに記録されているチェックサムと比較することで壊れたページを検出する。InnoDB のページには LSN が 2 箇所に格納されるようになっており、`innochecksum` はそれらが一致しているかどうかも確認する。

　MySQL 5.6 の `innochecksum` は、たんにデータファイルのチェックサムがすべて合っているかどうかを確認するだけのプログラムであった。**リスト 9.7** は、MySQL 5.6 の `innochecksum` を実行した様子である。

　このファイルは `dd` コマンドを使ってあらかじめ複数箇所を壊してあるという点に注意してほしい。複数箇所を破壊したのだが、最初に破壊されたページを発見した時点でエラーを出力して終了してしまった。つまり、`innochecksum` によって分かることはデータファイルが壊れているかどうか、つまり白か黒かということだけであり、それ以上の確認はできないのである[6]。

---

[5] 余談だが、MySQL 5.6 では `--ssl=0` を指定することにより、SSL 通信を完全に無効化することは可能である。だが、そのような使い方をしたいというニーズはほとんどないだろう。

[6] なお、デバッグオプションを付けることで、計算されたチェックサムと格納されているチェックサムの値を確認することは可能である。

リスト 9.7　MySQL 5.6 の innochecksum 実行例

```
shell> innochecksum t1.ibd
InnoDB offline file checksum utility.
Fail; page 21 invalid (fails innodb and crc32 checksum)
```

　MySQL 5.6 の `innochecksum` は 500 行にも満たない至極単純なプログラムだったが、MySQL 5.7 では全面的な書き換えが行われ、次のような改良が加えられている。

- ◆ Windows および 32 ビットプラットフォーム 2GB 以上のファイルに対応
- ◆ 複数箇所のエラーを検知
- ◆ チェックサムアルゴリズムの指定
- ◆ 異なるアルゴリズムによるチェックサムの書き換え
- ◆ ログの出力
- ◆ ページ統計サマリーの表示
- ◆ ページタイプのダンプ
- ◆ 標準入力からのデータの読み込み
- ◆ 複数のデータファイルをワイルドカードで指定
- ◆ ファイルに対するアドバイザリロック（Windows 以外）

　新しい `innochecksum` の使い方を**リスト 9.8** にいくつか紹介する。それぞれ、チェックサムを強制的に上書きするもの、標準入力からのデータに対するチェックをするもの、ワイルドカードで複数のファイルを一括してチェックするものである。

リスト 9.8　MySQL 5.7 の innochecksum の新しい用法

■ チェックサムを強制的に上書き
```
shell> innochecksum -w crc32 -n table_name.ibd
```
■ 標準入力からチェックするデータを読み込む
```
shell> cat /path/to/datadir/ibdata* | innochecksum -
```
■ ワイルドカードで複数のファイルを一括してチェック
```
shell> innochecksum *.ibd
```

9.10　`mysqlbinlog` コマンドの改良

　バイナリログの管理をする `mysqlbinlog` コマンドでも、いくつかの改良が加えられている。

第9章　クライアント&プロトコル

9.10.1　SSL をサポート ▶▶▶ 新機能 142

　`mysqlbinlog` コマンドは、リモートのホスト上で動く MySQL サーバーへログインし、レプリケーションと同じようにバイナリログを継続的に転送するという機能がある。この機能は MySQL 5.6 で追加されたのだが、MySQL サーバーへ接続する際に SSL 接続はサポートされていなかった。バイナリログにはすべての更新が記録されるようになっているため、通信経路が暗号化されていないと通信経路上で第三者による盗聴が可能となり、情報が漏洩してしまう可能性がある。したがって、通信経路にインターネットのような第三者によるアクセスが可能なネットワークが含まれる場合には、確実に暗号化しなければならない。

　MySQL 5.7 では、`mysqlbinlog` コマンドに SSL 通信が追加された。SSL を使用すれば、暗号が悪意のある攻撃者によって解読されないかぎり、通信経路上でデータが漏洩してしまうことはない。

9.10.2　`--rewrite-db` オプション ▶▶▶ 新機能 143

　MySQL サーバー本体には、レプリケーション実行時にスレーブ側でマスターとは異なるデータベースへ書き換える機能がある。対応するオプションは `replicate_rewrite_db` であり、スレーブ側で指定する必要がある。これはこれで便利なのだが、何らかの事情によりスレーブへマスター上のバイナリログを適用しなければならないときには不都合が生じる。バイナリログの再生をする `mysqlbinlog` コマンドにはデータベース書き換えの機能がなく、そのままでは適用できなかったからである。テーブルを逐一リネームすればバイナリログの適用が可能になるが、なんとも面倒である。

　そこで、MySQL 5.7 の `mysqlbinlog` には `--rewrite-db` オプションが追加され、バイナリログ再生時にデータベース名の書き換えができるようになった。**リスト 9.9** は、データベース名の書き換えを伴うバイナリログ適用の実行例である。

リスト 9.9　`mysqlbinlog` によるデータベース名の書き換え

```
shell> mysqlbinlog --rewrite-db="dbX->dbY" \
       --rewrite-db="db1->db2" \
       mysql-bin.000123 | mysql
```

9.10.3　IDEMPOTENT モード ▶▶▶ 新機能 144

　MySQL 5.7 では、行ベースフォーマットのバイナリログを適用する際に、重複キーあるいは対応するキーが見つからないといったエラーを無視する IDEMPOTENT（冪等）モードが追加された。このモードは、バイナリログポジションが不明な場合に便利である。クラッシュセーフでない設定のスレーブがクラッシュしてしまった場合、マスターとスレーブのデータに誤差が生じてしまう。IDEMPOTENT モードを使用してマスターのバイナリログを少し古いものから適用することで、データの不整合を解消できる。

　この新機能が、`mysqlbinlog` コマンドに対するものであると言い切ってしまうのは、やや正確性に欠ける。なぜなら、`mysqlbinlog` コマンド自体は、SET SESSION RBR_EXEC_MODE = IDEMPOTENT という

310

コマンドを出力するだけだからである。このコマンドによって、`RBR_EXEC_MODE = IDEMPOTENT` が設定され、サーバー側の振る舞いが変わる。その結果、行ベースフォーマットのイベント再生時に重複キーエラーが生じた場合には上書きをし、なおかつキーが見つからない場合にはエラーを無視するようになる。バイナリログを適用する前提のデータが異なっていても、たんに冗長なバイナリログを適用するだけであれば適用後の結果は同じになる。ただし、それ以外のエラー、更新する対象のテーブルが存在しないというようなエラーには対応できないので注意が必要である。

例えば、`mysql-bin.000123` というバイナリログを適用している途中でスレーブがクラッシュしたということが分かっている場合、`mysql-bin.000123` 全体を IDEMPOTENT モードで最後まで再生できれば、スレーブ上のデータはマスター上の `mysql-bin.000123` 完了時のデータと同一になる。したがって、次のバイナリログからレプリケーションを再開することが可能である。

9.11　プロトコルおよび `libmysqlclient` の改良

従来からある MySQL プロトコルと、その C 言語用ドライバである `libmysqlclient` にも改良が加えられている。いずれも、従来と同じ使い方においてすこし便利さが向上するような改良となっている。

9.11.1　セッションのリセット ▶▶▶ 新機能 145

コネクションプールでは、アプリケーションがコネクションをプールに返すと、そのコネクションは接続したまま再利用されるのを待つ。このとき、解放していないリソースが存在すると、それらはどんどん蓄積されてしまうだろう。例えばテンポラリテーブルやプリペアドステートメントがそうである。実際に切断と再接続をしない理由はオーバーヘッドを減らすためだが、同時にリソースが解放されずに残ってしまうリスクがある。切断と再接続をすることなくセッションを接続したばかりの状態と同じにすることはできないだろうか。近い機能としては、C API の `mysql_change_user()` がある。この関数はサーバーへ `COM_CHANGE_USER` コマンドを送信し、ユーザーを再度認証することでセッションの状態を初期化する。しかし、認証のオーバーヘッドは軽微とはいえないので、コネクションプールの利点は低下してしまう。そこで、MySQL 5.7 には再接続も認証もすることなく、セッションの状態をリセットできる機能が追加された。それが、新しい C API である `mysql_reset_connection()` とプロトコル上のコマンドの `COM_RESET_CONNECTION` である。

セッションをリセットすると、実行中のトランザクションはロールバックされ、定義したユーザー変数やプリペアドステートメント、テンポラリテーブルなどが削除され、認証が完了してセッションが確立したばかりの状態と同じになる。再接続や `mysql_change_user()` よりオーバーヘッドが少なく、再認証も不要であるため手間も少ない。リスト 9.10 は、mysql CLI 上でセッションをリセットしている例である。`mysql_reset_connection()` が C API に追加されたのに伴い、mysql CLI でもセッションをリセットするためのコマンドが追加されている。長い書式では `resetconnection` というコマンドで、短い書式で

第9章　クライアント&プロトコル

は \x という書式となっている。**リスト 9.10** では、定義したユーザー変数がリセットによって消えてしまっていることが分かる。

リスト 9.10　mysql CLI 上でのセッションのリセット

```
mysql> SET @x = 1;
Query OK, 0 rows affected (0.00 sec)

mysql> SELECT @x;
+------+
| @x   |
+------+
|    1 |
+------+
1 row in set (0.00 sec)

mysql> \x
mysql> SELECT @x;
+------+
| @x   |
+------+
| NULL |
+------+
1 row in set (0.00 sec)
```

　フレームワーク等を自作しており、コネクションプールを実装している人はぜひ活用していただきたい機能である。

9.11.2　EOF パケットの廃止 ▶▶▶ 新機能 146

　MySQL 5.7 では、EOF（メタデータや結果セットがこれ以上ないことを示す）パケットが使われなくなっている。互換性を保つため、古いクライアントが接続した場合にはサーバーが EOF パケットをクライアントへ送信するが、MySQL 5.7 の新しいクライアントが接続した場合には送信されない。EOF パケットは OK（クエリが完了したことを示す）パケットでも代用できるため、本質的に冗長である。そのため、MySQL 5.7 では EOF パケットが廃止され、EOF パケットのぶんだけほんの少し通信量が低減している。

312

9.11.3 冗長なプロトコルコマンドの廃止 ▶▶▶ 新機能 147

MySQL 5.7 では、代替の手段が存在するプロトコルコマンドが廃止予定となった。廃止予定となったコマンドの一覧を**表 9.6** に挙げる。これらは SQL を通じて実現できるものばかりであり、いたずらにプロトコルの複雑さを増す要因になるだけである。現在は互換性のために残されているが、将来のバージョンで削除されることになるだろう。プロトコルコマンドが廃止されることに伴って、それを使用する C API 関数も廃止予定となっている。

表 9.6　廃止予定になったプロトコルコマンド

コマンド名	代替の SQL コマンド	C API
COM_FIELD_LIST	SHOW COLUMNS FROM	mysql_list_fields
COM_REFRESH	FLUSH	mysql_refresh
COM_PROCESS_INFO	SHOW PROCESSLIST	mysql_list_processes
COM_PROCESS_KILL	KILL	mysql_kill

9.11.4 `mysql_real_escape_string_quote` ▶▶▶ 新機能 148

`mysql_real_escape_string_quote` は、任意の文字列を MySQL の SQL 文中で安全に使用できるようにエスケープ処理をする C API である。MySQL 5.7 ではこの API にも変更が加えられている。

MySQL では、文字列をリテラルとして SQL 文中に含める場合には、文字列をシングルクォート（一重引用符）あるいはダブルクォート（二重引用符）で囲う必要がある。このとき、囲いに使用する文字が文字列そのものにも含まれていると構文的には囲いがそこで終了してしまう。そのため、共通のルールを定めることで、文字列の終端と文字中のクォーテーションマークを区別する対策がなされる。それがエスケープ処理である。

MySQL の SQL 文中では、シングルクォートで囲まれた文字列リテラルにおいて、シングルクォートそのものを表現するには、次に挙げる 2 つの方法がある。

◆ シングルクォートを 2 回連続して記述する。例: `'G''day!'`
◆ シングルクォートの前にバックスラッシュを付ける。例: `'G\'day!'`

もし、エスケープ処理をせずに、シングルクォートを SQL 文の中に文字列リテラルとして含めてしまうと、意図した SQL 文ではなくなってしまう。その結果、構文エラーが生じたり、SQL インジェクションの被害に遭うなどの問題が生じてしまう。アプリケーション側で SQL 文を動的に組み立てる場合には、エスケープ処理が非常に重要なのである。

上記の例文はいずれも「`G'day!`」を表す。この形であれば、シングルクォートが含まれる文字列を、シングルクォートで囲うことができる。ダブルクォートに関しても同様で、ダブルクォートを連続して 2 回書くか、前にバックスラッシュを付けることで、ひとつのダブルクォートを表す。ただし、クォーテーションマークを 2 回連続して記述する方法は、その文字列を囲う記号と同じ記号に対する記法である。シング

第9章　クライアント&プロトコル

ルクォートで囲った文字列リテラルの中で、ダブルクォートを連続して2回記述すると、そのままダブルクォートが2回連続しているものと見做される。逆もまた然りである。

文字列をエスケープするうえで厄介な問題がある。それが、NO_BACKSLASH_ESCAPES というSQL モードの存在である。この SQL モードは、その名が示すとおりバックスラッシュによるエスケープを許容しない。SQL モードによって、エスケープの方式を変えなければならないのである。

表9.7 には、文字列中にシングルクォートが含まれる場合、設定やエスケープの方法の違いによって、どのように解釈されるかということをまとめてある。NO_BACKSLASH_ESCAPES の有り無しで、結果に大きな違いが出ていることが分かるだろう。

表9.7　文字列のエスケープルール

文字列リテラル	リテラルが表す値	
	NO_BACKSLASH_ESCAPES なし	NO_BACKSLASH_ESCAPES あり
`'G\'day!'`	G'day!	文字列が途中で区切られてしまう
`'G''day!'`	G'day!	G'day!
`"G\'day!"`	G'day!	G\'day!
`"G''day!"`	G''day!	G''day!

MySQL では、C API を使用しているのであれば、文字列リテラルのエスケープ処理は `mysql_real_escape_string` 関数で行う。`mysql_real_escape_string` 関数は、サーバー側で SQL モードに NO_BACKSLASH_ESCAPES が設定されているかどうかをステータスフラグから判断し、エスケープの方法を変える。SQL モードに NO_BACKSLASH_ESCAPES が設定されていない場合には、バックスラッシュでシングルクォートとダブルクォートをエスケープし、NO_BACKSLASH_ESCAPES が設定されていればシングルクォートを2回連続記述する方式でシングルクォートをエスケープする。しかし、ここでひとつ問題が生じる。この方式では次の2つの条件が重なってしまった場合にはエスケープができない。

◆ SQL モードに NO_BACKSLASH_ESCAPES が設定されている
◆ ダブルクォートで文字列を囲う

なぜこのような問題があるかというと、`mysql_real_escape_string` は文字列リテラルをシングルクォートで囲うことを前提としているからだ。NO_BACKSLASH_ESCAPE が設定されていると、シングルクォートは2回連続して記述されるが、それをダブルクォートで文字列を囲っても記述どおりの意味に解釈されるだけである。また、ダブルクォートはそのまま残されるので文字列はそこで終了してしまう[7]。

MySQL 5.7 では、`mysql_real_escape_string_quote` という新しい C API 関数が追加された。これは、関数の引数に引用記号を指定することで、どちらのケースにも対応ができるようになっている。アプリケーションがどちらの文字で文字列リテラルを囲うかをよく確認し、きちんとエスケープ処理をしてほしい。なお、MySQL 5.7 では、SQL モードに NO_BACKSLASH_ESCAPES が設定さ

---

[7] バックスラッシュによるエスケープでは、囲い文字がどちらであってもシングルクォートとダブルクォートいずれの文字もエスケープ可能である。

れている場合、`mysql_real_escape_string` 関数はエラーを返すようになった。もし、SQL モードに NO_BACKSLASH_ESCAPES が設定されており、なおかつアプリケーションで `mysql_real_escape_string` を使っている場合には、`mysql_real_escape_string_quote` を使うように書き換えてほしい。

9.11.5　SSL をデフォルトで有効化 ▶▶▶ 新機能 149

　第 8 章では、MySQL 5.7 においてサーバー側で SSL 用ファイルの自動生成が行われるようになったということ、それから `mysql_ssl_rsa_setup` コマンドを使って簡単に SSL 関連のファイルを生成できることを解説した（P. 282）。一方で、MySQL 5.7 のクライアントでは、SSL 通信が可能な場合には、SSL を優先的に使用するという仕様になった。したがって、MySQL 5.7 の `libmysqlclient`（C API）を使用しているプログラム、あるいはほかの言語におけるバインディングを使用している場合には、デフォルトで通信が暗号化されることになる。ただし、デフォルトの状態では、クライアント側でサーバーの証明書は検証しないので、クライアントが中間者攻撃などによって別のサーバーへ接続させられても分からないという点は注意が必要である。とはいえ、そのような攻撃を受けなければ、通信は暗号化されているため従来の一切暗号化しない場合よりは安全だといえる。また、MySQL 5.6 までのバージョンの種々のクライアントプログラムでは、SSL を有効化するとサーバーの証明書を検証する MYSQL_OPT_SSL_VERIFY_SERVER_CERT というフラグがセットされる仕様となっていた。証明書の検証には、サーバーの証明書を検証するのに必要な CA ファイルを渡す必要があるため、SSL 通信を確立しようとしてもデフォルトではオプションによる CA ファイルの指定がなければ接続に失敗してしまう。`libmysqlclient` では、MYSQL_OPT_SSL_VERIFY_SERVER_CERT フラグはデフォルトでは OFF だが、各種クライアントプログラム（mysql CLI や `mysqldump` など）では MYSQL_OPT_SSL_VERIFY_SERVER_CERT フラグがセットされるようになっていた。そのままではサーバー証明書の検証ができずに接続に失敗してしまうだろう。だが安心してほしい。MySQL 5.7 では、MySQL に付属しているクライアントプログラムでは MYSQL_OPT_SSL_VERIFY_SERVER_CERT はセットされない挙動に変更されているので、サーバーへ接続できるようになっている。

　なお、MySQL サーバー起動時あるいは `mysql_ssl_rsa_setup` によって生成された証明書では Common Name の値がおかしく、サーバーの証明書を検証に失敗してしまうという問題がある。現時点のバージョン[8]でサーバーの検証を行いたい場合には、自前で証明書を作成する必要があるので注意してほしい。

9.11.6　プロトコル追跡 ▶▶▶ 新機能 150

　MySQL 5.7 には、クライアント側でプロトコルを追跡するプラグインを記述するためのインターフェイスが追加されている。追加されているのはプラグインのインターフェイスのみで、具体的な実装はテスト用の Test Trace Plugin（`libmysql/test_trace_plugin.cc`）を除いて提供されていない。Test Trace Plugin は、たんにプロトコルの内容を標準出力へダンプするだけのものであり、プロトコルのやりとりを視覚化したい場合には役に立つだろう。ただし、このプラグインはテスト目的あるいはプラグインを記述す

---

[8] MySQL 5.7.12、原稿執筆時点

第9章　クライアント&プロトコル

る際の参考用のため、標準のバイナリパッケージには付属していない。使用するには、自分でソースからビルドし、デバッグ版のビルドを選択し、なおかつ -DWITH_CLIENT_PROTOCOL_TRACING=1 という cmake のビルドオプションを有効にしなければならない。リスト9.11 は test_trace_plugin の使用例である。

　データの出力形式やパケットのフィルタリング、ログのローテーションといった柔軟性に富んだ機能を付けたい場合には、ぜひ自分の手でプラグインを開発してほしい。

リスト9.11　test_trace_plugin の使用例

```
shell> export MYSQL_TEST_TRACE_DEBUG=1
shell> ./mysql -P 5712
test_trace: Test trace plugin initialized
test_trace: Starting tracing in stage CONNECTING
test_trace: stage: CONNECTING, event: CONNECTING
test_trace: stage: CONNECTING, event: CONNECTED
test_trace: stage: WAIT_FOR_INIT_PACKET, event: READ_PACKET
test_trace: stage: WAIT_FOR_INIT_PACKET, event: PACKET_RECEIVED
test_trace: packet received: 109 bytes
  0A 35 2E 37 2E 31 32 2D  65 6E 74 65 72 70 72 69    .5.7.12-enterpri
  73 65 2D 63 6F 6D 6D 65  72 63 69 61 6C 2D 61 64    se-commercial-ad
test_trace: 109: stage: WAIT_FOR_INIT_PACKET, event: INIT_PACKET_RECEIVED
test_trace: 109: stage: AUTHENTICATE, event: SEND_SSL_REQUEST
test_trace: 109: sending packet: 32 bytes
  05 AE FF 01 00 00 00 01  21 00 00 00 00 00 00 00    ........!.......
  00 00 00 00 00 00 00 00  00 00 00 00 00 00 00 00    ................
・・・以下略・・・
```

9.11.7　MySQL 5.7 のクライアントプログラム活用法

　MySQL 5.7 のクライアントプログラムは、mysqlpump というまったく新しいものや、大幅に書き換えられたものもあるが、従来からあるコマンドについては基本的な使い方は変わらない。そういった意味では、ユーザー側で新しいバージョンのものを使用するために使い方を変えなければならないというようなことはないだろう。

　Perl プログラムが C/C++ へ移植されたおかげで、従来は UNIX 系のプラットフォームでしか使うことができなかったプログラムが Windows 上でも動くようになった点は大きい。プラットフォームの違いに関係なく MySQL を利用できるのは、RDBMS の使いやすさにとって重要なポイントである。

　クライアント側の新しい機能は、いずれも利便性や安全性を高めるものばかりである。これらは、日常的なデータベース管理そしてアプリケーション開発の双方において役立つだろう。ぜひ新しい機能を活用し、管理や開発に役立ててほしい。

10

その他の新機能

　本章では、ほかの章では触れなかった新機能を紹介する。じつは、まだ解説していない新機能の数はかなり多いので、終盤で疲れもあるだろうが、あと少しだけお付き合いいただききたい。

10.1　トリガーの改良 ▶▶▶ 新機能 151

　トリガーはテーブルへの更新を行った際に自動的に実行されるストアドプログラムであり、MySQL ではバージョン 5.0 で追加された機能である。MySQL 5.6 までのバージョンでは、若干取り扱いが不便な部分があり、MySQL 5.7 では改善が行われている。

10.1.1　BEFORE トリガーが NOT NULL より優先されるようになった

　MySQL 5.6 までのトリガーは、テーブルに NOT NULL 制約があった場合、トリガーよりも先にその制約がチェックされてしまい、NULL となっているカラムに別の値を設定できなかった。具体的には、リスト 10.1 のような場合に、MySQL 5.6 と MySQL 5.7 では挙動が異なる。MySQL 5.6 ではカラム b が NOT NULL 制約に引っかかっているのに対し、MySQL 5.7 ではトリガーによってカラム b が NULL から具体的な値に書き換えられ、無事テーブルにデータを格納できるようになった。

リスト 10.1　MySQL 5.6 と MySQL 5.7 の NOT NULL の挙動の違い

■テーブルとトリガーの定義
```
mysql> CREATE TABLE t (
    ->    a INT NOT NULL,
    ->    b INT NOT NULL,
    ->    c INT NOT NULL);
Query OK, 0 rows affected (0.07 sec)
```

317

第 10 章　その他の新機能

```
mysql> delimiter //
mysql> CREATE TRIGGER t_bi1
    ->    BEFORE INSERT ON t FOR EACH ROW
    ->    BEGIN
    ->      SET NEW.b=COALESCE(NEW.b, NEW.a+1);
    ->    END;//
Query OK, 0 rows affected (0.01 sec)

mysql> delimiter ;
```

■ MySQL 5.6 の場合
```
mysql> INSERT INTO t VALUES(1, NULL, 1);
ERROR 1048 (23000): Column 'b' cannot be null
```

■ MySQL 5.7 の場合
```
mysql> INSERT INTO t VALUES(1, NULL, 1);
Query OK, 1 row affected (0.10 sec)

mysql> SELECT * FROM t;
+------+------+------+
| a    | b    | c    |
+------+------+------+
|    1 |    2 |    1 |
+------+------+------+
1 row in set (0.00 sec)
```

　つまり、MySQL 5.6 までは、NOT NULL 制約か、NULL から具体的な値へのトリガーによる変更のどちらかを諦める必要があった。これは非常に手間であり、開発者を苛立たせるには十分だった。MySQL 5.7 では NOT NULL との併用ができるようになっているため、そのような手間をかける必要はない。

10.1.2　複数のトリガーに対応

　MySQL 5.6 までのバージョンでは、それぞれのテーブルごとに、トリガーは 1 つの種類ごとに 1 つしか作成できなかった。トリガーは全部で 6 種類ある。INSERT、UPDATE、DELETE ごとに BEFORE と AFTER があるので合計で 6 つである。つまり、MySQL 5.6 では、1 つのテーブルに種類の異なる 6 つのトリガーを作成することしかできなかった。同じ種類のトリガーを複数作成できないため、同じ種類のトリガーに

318

何か処理を追加したい場合には、既存のトリガーを書き換えるしかなかった。これはトリガーのメンテナンスの手間を増やす制限であった。

　MySQL 5.7ではこの制限が解除され、1つのテーブルに同じ種類のトリガーを複数個作成できるようになっている。**リスト10.2**はその実行例である。同じ種類のトリガーが複数存在する場合、どのトリガーから順に実行されるかは極めて重要である。なぜなら、処理を実行する順序によって、結果が異なってしまう場合があるからである。**リスト10.2**はその典型的な例だ。**t_bi1**はカラム c の値にカラム a の値を足すトリガーで、**t_bi2**はカラム c の値にカラム b の値を掛けるトリガーである。**t_bi1**が先に実行されているため、結果は $(4+2) \times 3 = 18$ となっている。もし反対なら $4 \times 3 + 2 = 14$ になっていたはずだ。

リスト10.2　複数のトリガーを作成する例

```
mysql> delimiter //
mysql> CREATE TRIGGER t_bi1
    ->    BEFORE INSERT ON t FOR EACH ROW
    ->    BEGIN SET NEW.c=NEW.c+NEW.a; END;//
Query OK, 0 rows affected (0.07 sec)

mysql> CREATE TRIGGER t_bi2
    ->    BEFORE INSERT ON t FOR EACH ROW
    ->    BEGIN SET NEW.c=NEW.c*NEW.b; END;//
Query OK, 0 rows affected (0.04 sec)

mysql> delimiter ;
mysql> TRUNCATE t;
Query OK, 0 rows affected (0.18 sec)

mysql> INSERT INTO t VALUES(2,3,4);
Query OK, 1 row affected (0.03 sec)

mysql> SELECT * FROM t;
+------+------+------+
| a    | b    | c    |
+------+------+------+
|    2 |    3 |   18 |
+------+------+------+
1 row in set (0.00 sec)
```

第 10 章　その他の新機能

　同じ種類のトリガーが複数ある場合、実行される順序はトリガーが定義された順がデフォルトとなる。したがって、上記の例では **t_bi1** が先なのだ。もし、実行順序を変更したい場合には、FOLLOWS あるいは PRECEDES 句を使う。これらは、既存のトリガーに対する相対的な実行順序を指定するものである。例えば、**リスト 10.2** のトリガーに続いて**リスト 10.3** のようなトリガーを作成すると、**t_bi3** は 2 番目に実行されることになる。

リスト 10.3　トリガー実行順序の指定

```
mysql> delimiter //
mysql> CREATE TRIGGER t_bi3
    ->    BEFORE INSERT ON t FOR EACH ROW
    ->    FOLLOWS t_bi1
    ->    BEGIN SET NEW.c=NEW.c * 2; END;//
Query OK, 0 rows affected (0.01 sec)
```

　実際のトリガーの実行順序は、information_schema.TRIGGERS テーブルの ACTION_ORDER カラムで確認できる。このカラムは MySQL 5.7.2 で追加されたものである。トリガー実行順序を確認するクエリの例を**リスト 10.4** に示す。

リスト 10.4　トリガー実行順序の確認

```
mysql> SELECT EVENT_MANIPULATION, ACTION_TIMING,
    ->         TRIGGER_NAME, ACTION_ORDER
    ->    FROM TRIGGERS
    ->    WHERE TRIGGER_SCHEMA='test' AND EVENT_OBJECT_TABLE='t'
    ->    ORDER BY EVENT_MANIPULATION, ACTION_TIMING, ACTION_ORDER;
+--------------------+---------------+--------------+--------------+
| EVENT_MANIPULATION | ACTION_TIMING | TRIGGER_NAME | ACTION_ORDER |
+--------------------+---------------+--------------+--------------+
| INSERT             | BEFORE        | t_bi1        |            1 |
| INSERT             | BEFORE        | t_bi3        |            2 |
| INSERT             | BEFORE        | t_bi2        |            3 |
+--------------------+---------------+--------------+--------------+
3 rows in set (0.01 sec)
```

10.2　SHUTDOWN コマンド ▶▶▶ 新機能 152

　MySQL サーバーのシャットダウンは、伝統的に `mysqladmin` コマンドを使うようになっていた。`mysqladmin shutdown` を実行すると、`COM_SHUTDOWN` というプロトコル上のコマンドが MySQL サーバーへ送信される。`COM_SHUTDOWN` を受け取った MySQL サーバーは、シャットダウン処理を行うというものである。だが、シャットダウンの操作のためだけに、わざわざ `mysqladmin` コマンドを使うのは若干面倒である。

　そこで、MySQL 5.7 では、新たなステートメントとして `SHUTDOWN` コマンドが追加された。通常のクエリと同じように mysql CLI を使ってコマンドを実行できるようになっている。なお、`SHUTDOWN` コマンドの実行には `SHUTDOWN` 権限が必要である。

10.3　サーバーサイド・クエリ書き換えフレームワーク ▶▶▶ 新機能 153

　MySQL 5.7 の興味深い新機能として、サーバーサイド・クエリ書き換えフレームワークというものが追加された。これは何かというと、名前が示すとおり、サーバー側でクエリを書き換えてしまおうというものである。パッケージやフレームワーク利用などの理由によってクエリを変更できない場合にクエリをチューニングしたい、あるいは、ほかの RDBMS からアプリケーションを移植した場合にその RDBMS 固有の方言を含むクエリを書き換えるという用途を想定している。フレームワークの API を利用すれば、誰もが独自にクエリ書き換えプラグインを開発できるようになっている。クエリ書き換えのプラグイン API は、監査プラグインを拡張したものが用いられる。プラグインのインターフェイスは同じであるが、プラグインの呼び出されるタイミングや渡される引数の型などに違いがあり、それでプラグインの役割の違いを区別できるようになっている。

　クエリ書き換えプラグインには、次の 2 つの種類がある。

PREPARSE（構文解析前）　SQL 文そのものに対する書き換えを行う
POSTPARSE（構文解析後）　抽象構文木（AST）に対して書き換えを行う

　MySQL 5.7 には、それぞれの種類のプラグインのサンプルが付属している。PREPARSE のサンプルは `plugins/rewrite_example` に、POSTPARSE のサンプルは `plugins/rewriter` に格納されている。プラグインを自作しようという方はぜひこれらのソースコードを参照してほしい。

　前者の `plugin/rewrite_example` は SQL 文を小文字に変えてしまうという至極単純なものだ。例えば、`SELECT @@port` という SQL 文が、`select @@port` になる。実用性はゼロである。

　一方、後者の `plugin/rewriter` は Rewriter クエリ書き換えプラグイン（以下、短縮して Rewriter

第 10 章　その他の新機能

プラグイン）という名称が付けられており、それなりに使える本格的なものとなっている[1]。

Rewriter プラグインをインストールするには、インストールディレクトリにある **share/install_rewri**
ter.sql というファイルを実行する。**リスト 10.5** はプラグインのインストール例である。

リスト 10.5　Rewriter プラグインのインストール

```
mysql> SOURCE install_rewriter.sql
・・・中略・・・
mysql> SELECT * FROM information_schema.PLUGINS
    ->    WHERE plugin_name = 'Rewriter'\G
*************************** 1. row ***************************
           PLUGIN_NAME: Rewriter
        PLUGIN_VERSION: 0.2
         PLUGIN_STATUS: ACTIVE
           PLUGIN_TYPE: AUDIT
   PLUGIN_TYPE_VERSION: 4.1
        PLUGIN_LIBRARY: rewriter.so
PLUGIN_LIBRARY_VERSION: 1.6
         PLUGIN_AUTHOR: Oracle
    PLUGIN_DESCRIPTION: A query rewrite plugin that rewrites queries using the parse tree.
        PLUGIN_LICENSE: PROPRIETARY
           LOAD_OPTION: ON
1 row in set (0.00 sec)
```

なぜ、このような SQL ファイルを使ってインストールするかというと、**Rewriter** プラグインは書き
換えのルールをテーブル上で保持しておき、実行されるクエリとダイジェストを比較することでマッチン
グを行う仕組みになっているからである。上記のコマンドによって **query_rewrite** というデータベース
が作成され、**rewrite_rules** というテーブルとそれをテーブルに読み込む **flush_rewrite_rules** とい
うストアドプロシージャが作成される。また、**load_rewrite_rules** という UDF（ユーザー定義関数）
も一緒にインストールされるようになっており、**flush_rewrite_rules** によって呼ばれるようになって
いる。

Rewriter プラグインを使うには、まず **query_rewrite.rewrite_rules** テーブルにデータを格納し、
flush_rewrite_rules を呼び出してルールを有効化する。**リスト 10.6** は、クエリ書き換えのルールを
有効化している例である。この例のように、ルールにプリペアドステートメントのプレースホルダを用い

---

[1] 一応本番でも使えなくはないが、このプラグインにはミューテックスの競合によるスケーラビリティ低下などの問題がある
ので大規模なシステムで使う場合には注意してほしい（Bug #81298）。

10.3　サーバーサイド・クエリ書き換えフレームワーク ▶▶▶ 新機能 153

ることで、任意のリテラルとマッチすることを表現できる。あまり奨められる使い方ではないが、クエリ
を書き換える前と後では、プレースホルダの数が違っていても一応ルールは受理される。ただし、それは
プレースホルダの数が少なくなる場合に限られる。書き換える前よりプレースホルダが多くなってしまう
場合は不正なルールと見做され、受理されない[2]。

リスト 10.6　クエリ書き換えルール追加例

```
mysql> INSERT INTO rewrite_rules
    -> (pattern, replacement, pattern_database)
    -> VALUES(
    -> 'SELECT Name, Capital FROM Country
    '>    WHERE (Capital, Code) IN
    '>    (SELECT ID, CountryCode FROM City WHERE City.CountryCode = ?)',
    -> 'SELECT DISTINCT c1.Name, c1.Capital
    '>    FROM Country c1 JOIN City c2
    '>    ON c1.Capital = c2.ID AND c1.Code = c2.CountryCode
    '>    WHERE c2.CountryCode = ?',
    -> 'world');
Query OK, 1 row affected (0.03 sec)

mysql> CALL query_rewrite.flush_rewrite_rules();
Query OK, 0 rows affected (0.02 sec)
```

　クエリ書き換えルールを追加すると、その後ダイジェストが一致するクエリが実行されたときに書き換
えが行われるようになる。ダイジェストがどのようなものかということについては、第5章 (P. 192) を
見なおしてほしい。ダイジェストは、クエリに含まれる改行や空白の影響を受けない。**リスト 10.7** では、
リスト 10.6 で追加したパターンとは改行の位置が異なっているが、クエリのパターンにマッチし、書き換
えが行われていることが分かる。

リスト 10.7　クエリ書き換え例

```
mysql> SELECT Name, Capital
    -> FROM Country
    -> WHERE (Capital, Code) IN
    -> (SELECT ID, CountryCode FROM City
```

---

[2] これはよく考えれば当然の仕様である。増えてしまったプレースホルダの値は一体どこから取ってくればよいというのだろ
うか。

323

第 10 章　その他の新機能

```
    ->          WHERE City.CountryCode = 'JPN');
+-------+---------+
| Name  | Capital |
+-------+---------+
| Japan |    1532 |
+-------+---------+
1 row in set, 1 warning (0.00 sec)

mysql> SHOW WARNINGS\G
*************************** 1. row ***************************
  Level: Note
   Code: 1105
Message: Query 'SELECT Name, Capital FROM Country WHERE
・・・中略・・・
by a query rewrite plugin
```

　パターンを指定する際、すべてのリテラルをプレースホルダにしなければならないというわけではない。一部のリテラルを残すことも可能である。その場合、リテラルの値が一致している場合のみクエリの書き換えが行われる。Rewriter プラグインを使えば、特定の値が指定されたときだけクエリを書き換えるということができるのである。

　なお、Rewriter プラグインは、プリペアドステートメントに対しても有効である。プリペアドステートメントに対しては、クエリの書き換えはクエリ実行時ではなく、PREPARE 実行時に行われる。書き換えのタイミングは EXECUTE 時ではなく PREPARE 時なので、異なるクエリとして PREPARE されることになる。プリペアドステートメントの場合は、書き換え後にプレースホルダが減っていると、プリペアドステートメントのパラメータ数自体も減ってしまうので注意が必要である。例えば、SELECT * FROM t1 WHERE c1=? AND c2=?というクエリを SELECT * FROM v1 WHERE c1=?というクエリに書き換えるというルールを追加した場合、そのプリペアドステートメントを EXECUTE する際のパラメータ数は、書き換え前の 2 つではなく書き換え後の 1 つになるのである。パラメータ数が一致しないと、プリペアドステートメントの実行はエラーになってしまうので注意しよう。そもそもパラメータ数が変わってしまうような使い方がおかしいので、Rewriter プラグインでそのような使い方をしないのが最善である。

10.4　GET_LOCK で複数のロックを獲得する ▶▶▶ 新機能 154

　GET_LOCK は、ユーザーが指定した名前のロックオブジェクトを作成し、ロックを獲得する関数である。ストアドプロシージャやアプリケーションが発行するトランザクション間で同期処理を行いたい場合に使用する。このロックはユーザーレベルロックとも呼ばれる。

10.4 GET_LOCK で複数のロックを獲得する ▶▶▶ 新機能 154

MySQL 5.6 では、GET_LOCK は 1 つのロックしか獲得することはできなかった。すでに獲得済みのロックがある場合、古いロックが暗黙的に解放され新しいロックが獲得される。

MySQL 5.7 ではこの動作が改良され、同時に複数のロックを獲得できるようになった。**リスト** 10.8 は、MySQL 5.7 における GET_LOCK と、ユーザーレベルロックを解放する RELEASE_LOCK の実行例である。GET_LOCK、RELEASE_LOCK の返り値は、ロックの獲得と解放に成功すると 1、それ以外は 0 になる。また、解放済みあるいは存在しないロックに対する RELEASE_LOCK は NULL を返す。したがって、MySQL 5.6 では、**リスト** 10.8 と同じ操作を実行すると、lk2 のロック獲得と同時に lk1 が削除されるため、lk1 に対する RELEASE_LOCK が NULL になるのである。

リスト 10.8　GET_LOCK の実行例

```
mysql> SELECT GET_LOCK('lk1', -1);
+--------------------+
| GET_LOCK('lk1', 0) |
+--------------------+
|                  1 |
+--------------------+
1 row in set (0.01 sec)

mysql> SELECT GET_LOCK('lk2', -1);
+--------------------+
| GET_LOCK('lk2', 0) |
+--------------------+
|                  1 |
+--------------------+
1 row in set (0.00 sec)

mysql> SELECT RELEASE_LOCK('lk1');
+--------------------+
| RELEASE_LOCK('lk1') |
+--------------------+
|                  1 |
+--------------------+
1 row in set (0.00 sec)

mysql> SELECT RELEASE_LOCK('lk2');
+--------------------+
```

325

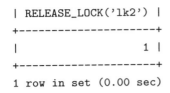

```
| RELEASE_LOCK('lk2') |
+---------------------+
|                   1 |
+---------------------+
1 row in set (0.00 sec)
```

獲得中のユーザーレベルロックの情報は、パフォーマンススキーマの metadata_locks テーブルで確認可能である。このテーブルの詳細については第 5 章（P. 197）で解説しているので、そちらを参照してほしい。デフォルトの状態ではメタデータロックに対する計器は有効化されていないので注意しよう。

10.5　オフラインモード ▶▶▶ 新機能 155

　MySQL 5.7 では、サーバーのメンテナンスに便利な offline_mode というシステム変数が追加された。このシステム変数はデフォルトで OFF であり、ON にすることで SUPER 権限を持たないユーザーからのリクエストを受け付けなくなってしまう。SUPER 権限を持たないユーザーが、オフラインモード時に新たにリクエストを実行しようとすると、ER_SERVER_OFFLINE_MODE（3032）というエラーが返され、サーバーから切断される。offline_mode を ON にできるのも、オフラインモードでサーバー上の各種操作ができるのも、SUPER 権限を持ったユーザーだけである。また、レプリケーションスレーブをオフラインモードにしても、スレーブは停止せずにレプリケーションの実行を継続できる[3]。
　スキーマの変更やバッチ処理など、アプリケーションからの更新を停止してメンテナンスを行いたい場合には、ぜひオフラインモードを活用してほしい。ただし、うっかりアプリケーションが使うユーザーアカウントに SUPER 権限を付与してしまっていると、オフラインモードでも更新を停止できないので、ユーザー管理はきっちりと行うようにしよう。

10.6　3000 番台のサーバーエラー番号 ▶▶▶ 新機能 156

　MySQL では、伝統的に 1000 番台がサーバーのエラー、2000 番台がクライアントのエラーを表す番号として使われてきた。ところが、エラー番号が増えたせいで、1000 番台の番号の枯渇が近づいてきた。そこで、サーバーエラーを表す番号として、新たに 3000 番台の番号が使われるようになった。MySQL 5.7.12 の時点では 3193 まで使用されている。先のオフラインモード時に SUPER 権限を持たないユーザーが操作した場合のエラーも 3032 となっており、3000 番台の番号が使われている。3000 番台のエラー番号を見ても驚かず、新しいサーバーエラーの番号であるということを知っておこう。
　なお、エラー番号からエラーの意味を調べるには、MySQL サーバーに付属している perror コマンド

---

[3] マスターがオフラインモードになると、スレーブは切断される。

を使えばよい。ただし、3000 番台のエラーの意味を調べるには MySQL 5.7 に付属しているものを使用しなければならない。

10.7　gb18030 のサポート ▶▶▶ 新機能 157

　日本ではあまり需要はないかもしれないが、MySQL 5.7 には中国語の文字コードである **gb18030** が追加された。中国向けのアプリを作成する場合などに役に立つだろう。

10.8　スタックされた診断領域 ▶▶▶ 新機能 158

　診断領域（Diagnostics Area）とは、SQL 標準で定められた規格で、SQL 実行過程で生じたエラーに関する情報等を格納するために使われる領域である。MySQL 5.6 には診断領域が 1 つしかなく、新たに診断情報を記録しなければならない場合には常に上書きされていた。これは、SQL 標準から逸脱した動作であり、修正が必要であった。既存の診断領域を上書きしてしまわないようにするには、新たなコンテキストが導入された場合に、既存の診断領域を残しつつ新たに診断領域を設ける必要がある。

　このような背景から、MySQL 5.7 では SQL 標準に沿って診断領域がスタックされるようになった。診断領域は次のような場合に新たにスタックされるようになっている。

◆ ストアドプログラムが実行されたとき
◆ ストアドプログラム内のハンドラーが実行されたとき
◆ `RESIGNAL` が実行されたとき

　診断領域の詳しい使い方については割愛する。情報の取得は `GET DIAGNOSTICS` コマンドで行うので、該当するマニュアルを見てほしい。MySQL 上でストアドプログラムを開発する場合には、診断領域を活用することになるので、ぜひ使い方を抑えておこう。

10.9　エラーログの出力レベルを調整 ▶▶▶ 新機能 159

　MySQL 5.7 では、エラーログ周りの改善も行われている。まず、既存の `fprintf` によって標準出力あるいは標準エラーへログを出力していた箇所は、徐々に `sql_print_error`、`sql_print_warning`、`sql_print_information` といったサーバーの標準的なログ出力関数へと置き換えられている。これらへの置き換えが進んだことにより、次のような効果がもたらされた。

◆ 各ログメッセージのフォーマットが改善された
◆ エラーログの出力レベルを調整できるようになった

第10章　その他の新機能

　MySQL 5.7で新たに導入された、`log_error_verbosity`というオプションは、エラーログの出力レベルを調整するものである。取りうる値は1〜3であり、**表10.1**のような意味となっている。デフォルト値は3で、エラーログの内容を絞り込みたいような場合には小さな値へと変更するとよいだろう。

表10.1　`log_error_verbosity`オプションの効果

値	意味
1	エラーレベル（`sql_print_error`）のログのみを出力する
2	エラーレベルに加えて、警告レベル（`sql_print_warning`）のログを出力する
3	すべてのレベル（上記に加えて`sql_print_information`）のログを出力する

　また、`log_warnings`オプションのデフォルト値が1から2に変更されている。`log_warnings`は0〜2までの値を取り[4]、大きな値を指定するほどエラーログへ出力されるログの種類が増える。MySQL 5.7では、より多くのログが出力されるという挙動がデフォルトになったということである。

10.10　`mysqld_safe`が`DATADIR`変数を使わなくなった ▶▶▶ 新機能160

　MySQLサーバー（`mysqld`）は、起動時に**表10.2**にある順序でオプションファイルを読み取る。異なるオプションファイルを使い分けられるので、オプションの重複が生じる可能性があるが、その場合、あとから読み込まれたほうが採用されるようになっている。**表10.2**では、Windows上の設定ファイルの拡張子が`.ini`だけになっているが、`.cnf`でも読み込みが可能なので、好みに応じて使い分けてほしい。

　UNIX系OSだけで使われる、`MYSQL_HOME`という環境変数の動きは若干複雑である。この環境変数は`mysqld_safe`によって設定されるのだが、設定は次のようなルールで行われる。

◆ `MYSQL_HOME`環境変数がすでに設定されていれば、`MYSQL_HOME`は変更されない
◆ `BASEDIR`に`my.cnf`があれば、`BASEDIR`を`MYSQL_HOME`に設定する
◆ `BASEDIR`に`my.cnf`がなく、`DATADIR`に`my.cnf`があれば、`DATADIR`を`MYSQL_HOME`に設定する
◆ `BASEDIR`にも`DATADIR`にも`my.cnf`がなければ、`BASEDIR`を`MYSQL_HOME`に設定する

　ここでいう`BASEDIR`や`DATADIR`は、`my.cnf`に記述されているものではない。これらは、ソースコードからのビルドにおいて、コンフィギュレーション時（`cmake`あるいは古いバージョンでは`configure`スクリプト実行時）に設定されたバイナリ固有のデフォルトのベースディレクトリとデータディレクトリのパスである。MySQL 5.7では`DATADIR`に関するルールがなくなり、`MYSQL_HOME`は`BASEDIR`に設定されるようになった。複雑さが減ったことで、厄介なサプライズに悩まされるリスクがすこし減ったことになる。

---

[4] 2より大きな値も指定可能であるが、2の場合と効果は同じである。

328

表 10.2　MySQL サーバーによるオプションファイルの読み込み順

	パス	用途
Windows	`%PROGRAMDATA¥%¥MySQL¥MySQL Server 5.7¥my.ini`	グローバルオプション
	`¥%WINDIR%¥my.ini`	グローバルオプション
	`C:¥my.ini`	グローバルオプション
	`INSTALLDIR¥my.ini`	グローバルオプション
	`defaults-extra-file`	コマンド起動時
	`%APPDATA%¥MySQL¥.mylogin.cnf`	ユーザー固有のログインパス
UNIX 系	`/etc/my.cnf`	グローバルオプション
	`/etc/mysql/my.cnf`	グローバルオプション
	`SYSCONFDIR/my.cnf`	グローバルオプション
	`$MYSQL_HOME/my.cnf`	サーバー限定オプション
	`defaults-extra-file`	コマンド起動時
	`~/.my.cnf`	ユーザー固有オプション
	`~/.mylogin.cnf`	ユーザー固有のログインパス

10.11　いくつかのシステムテーブルが InnoDB に
▶▶▶ 新機能 161

　`mysql` データベースには各種システムテーブルがあり、MySQL サーバーによって使われている。これらのシステムテーブルは徐々に InnoDB への移行が行われており、MySQL 5.6 でもすでにいくつかのテーブルは InnoDB になっていた。MySQL 5.7 ではさらに移行が進み、タイムゾーンテーブルとヘルプテーブルそしてプラグインテーブルが MyISAM から InnoDB へと切り替えられている。詳細は割愛するが、`SHOW TABLE STATUS` などのコマンドでストレージエンジンを確かめてみてほしい。トランザクション対応のクラッシュセーフなストレージエンジンへの切り替えが進むことで、MySQL サーバーを運用する際の安全性が増す。まだ MyISAM テーブルが残っているが、引き続き InnoDB への移行が進められるだろう。

10.12　Oracle Linux 上で DTrace のサポート
▶▶▶ 新機能 162

　MySQL 5.7 では、Oracle Linux 6 以降のバージョン向けに、DTrace がサポートされている。DTrace は、動的にプログラムの動作を追跡（トレース）する仕組みであり、Solaris 10 において登場した機能で

第10章　その他の新機能

ある。プローブという観測点にプログラムの実行が差し掛かったときに、DTraceに制御が移り、情報が収集されるようになっている。収集される情報はそのまま画面に何か出力するあるいはあとから集計結果を表示するといった用途で用いられる。プローブはじつに多く存在するが、プローブが呼び出されるタイミングは、次の5つの種類に分類される。

◆ 関数の呼び出しとリターン
◆ システムコールの呼び出しとリターン
◆ ソースコード上で事前に定義された任意の場所
◆ トレースの開始時、終了時、例外発生時
◆ 一定間隔ごと

　プローブは、トレースしていないときは一切あるいはほとんどプログラムの実行に影響を与えない。唯一オーバーヘッドを生じさせるのは3番目の「ソースコード上で事前に定義された任意の場所」であり、SDT（Statically Defined Tracing）と呼ばれる。SDTのプローブは通常時、NOP[5]としてプログラム中に埋め込まれている。NOPなので、オーバーヘッドはたかだか命令をひとつ読み込むぶんだけであり、極めて小さい。SDTプローブに対するトレースを有効化すると、NOPの代わりにDTraceへ制御が移り、情報を収集するためのコードが埋め込まれる。そのコードを実行することで、DTraceへ制御が移るという仕組みである。その後、必要な情報の収集が完了すると速やかにプログラムの実行に戻る。

　DTraceは汎用ツールなので、どのようなプログラムであっても、SDT以外の種類のプローブであればトレース可能である。プログラム内に関数呼び出しがあれば、通常時はただの関数呼び出しを行うだけであるが、DTraceを有効化すると突如としてプローブへと変化させられるのである。MySQLであってもそれは同じである。MySQLはバージョン5.5からDTraceをサポートしていると謳っているが、それはSDTが組み込まれたという意味なのである。MySQL 5.7では、Oracle Linux 6以降のバージョンのUEK（Unbreakable Enterprise Kernel）向けにSDTが組み込まれるようになったというわけだ。

10.13　プラグイン向けサービスの拡張 ▶▶▶ 新機能 163

　MySQLには、バージョン5.5の頃からプラグインが使用するための各種サービスが実装された。MySQL 5.1までのバージョンでは、プラグインからMySQLサーバーが持つ各種機能にアクセスしたい場合には、サーバー内で定義されている関数を直接呼び出すような方式が採られていた。そのような手法では、プラグインのコードはMySQLサーバー内部のコードに依存してしまう。つまり、MySQLサーバー側でコードが書き換えられるとプラグインが従来どおりの動作をしなくなってしまうかもしれないのだ。一方で、サーバーの内部のコードはリファクタリングなどによって、大きく書き換えられてしまう。特に、MySQLのバージョンが上がった場合は顕著である。もし、プラグインが呼び出していた関数が削除されたり関数の挙動が変わってしまうと、プラグインそのものも想定どおりの動作をしなくなるだろう。そこで、プラ

---

[5] No Operationを意味するマシン言語。

10.13 プラグイン向けサービスの拡張 ▶▶▶ 新機能 163

グインがサーバー内部の機能を将来に亘って安定して使用できるよう、プラグインがサーバー内部の機能にアクセスするための機能をサービスとして定義したというわけである。

プラグインのためのサービスは、MySQLのバージョンが上がるごとに拡充されている。各バージョンごとに使用可能なサービスを**表10.3**に示す。プラグインがこれらのサービスを使用するには、`include/mysql`ディレクトリにある`services_`で始まる名前のヘッダファイルをインクルードする必要がある。また、UNIX系OSでは`libmysqlservices.a`をリンクしなければならない。新しく追加されたサービスから主なものをいくつか紹介しよう。

表 10.3　プラグイン向けサービス一覧

導入されたバージョン	サービス名	説明
5.5	`my_snprintf`	プラットフォームに依存しない文字列フォーマットサービス
	`my_thd_scheduler`	スレッドプール（スレッドスケジューラー）プラグイン登録サービス
	`thd_alloc`	スレッドローカルなメモリ割り当てサービス
	`thd_wait`	スレッドのストールやスリープをレポートするためのサービス
5.6	`my_plugin_log_service`	エラーログ出力のためのサービス
	`mysql_string`	文字列操作のサービス
5.7	`command_service`	プロトコルコマンド実行サービス
	`locking_service`	SQLと連携可能なR/Wロックサービス
	`mysql_alloc`	パフォーマンススキーマによる追跡が可能なメモリ割り当てサービス
	`mysql_keyring`	キーリング操作のためのサービス
	`mysql_password_policy`	パスワードバリデーションプラグイン用サービス
	`parser_service`	SQL構文解析サービス。Rewriterプラグインが使用
	`rules_table`	SQL書き換えルールサービス。Rewriterプラグインが使用
	`security_context`	ユーザーの権限情報にアクセスするためのサービス
	`session_service`	セッションの生成と管理のためのサービス
	`session_info`	セッション情報にアクセスするためのサービス
	`ssl_wrapper`	SSLのメタデータにアクセスするためのサービス

10.13.1　ロッキングサービス

これは、名前付きR/Wロックのためのサービスである。ロックを使うならたんに`pthread`ライブラリ等すでにあるものを使えばよいではないかと思うかもしれないが、このたび導入されたロッキングサービスは、次のような追加機能を持っている点が異なる。

◆ タイムアウトが設定可能

331

第 10 章　その他の新機能

◆ デッドロック検出
◆ SQL との相互運用

このように、ロッキングサービスが提供する機能は `pthread` ライブラリのものよりも若干高機能なのである。プラグインの開発は C/C++ で行うので、ロックのための関数は C 言語のインターフェイスを持っており、そのシグネチャは**リスト 10.9** のようになっている。ロック獲得時に `lock_type` 引数で `LOCKING_SERVICE_READ` か `LOCKING_SERVICE_WRITE` のいずれかを指定することで、ロックの種類を指定する。`lock_namespace` と `lock_names` は獲得するロックに対する名前空間と名前のペアであり、それぞれ最大で 64 バイトまでの文字列を指定できる。

リスト 10.9　ロック関数のシグネチャ

```
int mysql_acquire_locking_service_locks(MYSQL_THD opaque_thd,
                                        const char *lock_namespace,
                                        const char **lock_names,
                                        size_t lock_num,
                                        enum_locking_service_lock_type lock_type,
                                        ulong lock_timeout);

int mysql_release_locking_service_locks(MYSQL_THD opaque_thd,
                                        const char *lock_namespace);
```

ロッキングサービスにより獲得されるロックは、`GET_LOCK` 関数で SQL 上で取得されるものとは区別されており相互にアクセスすることはできない。その代わり、SQL からロッキングサービスのロックへアクセスするには、**リスト 10.10** にあるコマンドでインストールされる専用の UDF を用いる。これらの UDF を通じて SQL 側からロックを獲得／解放できる一方、プラグイン側から同じロックへアクセス可能となっている。ロッキングサービスによって獲得されたロックは、`performance_schema.metadata_locks` テーブルで確認できる。`OBJECT_TYPE` が `LOCKING SERVICE` になっているものを探そう。

リスト 10.10　Locking Service へアクセスするための UDF

```
mysql> CREATE FUNCTION service_get_read_locks RETURNS INT SONAME 'locking_service.so';
mysql> CREATE FUNCTION service_get_write_locks RETURNS INT SONAME 'locking_service.so';
mysql> CREATE FUNCTION service_release_locks RETURNS INT SONAME 'locking_service.so';
```

なお、余談であるが、ロッキングサービスは本章でこのあと解説するバージョントークンプラグインで使用されている。

10.13.2　キーリングサービス

第 8 章で紹介した透過的テーブルスペース暗号化（P. 289）において使われている、キーを安全に保管するためのサービスである。キーリングサービスを利用するには、いずれかのキーリングプラグインがインストールされている必要がある。キーリングプラグインがインストールされていなければ、キーリングサービスの関数呼び出しはすべて失敗（返り値は成功のとき 0、失敗のとき 1）が返るだろう。

リスト 10.11 に、キーリングサービスを使うための関数を挙げる。

リスト 10.11　キーリング操作関数のシグネチャ

```
int my_key_generate(const char *key_id, const char *key_type,
                    const char *user_id, size_t key_len);

int my_key_fetch(const char *key_id, char **key_type, const char *user_id,
                void **key, size_t *key_len);

int my_key_store(const char *key_id, const char *key_type, const char *user_id,
                const void *key, size_t key_len);

int my_key_remove(const char *key_id, const char *user_id);
```

---

my_key_generate は新しいキーを作成しキーリングに保存する。引数の key_id にはキーを識別するための文字列を指定する。また、user_id もキーを識別するために用いられる。user_id は MySQL 上のユーザーアカウントとは特に関連性はないし、NULL でも構わない。実際、透過的テーブルスペース暗号化では user_id には NULL が指定されている。

透過的テーブルスペース暗号化で使われているのは、my_key_generate と my_key_fetch だけである。自らキーを生成し、管理し、キーを取得するだけならこの 2 つの関数だけで十分である。my_key_store はキーの生成を外部で行った場合に使用し、my_key_remove は不要になったキーを削除したい場合に使用する。

10.13.3　コマンドサービス

プラグイン内部でも、クライアントと同じように SQL を実行したり結果を受け取ったりしたいという場合が多々あるだろう。そんなとき役立つのがコマンドサービスである。command_service_run_command を使用することで、各種プロトコルコマンドを実行できるようになっている。この関数のシグネチャをリスト 10.12 に挙げる。このサービスは X プラグインで使用されているので、具体的な使い方を知りたい場合には参考にしてほしい。

第 10 章　その他の新機能

リスト 10.12　コマンドサービス関数のシグネチャ

```
int command_service_run_command(Srv_session *session,
                                enum enum_server_command command,
                                const union COM_DATA * data,
                                const CHARSET_INFO * client_cs,
                                const struct st_command_service_cbs *callbacks,
                                enum cs_text_or_binary text_or_binary,
                                void * service_callbacks_ctx);
```

10.13.4　パーサーサービス

Rewriter プラグインは、MySQL 5.7 で追加された新しいサービスをいくつか利用している[6]。そのようなサービスの中でも最も重要だと考えられるのは、パーサーサービスだろう。Rewriter プラグインでは、SQL の書き換えを抽象構文木（AST）に対して行う。そのため、構文解析そのものを実行したり、それによって生成された AST を操作するための各種関数が必要になる。**リスト 10.13** には代表的な関数 2 つを挙げている。

リスト 10.13　パーサーサービスの関数のシグネチャ

```
int mysql_parser_parse(MYSQL_THD thd, const MYSQL_LEX_STRING query,
                       unsigned char is_prepared,
                       sql_condition_handler_function handle_condition,
                       void *condition_handler_state);

int mysql_parser_visit_tree(MYSQL_THD thd,
                            parse_node_visit_function processor,
                            unsigned char* arg)
```

パーサーサービスにはこのほかにも多数の関数が用意されている。どのように使うかということについては、`plugins/rewriter/services.cc` で定義されている各種関数が Rewriter プラグイン内部でどのように呼び出されているかを参考にしてほしい。

---

[6] いや、より正確には、Rewriter プラグインを実現するためにサービスが準備されたといってもよいかもしれない。

10.14 バージョントークン ▶▶▶ 新機能 164

MySQL 5.7には、バージョントークンと呼ばれるプラグインが追加された。これは、複数のサーバーを使ってHAやシャーディングを行うアプリケーションを作成する場合に役立つ機能とされており、MySQL Fabricがその対象のアプリケーションであるとWorkLog[7]には記述されているが、今のところMySQL Fabric側でバージョントークンが利用されている形跡はない。バージョントークンは別にMySQL Fabric専用の機能ではなく、汎用的に利用できる機能であるので、もしアプリケーション開発において役立つようであればぜひ活用してほしい。はじめに、バージョントークンのコンセプトを説明しよう。

まず、管理アプリケーションは、サーバー群の個々のサーバーに対してそれぞれの役割を決める。個々のサーバーの役割が分かるよう、それぞれのサーバーに役割を表すトークンを設定する。既存のサーバーがダウンしたり新たに追加された場合、トークンは管理アプリケーションによって任意のタイミングで変更される可能性がある。一方、クライアントはサーバーの役割に関する情報を管理アプリケーションから受け取り、ログイン先のサーバーを決定する。クライアントはサーバーへログインが成功すると、管理アプリケーションから受け取ったトークンをシステム変数に設定してからクエリを実行する。もし、クライアントのトークンがサーバー上で設定されているトークンと一致すれば、クエリの実行は許可され、そうでなければクエリは失敗する。このような仕組みにより、管理アプリケーションはすべてのクライアントへサーバーの役割の変更を通知する必要がなくなり、クライアントはサーバーの役割が変わったタイミングで変更を知ることができる。管理アプリケーションと個々のクライアントの間で頻繁な通信を行うことなく、確実にサーバーへのアクセス制御ができるという寸法である。

バージョントークンの実際の使い方を少しだけ紹介しよう。インストールに関しては冗長なので、マニュアルを見てほしい。プラグインインストール後、いくつかのUDFを設定する必要がある。以降では、それらの設定が完了していると仮定する。

まず、管理アプリケーションが次のようにUDFを呼び出し、トークンを設定する。トークンはセミコロンで区切られた、トークン＝値という形式のペアとして表される。つまり、サーバーには一度に複数のトークンを設定できる。

リスト10.14 `version_tokens_set` の呼び出し

```
mysql> SELECT version_tokens_set('grp1=rw;grp2=read');
+-----------------------------------------+
| version_tokens_set('grp1=rw;grp2=read') |
+-----------------------------------------+
| 2 version tokens set.                   |
+-----------------------------------------+
1 row in set (0.00 sec)
```

---

[7] WL #6940

335

第10章　その他の新機能

　一方、クライアントアプリケーション（あるいは管理アプリケーションと連携したドライバ）は、セッション変数にトークンを設定し、クエリを実行する。トークンは1つでもよいし、セミコロンで区切って複数設定してもよい。
　リスト10.15はクエリの実行が成功している様子である。

リスト10.15　トークンの設定によるクエリの成功

```
mysql> SET @@session.version_tokens_session = 'grp1=rw';
Query OK, 0 rows affected (0.00 sec)

mysql> SELECT 1;
+---+
| 1 |
+---+
| 1 |
+---+
1 row in set (0.00 sec)
```

---

　grp1というトークンは、先ほどversion_tokens_setというUDFで設定したトークンの中にあるし、対応した値も一致する。よって、上記ではクエリの実行ができたわけである。セッション側のトークンが複数ある場合には、すべてのトークンがサーバー上のものと一致していればクエリを実行できる。ひとつでも違っていたり、あるいはサーバーのトークン内に存在しないものがあれば、クエリの実行は阻止されることになる。
　次に、サーバー側のトークンを変更してみよう。

リスト10.16　サーバー側のトークンを変更する

```
mysql> SELECT version_tokens_set('grp1=read;grp2=rw');
+----------------------------------------+
| version_tokens_set('grp1=read;grp2=rw') |
+----------------------------------------+
| 2 version tokens set.                  |
+----------------------------------------+
1 row in set (0.00 sec)
```

　リスト10.17は、さきほどのクエリを実行したセッションで継続してクエリを実行したものであるが、さきほどの場合とは異なり、トークンの照合失敗によってクエリの実行は阻止されている。

336

リスト10.17 データベースの文字コードの一時的な指定

```
mysql> SELECT 1;
ERROR 3136 (42000): Version token mismatch for grp1. Correct value read
```

このように、自前で HA やシャーディングなどのための管理アプリケーションを作成したい場合には、バージョントークンを活用できるかもしれない。もしそのような機会があれば、利用を検討してみてはいかがだろうか。

10.15 character_set_database/collation_database の変更が廃止 ▶▶▶ 新機能 165

MySQL サーバーにおいて厄介な仕様のひとつに、LOAD DATA INFILE がファイルを読み取る際の文字コードとして、データベースの文字コードを使用することが挙げられる。データベースの文字コードは CREATE DATABASE 実行時に割り当てられたものであり、明示的な指定がなければデフォルト値として character_set_server が使用される。データベースの文字コードは、あとから ALTER DATABASE コマンドで変更することも可能だ。だが、このように LOAD DATA INFILE がデータベースの文字コードを使用するというのは、ほかのコマンドの使用感、つまりセッションに対して設定された文字コードや照合順序を使用するという使い方とは統一性が取れていない。そのため、この仕様は少なからず文字化けの原因になることがあった。

そのため、LOAD DATA INFILE を実行する前には、しばしば character_set_database というシステム変数を使って、一時的に文字コードを変更するという操作が好んで行われた。リスト 10.18 は、そのように文字コードを指定してから LOAD DATA INFILE を実行する例である。

リスト10.18 データベースの文字コードの一時的な指定

```
mysql> SET character_set_database = cp932;
Query OK, 0 rows affected, 1 warning (0.00 sec)

mysql> LOAD DATA INFILE 't1.txt' INTO TABLE t1;
Query OK, 1 row affected (0.01 sec)
Records: 1  Deleted: 0  Skipped: 0  Warnings: 0
```

このような、character_set_database の使い方は正直言って見苦しい。ALTER DATABASE コマンドを使わずともデータベースの文字列を一時的に変更できるというのが意味不明であるし、LOAD DATA INFILE

第 10 章　その他の新機能

コマンドでは CHARACTER SET 句が使用可能であり、文字コードを直接指定可能だからである。そのため、character_set_database は本質的には不要なのだ。リスト 10.19 は CHARACTER SET 句を使用した LOAD DATA INFILE コマンドの例である。

リスト 10.19　CHARACTER SET 句を使用した LOAD DATA INFILE コマンドの例

```
mysql> LOAD DATA INFILE 't1.txt' INTO TABLE t1 CHARACTER SET cp932;
Query OK, 1 row affected (0.01 sec)
Records: 1  Deleted: 0  Skipped: 0  Warnings: 0
```

　グローバルレベルの character_set_database および collation_database システム変数の値については、本質的に不要どころか一切どこにも使われることはなく、真に不要である。グローバルレベルのシステム変数は、通常はセッションごとのシステム変数のデフォルト値として使われる。ところが、character_set_database および collation_database システム変数については、カレントデータベースを選択した際、データベースが持つ文字コードと照合順序から値が設定される。そのため、MySQL サーバーへ新たに接続した場合、そのセッションの character_set_database および collation_database システム変数は、グローバルレベルの値を引き継ぐのではなく接続時に設定したデータベースの文字コードと照合順序が用いられるのである。

　唯一の例外は、カレントデータベースを選択せずに接続した場合である。その場合は、グローバルレベルの character_set_database および collation_database システム変数の値を、新たなセッションが引き継ぐことになる。

　ちなみに、LOAD DATA INFILE の前に変更された character_set_database システム変数は、LOAD DATA コマンドと一緒にバイナリログにも記録され、スレーブでも同じ文字コードを使って LOAD DATA が実行される。そのため、LOAD DATA によってファイルからの読み込みが行われる際、マスターとスレーブで異なる文字コードが使われるということはない。唯一の例外は、グローバルレベルで character_set_database システム変数が変更されており、なおかつカレントデータベースを選択せずに接続し、SET character_set_database を実行することなく LOAD DATA INFILE コマンドを実行した場合である。その場合、マスターではグローバルな character_set_database システム変数から継承した値が、スレーブでは SQL スレッドが持つ character_set_database の値が用いられる。この値は、バイナリログに含まれるイベントが SQL 実行時にカレントデータベースを選択していなければ、そのバイナリログイベントに含まれる collation_server の値が使われるようになっている[8]。

　このような背景から、MySQL 5.7 では、character_set_database および collation_database システム変数の変更が廃止予定となった。MySQL 5.7 では変更しようとすると警告が発せられるが、未だ変更自体は可能である。将来のバージョンでは読み取り専用のシステム変数になるだろう。

---

[8] この挙動は筆者も意味が分からない。Bug #81727 参照のこと。

10.16　systemd 対応 ▶▶▶ 新機能 166

systemd とは、OS 起動時に自動的にプロセスを起動する init の代替であり、最近のディストリビューションでは積極的に採用されている。systemd はサービス同士の依存関係を記述でき、依存関係のないものは並列に起動できるため、従来の init と比べると OS の起動時間が短いという利点がある[9]。

MySQL 5.7 には、systemd のサービスとして登録、管理するための機能が追加された。systemd に対応したシステム（RHEL 系や SUSE）では、systemctl を使って mysqld を起動／停止／監視できるようになっている。

10.17　STRICT モードと IGNORE による効果の整理 ▶▶▶ 新機能 167

MySQL では伝統的に、データ型が一致しない場合に自動的に変換したり、不正なデータを切り捨てたり、データサイズが大きすぎる場合に自動的に切り詰めるなど、制限が緩い動作をするようになっている。このような緩い挙動は、アプリケーションをとにかく早くリリースしたいという場合には役に立つケースもあるが、エラー処理の漏れや予測できないデータが格納されてしまうといったリスクがあるため、堅牢なアプリケーションを開発するうえでは足を引っ張ってしまうことになる。

堅牢なアプリケーションの開発をスムーズに行うため、MySQL には STRICT モード（厳格な SQL モード）という仕組みが備わっている。STRICT モードは、SQL モードのひとつであり、トランザクション対応のストレージエンジンを操作する場合だけ有効な STRICT_TRANS_TABLES と、常に厳格な振る舞いをする STRICT_ALL_TABLES がある。STRICT モードが有効な場合、緩い挙動は許されず、エラーとして扱われることになる。MySQL 5.7 で STRICT_TRANS_TABLES がデフォルトの SQL モードに含まれるようになったのは第 3 章で述べたとおりである[10]。STRICT モードによって影響を受ける操作の一覧を表 10.4 および表 10.5 に示す。

一方、テスト環境の構築や集計用データを作成する際などに、エラーを無視してできるかぎり処理を進めたいという場合がある。そのような場合には IGNORE というキーワードを SQL に付けることで最大限エラーを無視して処理を進められるようになっている。IGNORE は STRICT モードの真逆の効果を持つものであり、STRICT モードが有効な場合でも、SQL 上で IGNORE を指定することで厳格でない緩い挙動をするようになる。それに加え、重複キーエラーや外部キーエラーが生じた場合でも、SQL の実行を中断するのではなく、エラーを無視できるかぎり処理を進める。その際、重複した行は挿入されず、外部キー制約違反が生じる操作は行われない。制約に違反しない行だけが、挿入／変更／削除されるわけである。

---

[9] 一方で、systemd は欠点もいろいろと指摘されているが、本書の範疇を越えるため言及は控えておく。
[10] 新機能 41（P. 119）参照

第 10 章　その他の新機能

表 10.4　STRICT モードに影響を受ける操作一覧（1）

エラーコード	処理の内容	具体例	STRICT モードでない場合
ER_TRUNCATED_WRONG_VALUE	カラムの定義にとって不正な値を格納しようとした	日付型に 20000 年	指定されたデータを捨ててデフォルト値を格納
ER_WRONG_VALUE_FOR_TYPE	日付型の関数呼び出し等で不正な値が指定された	STR_TO_DATE('01,-5, 2016','%d,%m,%Y')	NULL が格納される
ER_WARN_DATA_OUT_OF_RANGE	範囲外の値を格納しようとした	TINYINT に 300	値の範囲で最も近いものを格納
ER_TRUNCATED_WRONG_VALUE_FOR_FIELD	カラムの定義にとって不正な値を格納しようとした	INT に空文字列	指定されたデータを捨ててデフォルト値を格納
ER_WARN_DATA_TRUNCATED	カラムの定義にとって不正な値を格納しようとした	日付型に 'a' という文字列。シングルバイト文字列にマルチバイト文字列	指定されたデータを捨ててデフォルト値を格納
ER_DATA_TOO_LONG	カラムの定義より長い文字列を格納しようとした	VARCHAR(10) に 11 文字	超過した部分を切り捨てる
ER_BAD_NULL_ERROR	NOT NULL 制約のカラムに NULL を格納しようとした	NOT NULL 制約のカラムに NULL を格納	エラー
ER_DIVISION_BY_ZERO	ゼロ除算が生じた	1/0	NULL が格納される
ER_NO_DEFAULT_FOR_FIELD	NOT NULL かつデフォルト値の指定がない場合に、具体的な値の指定がない	NOT NULL かつデフォルト値のないカラムを持つ t に対して、INSERT INTO t () VAUES(); ※カラムのリストと値のリストが空	データ型のデフォルト値が格納される
ER_NO_DEFAULT_FOR_VIEW_FIELD	ビューからアクセスされないカラムが NOT NULL かつデフォルト値がない場合に、具体的な値の指定がない	ベーステーブルの c3 が INT NOT NULL のとき、INSERT INTO v (c1, c2) VAUES(1, 1);	データ型のデフォルト値が格納される
ER_CUT_VALUE_GROUP_CONCAT	GROUP_CONCAT() の結果が大きすぎる	GROUP_CONCAT(long_col)	超過した部分を切り捨てる
ER_DATETIME_FUNCTION_OVERFLOW	日時型の結果を返す関数のオーバーフローが発生した	date_add(now(), interval 10000 year)	NULL が格納される
ER_INVALID_ARGUMENT_FOR_LOGARITHM	対数関数の引数が不正である	log(0)	NULL が格納される

340

表 10.5　STRICT モードに影響を受ける操作一覧（2）

エラーコード	処理の内容	具体例	STRICT モードでない場合
ER_WARN_NULL_TO_NOTNULL	LOAD DATA コマンドにおいて、NOT NULL 制約のカラムに NULL を格納しようとした	NOT NULL 制約のあるカラムに対応するデータソースに \N の文字	データ型のデフォルト値が格納される
ER_WARN_TOO_FEW_RECORDS	LOAD DATA コマンドにおいて、カラムの数よりも挿入する値の個数が少ない	データソースの値の数がテーブルのカラム数より少ない	NULL あるいはデータ型のデフォルト値が格納される
ER_TOO_LONG_TABLE_COMMENT	テーブルコメントが長すぎる	2048 文字以上のコメント	2048 文字にコメントが切り詰められる
ER_TOO_LONG_FIELD_COMMENT	カラムのコメントが長すぎる	1024 文字以上のコメント	1024 文字にコメントが切り詰められる
ER_TOO_LONG_INDEX_COMMENT	インデックスのコメントが長すぎる	1024 文字以上のコメント	1024 文字にコメントが切り詰められる
ER_TOO_LONG_TABLE_PARTITION_COMMENT	パーティションのコメントが長すぎる	1024 文字以上のコメント	1024 文字にコメントが切り詰められる
ER_TOO_LONG_KEY	インデックスが長すぎる	3072 バイト以上のインデックス	エラー
ER_WRONG_ARGUMENTS	SLEEP() 関数の引数に不正な値	SLEEP(-1)	SLEEP せずに即座に応答する

　IGNORE キーワードによって影響を受ける操作の一覧を**表 10.6** に示す。

　STRICT モードや IGNORE は、個々の操作ごとに実装がバラバラであることが大きな問題となっていた。そのため、それらに関連するバグも数多く生じる結果となった。そこで、MySQL 5.7 では、STRICT モードと IGNORE キーワードの意味を再度明確にし、動作の変更が入る場合に共通のコードが使用されるように再実装された。今後は、STRICT モードや IGNORE に関連するバグが混入する可能性は低くなるだろう。

　ここで、改めて明確に定義された STRICT モードと IGNORE の意味を記述しておく。

◆ STRICT モードでは、警告になる一部の処理がエラーになり、クエリの実行が停止する
◆ IGNORE キーワードは、エラーになる一部の処理が警告になり、警告の要因となった処理はスキップし、クエリの実行を先に進める
◆ IGNORE キーワードは、STRICT モードの効果を打ち消し、警告は警告のままクエリの実行を先に進める

　従来のバージョンには、IGNORE によってエラーが回避されたにもかかわらず警告が出ない処理が一部あり、IGNORE の振る舞いにばらつきがあった。MySQL 5.7 では IGNORE の影響があった場合には必ず警告が出るように挙動が統一されている。

第 10 章　その他の新機能

表 10.6　IGNORE キーワードに影響を受ける操作一覧

エラーコード	説明	IGNORE による挙動
ER_SUBQUERY_NO_1_ROW	スカラサブクエリに 2 行以上の結果が返った	サブクエリの結果は NULL に置き換えられる
ER_ROW_IS_REFERENCED_2	外部キーの親テーブルに対して、行の削除や更新によって外部キー制約違反が生じてしまった	該当の行の削除あるいは更新は実行されない
ER_NO_REFERENCED_ROW_2	外部キーの子テーブルに行を挿入しようとしたが、親テーブルに該当する行が存在しない	該当の行は挿入されない
ER_BAD_NULL_ERROR	NOT NULL 制約のカラムに NULL を格納しようとした	データ型のデフォルト値が格納される
ER_DUP_ENTRY	重複キーエラー	重複した行は挿入されない
ER_VIEW_CHECK_FAILED	ビューに設定された CHECK OPTION 制約の違反が生じてしまった	該当の行は挿入されない
ER_NO_PARTITION_FOR_GIVEN_VALUE	RANGE あるいは LIST パーティショニングにおいて、該当するパーティションがない	該当の行は挿入されない
ER_ROW_DOES_NOT_MATCH_GIVEN_PARTITION_SET	操作対象のパーティションを明示的に指定したが、該当の行が見つからなかった	該当の行は挿入、更新、削除されない

　STRICT モードと IGNORE の動きをまとめたものを、表 10.7 に示す。これはすべてのエラーや警告に当てはまるものではなく、表 10.4〜表 10.6 で挙げたエラーに関する動作であるという点に注意してほしい。また、IGNORE によって無視できるエラーの種類は、MySQL 5.6 のときよりも若干増えている。特定の状況下では以前より便利になっているはずだ。

表 10.7　STRICT モードと IGNORE によるエラーレベルの変更

デフォルト（非 STRICT モード）の動作	エラー	警告
STRICT モードの動作	エラー	エラー
IGNORE（非 STRICT モード）	警告	警告
IGNORE（STRICT モード）	警告	警告

　なお、MySQL 5.6 まで存在した、ALTER IGNORE TABLE という構文は、安全性の面から MySQL 5.6 の時点で廃止予定となっており、MySQL 5.7 では削除されている。

342

10.18 特定のストレージエンジンによるテーブル作成の無効化 ▶▶▶ 新機能 168

ユーザーに特定のストレージエンジンを使わせたくないというケースは少なくない。例えば MyISAM によるテーブル作成を禁止できれば、データ破壊などの面倒なトラブルが起きるのを事前に防げるだろう。そこで、MySQL 5.7 では、`CREATE TABLE` 実行時に特定のストレージエンジンを使えないようにする `disabled_storage_engines` というオプションが追加された。これは `my.cnf` やコマンド引数だけで指定可能なオプションであり、起動後は `SET` コマンドで変更することはできない。

`disabled_storage_engines` オプションの引数には、カンマ区切りでストレージエンジン名を指定する。例えば、`disabled_storage_engines=myisam,csv,archive` といった具合である。このオプションによってリストアップされたストレージエンジンは、テーブルを作成する際に指定できなくなる。既存のテーブルへの影響はないので安心してほしい。

10.19 サーバーサイド実装のクエリのタイムアウト ▶▶▶ 新機能 169

これまで、クライアント側ではクエリのタイムアウトを指定する仕組みがあった。例えば、Connector/J では、接続時に `enableQueryTimeouts` オプションを有効化し、アプリケーション内でクエリ実行前に `java.sql.Statement#setQueryTimeout()` メソッドを使うことで、クエリのタイムアウトが指定できるようになっている。だが、その実装は Connector/J 側で時間の経過を検知し、サーバーへアクセスして時間の掛かっているクエリに対して `KILL` コマンドを実行するというものであり、Connector/J 以外では利用できない。

ドライバの補助なしでもっと容易にどのプログラミング言語でもクエリのタイムアウトを設定するにはどうすればよいか。それにはやはり、サーバー側でクエリのタイムアウトを指定できるようにしなければならない。そこで、MySQL 5.7 にはサーバー側でクエリをタイムアウトさせる仕組みが加わった。タイムアウトの指定は、`max_execution_time` というシステム変数で行う。マイルストーンリリースやリリース候補版には `SELECT` コマンドの構文において、直接タイムアウトを指定できるような仕組みがあったが、正式版ではその機能は削除されている[11]。タイムアウトの指定は、`max_execution_time` というシステム変数で行う。

---

[11] その代わり、オプティマイザヒント（新機能 36、P. 114）において、クエリのタイムアウトを指定できるようになっている。

第 10 章　その他の新機能

10.20　コネクション ID の重複排除 ▶▶▶ 新機能 170

　MySQL のコネクション ID は 32 ビット整数を用いており、コネクション ID はクライアントが接続するたびに 1 ずつ増加する。そのため、42 億回程度（2 の 32 乗）の接続が行われると、コネクション ID は枯渇してしまうのだが、MySQL はたんにコネクション ID を 0 にラップアラウンドして、かつて一度は使用したであろう ID を再利用する。これは、接続と切断を繰り返すクライアントばかりであれば問題にはならないが、例えばレプリケーションスレーブのように、長時間接続しっぱなしになることが前提のクライアントがあると、コネクション ID の重複が起きてしまうことになる。

　コネクション ID の重複はたんにコネクションを特定するためのものなので、個々のクライアントにとって別に重要な意味があるわけでもなく、クエリを実行するうえでは支障にはならないが、KILL コマンドを実行するときには問題になってしまう。同じ ID のコネクションが複数ある場合、KILL の結果は不定となり、本当に KILL したい相手を KILL できない可能性があるからだ。両方を KILL してもよい状況なら問題はないだろうが、迂闊に KILL できない状況で確実に希望するコネクションを KILL できる保証はない。

　そこで、MySQL 5.7 では、重複したコネクション ID は使われないように改善された。接続中のコネクションには ID の重複は起きないので、安心して KILL コマンドを実行してほしい。

10.21　トランザクションの境界検出 ▶▶▶ 新機能 171

　トランザクションが実行中かどうかという情報はロードバランサー等を実装するときに必要になる。何故ならば、トランザクションの実行中でほかの接続に切り替えてしまうと、そのトランザクションはロールバックされてしまうからだ。したがって、そのセッションでトランザクションがどういう状態なのかということを把握することが重要である。MySQL プロトコルの応答パケットに含まれる `server_status`（`MYSQL.server_status` で参照可）には、サーバーの状態を各種示すフラグが設定される。その中の `SERVER_STATUS_IN_TRANS` というフラグを見れば、トランザクション実行中かどうかを判断できる。確かに `server_status` フラグだけでもロードバランサーを実装することは可能である。しかし、より一歩進んだものを作るにはいくつかの追加情報があったほうが望ましい。

　そこで、MySQL 5.7 では、次のような情報を応答パケットに追加できるようになっている。

◆ トランザクションが本当に開始したかどうか
◆ トランザクションの分離レベル

　MySQL において、トランザクションを開始するコマンドは `BEGIN` あるいは `START TRANSACTION` であるが、まだこの時点ではじつは InnoDB 内部ではトランザクションは開始されていない。これらのコマンドはトランザクションがこれから開始されることをサーバーが把握するだけで、本当のトランザクションの開始は、次のクエリが実行され、InnoDB へのアクセスが生じた時点となる。なぜ `BEGIN` の段階ですぐにトランザクションが開始されないかというと、MVCC の観点からトランザクションの実行時間は短ければ短いほどよいからである。即座に InnoDB がトランザクションを開始し、必要なデータ構造の割り

344

当てなどを行わせるには、`START TRANSACTION WITH CONSISTENT SNAPSHOT` を使う。

これは、裏を返せば、`BEGIN` あるいは `START TRANSACTION` が実行されても、InnoDB へのアクセスが生じていなければ、ロードバランサーは安全にほかのサーバーへ接続先を振り替えられるということである。例えば、`BEGIN` を実行したり、MyISAM テーブルへのアクセスを行っただけであれば、トランザクションを中断したことにはならないからだ。ところが、`server_status` の `SERVER_STATUS_IN_TRANS` フラグは、`BEGIN` を実行した段階ですぐにセットされてしまう。`server_status` の意味はべつに間違っているわけではない。SQL 上では確かにすでにトランザクションは開始されたことになっているからだ。だが、できるだけ高性能なロードバランサーの開発をするという観点から考えれば、接続先の振り替えのチャンスが広がったほうが好ましい。そのためには、よりサーバーの実装を意識した、`server_status` だけでは賄えない情報が必要になるのである。

もちろん、振り替え後の接続先では、ロードバランサーが以前と同じように新たにトランザクションを開始し、そのうえでアプリケーションからのリクエストを送信する必要があるだろう。そのため、クライアントがどのようにトランザクションを開始したかという情報が必要になる。その情報のひとつとして、分離レベルが必要なのである。ただし、分離レベルの取得は、今のところバグがあって上手く機能しないようである[12]。

追加のトランザクション情報を得るには、`session_track_transaction_info` というセッション変数をセットする必要がある。この変数が受け付ける値は、`OFF`、`STATE`、`CHARACTERISTICS` の 3 つである。`STATE` は基本的な情報であり、トランザクションがどういう状態であったか、開始したのか、それとも InnoDB 以外のテーブルへアクセスしたのかというようなことが分かる。分離レベルまで得ようとすると、`CHARACTERISTICS` が必要になる。

クライアントがその情報を活用するには、第 2 章の新機能 4 でも説明した、C API に新たに追加された `mysql_session_track_get_first()` および `mysql_session_track_get_next()` という関数を使う（P. 35）。クライアント側の使い方は第 2 章を参照してほしい。ただし、情報の種類は `SESSION_TRACK_GTIDS` ではなく、`SESSION_TRACK_TRANSACTION_STATE` あるいは `SESSION_TRACK_TRANSACTION_CHARACTERISTICS` となる。

10.22　Rapid プラグイン ▶▶▶ 新機能 172

MySQL 5.7 には、Rapid プラグインという新たなプラグインの仕組みが加わっている。サーバーに同梱されるプラグインは、サーバーと一緒に開発され、サーバーと一緒にリリースされるようになっている。これは、いち早く新機能をプラグインとして提供したいというようなニーズに応えるには厄介な足かせになってしまう。そこで登場したのが Rapid プラグインというわけである。Rapid プラグインは、MySQL 5.7 の最初の正式版ではなく、MySQL 5.7.12 において追加された。第 6 章で紹介した X プラグイン（新

---

[12] Bug #81724

第 10 章　その他の新機能

機能 105、P. 240）は、Rapid プラグインとして開発されているプログラムである。

10.23　MySQL サーバーのリファクタリング ▶▶▶ 新機能 173

　ソースコードのリファクタリングは、大規模なソフトウェアであれば常に必要なことである。リファクタリングを行うことでコードが共通化されたり、全体的な見通しが良くなったりする[13]。MySQL も例外ではなく、優先順位の高いもの、あるいは変更が比較的容易なものから順に進められている。MySQL 5.7 でも数多くのリファクタリングが行われており、将来のメンテナンスや拡張をしやすいように、改良が加えられている。MySQL 5.7 に含まれているリファクタリングを表 10.8 にまとめておく。これらのリファクタリングは、SQL の振る舞いには何ら影響を与えないものであるため、興味がなかったら飛ばしてもらっても構わない。

表 10.8　MySQL 5.7 で行われたリファクタリング

WL#	内容
4601	Linux 上で使われる、MySQL の独自実装である fast mutex と呼ばれる仕組みが削除された
6074	C++ STL で MySQL 内部のメモリアロケーター（MEM_ROOT）を使うための仕組みが追加された
6407	メインサーバースレッドと KILL スレッドのあいだの競合状態を取り除くため、コードの整理が行われた
6613	log.h および log.cc に記述されていた、エラーログ関連のコードとバイナリログ関連のコードが分離された
6707	パーサーが自然な形で AST を生成できるように刷新された
7193	THD（スレッド構造体）と st_transactions が分離された
7914	Windows 上で使われる、MySQL 独自の rwlock が削除された

10.24　スケーラビリティの向上 ▶▶▶ 新機能 174

　性能の向上、特にスケーラビリティの向上は、データベースサーバーを使うユーザーにとって最大の関心事のひとつである。性能の向上をするものもリファクタリングの一種であるが、性能が向上するという明確なメリットがあるため、先ほどの新機能 173 のリファクタリングとは分けて紹介しておく。性能の向上に興味があれば、ぜひご一読いただきたい。

---

[13] 失敗すれば悪くなるかもしれない。

表 10.9　MySQL 5.7 で行われた性能向上系の改良

WL#	説明
6606	THD の初期化とネットワークの初期化がアクセプタースレッドからワーカースレッドへ移動され、接続のスループットが向上した
7260	LOCK_thread_count ミューテックスの分割
7304	DML 系のクエリの場合だけ MDL の処理を簡略化し、MDL ロック獲得にかかるコストが低減した
7305	ロックフリーのハッシュを用いることで、MDL のスケーラビリティが向上した
7306	MDL ロック獲得の処理が、ロックフリーによって実装された
7593	テーブル定義を .frm ファイルから読み取ってるあいだに LOCK_open を保持しないようにする
8355	LOCK_grant ミューテックスの分割
8397	table_open_cache_instances のデフォルト値上昇（1 → 16）

10.25　削除あるいは廃止予定のオプション ▶▶▶ 新機能 175

　最後に、MySQL 5.7 で削除あるいは廃止予定になったオプションを紹介しよう。表 10.10 に挙げておくので見ておいてほしい。MySQL 5.7 で追加されたオプションは非常に多いが、削除するオプションはたったこれだけである。

表 10.10　MySQL 5.7 で削除あるいは廃止されたオプション

オプション	廃止／削除
binlog_max_flush_queue_time	廃止予定
skip_innodb	削除
storage_engine	削除
sync_frm	廃止予定

　なお、MySQL 5.7 ではプレフィクスによるオプションの指定が廃止された。これは、オプションの曖昧でない前半部分だけを使って、オプションを指定できる機能である。MySQL 5.6 では例えば、--datadir オプションは --datadir は --data でも指定が可能であるが、前半部分が重複しているオプションでは曖昧さが残るため廃止された。MySQL 5.7 ではそのような操作はできないようになっている。オプションは全体をきちんと正しく指定して記述しよう。

347

あとがき ～MySQLの進化の軌跡とこれからの行方～

本書では、MySQL 5.7における新機能を網羅的に解説したが、いかがだっただろうか。ぜひこれらの新機能を活用し、アプリケーションの開発や運用に役立ててほしい。

なぜMySQLはこのような新機能を搭載したのだろうか。おそらくMySQLの取るアプローチに対して、もっと良いやり方があると感じられた方もいらっしゃっただろう。自分ならこう実装するのにとか、あるいはこんな新機能のほうがよいのにといった具合だ。だが、MySQLがこのようなアプローチを取ったことには理由がある。それは、既存のコードをベースにしているからだ。はっきりいって、RDBMSほど巨大なソフトウェアを、フルスクラッチで書き換えるのは現実的な話として不可能である。だから、既存のコードを改良し、新たな機能を継ぎ足していくしかない。

ソフトウェアの改良は難しい。新たな機能を追加しても既存の機能を損なってはいけない。できるだけ既存のコードとの帳尻を合わせながら改良を加えるには、コードが柔軟であることが前提条件となる。MySQLにプラグイン用のインターフェイスがいろいろと用意されているのは、そういった背景があるのだ。それが、ひとつのバージョンにおいて175もの改良を加えることができた理由のひとつであることは、疑いようがない。

本書の冒頭でも述べたとおり、RDBMSに求められるニーズが減少することはないだろう。アクセス数の増大、機能性の向上といったユーザーの必要性に基づくものだけでなく、ハードウェアの進化に追随するといったやや受動的なニーズも満たしていく必要があるだろう。ハードウェアの進化が止まらないかぎり、RDBMSの挑戦はずっと続く。NVDIMMなどの新しいタイプのストレージを活用したり、より多くのCPUコアでもより効率的に並列処理が行われるようにしたり、もしかすると汎用CPU以外のチップを使うなど、より高度な変革が広く求められるようになるかもしれない。

ただし、そのような変革が必要になっても、変わらないことがある。それは、データモデルやトランザクションといった理論であり、ユーザーが正しいデータを必要とするという事実だ。RDBMS、あるいはリレーショナルモデルではないデータベースソフトウェアは、新しいハードウェアを上手く活用し、飽くなきパフォーマンスの向上を目指していくだろう。将来、どういった機能がRDBMSに搭載されるかということについて想いを馳せるのも、また一興である。もし、何か良い改良のアイデアが思い浮かんだら、バグレポート等を通じて知らせて欲しい。

その未来へ至る時代の流れのダイナミズムを、本書から感じていただければ幸いである。

MySQL 5.7 新機能一覧

　本書で紹介した MySQL 5.7 の新機能を一覧形式で紹介する。新機能に対応する WL（MySQL WorkLog）および MySQL Bug の番号も記載した。WorkLog とは、MySQL の開発チームが用いるタスク管理リストのことである。オープンになっているものは、次の URL にて参照可能。

`https://dev.mysql.com/worklog/`

新機能番号 （本文掲載）	説 明	MySQL WorkLog	MySQL Bug	本書の ページ
第2章　レプリケーション				
1	パフォーマンススキーマによる情報取得	3656		26
2	オンラインでGTIDを有効化	7083		28
3	昇格しないスレーブ上でGTIDの管理が効率化	6559		33
4	OKパケットにGTID	4797、6128		35
5	WAIT_FOR_EXECUTED_GTID_SET	7518、7796		36
6	よりシンプルな再起動時のGTID再計算方法	8318		37
7	ロスレスレプリケーション	6355		41
8	パフォーマンスの改良	6630		43
9	ACKを返すスレーブ数の指定		55429	43
10	マルチソースレプリケーション	1697		44
11	グループコミットの調整	7742		48
12	マスタースレッドのメモリ効率改善	7299		50
13	マスタースレッドのMutex競合の改善	5721		51
14	同一データベース内の並列SQLスレッド	6314、6964		52
15	SHOW SLAVE STATUSの改良	6402		57
16	部分的なオンラインCHANGE MASTER	6120		57
17	オンラインレプリケーションフィルター	7057		57
18	バイナリログとXAトランザクションの併用	6860		59
19	バイナリログに対して安全でないSQL実行時のログの調整	8993		59
20	バイナリログ操作失敗時の動作変更	8314		60
21	SUPER権限を持つユーザーをリードオンリーにする	6799		60
22	sync_binlog：0 → 1	8319		61
23	slave_net_timeout：3600 → 60	8320		61
24	binlog_format：STATEMENT → ROW	8314		62
第3章　オプティマイザ				
25	表形式のEXPLAINの改善	7027		65
26	JSON形式のEXPLAINの改善	6510		71

349

新機能番号 （本文掲載）	説 明	MySQL WorkLog	MySQL Bug	本書の ページ
27	実行中のクエリに対するEXPLAIN	6369		75
28	新しいコストモデルの導入	7182、7315、7316、7340		75
29	オプティマイザトレースの詳細と改善点	6510		82
30	JOINのコスト見積りにおけるWHERE句の考慮	6635		106
31	ストレージエンジンが提供する統計情報の改善	7339		107
32	サブクエリの実行計画の改善（行コンストラクタ）	7019		108
33	サブクエリの実行計画の改善（FROM句のサブクエリ）	5275		108
34	UNIONの改善	1763		112
35	GROUP BYのSQL準拠	2489		112
36	オプティマイザヒント	3996、8016、8017、8243、8244		114
37	ファイルソートの効率化	1509		117
38	ディスクベースのテンポラリテーブルの改善	6711		118
39	internal_tmp_disk_storage_engine: InnoDB	6711		119
40	eq_range_index_dive_limit: 10 → 200		70586	119
41	sql_mode: NO_ENGINE_SUBSTITUTION → ONLY_FULL_GROUP_BY、STRICT_TRANS_TABLESY、NO_ZERO_IN_DATEY、NO_ZERO_DATEY、ERROR_FOR_DIVISION_BY_ZEROY、NO_AUTO_CREATE_USERY、NO_ENGINE_SUBSTITUTION	7764、8596		119
42	optimizer_switch: n/a → condition_fanout_filter=on、derived_merge=on、duplicateweedout=on	3985、5275、6635		119
41	sql_mode: NO_ENGINE_SUBSTITUTION → ONLY_FULL_GROUP_BY、STRICT_TRANS_TABLESY、NO_ZERO_IN_DATEY、NO_ZERO_DATEY、ERROR_FOR_DIVISION_BY_ZEROY、NO_AUTO_CREATE_USERY、NO_ENGINE_SUBSTITUTION	7764、8596		119
42	optimizer_switch: n/a → condition_fanout_filter=on、derived_merge=on、duplicateweedout=on	3985、5275、6635		119
第4章　InnoDB				
43	ROトランザクションの改善	6578		136
44	RWトランザクションの改善	6326、6363		137
45	リードビュー作成時のオーバーヘッド削減	6578		138
46	トランザクション管理領域のキャッシュ効率改善	6906		139
47	テンポラリテーブルの最適化	7682、8356		140
48	ページクリーナースレッドの複数化	6642		141
49	フラッシュアルゴリズムの最適化	7047		142
50	クラッシュリカバリ性能の改善	7142		142

MySQL 5.7 新機能一覧

新機能番号 （本文掲載）	説 明	MySQL WorkLog	MySQL Bug	本書の ページ
51	ログファイルに対するread-on-writeの防止		69002	143
52	ログファイルの書き込み効率の向上	7050		144
53	アダプティブハッシュのスケーラビリティ改善		62018	144
54	Memcached APIの性能改善		70172	144
55	バッファプールのオンラインリサイズ	6117		145
56	一般テーブルスペース	6025		146
57	32/64Kページのサポート	5757		148
58	UNDOログのオンライントランケート	6965		150
59	アトミックなTRUNCATE TABLE	6501		153
60	ALTERによるコピーをしないVARCHARサイズの変更	6554		153
61	ALTERによるコピーをしないインデックス名の変更	6555		155
62	インデックスの作成が高速化	7277	73250	156
63	ページ統合に対する充填率の指定	6747		157
64	REDOログフォーマットの変更	8845		158
65	バッファプールをダンプする割合の指定	6504、8317		159
66	ダブルライトバッファが不要なとき自動的に無効化		18069105	159
67	NUMAサポートの追加		72811	160
68	デフォルト行フォーマットの指定	8307		161
69	InnoDBモニターの有効化方法変更	7377		162
70	情報スキーマの改良	6658、7943		163
71	透過的ページ圧縮	7696		163
72	プラガブルパーサーのサポート	6943		168
73	NGRAMパーサーとMeCabパーサーの搭載	6607		169
74	フルテキストサーチの最適化	7123		173
75	空間インデックスのサポート	6968		174
76	GIS関数の命名規則の整理	8055		176
77	GIS関数のリファクタリング	7220、7221、7224、 7225、7236、7280、 7420、7929		177
78	GeoHash関数	7928		178
79	GeoJson関数	7444		179
80	新たな関数の追加	7929、8034		180
81	innodb_file_format：Antelope → Barracuda	7703		181
82	innodb_buffer_pool_dump_at_shutdown：OFF → ON	8317		181
83	innodb_buffer_pool_load_at_startup：OFF → ON	8317		181
84	innodb_large_prefix：OFF → ON	7703		181

351

新機能番号 （本文掲載）	説 明	MySQL WorkLog	MySQL Bug	本書の ページ
85	innodb_purge_threads：1 → 4	8316		182
86	innodb_strict_mode：OFF → ON	7703		182
第5章 パフォーマンススキーマとsysスキーマ				
87	メモリの割り当てと解放	3249、7777		198
88	テーブルロック、メタデータロック	5371、5879		199
89	ストアドプログラム	5766		199
90	トランザクション	5864		199
91	プリペアドステートメント	5768		200
92	ユーザー変数	6884		200
93	ステータス変数、システム変数	6629、8786		201
94	SX-lock	7445		201
95	ステージの進捗	7415		202
96	メモリの自動拡張	7794		203
97	テーブルI/O統計のオーバーヘッド低減	7698、7802		203
98	ステートメントの履歴が有効化	8321		204
99	sysスキーマ	7804、8159		204
第6章 JSON				
100	JSON型のサポート	8132		217
101	各種JSON操作用関数	7909		218
102	JSON用のパス指定演算子	8607		223
103	JSONデータの比較	8249		223
104	生成カラム	411、8149、8170		230
105	MySQLをドキュメントストアとして利用する	6839		240
第7章 パーティショニング				
106	ICPのサポート	7231		255
107	HANDLERコマンドのサポート	6497		255
108	EXCHANGE PARTITION ... WITHOUT VALIDATION	5630		256
109	InnoDBに最適化されたパーティショニングの実装	6035、4807	62536、 37252	258
110	移行可能なテーブルスペースへの対応	6867		260
第8章 セキュリティ				
111	プロキシーユーザーを外部認証なしでも利用可能に	7724		273
112	ALTER USERコマンドの改良	6409		275
113	SET PASSWORDコマンドの仕様変更	6409		275
114	CREATE/DROP USERにIF [NOT] EXISTSが追加	8540		276
115	パスワード期限の設定	2392、7131	6108	276

MySQL 5.7 新機能一覧

新機能番号 （本文掲載）	説 明	MySQL WorkLog	MySQL Bug	本書の ページ
116	ユーザーのロック／アンロック	6054		278
117	ユーザー名の長さが32文字に増加	2284		278
118	ログイン不可能なユーザーアカウント	7726		279
119	mysql.userテーブルの定義変更	6409、6982		280
120	FILE権限のアクセス範囲の限定	6782		280
121	SSL/RSA用ファイルの自動生成	7706、7699		281
122	mysql_ssl_rsa_setup	7706		282
123	TLSv1.2のサポート	8196		283
124	SSL通信を必須化するサーバーオプション	7709		283
125	AES暗号化におけるキーサイズの選択	6781		283
126	安全でない古いパスワードハッシュの削除	8006		284
127	古い暗号化関数の非推奨化	6984		285
128	mysqld --initialize	5608、7688		286
129	testデータベースの廃止	6973		287
130	匿名ユーザーの廃止	6977		287
131	root@localhost以外の管理ユーザーアカウントの廃止	7688		288
132	mysql_secure_installationの改良	6441		288
133	透過的テーブルスペース暗号化	Not available		289
134	監査プラグインAPIの改良	7254		292
第9章　クライアント&プロトコル				
135	無用なコマンドの削除	7033、7034、7035、7036、7620、7621、7854		301
136	mysql'p'ump	7755		303
137	mysql_upgradeのリファクタリング	7010、7308		305
138	mysql CLIでCTRL+Cの挙動が変更		66583	306
139	mysql --syslog	6788		307
140	クライアントの--sslオプションがSSLを強制	6791		308
141	innochecksumコマンドの改良	6045		308
142	SSLをサポート	7198		310
143	--rewrite-dbオプション	6404		310
144	IDEMPOTENTモード	6403		310
145	セッションのリセット	6797		311
146	EOFパケットの廃止	7766		312
147	冗長なプロトコルコマンドの廃止	8754		313
148	mysql_real_escape_string_quote	8077		313

353

新機能番号 (本文掲載)	説　明	MySQL WorkLog	MySQL Bug	本書の ページ
149	SSLをデフォルトで有効化	7712		315
150	プロトコル追跡	6226		315
第10章　その他の新機能				
151	トリガーの改良	3253、6030		317
152	SHUTDOWNコマンド	6784		321
153	サーバーサイド・クエリ書き換えフレームワーク	8505		321
154	GET_LOCKで複数のロックを獲得する	1159		324
155	オフラインモード	3836		326
156	3000番台のサーバーエラー番号	8206		326
157	gb18030のサポート	4204		327
158	スタックされた診断領域	6406		327
159	エラーログの出力レベルを調整	6661		327
160	mysqld_safeがDATADIR変数を使わなくなった	7150		328
161	いくつかのシステムテーブルがInnoDBに	7159、7160		329
162	Oracle Linux上でDTraceのサポート	7894		329
163	プラグイン向けサービスの拡張	7947、8161、8177、 8733		330
164	バージョントークン	6940		335
165	character_set_database/collation_databaseの変更が廃止	3811		337
166	systemd対応	7895		339
167	STRICTモードとIGNOREによる効果の整理	6614、6891、7395		339
168	特定のストレージエンジンによるテーブル作成の無効化	8594		343
169	サーバーサイド実装のクエリのタイムアウト	6936		343
170	コネクションIDの重複排除	7293		344
171	トランザクションの境界検出	6631		344
172	Rapidプラグイン	Not available		345
173	MySQLサーバーのリファクタリング	4601、6074、6407、 6613、6614、6707、 7193、7914		346
174	スケーラビリティの向上	6606、7260、7304、 7305、7306、7593、 8355、8397		346
175	削除あるいは廃止予定のオプション	6978、7148、7976、 8216、8756		347

索 引

記号・数字

-> 223
--initialize 286
--initialize-insecure 287
--parallel-schemas 304
--ssl 308
.cfg 260
.ibd 142, 260
.isl 142
2相コミット 38
4バイト UTF-8 12

A

account_locked 280
ACID特性 123
ACKスレッド 43
AES暗号 283
AES_DECRYPT 283
AES_ENCRYPT 283
AHI 144
ALTER DATABASE 337
ALTER TABLE 153
ALTER USER 275, 278
Antelopeフォーマット 149
AST 64, 321, 334
attached_conditions_summary 98
Audit Log Plugin 292
authentication_string 280
auto.cnf 27
auto_generate_certs 281

B

Barracudaフォーマット 149
Base32 178
BASEDIR 328
batched_key_access 106
Bazaar 13
Berkeley DBストレージエンジン 9
best_access_path 94
Binlog Dumpスレッド 20
Binlog Senderスレッド 20
binlog_error_action 60
binlog_group_commit_sync_delay 50
binlog_group_commit_sync_no_delay_count 50
binlog_row_image 62
BIT 227

B（続き）

BKA 15
BKAJ 103
BLOB 217, 227
block_encryption_mode 283
BNLJ 102
Boost 177
btrfs 166

C

CDE 269
CHANGE MASTER 57
CHANGE REPLICATION FILTER 58
character_set_database 337
character_set_server 337
CHECK 3
check_proxy_users 273
Clustered Index 124
collation_database 338
COM_CHANGE_USER 311
COM_QUERY 297
COM_RESET_CONNECTION 311
COM_SHUTDOWN 321
COMPACT 149
COMPRESSED 149
COMPRESSION 167
condition_filtering_pct 95
Connector/J 240, 343
Connector/Net 240
Connector/Node.js 240
CONSISTENT SNAPSHOT 345
constant_propagation 85
cost_for_plan 95
CPU 285
CRC32 158
Critical Patch Updates 285

D

DATA DIRECTORY 253
DATADIR 328
default_password_lifetime 277
depends_on_map_bits 86
diagnostics 208, 209
disabled_storage_engines 343
disconnect_on_expired_password 277
disk_temptable_create_cost 77
DoS攻撃 287

索 引

Driving Table　　66
DRM　　13
DTrace　　12, 185, 329
DYNAMIC　　149

E

eDelivery　　4
enableQueryTimeouts　　343
enforce_gtid_consistency　　30
engine_cost　　78
Enterprise Audit Log Plugin　　272
EOF パケット　　312
equality_propagation　　85
ERR パケット　　35
events_statements_history　　204
events_statements_summary_by_digest　　196
EXCHANGE PARTITION　　256
EXPLAIN　　64, 239
ext4　　166
Extra　　68

F

Falcon ストレージエンジン　　14
FILE　　266, 280
filtered　　65, 67
FLUSH PRIVILEGES　　267
FOR CHANNEL　　45
FOSS License Exception　　299
Fusion-io NVMFS　　160

G

GAQ　　56
gb18030　　327
Gentoo Linux　　270
GeoHash　　178
GeoJson　　179
GEOMETRY　　174
GEOMETRYCOLLECTION　　175
GET_LOCK　　324, 325
GIS　　174
Git　　13
GitHub　　13
GLOBAL_STATUS　　201
GLOBAL_VARIABLES　　201
Google　　240
GPLv2　　3
GRANT　　266
Grant Table　　267
Groonga　　173
GTID　　21, 26, 200
GTID セット　　27

GTID モード　　31
gtid_executed　　33, 37
gtid_executed_compression_period　　34
gtid_mode　　31
gtid_purged　　37

H

ha_innobase　　258
ha_myisam　　258
ha_partition　　258
HANDLER　　255
handler　　258
HASH　　249
HEAP ストレージエンジン　　9
History List　　131

I

ibdata1　　150
ICP　　15, 255
id　　66
IDEMPOTENT モード　　310
IF NOT EXISTS　　276
IGNORE　　339
Index Organized Table　　124
index->lock　　137
INFORMATION_SCHEMA.FILES　　163
init　　339
Innobase OY　　9, 149
innochecksum　　308
InnoDB ストレージエンジン　　9, 121
InnoDB モニター　　162
InnoDB ログバッファ　　126
InnoDB ログファイル　　126
InnoDB Plugin　　12, 149
innodb_buffer_pool_dump_at_shutdown　　181
innodb_buffer_pool_dump_pct　　159
innodb_buffer_pool_instances　　135, 141
innodb_buffer_pool_load_at_startup　　181
innodb_buffer_pool_size　　134
innodb_compression_failure_threshold_pct　　165
innodb_compression_level　　165, 167
innodb_default_row_format　　161
innodb_file_format　　150, 181
innodb_file_per_table　　146, 150, 153, 253, 260
innodb_fill_factor　　157
innodb_flush_method　　134
innodb_ft_aux_table　　172
innodb_ft_cache_size　　173
INNODB_FT_INDEX_TABLE　　172
innodb_ft_min_token_size　　170

innodb_ft_total_cache_size　　173
innodb_io_capacity　　135
innodb_large_prefix　　181
innodb_lock_monitor　　162
innodb_lock_waits　　208
innodb_log_buffer_size　　126
innodb_log_checksums　　158
innodb_log_compressed_pages　　165
innodb_log_file_size　　127
innodb_log_files_in_group　　127
innodb_log_write_ahead_size　　143
innodb_max_undo_log_size　　152, 153
INNODB_METRICS　　206
innodb_monitor　　162
innodb_monitor_enable　　206
innodb_numa_interleave　　161
innodb_page_cleaners　　141
innodb_page_size　　148
innodb_purge_rseg_truncate_frequency　　152
innodb_purge_threads　　182
innodb_rollback_segments　　150
innodb_strict_mode　　182
INNODB_SYS_TABLES　　147
INNODB_SYS_TABLESPACES　　147, 148
INNODB_SYS_VIRTUAL　　163
INNODB_TEMP_TABLE_INFO　　163
innodb_tmpdir　　156
innodb_undo_directory　　150
innodb_undo_log_truncate　　152
innodb_undo_logs　　150
innodb_undo_tablespaces　　150
IO スレッド　　21
IP アドレス　　264
IPv6 サポート　　12

J

JOIN アルゴリズム　　100
JOIN のコスト　　106
JOIN バッファ　　103
join_execution　　100
JSON　　65, 71, 180, 215
JSON_EXTRACT　　222

K

KEY　　249
key　　66
Key Value Store　　144
KEY_BLOCK_SIZE　　165
keyring_file　　290
KILL　　344
KMIP　　289

L

last_committed　　54
LINE　　174
LINEAR HASH　　249
LINEAR KEY　　249
Linux　　8
list_add　　210
Locality　　139
LOCK_binlog_end_pos　　52
LOCK_log　　52
log_bin　　28
log_error_verbosity　　328
log_slave_updates　　28
log_statements_unsafe_for_binlog　　60
LOGICAL_CLOCK　　53
LRU アルゴリズム　　159
LSN　　127
lz4　　167

M

MASTER_AUTO_POSITION　　32
MASTER_PASSWORD　　25
MASTER_USER　　25
MAX 版　　9
max_execution_time　　343
MBR　　175
MD5　　192
MeCab　　169
mecab_rc_file　　170
mecabrc　　169
memcached　　240
memcached API　　14, 144
MEMORY ストレージエンジン　　77, 140
MERGE ストレージエンジン　　9
MERGE_THRESHOLD　　157
metadata_locks　　199, 326
metrics　　206
MHA　　28
MISSING_BYTES_BEYOND_MAX_MEM_SIZE　　100
Mixed ベースフォーマット　　20
Mixed ベースレプリケーション　　20
Mroonga ストレージエンジン　　173
MRR　　15, 103
mrr_cost_based　　105
MTR　　125
MTS　　52
MULTILINESTRING　　175
MULTIPOINT　　175
MULTIPOLYGON　　175
MVCC　　128, 344
my_key_fetch　　333

357

my_key_generate 333
MyISAM ストレージエンジン 8
MySQL に関する 10 の約束 11
MySQL プロトコル 295, 311
MySQL AB 9, 149
mysql CLI 300
MySQL Cluster 4, 38
MySQL Enterprise Backup 4, 24
MySQL Enterprise Firewall 292
MySQL Enterprise Monitor 4
MySQL Enterprise Scalability 4
MySQL Enterprise Security 4
MySQL Free Public License 8
MySQL Shell 244
MySQL Workbench 65, 74, 300
mysql.engine_cost 77
mysql.server_cost 77
mysql.user 280
mysql_change_user() 311
MYSQL_HOME 328
mysql_install_db 287
mysql_native_password_proxy_users 273
mysql_no_login 279
mysql_old_password 284
MYSQL_OPT_SSL_VERIFY_SERVER_CERT 315
mysql_real_escape_string 314
mysql_real_escape_string_quote 313, 314
mysql_reset_connection() 311
mysql_secure_installation 288
mysql_session_track_get_first() 345
mysql_session_track_get_next() 345
mysql_ssl_rsa_setup 282
mysql_upgrade 11, 259, 300
mysqladmin 300
mysqlbinlog 19, 300, 310
mysqlcheck 300
mysqld_safe 161
mysqldump 24, 300
mysqlpump 303

N

N グラム 169
NLJ 83, 101
NO_BACKSLASH_ESCAPES 314
Non-deterministic 19
NOP 330
NoSQL 184, 215
NOT NULL 317
null 216
null_rejecting 87
NUMA 160

NUMA ノード 161
numactl 161
NVMe 13
NVMFS 166

O

O/R マッパー 240
offline_mode 326
OK パケット 35, 312
OKV 289
OLTP 148
ONLY_FULL_GROUP_BY 113
OpenGIS 174
OpenSSL 282
OpenVM 269
optimizer_trace 80
Oracle Linux 6 329
OTN 開発者ライセンス 4

P

PAM 認証 269
Partition Pruning 250
Partition_handler 259
Partition_helper 259
partitions 65
password 280
PASSWORD EXPIRE NEVER 277
password_last_changed 280
password_lifetime 280
PCIe 160
performance-schema-consumer-events-statements-history
204
performance_schema 185
perror 326
plan_prefix 94
POINT 174
POLYGON 174
POODLE 283
possible_keys 66
POSTPARSE 321
prepared_statements_instances 197, 200
PREPARSE 321
protobuf.jar 244
Protocol Buffers 240, 244
PROXY 269
pruned_by_cost 97
ps_setup_disable_consumer 210
ps_setup_enable_consumer 209
ps_setup_enable_instrument 210
ps_setup_save 209

索 引

Q

QB_NAME 116

R

R ツリー 175
Rapid 345
Raspberry Pi 76
RBR 20
Read View 138
read-on-write 143
REDO ログ 125
REDUNDANT 149
refine_plan 100
relay_log 21
RELEASE_LOCK 325
RELOAD 267
REPLICATION SLAVE 20, 24
require_secure_transport 283
rest_of_plan 95
Rewriter 321
RO トランザクション 136
rows 67
rows_estimation 89
rpl_semi_sync_master_wait_for_slave_count 43
rpl_semi_sync_master_wait_point 43
RSS 198
rsync 168
RW ロック 137

S

S ロック 137
SBR 19
schema_table_lock_waits 208
schema_table_statistics 208
SDT 330
Seconds Behind Master 21
secure_file_priv 280
Security Alerts 286
select_type 66
SEMIJOIN 110
Senna 11
sequence_number 54
server_cost 77
server_id 23, 25
server_status 344
SERVER_STATUS_IN_TRANS 344
SESSION_STATUS 201
session_track_gtids 35
session_track_transaction_info 345
SESSION_VARIABLES 201

setup_actors 193
setup_consumers 190
setup_instruments 187
setup_objects 192
setup_timers 194
SHA-256 認証プラグイン 268
SHA256 281
sha256_password_auto_generate_rsa_keys 281
sha256_password_proxy_users 273
SHOW BINARY LOGS 19
SHOW PROCESSLIST 75
SHOW SLAVE STATUS 25, 57
SHUTDOWN 321
skip_innodb_doublewrite 160
slave_net_timeout 61
slave_preserve_commit_order 55
Solaris 8
Solaris 10 329
Solaris ZFS 160
SQL インジェクション 220
SQL スレッド 21
SSD 13
SSL 272, 281, 283, 310, 315
ST_GeomFromText() 176
START SLAVE 25
STORED 234
STRICT モード 339
super_read_only 61
Swap Insanity 161
SX ロック 137, 201
sync_binlog 61
sys スキーマ 204, 273
syslog 307
systemd 339
SystemTap 185

T

table 94
table_handles 199
test 287
TLS 283
TLS/SSL 272
Tritonn 11
trivial_condition_removal 85

U

UEK 330
UNDO レコード 129
UNDO ログ 129
Unicode 10
UNION 112

359

索 引

UNIX ドメインソケット　283
update_time　163
user_summary　207
UTF-8　10
utf8mb4　223
UUID　27

V

VIRTUAL　234

W

WAIT_FOR_EXECUTED_GTID_SET　37
WAL　126
Windows 共有メモリ　283
WITHOUT VALIDATION　257
WKB　176
WKT　176, 237
world　70

X

X プロトコル　297
X ロック　137
X DevAPI　240, 300
X Plugin　240
X Protocol　240
XA トランザクション　10, 59
XFS　166
XML 関数　11
XSession インスタンス　243

Y

YaSSL　282

Z

zlib　167

あ

アーキテクチャ　7
値　216
アダプティブハッシュインデックス　144
圧縮テーブル　163
アップグレード　285
アップグレードプログラム　11
アルゴリズム　139
暗号化　272, 281

い

一意性制約　254
一般テーブルスペース　146, 253
イベントスケジューラー　11
イベントテーブル　196

インスタンステーブル　197
インターコネクト　160
インデックス　230, 235
インデックスのリネーム　155
インデックスプレフィックス　181

え

エグゼキュータ　64
エラー番号　326
エラーログ　327

お

オープンソース　2
オープンソースイニシアティブ　8
オブジェクト　216, 226
オプションファイル　328
オプティマイザ　63
オプティマイザトレース　79, 239
オプティマイザヒント　115
オフラインモード　326
オフロードページ　149
オンライン DDL　14, 154
オンラインレプリケーションフィルター　57

か

外部キー制約　254
外部認証プラグイン　269
カヴァリングインデックス　68, 125
カウンター　206
カスケード　22
仮想列　230
カラム　65
刈り込み　250
韓国語　168
監査プラグイン API　292
監査ログ　272
関数従属性　113
管理ノード　5

き

キー　216
キーリング　289
キーリングサービス　333
ギャップロック　133
行コンストラクタ　109
行サブクエリ　108
共通鍵暗号化　272
行ベースフォーマット　20
行ベースレプリケーション　11
局所性　139

索 引

く

空間インデックス 174
空間データ 237
駆動表 66
クライアントプログラム 300
クラスタインデックス 103, 124
クラッシュセーフスレーブ 47
クラッシュリカバリ 121
グリニッジ子午線 178
グループ 270
グループコミット 12, 48
グローバルインデックス 248, 254
グローバルリードロック 197

け

計器 185
計算のオーダー 139
形態素解析 169
決定性 232
権限 265
権限テーブル 267

こ

コアファイル 291
構文解析器 64
コーディネータースレッド 56
コストベース 63
コストモデル 75
コネクション ID 344
コネクションプール 311
コネクタ 300
コピーレフト 3, 299
コマンドサービス 333
コミュニティ版 MySQL サーバー 3, 282
コンシューマー 186, 190

さ

サーバーサイド・クエリ書き換えフレームワーク 321
最小外接矩形 175
索引構成表 124
削除オプション 347
サブクエリ 10, 108
サブスクリプション 4
サマリーテーブル 196
サン・マイクロシステムズ 11
サンドボックスモード 277
サンプルデータベース 70

し

時刻 227
実行器 64

実体化 111

自動的な型の変換 223
シャーディング 335
シャープチェックポイント 127
循環型 22
準同期レプリケーション 12, 38
情報スキーマ 10, 186
商用版 MySQL サーバー 4
真偽値 216
シングルクォート 313
シングルボードコンピュータ 76
診断領域 327

す

垂直パーティショニング 249
水平パーティショニング 249
数値 216
スカラサブクエリ 108
スカラ数値 224
スケーラビリティ 346
スケールアウト 1
ステージ 202
ステータス変数テーブル 197
ステータス変数 201
ステートメントベースフォーマット 19
ステーブルデータベース 121
ステーブルログ 121
ストアドファンクション 10, 199
ストアドプログラム 199
ストアドプロシージャ 10
ストップワード 168
ストレージエンジン 343
スパースファイル 166
スレーブ I/O スレッド 21
スレーブ SQL スレッド 21
スレッド 193
スロークエリログ 192

せ

生成カラム 230
制約 236
セカンダリインデックス 125, 255
全文検索 168

そ

ソーテッドインデックスビルド 156
ソート 229

た

ダーティーページ 127
ダーティーリード 129

索 引

ダイジェスト　192
ダイジェストコンシューマー　191
ダイジェストテキスト　192
タイマー　194
タイムゾーンテーブル　329
ダブルクォート　313
ダブルライト　159
ダブルライトバッファ　128
暖機運転　159

ち

チェックサム　158
チェックポイント　123
チャネル　44
中国語　168, 327
抽象構文木　64, 321, 334
地理情報システム　174

て

データノード　5
データベースキャッシュ　121
テーブルサブクエリ　108
テーブルスキャン　89
テーブルスペース　121
適応フラッシング　12
デッドロック　332
デュアルマスター構成　22
転置インデックス　168
テンポラリテーブル　118, 140

と

透過的テーブルスペース暗号化　289
透過的ページ圧縮　164
匿名ユーザー　287
トランザクション　121, 200
トランスポータブルテーブルスペース　148
トリガー　10, 317
トリガーの実行順序　320

な

名前付き R/W ロック　331

に

認証　295
認証プラグイン　12

ね

ネクストキーロック　133
ネステッドループ JOIN　83

の

ノンリーフノード　125
ノンロッキングリード　131

は

パーサー　64, 192
パーサーサービス　334
パージスレッド　130
バージョントークン　335
パーティショニング　11, 247
パーティションの刈り込み　250
パーミッシブライセンス　6
排他制御　121
バイナリログ　18, 300, 310
バイナリログインデックスファイル　19
配列　216
バザールモデル　2
パスワード期限　276
パスワードバリデーションプラグイン　288
ハッシュ　216
バッファプール　121, 134
パフォーマンススキーマ　13, 26, 183, 273
ハンドシェイク　295

ひ

非決定性　19, 232
ビジュアル EXPLAIN　74
非対称暗号化アルゴリズム　272
日付　227
非同期型　18
ビュー　10
ヒント句　114

ふ

ファーストインデックスクリエイション　153
ファイルソート　117
ファイルフォーマット　149
ファジーチェックポイント　127
ファントムリード　130
フィールド　65
フィルタリング　307
複合インデックス　181
プッシュダウン JOIN　106
プライベート CA　282
プラグイン　330
プラグイン API　11
プラグインテーブル　329
フラッシュアルゴリズム　142
フリーソフトウェアライセンス　3
プリペアドステートメント　10, 197, 200
フルテキストインデックス　14, 168

362

索　引

フルバックアップ　31
プレフィクス　347
プローブ　330
プロキシーユーザー　269, 273
ブロックサイズ　143
プロトコル追跡　315
分離レベル　123, 345

へ

並列ダンプ　303
ページクリーナースレッド　141
ページサイズ　14
ヘルプテーブル　329

ほ

ホスト　263

ま

マスターキー　291
マスタースレッド　20
マテリアライゼーション　111
マルチカラムインデックス　255
マルチコア　13
マルチスレッドスレーブ　52
マルチソースレプリケーション　22, 44

み

ミニトランザクション　125

め

メタデータロック　12, 199
メモリコントローラ　160
メモリの自動拡張　203
メモリ割り当て　198
メンバー　216

も

文字コード　337
モジュール　206
文字列　216
文字列型　10
文字列リテラル　313

ゆ

ユーザーアカウント　263
ユーザーアカウントのロック　278
ユーザ変数　200

ユーザー名　263
ユーザーレベルロック　324
ユニークインデックス　254

ら

ライセンサー　6
ライセンシー　6
ラッチ　138

り

リードビュー　138
リーフノード　124
リトルエンディアン　295
リファクタリング　346
リポジトリ　47
リレーログ　21

る

ルールベース　76

れ

レプリケーション　17
レプリケーションハートビート　61

ろ

ローカルインデックス　248, 254
ロードバランサー　344
ロール　273
ロールバックセグメント　129
ロールバックポインタ　129
ログ　121
ログイン不可能なユーザー　279
ログサイズ　135
ログテーブル　11
ログバッファ　121
ロスレスレプリケーション　42
ロッキングサービス　331
ロッキングリード　131
ロック　199
ロックオブジェクト　324
ロック競合　208
ロックテーブル　197
論理バックアップ　300

わ

ワーカースレッド　55
ワイルドカード　264

363

奥野幹也（おくのみきや）

栃木県在住のギーク。フリー(自由な)ソフトウェアの普及をライフワークとしている。
KDE、Gentoo Linux を愛用。仕事では MySQL のサポートに従事。著書に『エキスパートのための MySQL[運用 + 管理] トラブルシューティングガイド』、『MySQL Cluster 構築・運用バイブル』、『理論から学ぶ データベース実践入門』(いずれも技術評論社) がある。
■Blog■ 漢 (オトコ) のコンピュータ道
http://nippondanji.blogspot.com/

装丁・本文デザイン　　森裕昌（森デザイン室）

詳解 MySQL 5.7
止まらぬ進化に乗り遅れないためのテクニカルガイド

2016 年　8 月 25 日　初版第 1 刷発行

著　者　　奥野幹也（おくのみきや）
発行人　　佐々木 幹夫
発行所　　株式会社 翔泳社　（http://www.shoeisha.co.jp）
印刷・製本　株式会社 廣済堂

©2016 Mikiya Okuno

本書は著作権法上の保護を受けています。本書の一部または全部について、株式会社 翔泳社から文書による許諾を得ずに、いかなる方法においても無断で複写、複製することは禁じられています。
ソフトウェアおよびプログラムは各著作権保持者からの許諾を得ずに、無断で複製・再配布することは禁じられています。

本書へのお問い合わせについては、ii ページに記載の内容をお読みください。

落丁・乱丁はお取り替えいたします。03-5362-3705 までご連絡ください。

ISBN978-4-7981-4740-6　　　　　　　　　　Printed in Japan